U0181137

液态金属物质科学与技术研究丛书

液态金属先进芯片散热技术

邓中山 刘 静 编著

LIQUID METAL

上海科学技术出版社

图书在版编目（CIP）数据

液态金属先进芯片散热技术 / 邓中山，刘静编著
. -- 上海 : 上海科学技术出版社，2020.7
（液态金属物质科学与技术研究丛书）
ISBN 978-7-5478-4898-2

Ⅰ. ①液… Ⅱ. ①邓… ②刘… Ⅲ. ①液体金属—芯片—散热 Ⅳ. ①TN43

中国版本图书馆CIP数据核字(2020)第062987号

液态金属先进芯片散热技术
邓中山　刘　静　编著

上海世纪出版(集团)有限公司
上海科学技术出版社　出版、发行
(上海钦州南路 71 号　邮政编码 200235　www.sstp.cn)
上海中华商务联合印刷有限公司 印刷
开本 787×1092　1/16　印张 21.25
字数 350 千字
2020 年 7 月第 1 版　2020 年 7 月第 1 次印刷
ISBN 978 - 7 - 5478 - 4898 - 2/TG・108
定价：198.00 元

序

液态金属如镓基、铋基合金等是一大类物理化学行为十分独特的新兴功能材料，常温下呈液态，具有沸点高、导电性强、热导率高、安全无毒等属性，并具备常规高熔点金属材料所没有的低熔点特性，其熔融状态下的塑形能力更为快捷打造不同形态的功能电子器件创造了条件。然而，由于国内外学术界以往在此方面研究上的缺失，致使液态金属蕴藏着的诸多新奇的物理、化学乃至生物学特性长期鲜为人知，应用更无从谈起，这种境况直到近年来才逐步得到改观，相应突破为众多新兴学科前沿的发展提供了十分重要的启示和极为丰富的研究空间，正在催生出一系列战略性新兴产业，将有助于推动国家尖端科技水平的提高乃至人类社会物质文明的进步。

早在2001年前后，中国科学院理化技术研究所研究员刘静博士就敏锐地意识到液态金属研究的重大价值，他带领团队围绕当时在国内外均尚未触及的液态金属芯片冷却展开基础与应用探索，以后又开辟了一系列新的研究方向，他在清华大学创建的实验室随后也取得众多可喜成果。这些工作涉及液态金属芯片冷却、先进能源、印刷电子与3D打印、生命健康以及柔性智能机器等十分宽广的领域。经过十多年坚持不懈的努力，由刘静教授带领的中国科学院理化技术研究所与清华大学联合实验室在世界上率先发现了液态金属诸多有着重要科学意义的基础现象和效应，发明了一系列底层核心技术和装备，建立了相应学科的理论与技术体系，系列工作成为领域发展开端，成果在国内外业界产生了持续广泛的影响。

当前，随着国内外众多实验室和工业界研发机构的纷纷介入，液态金属研究已从最初的冷门发展成当前备受国际瞩目的战略性新兴科技前沿和热点，科学及产业价值日益显著。可以说，一场研究与技术应用的大幕已然拉开。毫无疑问，液态金属自身蕴藏着十分丰富的物质科学属性，是一个基础探索与实际应用交相辉映、极具发展前景的重大科学领域。然而，遗憾的是，国内外学术界迄今在此领域却缺乏相应的系统性著述，这在很大程度上制约了研究与应用的开展。

为此，作为国际常温液态金属物质科学领域的先行者和开拓者，刘静教授及其合作者基于实验室近十七八年来的研究积淀和第一手资料，从液态金属学科发展的角度出发，系统而深入地提炼和总结了液态金属物质科学前沿涌现出的代表性基础发现和重要进展，编撰了这套《液态金属物质科学与技术研究丛书》，这是十分及时又富有现实意义的。

本套丛书中的每一本著作均系国内外该领域内的首次尝试，学术内容崭新独到，所涉及的学科领域跨度大，基本涵盖了液态金属近年来衍生出来的代表性科学与应用技术主题，具有十分重要的科学意义和实际参考价值。丛书的出版填补了国内外相应著作的空白，将有助于学术界和工业界快速了解液态金属前沿研究概况，为进一步工作的开展和有关技术成果的普及应用打下基础。为此，我很乐意向读者推荐这套丛书。

周　远
中国科学院院士
中国科学院理化技术研究所研究员

前　　言

近年来，随着微纳电子技术的飞速发展，高集成度芯片、器件与系统等引发的热障问题，成为制约各种高端应用的世界性难题，突破高密度或超大功率器件与系统的散热瓶颈被提高到前所未有的层面。在这一态势下，本书作者之一刘静于2000—2002年间酝酿并首次在芯片冷却领域引入了具有颠覆性意义的通用型低熔点合金散热技术，有关工作随后在国内外学术界和产业界引发重大反响和大量后续研发，成为近年来热管理领域的国际前沿研究热点和极具发展前景的新兴产业方向之一，且在更广层面极端散热领域的价值还在不断增长。在多年持续探索中，笔者实验室团队逐步构建起了液态金属芯片冷却的一系列基础原理与底层核心技术，发表了上百篇研究论文，获得底层专利授权百余项，还应邀在国际传热界权威综述系列《传热学进展》(*Advances in Heat Transfer*)发表了长达114页的专题评述，相应工作涉及常温液态金属强化传热、相变与流动理论，电磁、热电或虹吸驱动式芯片冷却与热量捕获，微通道液态金属散热，刀片散热，混合流体散热与废热发电，低熔点金属固液相变吸热，以及提出无水换热器工业，发明自然界导热率最高的液态物质纳米金属流体及热界面材料等。这类从常温至2 300℃均可保持液相且能根据应用场景灵活实现固液转换的全新一代热管理技术，在技术理念上彻底打破了传统模式。此前，工业界数十年来主要沿用空冷、水冷及热管散热，但性能已趋于瓶颈。

液态金属技术除了在高功率密度电子芯片、光电器件以及国防领域极端散热上有着重大应用价值外，还被逐步拓展到消费电子、光伏发电、能量储存、智能电网、高性能电池、发动机系统以及热电转换等领域。作为性能卓越的热管理解决方案，液态金属为对流冷却、热界面材料、相变热控等领域带来了观念和技术上的重大变革，突破了传统冷却原理的技术极限，为大量面临“热障”难题的器件和装备的冷却提供了富有前景的解决方案。经过十多年的发展，笔者实验室已初步在常温液态金属冷却领域建立了相应的知识体系，在材料制备与表征、理论分析、数值模拟以及热控系统设计等方面形成了较为成熟的理论和技术储备，一批成果已在工业和商业领域得到规模化应用。有关研究曾获国际电子封装领域旗舰刊物《电子封装杂志》(*Journal of Electronic Packaging ASME*)2010—2011年度唯一最佳论文奖，著名学者及该刊主编Sammakia教授(美国纽约州立大学宾汉顿分校副校长)曾致信称赞:“这是一项重要成就，因该奖每年仅颁发一次，且由全部论文公开竞争产生”;成果还另获多个产业奖项，如2008年中国国际工业博览会创新奖、第十三届北京技术市场金桥奖项目一等奖、全国首届创新争先奖等。

国际上，围绕液态金属芯片冷却的研究近年来也呈蓬勃发展态势。2004年，美国Nanocoolers公司获数千万美元资助开展液态金属芯片散热技术研究，并于2005年发布了液态金属CPU散热器样机。2009年，美国Aqwest LLC公司启动激光泵浦二极管的液态金属散热技术研究。2012年，德国成立液态金属研究联盟，斥资2 000万欧元，用于研究液态金属技术特别是其中的流动和传热问题。2013年，美国阿贡国家实验室研制出加速器中子散射源液态金属散热原型机，将常温镓基液态金属引入冷却系统，取代传统上使用起来比较危险的钠钾合金。有意思的是，2014年，美国国家航空航天局(NASA)特别将液态金属冷却技术列为未来前沿研究方向。近期，国内外学术界和工业界更有大量研发团队纷纷涌入这一新兴的研究和应用领域。

总的说来，液态金属芯片热控领域取得的一系列基础发现，正成为发展全新一代冷却技术的重大核心引擎，一批市场产品已陆续问世。当前，液态金属散热技术的基础及应用研究已从最初的冷门发展成备受国际广泛瞩目的热门领域，影响范围甚广，正为能源、电子信息、先进制造、国防安全等领域的发展带来颠覆性变革，将催生出一系列战略性新兴产业，相应产业化具有巨大的发展潜力和市场空间。

鉴于液态金属先进散热技术的重要理论学术意义和实际应用价值，同时考虑到国内外比较缺乏相关著作，我们深感有必要将这一领域的基本原理、方法和应用情况及时传递给业界，以期有效引导和集合各方力量，共同促进新兴热管理科学与技术的进步，从而更好地推动社会进步。限于精力，本书不求穷尽液态金属芯片散热技术领域全貌，主要介绍笔者实验室在结合高热流密度散热领域内的关键科学与技术需求为导向开展的工作，简要阐述液态金属先进芯片散热的基本理论与技术体系，以及典型的应用问题。我们期待本书的出版有助于推动液态金属芯片散热这一新兴学科领域的可持续健康发展。需要提及的是，本书作者之一刘静此前已出版全面介绍液态金属芯片与器件冷却的英文著作*Advanced Liquid Metal Cooling for Chip, Device and System*

(上海科学技术出版社,2020),限于时间和精力,未及将其译成中文,本书的出版一定程度上可弥补相关遗憾,可望为中文读者及时了解液态金属芯片散热领域发展概貌提供参考。以后若有机会,我们会进一步更新和补充中文著作。

本书主要反映的是笔者实验室近20年来的工作,同时对国际上涌现出的一些相关典型成果作了必要介绍。其间,实验室许多同志为此作出了大量贡献,包括邓月光、杨小虎、马坤全、肖向阳、张姗姗、高云霞、梅生福、谢开旺、李培培、李腾、李海燕、汤剑波、吕永钢、周一欣、刘明、谭思聪等。实验室有关研究先后得到中国科学院院长基金、中国科学院前沿计划、国家自然科学基金以及北京市科委的资助。本书内容也在笔者于中国科学院大学未来技术学院开设的同名研究生课程中讲解过三届,得到同学们的积极参与,书中内容也融入了一些反馈意见。在此谨一并致谢!

限于时间,加之笔者水平有限,本书不足和挂一漏万之处,恳请读者批评指正。

邓中山　刘静

2020.3.30

目录

Contents

第1章
绪论

1.1 引言

近20多年来,随着微纳电子技术的飞速发展,各类光电芯片及器件的集成度得以快速提升[1,2],由此引发的“热障”问题日益严峻,这使得对高性能先进冷却技术的需求日益旺盛,同时也促成了一场针对传统散热或冷却技术的变革[3]。以计算机CPU为例,其发热功率一直呈现一种螺旋上升的趋势[4]。这一方面是由于不断提高的晶体管集成度,另一方面也源于不断改进的材料、工艺及封装结构。常规芯片由于技术的进步可朝低功耗方向发展,但高端芯片对更高热流密度(>100 W/cm^2)的需求是持续存在的,因为它从本质上取决于尖端应用对芯片计算能力的不断渴求。当前,高端CPU技术无一不经受着巨大的散热挑战,3D芯片通过晶元的堆叠可以实现更快的计算速度,但却带来更为严重的热量堆积和局部热点问题,而CPU/GPU融合技术毫无疑问将使单颗芯片产生更高的热量[5]。因此,高性能的散热解决方案将始终是未来高端芯片向更高性能迈进的关键技术支撑。

本章简要分析芯片对先进冷却技术需求、芯片冷却代表性技术及发展趋势,在此基础上介绍液态金属散热技术兴起的背景及其基本特点,并对液态金属先进散热技术领域的发展前景作出展望。

1.2 芯片发展对先进冷却技术的需求

各类光电芯片的应用遍及日常生活、生产乃至国家安全等各个层面,在现代文明中扮演着极其重要的角色。半个多世纪以来,芯片工业在朝更高集成度、更低成本、更低能耗的核心目标努力方面取得了突飞猛进的发展[6]。随着集成度的提高,单颗芯片上晶体管的数目已经由最初的数千攀升至当前的十亿甚至向着更高集成度迈进(图 1-1),相应的芯片功耗也越来越大(图 1-2)。早在 20 世纪 60 年代,英特尔创始人之一戈登·摩尔就提出预言:“半导体芯片上集成的晶体管和电阻数量每隔 18 个月将增加一倍。”这就是著名的“摩尔

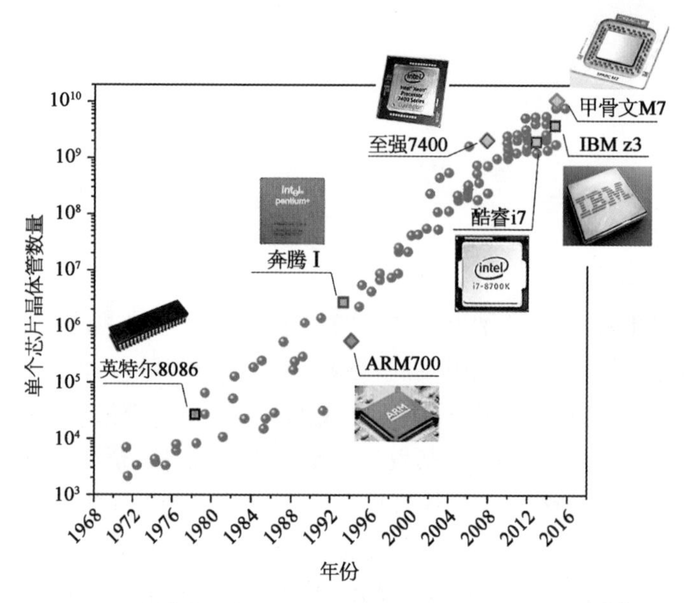

图 1-1 摩尔定律下单个芯片晶体管数量的发展情况[7]

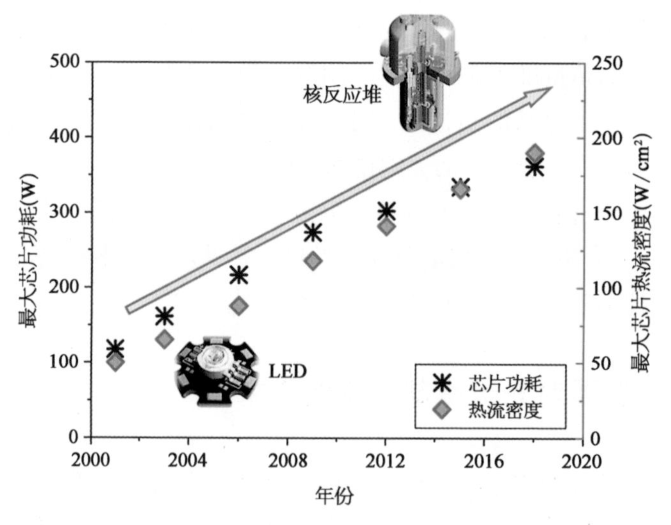

图 1-2 高性能微处理器芯片功率和热流密度发展预测[7]

(数据来自 2004 年国际电子制造计划技术路线图)

定律”[7]。然而,随之而生的“热障”问题日渐成为制约其进一步向更高性能、更高密度及更低功耗迈进的关键瓶颈。

与此同时,空间技术的快速发展,对航天电子设备和元器件提出了大量的高热流密度散热需求,如CCD相机、激光高度计、光谱仪等[7]。同时,由于其使用环境的特殊性,需要在温度剧烈波动的环境下保持恒定的工作温度,且对散热器有体积和重量上的限制,这些都进一步加大了其散热难度。此外,还有很多电力电子器件或设备同样面临着高功率高热流发热问题[7],如高功率LED、聚光太阳能电池、高功率激光芯片、绝缘栅双极型晶体管(IGBT)电转换器、X射线球管、发动机等(图1-3)。可以毫不夸张地说,高性能冷却技术的发展是保障这些器件安全高效工作和向更高性能发展的基本前提。

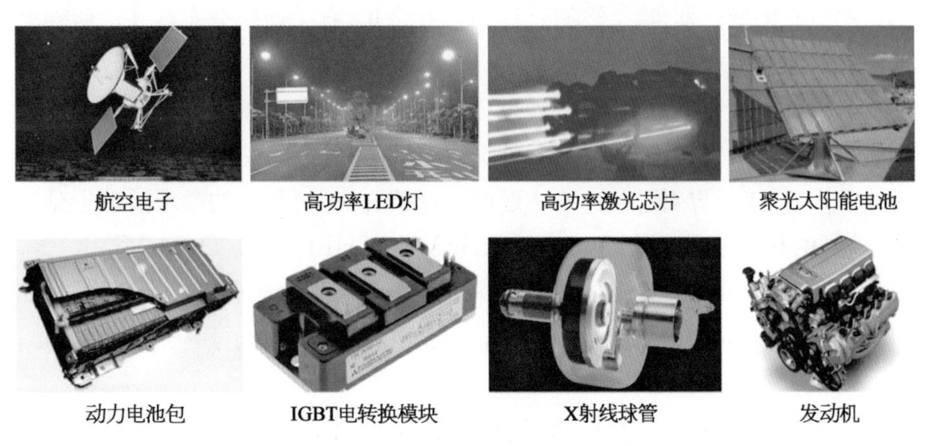

图1-3　高功率发热器件和设备[7]

芯片发热主要源于内部元件的焦耳热效应及晶体管泄漏电流热效应,集成度越高、泄漏功耗越大,则热现象越显著。过高的芯片温度将导致“电子迁移”现象,缩短其寿命,甚至导致内部电路直接烧毁。研究显示,电子元器件的工作寿命及可靠性随温度的升高而呈指数规律降低[4]。因此,卓越的散热技术对于尖端芯片的稳定运行具有至关重要的意义。

描述芯片热问题的两个关键参数为热设计功耗(thermal design power,TDP)和局部热流密度。热设计功耗表征单颗芯片正常工作达到最大负荷时释放的总热量,而局部热流密度描述芯片表面局部位置单位表面积产生的热功率,两者的关系可由式(1-1)描述。

$$Q=\int_A q\,\mathrm{d}A \tag{1-1}$$

其中 Q 为热设计功耗，q 为局部热流密度，A 为芯片面积。热设计功耗越大，则散热器空气侧需要的换热面积越大，宏观上意味着散热器的体积更大（换热问题）；而局部热流密度过高或者分布不均，将带来局部热点问题（热展开问题）。这两方面成为高端芯片的两大散热瓶颈，给散热技术带来了严峻的挑战。

芯片技术发展对高性能散热方法的迫切要求与实际应用的广阔空间，使得对超高热流密度芯片、微系统的散热技术研究成为国际上异常重要而活跃的领域[2,8]。由美国国防高级研究计划局（Defense Advanced Research Projects Agency, DARPA）资助的大规模研究计划 HERETIC（heat removal by thermo-integrated circuits），旨在发展可与高密度高性能的电子或光学器件相集成的固态和流态的散热器件。该项目已历时 30 余年，有关课题分布在几十所知名大学和国家研究机构，经费资助总额高达数亿美元。此外，美国联邦政府的其他机构包括海军研究办公室、能源部以及 NSF、NASA、NSA 等也对这一类研究进行了大范围资助。与此同时，半导体工业界也为此投入了大量人力和财力。学术界、工业界对芯片冷却主题的广泛研究，使得相关的学术活动十分活跃，重要的国际会议包括 ITHERM、SEMI - THERM 和 THERMINIC 等。同时，人们在研究的基础上还建立了一批致力于芯片冷却应用技术的公司，如 MMR、CoolChips、Cooligy 等。国际上许多知名大学成立了相应的研究中心，以促进相应技术向应用转化。

由于芯片应用的广泛性，相应散热或冷却技术的市场需求十分巨大。仅以计算机 CPU 所需的散热组件如风扇及翅片等产品为例，其制造业的世界市场，据估计每年有 50 亿至 100 亿美元需求规模[8]。而随着功耗的不断增加，芯片冷却解决方案的价格也随之剧增；对应地，随着芯片应用在不同行业的快速渗透，芯片冷却技术的市场需求也随之高速增长，可以预期未来其容量将大幅超过现有水平。

当前，众多的芯片散热技术在解决热展开与高效换热这两大瓶颈问题方面不断取得突破。微流道、微喷、热电制冷等技术可以有效解决局部高热流问题[2]，但目前其成本及功耗仍然过高。离子风、压电风扇具有独特的空气对流特性，但其运行环境特殊、性价比过低等问题使其距工业应用仍然有相当大的距离[5]。总的来说，当前的芯片散热技术呈现一种百花齐放的态势，但能满足不断增长的芯片散热需求且安全稳定的高端散热技术仍然比较匮乏，市场及尖端应用对先进散热技术的需求将越来越迫切。

以上分析了芯片冷却的技术需求。实际上,先进散热的应用场合远非芯片所能概括,在大量的民用消费领域、工业应用领域以及国防军事领域,对高热流密度散热技术的需求同样旺盛。

1.3 芯片散热代表性技术及发展趋势

当前,翅片风冷因为其低成本和高稳定性的优势占据了市场上低功耗芯片散热场合的绝对主流。然而,随着芯片发热功率的逐渐攀升和局部热点问题日益凸显,这种传统技术将无法满足相应的散热需求。为满足不断增长的高端芯片的散热需求,学术界和工业界发展了一系列先进散热技术。下面将对具有代表性的几类散热技术进行介绍。

1.3.1 热管散热技术

1963年,美国 Los Alamos 国家实验室首次提出一种高效的传热元件——热管,经过30多年的发展,20世纪90年代热管技术开始大规模应用。热管充分利用了工质气液相变吸热放热的性质,通过热管可以将发热器件的热量迅速传递到散热翅片,其热传导能力超过任何已知金属的导热能力[2]。热管是目前芯片散热领域应用较为广泛的高性能散热技术。其工作过程本质上可以概括为相变热输运和毛细回流两部分。由于它依靠内部工质的气液相变传输热量,因此具有传热能力强的特点,同时工质完全为热驱动,无须消耗外界能量。

热管的传热能力可以采用当量导热系数来描述。类似于固体导热的傅立叶定律,当量导热系数定义式可表述为:

$$k_e = \frac{QL}{S(T_e - T_c)} \tag{1-2}$$

其中,Q 为热管传递的热量,L 为热管的长度,S 为热管截面积,T_e 和 T_c 分别为蒸发段和冷凝段的温度。一般而言,式(1-2)计算的热管当量导热系数可以达到 10^4 W/(m·K)量级,相对于传统的金属热导率而言高出了两个量级。因此,高效的导热能力是热管最显著优势。

热管的另一种实现形式是真空腔均温板(vapor chamber)技术。典型的均温板结构与作用原理如图1-4所示,均温板为基于热管原理的衍生产品,其基本结构为一内壁具微结构的真空腔体，该类毛细微结构通常可为泡沫铜、烧结铜粉、微槽道等。当热量由热源传导至蒸发区时，腔体内的工质会在低真空度的环境中开始发生液相汽化的现象，此时工质吸收热能且体积迅速膨胀，气相的工质很快充满整个腔体。当气相工质接触到一个较冷的区域时将会产生凝结的现象，依靠凝结释放出在蒸发时累积的热，凝结后的液相工质会依靠微结构的毛细现象再回到蒸发热源处，此循环过程将在腔体内周而复始地进行。

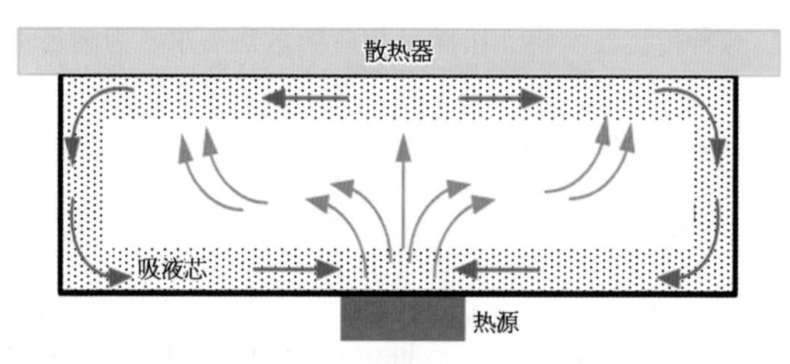

图 1－4　平板热管(均温板)基本结构与原理[9]

在当前主流芯片发热密度情况下（$<10\ W/cm^2$），热管因为其高性能、高稳定性、较低成本等优势占据了芯片散热技术的主流。然而，随着热流密度的持续升高，热管不可避免地会面临其传热极限问题。热管的传热极限由黏滞阻力、毛细能力及沸腾极限等多种物理特性共同决定[10]。一旦需传递的热量超过了热管传热极限，热管的热端温度会迅速升高，甚至产生爆裂危险。除此之外，热管工质的工作温度范围、管材与工质的相容性、抗弯折能力也从一定程度上限制了热管的应用范围。但总的来说，热管技术极大地支撑了当前高性能芯片技术的发展。

1.3.2　水冷散热技术

常规水冷散热器是市售高端芯片散热产品中除热管之外的第二大阵营。同其他散热方式类似，水冷散热的传热过程也分为两部分：液体循环进行热量搬运或展开以及远端翅片的空气冷却。水冷散热技术的优点在于结构灵活多变，同时散热性能较为优秀。在采用大体积的远端散热水排时，水冷散热器的性能甚至可超越顶级热管。图 1－5 展示了典型的 CPU 水冷散热器及其应用情况，此类系统由冷板、水泵、散热水排及传输管道构成。值得一提的是，当前大多数水冷散热器内的水冷液并非纯水，而为特殊的具有良好绝缘、抗冻性能的复合液体。芯片散热领域的水冷散热器实际上代表了常规液冷这一大类冷却技术。

图 1－5 市售 CPU 水冷散热器产品及其典型应用架构

水冷散热器的性能主要取决于冷板内的液体对流热阻和远端翅片的空气对流热阻。当前大多数水冷散热产品冷板内的液体对流换热系数和热管蒸发相变换热系数相当[2,9]。而远端翅片因为体积和成本限制，目前也和顶级热管基本持平甚至略小。总的来说，目前水冷技术在性能上并不显著优于热管产品(大体积散热水冷除外)。除了价格较高，工质存在潜在泄露及蒸发等问题也是水冷技术的关键瓶颈。要解决此类问题，一方面可从结构着手，比如增加储备水箱、防漏接头等部件；另一方面需要从工质着手，寻找热物性更优、绝缘，同时不易蒸发泄露的冷却工质。

1.3.3 微通道散热技术

微通道散热方式是近代传热领域的重要创新和突破[1]，其机理在于它采用的极为细密的流道结构不仅能大幅度增加比换热面积，同时也减薄了边界层厚度，有效提高了对流换热系数。目前典型的微通道散热器件水力直径约为数十或数百微米，能承载的热流密度可高达 100～1 000 W/cm^2 量级[11]，远超当前大多数电子器件的热流极限。

考虑材料热物性和加工性能，微通道的结构材料一般采用无氧铜或硅，加工途径可采用光化学刻蚀、湿刻蚀、线切割或激光切割等方法。驱动泵是微通道系统的核心部件之一，在微流控芯片领域已经对此进行了广泛而深入的研究，典型的微通道驱动泵包括叶轮泵、压电泵、电磁泵、电渗泵等[12]。微通道散热技术的两个核心问题在于其流动阻力和传热性能的评估。实际微通道的总阻力包括进口和出口段局部阻力，以及考虑进口段的通道沿程阻力，可表示为[13]：

$$\Delta p = \frac{(k_i + k_o)\rho V^2}{2} + \frac{2(fRe)\mu VL}{D_h^2} + \frac{k(x)\rho V^2}{2} \tag{1-3}$$

其中，Δp 为微通道总阻力压头，ρ 为工质密度，V 为流速，Re 为雷洛数，D_h 为水力直径，f 为沿程阻力系数，μ 为黏度，L 为通道长度，k_i、k_o 分别为进口和出口的局部阻力系数，$k(x)$ 为 Hagenbach 因子。式(1-3)右边第一项描述了进出口的局部阻力，第二项描述了充分发展段的沿程阻力，而第三项代表了修正的进口段沿程阻力。传热特性方面，微通道的传热热阻可表示为[5]：

$$R = \frac{\delta}{\lambda A} + \frac{1}{hN(A_{base} + 2A_{fin}n_f)} + \frac{1}{2C_p m_c} \tag{1-4}$$

其中，δ 为微通道底板厚度，λ 为微通道材料热导率，A 为底板传热截面积，h 为微通道内对流换热系数，N 为通道数量，A_{base}、A_{fin} 分别为单条微通道底面和侧面面积，n_f 为微通道翅片效率，C_p 为工质热容，m_c 为工质质量流量。由式(1-4)可知，微通道的传热热阻包括底板导热热阻、通道内对流热阻，以及由于流体自身温升所导致的热容热阻，通道数量越多，总热阻越小。

尽管微通道散热技术具有非常高的换热系数，但其运行阻力大、泵功高，同时在超高热流密度下也有两相传热失稳或恶化风险[1]。近些年，随着更高密度芯片集成需求，3D 芯片技术逐渐成为高端芯片发展的重要方向。多块晶圆的垂直堆叠带来了尤为棘手的内部热点问题，而微通道则是解决此类问题的有效途径之一[14]。总的来说，微通道散热是一项非常重要的技术，其优异的性能确保了其持续成为高端芯片散热技术的研究热点。

1.3.4 微喷射散热技术

与微通道类似，微喷射也是解决高热流密度散热难题的一种典型的高性能散热技术。微喷射的特点在于高速的流体冲击到热源表面时会在驻点处形成非常薄的边界层，同时流体的卷吸会产生显著的紊流，这些效应共同作用导致了喷射区域极高的对流换热效率(图 1-6)。

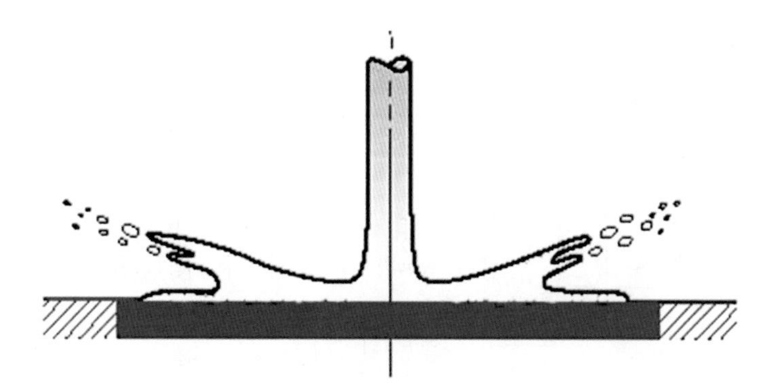

图1-6 微喷射散热技术原理[15]

微喷射技术非常适合解决单热点极高热流密度的散热问题。目前已有研究采用水作为工质，在流速 100 m/s 的情况下，可以达到热流密度 40 kW/cm^2 的散热能力[15]。在当前的电子散热领域，这种高热流密度是极为少见的。研究者曾经通过实验给出了如下微喷对流换热系数经验关系式($Pr>0.8$)[16]：

$$h=1.14(Re)^{0.5}Pr^{0.4}\frac{k}{D} \tag{1-5}$$

其中，h 为微喷射对流换热系数，Re 为雷洛数，Pr 为普朗特数，k 为工质热导率，D 为通道直径。式(1-5)可以对水的喷射对流换热系数进行估算，在管道直径 1 cm、流速 10 m/s 的情况下，换热系数可达到 10^5 $W/(m^2\cdot K)$量级。因此，微喷射是当前解决局部高热流问题极为高效的方法。

微喷射技术的另一项扩展应用是喷雾冷却，其通过喷射微液滴到热源表面蒸发相变而进行散热。相对于单相微喷射技术，其冷却面积更广，温度均匀性更优。研究表明[17]，单相微喷射冷却性能主要取决于喷口数量和出口速度，而喷雾冷却更多地取决于质量流量和液滴速度。在相同冷却能力的情况下，因为相变潜热的优势，喷雾冷却能够消耗更小的质量流量。但喷雾冷却结构更加复杂，在液滴生成、两相流稳定性方面仍面临诸多挑战。

1.3.5 热电冷却技术

热电冷却是一种基于“珀尔帖”效应的主动制冷方法[2,9]。典型的热电元件由多对电学串联、热学并联的P型/N型半导体电偶对阵列组合而成。当电流流经电偶对时，P型半导体中的空穴和N型半导体中的电子会朝热电元件的同一端运动，导致能量的定向搬运，空穴/电子聚集的一端放热升温，而离开

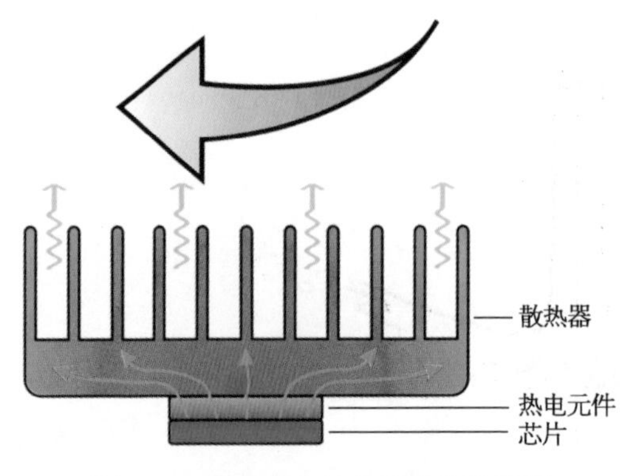

图1-7 集成热电元件的芯片散热器

的一端吸热降温，从而产生制冷效应。热电元件的优点在于无机械运动部件、零噪声、易微型化、寿命长，同时制冷量、冷却速度、冷却面均可通过电流灵活调节，易实现恒温控制，使用方便。图1-7为典型的集成了热电元件的芯片冷却系统示意图。其中，热电元件冷端紧贴发热芯片，而热端通过传统翅片或热管进行散热。

图1-7中热电元件的应用需注意两个基本问题。首先，热电元件的实际制冷量应和芯片的发热功率匹配。由热电理论知热电元件冷面制冷量为[18]：

$$Q=(\alpha_{\mathrm{P}}-\alpha_{\mathrm{N}})IT_{\mathrm{c}}-\frac{1}{2}I^{2}R-K(T_{\mathrm{h}}-T_{\mathrm{c}}) \tag{1-6}$$

其中，α_{P}、α_{N}分别为P型和N型电偶臂的塞贝克系数，I为电流，R为热电元件电阻，K为热电元件热导率，T_{h}、T_{c}分别为热端和冷端温度。热电元件的实际制冷量和冷热面温差直接相关，因此必须综合温差和制冷量两方面的需求对热电元件进行设计和选取。第二个问题在于热电元件自身存在输入电功，会增大系统的热负荷。因此，由热电元件额外产生的热量而导致的温升必须小于热电元件带来的温降[如式(1-7)所示]，否则热电元件的引入反而会降低散热系统的散热能力。

$$T_{\mathrm{h}}-T_{\mathrm{c}}>P_{\mathrm{TEC}}R_{a} \tag{1-7}$$

其中，T_{h}、T_{c}分别为热电元件热面和冷面的温度，P_{TEC}为热电元件功耗，R_{a}为热电元件热面到空气侧的热阻。为使式(1-7)成立，热电元件的热面通常需辅助以较强的散热方式，比如热管或水冷等，以减小空气侧热阻。

1.3.6 蒸汽压缩制冷技术

蒸汽压缩制冷是民用领域应用最为广泛的主动制冷技术，但直到20世纪90年代随着芯片热管理问题的日益凸显才逐渐应用于电子散热领域。典型的蒸汽压缩制冷系统包含压缩机、冷凝器、节流机构和蒸发器4个基本组件，其最大的优点在于可获得传统散热方式难以达到的极低冷却温度，而且制冷量按需可控。

Lv 等[19]曾提出利用空调系统降低计算机机箱内环境空气温度的热管理方案。实验表明，设计的蒸汽压缩制冷系统能够降低机箱环境温度 20℃。Rao 等[20]设计了针对多 CPU 冷却的多通道蒸汽压缩制冷系统，其直接用蒸发冷头对 CPU 进行降温，效果非常显著。类似的，Liu 等[21]设计了针对服务器的多 CPU 蒸汽压缩冷却系统，在单颗 CPU 热设计功耗 89 W 的情况下，设计的蒸汽压缩制冷系统能保证 CPU 工作温度低于 37℃，制冷 COP 可达 2.23，具有很好的应用前景。

Thermaltake 公司也曾推出一款基于蒸汽压缩制冷的台式电脑散热器 Xpressar RCS100（图 1-8）[22]。其官方网站显示，该冷却系统采用 R134a 作为制冷剂，功耗低于 50 W，其热阻可达到 0.02℃/W，远低于当前市场上的顶级热管散热器。

图 1-8 蒸汽压缩制冷 CPU 散热系统

蒸汽压缩制冷技术已相对成熟，但应用在高端芯片散热领域最重要的问题在于压缩机的微型化。微型蒸汽压缩冷却系统具有出色的冷却能力，但其系统相对复杂，震动、噪声、结露等问题还需要进一步克服，同时其成本尚需进一步降低。

1.3.7 芯片散热技术发展趋势

按照热展开机理的不同，芯片散热技术经历了四代变革[2,5]。第一代芯片散热器（翅片风冷）主要依靠铜/铝等金属的导热，来实现热量从局部热源到翅片散热面的展开。因为金属的热导率有限，所以在热源集中时扩散热阻非常明显，散热器的热展开能力存在很大局限。第二代芯片散热技术（热管）以相变吸热/毛细回流的热展开方式，极大提升了散热器的性能。然而，在高热流密度情况下，相变热展开受传热极限限制存在性能恶化的问题。第三代芯片散热技术（水冷、微通道、微喷等），采用水的对流换热来实现热展开过程，其典型特点在于结构灵活，热展开性能优越，同时耐极限热流能力强。

然而,作为第三代高性能芯片散热技术,水冷在向更高热流密度迈进时仍然面临诸多困难和瓶颈。主要原因在于:一方面,水热导率低,虽然可通过添加纳米颗粒等方法在一定程度上进行提升,但在极端热流密度情况时仍需要高流速或者微通道来提升换热能力,对驱动泵要求高;另一方面,水的沸点低,在高热流/低流速情况下容易发生沸腾相变,带来严重的系统稳定性问题。

随着芯片集成度和热流密度的持续攀升,亟须发展第四代先进芯片散热技术[5]。第四代散热技术须具备如下特征:结构简单,热展开性能优异,同时具有超高的耐极限热流密度的能力。液态金属芯片散热技术的提出为发展第四代芯片散热技术带来了曙光[2,23]。在单相对流情况下,液态金属的对流换热系数可以比水高数个量级[24]。同时,其出色的稳定性极大地拓展了散热领域由水冷所达到的极限热流密度。综合其性能优势,液态金属冷却方法非常有潜力作为芯片散热领域的第四代散热技术(图 1-9)。

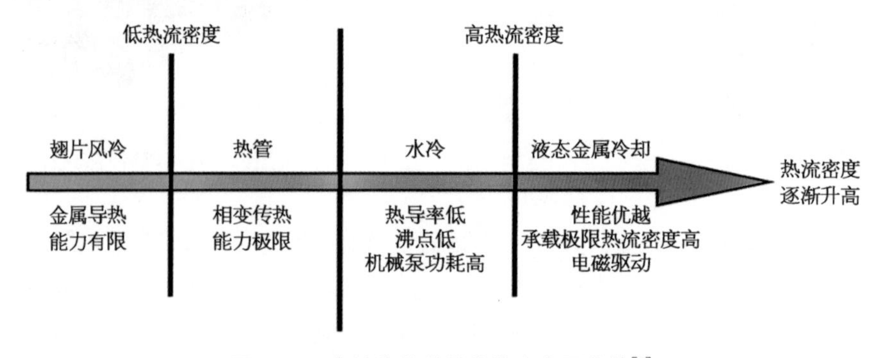

图 1-9　高性能芯片散热技术发展趋势[5]

1.4　液态金属芯片散热技术的兴起

众所周知,金属具有远高于非金属材料的热导率。而芯片一般工作在 0℃以上,100℃以下,因此若能将这一温区内处于液体状态的金属作为冷却流体,则可望产生优异的散热性能。正是基于这一考虑,中国科学院理化技术研究所刘静博士于 2002 年原创性地提出了以低熔点金属或其合金作为冷却流动工质的芯片散热方法[25],这是在芯片热管理领域中首次引入的全新观念。在这种先进散热技术中,流通于流道内的工质并非常规所用的水、有机溶液或其他功能流体,也不同于传统的高危险性液态金属如水银及钠钾合金材料,而是在室温附近即可熔化的安全无毒的低熔点金属如镓或更低熔点的合金如镓基合金，因而整套装置可做成具有对流冷却方式的纯金属型散热器。由于液态金属具有远高于水、空气及许多非金属介质的热导率（如镓热导率约为水的60倍），且具有流动性，因而可实现快速高效的热量输运能力。此种冷却是一种观念上的根本性突破，改变了人们对于传统液态金属材料的认识，由此开启了液态金属在消费电子冷却领域的大门。这种低熔点液体金属以远高于传统流动工质的热传输能力，最大限度地解决了高密度能流的散热难题。特别是，由于采用了液体金属，散热器的尺寸可显著降低，且易于通过功耗较低的电磁泵驱动，由此可实现整体集成化的微型散热器[26]。而且，由于液态金属冷却工质可从室温到2 300℃均保持液相，不会像水冷或热管散热器那样运行工质易于沸腾蒸发甚至爆炸，因而液态金属冷却适合于极端散热场合[27]。

可以预计，作为一种同时兼有高效导热和对流散热特性的技术，液态金属散热将有望成为新一代十分理想的超高功率密度热传输技术之一。而且，这类散热技术与水冷、热管乃至肋片散热等经典方式的结合（图1-10），可以衍生出更多性价比显著的复合式散热技术，笔者实验室为此系统提出了组合传热学的基本思想[28]。图1-11为笔者团队首创并研制的系列商品化的液态金属CPU散热器和LED远光灯散热器[7]。第三方对比测试表明，液态金属散热器具有优于市面上同类水冷和热管散热器的散热性能。随着今后各类高功率芯片发热密度的持续攀升，传统散热技术趋近极限时，该项技术所能发挥的

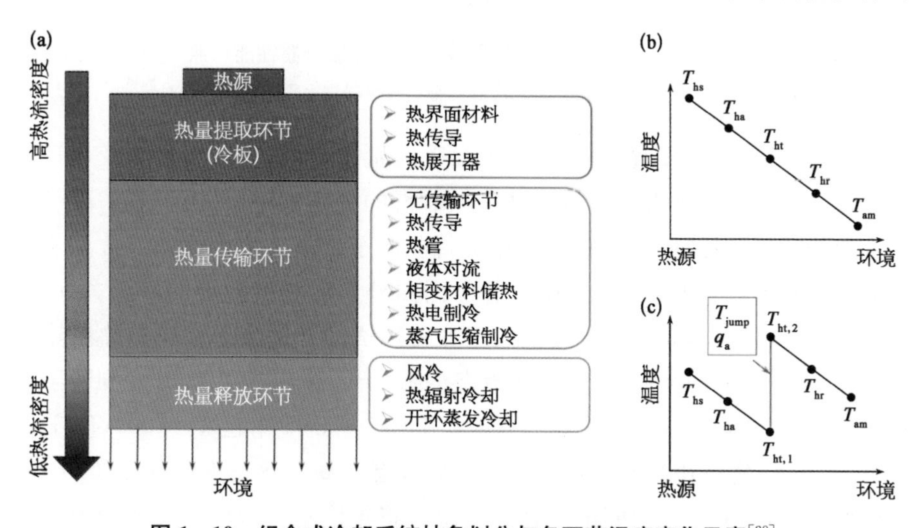

图1-10 组合式冷却系统抽象划分与各环节温度变化示意[28]

(a) 冷却系统基本模块抽象划分；(b) 一般冷却系统各模块温度变化；(c) 热电冷却和蒸汽压缩循环制冷冷却各模块温度变化。

作用不易为现有技术所代替。不难看出,液态金属散热作为一项底层技术,还可由此引申出更多高效散热器形式,并有可能突破许多高性能芯片器件使用上的技术瓶颈,此领域的发展方兴未艾。

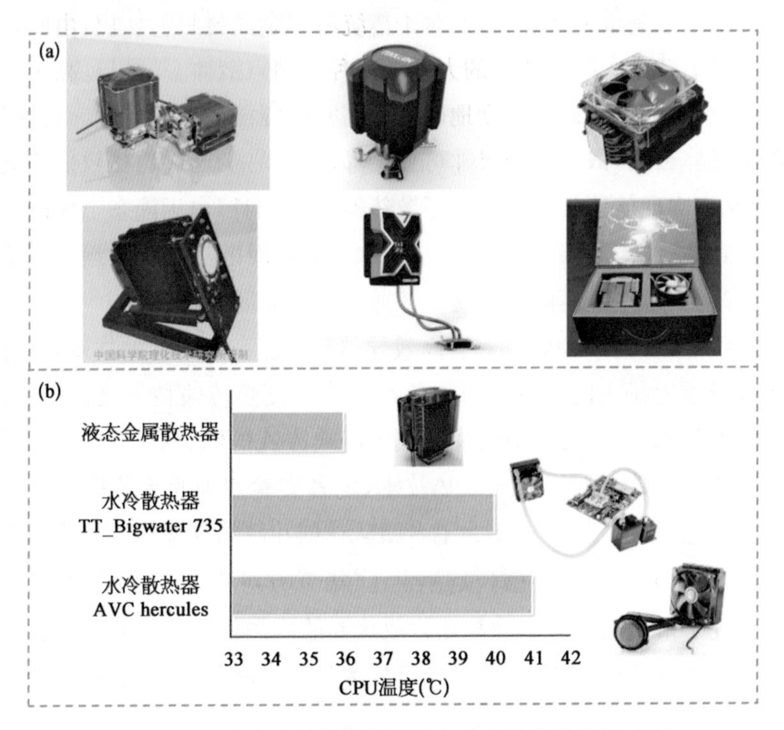

图 1-11 液态金属散热器及其与水冷散热器性能对照

(a) 系列商用液态金属散热器;(b) 液态金属散热器与水冷散热器性能对比。

液态金属芯片冷却在技术理念上显著区别于传统的风冷、水冷及热管等散热技术,是近 30 年来芯片热管理领域取得的突破性进展,由于其超高热流密度散热及低功耗特性,在芯片及相关行业展示出重大实用价值。常温液态金属冷却技术一经提出,便迅速引起了国内外学者和产业界的广泛关注[7]。2004 年,美国 Nanocoolers 公司获数千万美元资助开展液态金属芯片散热技术研究,并于 2005 年发布了商用的液态金属 CPU 散热器,但因其专利晚于中国团队而未获授权,加之技术原因并未在市场上推广应用起来。2009 年,美国 Aqwest LLC 公司开展激光泵浦二极管的液态金属散热技术研究。2010 年,美国机械工程师学会会刊《电子封装学报》,将年度唯一最佳论文奖授予笔者实验室关于液态金属冷却装置设计的研究论文[29],液态金属芯片散热自此得到更为广泛的认识和关注,此后国际上一批研发项目相继设立。2013 年,美国阿贡国家实验室研制出加速器中子散射源液态金属散热原型机，将液态金属镓引入冷却系统，取代传统的钠钾合金。2014年，美国国家航空航天局将液态金属冷却技术列为未来前沿研究方向。可以看到，这项诞生并发展于中国的技术已经吸引了美国等科技强国的极大关注，世界各国实验室也纷纷投入力量展开研究，全球范围内的研发活动呈现可喜而快速的增长趋势。

迄今，已有大量国际知名的科学媒体和专业网站相继对液态金属散热技术进行了广泛报道和评论，如 *Technology Review* 发表了题为"金属冷却的计算——液态金属是几类终将冷却超快计算机的新技术之一"的文章。*Softpedia* 以"液态金属带来CPU冷却的革命"为题报道了相应散热产品的推进情况。*INQUIRER* 发表了题为"液态金属，PC冷却的下一件大事"的评论。在我国，许多知名科学媒体、产经新闻及专业网站，也以"中国领跑液态金属芯片散热技术研究"等为题进行了报道。

液态金属芯片冷却技术的关键之处在于引入了概念崭新的冷却工质，即在流道内流动的冷却工质并非常规所用的水或其他有机混合流体，而是在室温附近即可熔化的液态金属，这相对于传统液冷方法而言是一个观念性的重大变革。这种低熔点液体金属以显著优于传统流动工质（如水、有机溶液或其他功能流体）的热传输能力，可望最大限度地解决高热流密度的散热难题。

归纳起来，液态金属芯片冷却技术的主要创新点及优势在于：散热器体积紧凑，而散热能力则显著优于现有液冷方法；该技术集肋片散热和对流冷却散热于一体，大大拓展了传统散热方式的散热表面；由于液体金属大功率器件散热器运行时，工质无须大流速，因此噪声极小，而一旦采用电磁驱动后，则噪声可完全消除；该技术还可同时发展为计算机、LED器件、通信基站以及更多军民用高功率发热器件的散热器；大功率器件的集成度将继续攀高，因而发热量会达到更高水平，此时，液体金属散热技术发挥作用的空间越大；采用电磁驱动后，散热系统内无运动机构，因而性能更加稳定可靠。图1-12总结了液态金属冷却与热能传递的应用领域[7]，主要包括：大功率高热流芯片（如高性能计算机、大功率LED、微型投影仪、通信基站等），空间热控，激光芯片及新型清洁能源技术（如聚光太阳能发电、工业废热回收利用、低品位热能回收等）。

液态金属引入大功率器件散热领域是一种底层技术，沿此路线，还可扩充出更多散热方案，例如将液态金属制作成热界面材料[30]可以显著降低芯片与散热器之间的界面热阻（图1-13）。图1-14(a)系笔者团队研发的已经实现

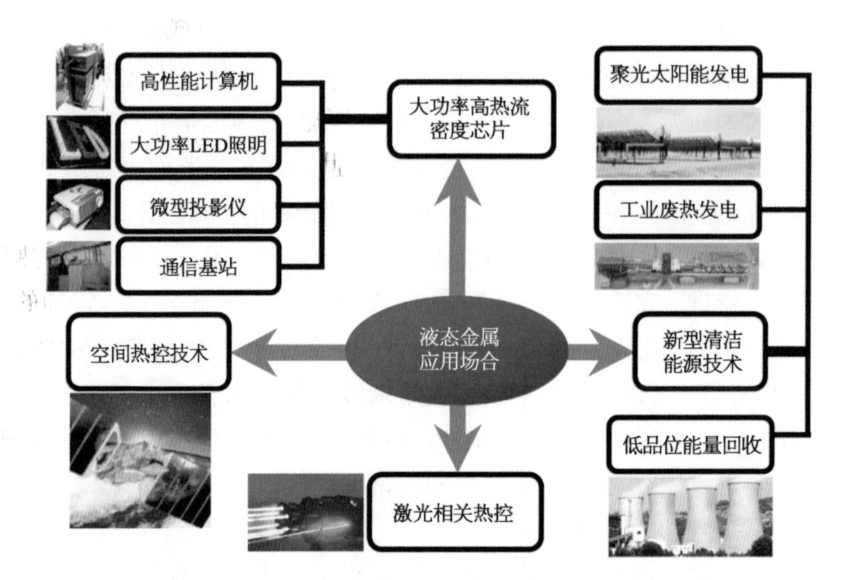

图 1-12 液态金属冷却与热传输技术应用领域

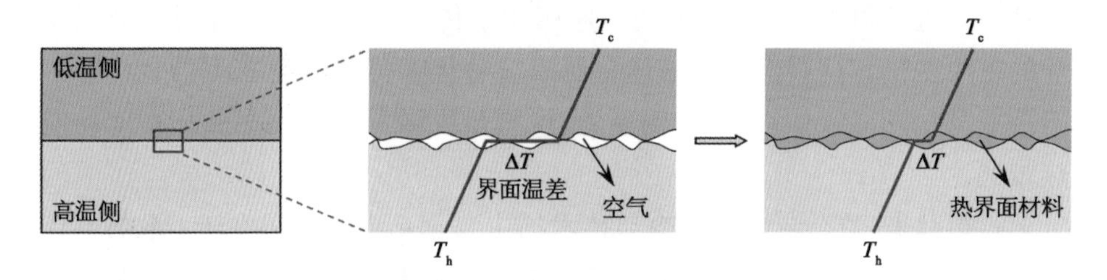

图 1-13 界面热阻与界面温差

产业化的批量生产的液态金属系列热界面材料产品。与此同时，基于实验室液态金属热界面材料的大功率 LED 路灯已投入实际使用[图 1-14(b～c)]。针对部分应用场合要求热界面材料电绝缘的需求，笔者实验室成功研制出了相应的液态金属/硅脂复合热界面材料[31]，攻克了“高导热不导电”这一看似矛盾的技术难题。此外，利用液态金属的固液相变特性还可以发展出显著优于现有相变材料的热控技术[32]，此方面的新兴技术在大量的能源利用和热管理包括各种消费电子如手机[33]的灵巧散热上有重要应用价值。

总的来说，这种旨在解决高端芯片严重受制于“热障”这一世界性难题而提出的液态金属芯片冷却模式，有着重大的观念突破性意义。液态金属芯片冷却技术在高性能芯片及高集成度光电器件的应用上已展示出美好前景，并处于迅速发展之中，此方面技术的产业化具有巨大的发展潜力和市场空间。

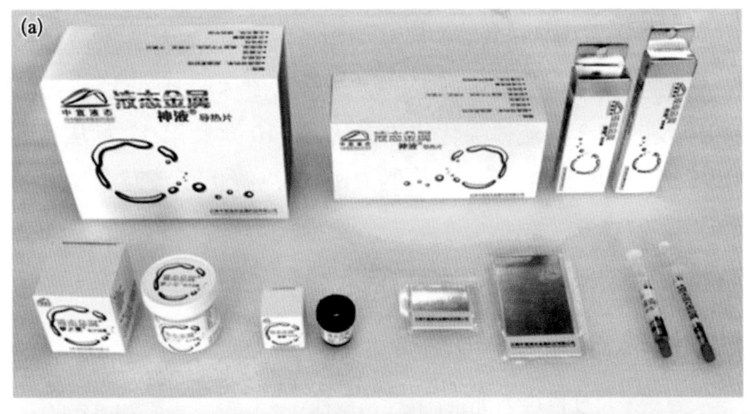

图 1-14 液态金属系列热界面材料产品及其在 LED 路灯中的应用

(a) 液态金属热界面材料系列产品;(b)、(c) 液态金属热界面材料导热冷却的 LED 路灯。

1.5 本书内容和框架

本书围绕传热学科前沿领域内近年来备受关注的液态金属散热技术,集中阐述其中涉及的新方法、新原理与典型应用。全书内容基本涵盖了液态金属芯片散热领域内的重大主题,包括:液态金属的基础热物理特性、材料相容性、热界面材料、相变热控、驱动方法、对流传热特性、微通道强化散热技术以及一些实际器件的应用等方面。第 1 章主要概述传统散热技术及发展趋势,进而阐述液态金属散热技术的特点及发展情况;第 2 章和第 3 章分别详细介绍了液态金属的导热特性和相变特性,并就液态金属的不同特性与发展先进散热技术的关联进行了阐述;第 4 章对应用中可能出现的腐蚀问题,介绍了液态金属与典型散热基底材料间的相容性;第 5 章重点阐述了液态金属作为热界面材料的典型特性及其实际应用；第 6 章介绍了液态金属相变材料，以及其在热控技术中涉及的传热机理；第 7 章到第 9 章针对液态金属流体散热技术进行了深入介绍，具体包括其中涉及的液态金属流体驱动方法、液态金属流体散热方法，以及液态金属流体强化传热方法；第 10 章和第 11 章从实际应用出发，分别以 CPU 散热器和 LED 散热器为例，重点解析了液态金属芯片散热器的典型设计案例。

参考文献

[1] 刘静.微米/纳米尺度传热学.北京：科学出版社，2001.

[2] 刘静.热学微系统技术.北京：科学出版社，2008.

[3] Li H Y, Liu J. Revolutionizing heat transport enhancement with liquid metals: Proposal of a new industry of water-free heat exchangers. Frontiers in Energy, 2011, 5: 20～42.

[4] Krishnan S, Garimella S V, Chrysler G M, et al. Towards' a thermal Moore's law. IEEE Transactions on Advanced Packaging, 2007, 3: 462～474.

[5] 邓月光.高性能液态金属 CPU 散热器的理论与实验研究(博士学位论文).北京：中国科学院研究生院，中国科学院理化技术研究所，2012.

[6] 蒋建飞.纳米芯片学.上海：上海交通大学出版社，2007.

[7] 杨小虎，刘静.液态金属高性能冷却技术：发展历程与研究前沿.科技导报，2018, 36(15): 54～66.

[8] 刘静，杨应宝，邓中山.中国液态金属工业发展战略研究报告.云南：云南科技出版社，2018.

[9] 梅生福.高功率密度 LED 液态金属强化散热方法研究(硕士学位论文).北京：中国科学院大学，中国科学院理化技术研究所，2014.

[10] 庄骏.热管与热管换热器.上海：上海交通大学出版社，1989.

[11] Morini G L. Single-phase convective heat transfer in microchannels: a review of experimental results. International Journal of Thermal Sciences, 2004, 7: 631～651.

[12] Garimella S V, Singhal V, Liu D. On-chip thermal management with microchannel heat sinks and integrated micropumps. Proceedings of the IEEE, 2006, 8: 1534～1548.

[13] Steinke M E, Kandlikar S G. Single-phase liquid friction factors in microchannels. International Journal of Thermal Sciences, 2006, 11: 1073～1083.

[14] Alfieri F, Tiwari M K, Zinovik I, et al. 3D integrated water cooling of a composite multilayer stack of chips. ASME Journal of Heat Transfer, 2010, 12: 9.

[15] Lasance C J M, Simons R E. Advances in high-performance cooling for electronics. Electronics Cooling, 2005, 4: 22～39.

[16] Palmer J R. Theoretical-model for high-power diamond laser optics using high-velocity liquid-metal jet impingement cooling. SPIE International Symposium on Optical Applied Science and Engineering, 1993, 86～115.

[17] Oliphant K, Webb B W, McQuay M Q. An experimental comparison of liquid jet array and spray impingement cooling in the non-boiling regime. Experimental Thermal and Fluid Science, 1998, 1: 1～10.

[18] 陈光明,陈国邦.制冷与低温原理.北京: 机械工业出版社,2000.

[19] Lv Y G, Zhou Y X, Liu J. Experimental validation of a conceptual vapor-based air-conditioning system for the reduction of chip temperature through environmental cooling in a computer closet. Journal of Basic Science and Engineering, 2007, 4: 531～546.

[20] Rao W, Zhou Y X, Liu J, et al. Vapor-compression-refrigerator enabled thermal management of high performance computer. International Congress of Refrigeration, 2007, 1～7.

[21] Liu M, Zhou Y X, Liu J. Realization of practical vapor compression cooling system for multiprocessor tower server. Proceedings of the Inaugural US-EU-China Thermophysics Conference, 2009, 1～6.

[22] World's first DC inverter type micro refrigeration cooling system. http://cn.xpressar.com/index.html.

[23] Ma K Q, Liu J. Liquid metal cooling in thermal management of computer chip. Frontiers of Energy and Power Engineering in China, 2007, 1: 384～402.

[24] Yang X H, Liu J. Advances in liquid metal science and technology in chip cooling and thermal management. Advances in Heat Transfer, 2018, 50: 187～300.

[25] 刘静,周一欣.以低熔点金属或其合金作流动工质的芯片散热用散热装置.中国发明专利,02131419.5.

[26] Liu J, Zhou Y X, Lv Y G, et al. Liquid metal based miniaturized chip-cooling device driven by electromagnetic pump. 2005 ASME International Mechanical Engineering Congress and RD&D Expo, November 5-11, 2005, Orlando, Florida.

[27] Deng Y, Liu J. Heat spreader based on room-temperature liquid metal. ASME Journal of Thermal Science and Engineering Applications, 2012, 4: 024501.

[28] Yang X H, Liu J. Liquid metal enabled combinatorial heat transfer science: towards unconventional extreme cooling. Frontiers in Energy, 2018, 12(2): 259～275.

[29] Deng Y, Liu J. Design of practical liquid metal cooling device for heat dissipation of high performance CPUs. ASME Journal of Electronic Packaging, 2010, 132(3): 031009.

[30] Gao Y X, Liu J. Gallium-based thermal interface material with high compliance and wettability. Appl Phys A, 2012, 107: 701～708.

[31] Mei S F, Gao Y X, Deng Z S, et al. Thermally conductive and highly electrically resistive grease through homogeneously dispersing liquid metal droplets inside methyl

silicone oil. ASME Journal of Electronic Packaging, 2014, 136(1): 011009.
[32] Ge H S, Li H Y, Mei S F, et al. Low melting point liquid metal as a new class of phase change material: An emerging frontier in energy area. Renewable and Sustainable Energy Reviews, 2013, 21: 331~346.
[33] Ge H S, Liu J. Keeping smartphones cool with gallium phase change material. ASME Journal of Heat Transfer, 2013, 135(5): 054503.

第2章 液态金属导热特性

2.1 引言

液态金属在先进散热领域已显示其极为广泛的应用价值，随着大量高功率密度器件技术的飞速发展，液态金属作为一种独特而高效的导热及散热介质的重要性正日益凸显。无疑，不断增长的应用对这类低熔点金属及合金的导热特性，无论是在数据的准确度方面，还是参数范围的广度方面，学术界和工业界均不断提出更高的要求。然而遗憾的是，当前所能获得的低熔点金属或合金的导热特性数据仍然偏少，甚至可以说相当缺乏，即使已有一些零散数据，不同文献给出的数据也可能完全不同，有时差别会很大。例如，研究相对较多的钠钾合金，即使成分比较接近，但数据差别却很大，表 2-1 给出了不同研究者得到的导热系数数据。

表 2-1　钠钾合金的导热系数[1,2][W/(m·K)]

温度(℃)	$NaK_{77.7}$	NaK_{78}
100	23.2	12.2
200	24.7	12.8
300	25.6	13.4
400	26.2	14.0

无论是液态金属热界面材料、相变材料还是流体散热材料，其导热特性(热导率)都是评估相应材料传热性能的重要指标之一，笔者实验室为此进行了相应理论与试验探索。下文主要从液态金属热导率的理论预测及实验测量两方面对液态金属导热特性进行介绍[2]。

2.2 液态二元合金导热系数的预测

2.2.1 液态金属电阻率

金属及合金的热导率与电导率的比值为常数，一般可以由电导率对热导率进行预测[2]。由 Faber - Ziman 公式[3]，液态合金的电阻率可写为

$$\rho_{\text{Alloy}}=\left(\frac{3\pi}{\hbar\mid e\mid^{2}}\right)\left(\frac{V}{Nv_{\mathrm{F}}^{2}}\right)\left\langle\sum_{\alpha,\beta}(x_{\alpha}x_{\beta})^{\frac{1}{2}}S_{\alpha\beta}(q)w_{\alpha}(q)w_{\beta}(q)\right\rangle_{Z}\tag{2-1}$$

其中，$\hbar$ 为普朗克常数与 2π 之比；$\mid e\mid$ 为电子电荷；v_{F} 为费米速度。对一质量为 m 的电子而言，有

$$v_{\mathrm{F}}=\frac{\hbar k_{\mathrm{F}}}{m}\tag{2-2}$$

$w_{\alpha}(q)$ 和 $w_{\beta}(q)$ 为价电子 α 和 β 的库仑势的傅立叶变换。x_{α} 和 x_{β} 分别为摩尔分数。

在式(2 - 1)中

$$\langle F\rangle_{Z}=4\int_{0}^{1}F(q)\left(\frac{q}{2k_{\mathrm{F}}}\right)^{3}d\left(\frac{q}{2k_{\mathrm{F}}}\right)\tag{2-3}$$

$$k_{\mathrm{F}}=\left(\frac{3\pi^{2}ZN}{V}\right)^{\frac{1}{3}}\tag{2-4}$$

这里，k_{F} 为波矢，Z 为合金有效化合价，对价电子数为 Z_{α} 和 Z_{β} 的二元合金来说，合金有效化合价可表示为

$$Z=x_{\alpha}Z_{\alpha}+x_{\beta}Z_{\beta}\tag{2-5}$$

在式(2 - 1)中，为简单起见，采用 Faber 和 Ziman 提出的置换模型，在这种置换模型中，所有组分都具有相同的原子体积和结构因子，即

$$S_{\alpha\alpha}(q)=S_{\beta\beta}(q)=S_{\alpha\beta}(q)=S\tag{2-6}$$

长波长 PY 硬球结构因子表达式为

$$S(q)=[1-nc_{H}(q)]^{-1}\tag{2-7}$$

其中

$$
\begin{aligned}
nc_H(q) = & -\left\{\frac{24\xi}{(1-\xi)^4 m^6}\right\}\{(1+2\xi)^2 m^3[\sin m - m\cos m] \\
& -6\xi\left(1+\frac{\xi}{2}\right)^2 m^2[2m\sin m - (m^2-2)\cos m - 2] \\
& +\frac{1}{2}\zeta(1+2\zeta)^2[(4m^3-24m)\sin m - (m^4-12m^2+24)\cos m + 24]\}
\end{aligned}
\tag{2-8}
$$

其中，$m=\sigma q$，σ 为金属的硬球半径。式(2－7)为结构因子的唯一的理论关系式，因而在液态金属理论中得到广泛应用。根据 Faber 和 Ziman 理论[3]，液态金属的表达式可分解为

$$\rho_{\mathrm{Alloy}} = \rho' + \rho'' \tag{2-9}$$

其中

$$\rho' = \left(\frac{3\pi}{\hbar \mid e \mid^2}\right)\left(\frac{V}{Nv_{\mathrm{F}}^2}\right)\langle x_\alpha S w_\alpha^2 + x_\beta S w_\beta^2 \rangle_Z \tag{2-10}$$

$$\rho'' = \left(\frac{3\pi}{\hbar \mid e \mid^2}\right)\left(\frac{V}{Nv_{\mathrm{F}}^2}\right)\langle x_\alpha x_\beta (1-S)(w_\alpha - w_\beta)^2 \rangle_Z \tag{2-11}$$

从式(2－9)～(2－11)可以看出，液态合金的电阻率中 ρ' 与浓度呈线性关系，而 ρ'' 则与浓度呈二次方关系。

对于二元合金，$x_\alpha=1$ 和 $x_\beta=0$ 对应电阻率 ρ_1 为纯液态金属，而 $x_\alpha=0$ 和 $x_\beta=1$ 对应电阻率 ρ_2 为纯液态金属 β，也即，

$$\rho_1 = \left(\frac{3\pi}{\hbar \mid e \mid^2}\right)\left(\frac{V}{Nv_{\mathrm{F}}^2}\right)\langle S w_\alpha^2 \rangle_Z \tag{2-12}$$

$$\rho_2 = \left(\frac{3\pi}{\hbar \mid e \mid^2}\right)\left(\frac{V}{Nv_{\mathrm{F}}^2}\right)\langle S w_\beta^2 \rangle_Z \tag{2-13}$$

从式(2－9)～(2－13)，不考虑相变，我们得到二元合金的电阻率表达式

$$\rho_{\mathrm{Alloy}} = x_\alpha \rho_1 + x_\beta \rho_2 + C x_\alpha x_\beta (\sqrt{\rho_1} - \sqrt{\rho_2})^2 \tag{2-14}$$

其中，$C=\dfrac{1-S_0}{S_0}$。S_0 为 $S(q)$ 从区间 0 到 $2k_{\mathrm{F}}$ 的平均值。我们知道，对单价

金属，在整个区间内，结构因子 $S(q)$ 远远小于 1，可用 $S(0)$ 代替。图 2-1 为区间上限 $2k_F$ 在硬球结构因子 $S(q)$ 上的位置示意图。

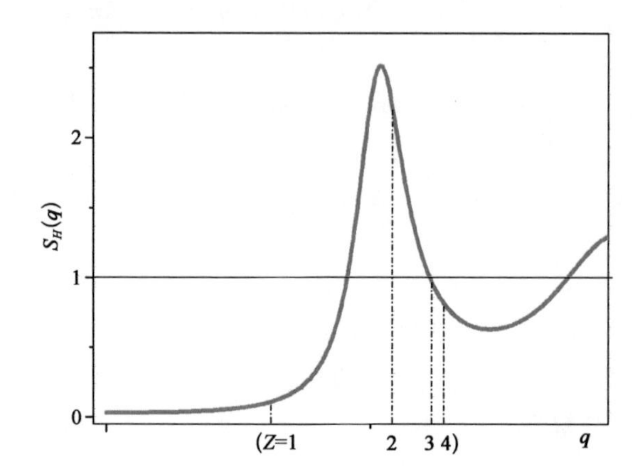

图 2-1 结构因子 $S_H(q)$ 曲线上不同化合价的 $2k_F$ 位置示意

而 S_0 的表达式可由下式得出

$$S_0 = \lim_{q \to 0} S_H(q) = [1 - nc_H(0)]^{-1} \tag{2-15}$$

其中，

$$nc_H(0) = \lim_{q \to 0} nc_H(q) = -\frac{\xi}{(1-\xi)^4}(8 - 2\xi + 4\xi^2 - \xi^3) \tag{2-16}$$

将方程(2-16)代入(2-15)可得

$$S(0) = \frac{(1-\xi)^4}{(1+2\xi)^2} \tag{2-17}$$

其中，$\xi = \dfrac{1}{2}(\xi_\alpha + \xi_\beta)$，$\xi_\alpha$ 和 ξ_β 为液态纯金属 α 和 β 的堆垛分数，

$$\xi = \frac{1}{6}\pi\sigma^3 n \tag{2-18}$$

其中，n 为单位体积粒子数。对碱金属来说，ξ 介于 0.47 和 0.8 之间，因此，对两种一价金属，比如钠、钾、金、银来说，由于 $C > 0$，合金的电阻率 ρ_{Alloy} 与 x 的关系曲线往上凸起。合金的电阻率可由式(2-14)～(2-19)计算。而对于多价金属，$S(q)$ 在 q 的范围内接近或大于 1，式(2-1)中的积分完全由 $\langle \cdots \rangle_Z$ 决

定。对多价金属铝、铟、锡,常数 C 的值几乎为零,因此,合金电阻率与浓度几乎呈线性关系。所以,对多价金属合金 ($Z_m \geqslant 3$),电阻率可简化为

$$\rho_{\text{Alloy}} = x_\alpha \rho_1 + x_\beta \rho_2 \tag{2-19}$$

如果发生相变,即使在相同温度下电阻率也将发生变化。Mott[4] 提出了一个公式计算熔点温度时液态电阻率与固态电阻率之比,即

$$\frac{\sigma_l}{\sigma_s} = \frac{\rho_s}{\rho_l} = \exp\left(-\frac{80\Delta H_{T_{\text{m}}}}{T_{\text{m}}}\right) \tag{2-20}$$

其中,$\Delta H_{T_{\text{m}}}$ 为熔化焓或熔化潜热,单位为 kJ/mol。

假设固态金属 α,电阻率为 ρ_1,与另一种电阻率为 ρ_2 的液态金属形成合金,则金属 α 的虚拟电阻率可表示为

$$\rho = \rho_1 \exp\left(-\frac{80\Delta H_T}{T}\right) \tag{2-21}$$

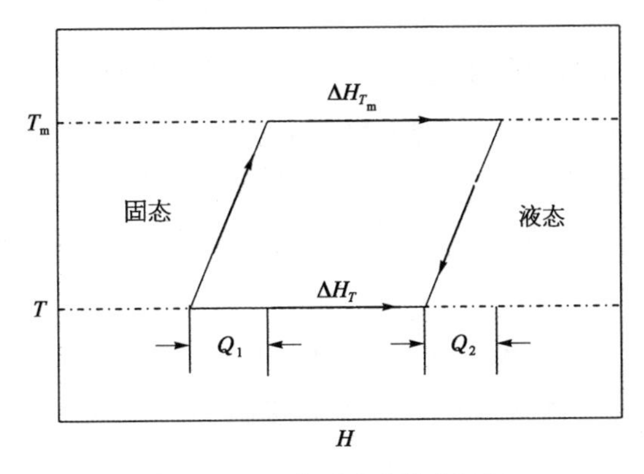

图 2-2　固态到液态转变过程

为简化起见,可以假设 $Q_1 = Q_2$,因此,

$$\Delta H_T = \Delta H_{T_{\text{m}}} \tag{2-22}$$

即在式(2-21)中,ΔH_T 可用熔点温度时的潜热代替。

2.2.2　液态合金热导率预测

液态金属的热导率可表示为

$$\lambda_{\text{Alloy}} = \lambda_{\text{L}} + \lambda_{\text{e}} \tag{2-23}$$

其中，λ_L 表示声子对合金热导率的贡献，而 λ_e 表示电子对合金热导率的贡献。对许多金属或者合金来说，电子对热导率的贡献依旧处于支配地位，因此我们忽略了声子对热导率的贡献，即假设 $\lambda=\lambda_e$，根据威德曼-弗朗兹-洛伦兹(Wiedemann - Franz - Lorenz, WFL)定律[4]，可得

$$\frac{\lambda\rho}{T}=\frac{\pi^2 k^2}{3e^2}-\alpha^2=L \tag{2-24}$$

式中，α 为 Seebeck 系数。对非半导体材料而言，同 $\frac{\pi^2 k^2}{3e^2}$ 相比，α^2 的值比较小，因而可以忽略。即对大多数金属而言，

$$\frac{\lambda\rho}{T}=L=\frac{\pi^2 k^2}{3e^2}=2.45\times10^{-8}(\mathrm{W\cdot\Omega/K^2}) \tag{2-25}$$

从定量上看，这种关系是基于这样一个事实：在液态金属或合金中，热量传递和电子传递均与自由电子密切相关。热导率随电子平均运动速度的增加而增加，因为电子直接进行了能量传输。而电导率却减少，因为粒子间相互碰撞改变了电子运动的方向。热导率和电导率的这种相关性表明，在金属中，自由电子既充当导电的载体，又充当导热的载体。20 世纪 50 年代，苏联物理学家朗道提出了“费米液体”理论，把金属中大量的电子视作“费米液体”，从微观角度解释了自由电子的这种行为[5]。学术界研究发现[6,7]，WFL 定律对汞铟合金也适用，根据文献数据[8]，WFL 定律还可用于 $Bi_{0.85}Sb_{0.15}$ 合金。由于电阻率测试比热导率测试容易得多，因此根据电阻率来预测热导率是一个可行的方法。

但是，也应注意到，实际测量中，洛伦兹数并不一定是一个常数，而且有时与温度相关(当然也可能测量时存在误差)。比如，钠的洛伦兹常数可以表示为[1]

$$L_{\mathrm{Na}}=(2.32\pm0.05)\times10^{-8}\ \mathrm{W\cdot\Omega/K^2} \tag{2-26}$$

钾的洛伦兹常数为

$$L_{\mathrm{K}}=2.14\times10^{-8}\ \mathrm{W\cdot\Omega/K^2} \tag{2-27}$$

从方程(2-14)和(2-24)，可得到二元合金的热导率为

$$\frac{L_{\text{Alloy}}}{\lambda_{\text{Alloy}}}=\frac{x_1L_1}{\lambda_1}+\frac{x_2L_2}{\lambda_2}+Cx_1x_2\left(\frac{\sqrt{L_1}}{\sqrt{\lambda_1}}-\frac{\sqrt{L_2}}{\sqrt{\lambda_2}}\right)^2 \tag{2-28}$$

对大多数金属而言

$$L_1=L_2 \tag{2-29}$$

式(2－28)简化为

$$\frac{1}{\lambda_{\text{Alloy}}}=\frac{x_1}{\lambda_1}+\frac{x_2}{\lambda_2}+Cx_1x_2\left(\frac{1}{\sqrt{\lambda_1}}-\frac{1}{\sqrt{\lambda_2}}\right)^2 \tag{2-30}$$

值得注意的是，式(2－26)到(2－28)中的洛伦兹数是计算出来的宏观数据，即在(2－24)中代入电阻率的值和热导率的值，众所周知，金属的电阻率和热导率测量都会带来较大误差，因而，宏观洛伦兹数对计算合金的热导率不一定合适，除半导体之外，我们还是取洛伦兹数为常数，即假设式(2－25)对所有金属都成立。

由式(2－21)和(2－24)，可得熔点时固态热导率和液态热导率的关系：

$$\lambda_1=\lambda_s\exp\left(-\frac{C_0\Delta H}{T_m}\right) \tag{2-31}$$

式中，λ_1 和 λ_s 分别为液态和固态下的纯金属热导率。比如，要计算 50℃的液态镓铟合金热导率，纯镓在 50℃时为液态，而金属铟在此温度下为固态，因此需要把铟的热导率数据转化为 50℃下的液态热导率值，尽管金属铟在 50℃下很可能不存在液态。而 ΔH 为潜热，单位为 kJ/mol，C_0 值可取为 80[9,10]。

对于可能由于测试带来洛伦兹数产生误差的问题，研究者设计了一种仪器来测量液态金属的洛伦兹数，温度可高达 773 K 且具有很高的精度[6]。前人测试发现，液态镓、汞和锡均与 WFL 定律符合很好。对多价金属二元合金，$Z_m\geqslant 3$，合金热导率可以简化为

$$\frac{1}{\lambda_{\text{Alloy}}}=\frac{x_1}{\lambda_1}+\frac{x_2}{\lambda_2} \tag{2-32}$$

值得注意的是，采用式(2－31)预测的二元合金的热导率与浓度并不呈线性关系，为直观起见，假设液态金属 A 与 B 的导热系数分别为 20 W/(m・K)、40 W/(m・K)，则其线性插值和按照式(2－31)的区别如图 2－3 所示。

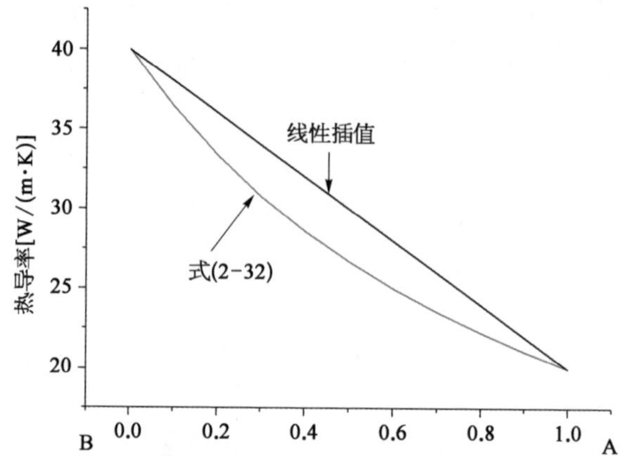

图 2-3　合金热导率的线性插值与式(2-32)计算比较

2.3　液态金属热导率测量

2.3.1　热导率的测量方法

热导率和热扩散率都是表征材料热传递性能的物性参数,准确获得材料的热物性参数对各种材料的应用均非常重要。目前,热导率主要依靠实验测量的方法得到,相关方法有很多种,但是各自的测量条件、测量参数的个数、测量精度和试样尺寸都不尽相同[11]。

热导率测量方法一般可以分为稳态法和非稳态法两大类,稳态法指的是实验中待被测试样上的温度分布达到稳定后再进行测量,其数据分析的依据是稳态的导热微分方程,能直接测得热导率,特点是实验公式简单,但实验时间长,需要测量导热量(直接或间接)和若干点的温度。非稳态法指的是实验测量过程中被测试样的温度随时间变化,其分析的依据是非稳态导热微分方程。测量原理是对处于热平衡状态的试样施加某种热干扰,同时测量试样对热干扰的响应(温度随时间的变化等),然后根据响应曲线确定试样材料热物性参数的数值。在非稳态测量方法中,测量信号是时间的函数,因而可以分别或同时得出热导率、体积热容,以及组合参数如热扩散率、蓄热系数等。

由于稳态法一般耗时较长,因此非稳态热导率测试技术近年来成为研究热点,而瞬态平面热源技术则是众多非稳态法中应用相对比较多的方法[11]。其中常用的非稳态测量方法包括热线法、热探针法、热带法和平面热源法等。

2.3.1.1　热线法

热线法可用来测量固体、粉末和液体的热导率，温度范围从室温到 1 800 K，能够同时得到比热和热扩散率，但准确性较差。它有 3 种基本测试形式[11]：交叉热线、平行热线和热电阻式热线法。交叉热线法适用的热导率区间在 0.05～5 W/(m・K)，平行热线法最高可测至 25 W/(m・K)甚至更高。另外，热线法既可用于各向同性材料，也可用于各向异性材料，材料可以是均质的，也可以是非均质。热线法的原理如图 2-4 和图 2-5 所示，将一根均匀细长的金属丝(线)埋设在待测试样的凹槽内或者紧密夹持在两块试样中，当有电流通过时，细丝内就有热量产生，热量沿径向在试样中传导。测量并记录细丝的温度响应(温升随时间的变化)或距细丝某个距离处的温度响应，然后根据细丝—试样实验系统的传热数学模型及温度变化的理论公式，就可计算出被测试样的热物性参数。在交叉热线和平行热线法中，温度响应通过焊接在热线上的热电偶或布置在试样内的热电偶测量得到。而在热电阻式热线法中，热线本身既是加热元件也是测温元件，温度响应是通过测量热线本身的电阻变化来获得的，不需要设置另外的热电偶。最常用的热线材质是纯铂，其他已知电阻温度系数的性能稳定的电热金属也可以，热线典型的长度为 100～200 mm，直径为 25～500 μm，测量液体时其直径可小到 5 μm。

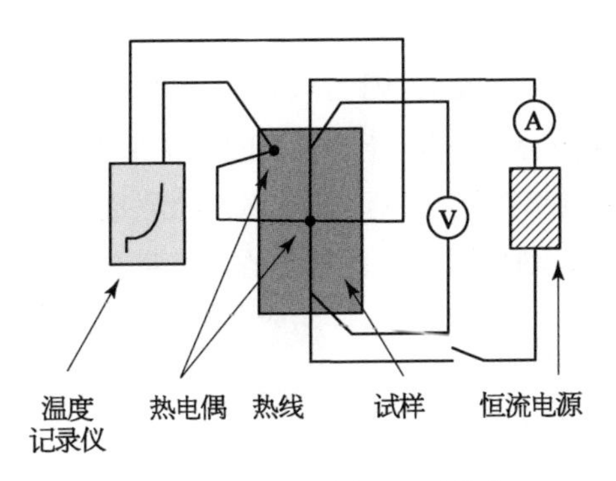

图 2-4　交叉热线法示意[11]

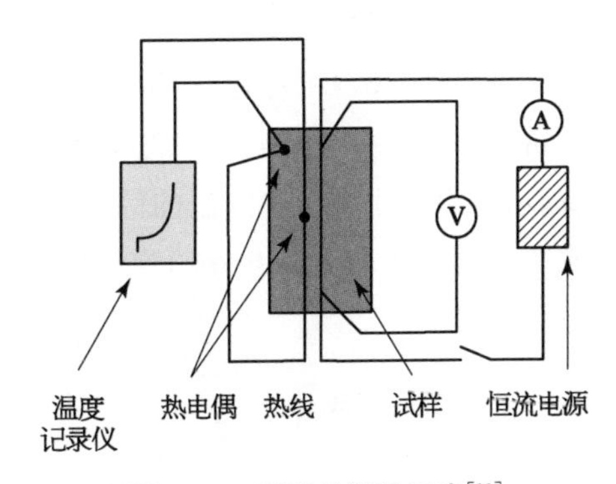

图 2-5　平行热线法示意[11]

热线法温度响应的理论公式如下：

$$\Delta T(r,\ t)=\frac{q}{4\pi\lambda}\left[-Ei\left(-\frac{r^2}{4at}\right)\right] \tag{2-33}$$

式中：$\Delta T(r,\ t)$，温升，即温度与系统初始平衡温度之差 $(T-T_0)$；r，半径；

t，时间；λ 和 a，试样的热导率和热扩散率；Ei，指数积分函数；q，热线上每单位长度的发热量。

当加热一定时间之后，即满足条件：$\sqrt{4at} \gg r$ 时，可得到简化的公式：

$$\Delta T(r,\ t)=\frac{q}{4\pi\lambda}\left[\ln t+\ln\frac{4a}{C_E^* r^2}\right] \tag{2-34}$$

式中：$C_E^* = \exp C_E$；C_E，欧拉常数(0.577 2)。

对于热电阻式的热线法，温度响应通过测量热线上电压的变化来获得：

$$\Delta U(r_0,\ t)=\frac{aU_0^2 I}{4\pi l\lambda}\left[\ln t+\ln\frac{4a}{C_E^* r^2}\right] \tag{2-35}$$

式中：a，热线的电阻温度系数；r_0，热线的半径。

如果画出温升 $\Delta T(r,\ t)$ 随对数时间 $\ln t$ 的变化曲线。曲线呈线性变化趋势，直线的斜率 $m=q/(4\pi\lambda)$，截距 $n=m\ln p[4a/(C_E^* r^2)]$，据此可以得到被测试样的热导率 λ 和热扩散率 a：

$$\lambda=\frac{q}{4\pi m} \tag{2-36}$$

$$a=\frac{C_E^* r^2}{4}\exp\left(\frac{n}{m}\right) \tag{2-37}$$

由式(2-37)可见，热扩散率 a 的测量误差较大，因为理论上要求热线要非常细，即 $r\to 0$，而半径 r 的数值太小会导致无法获得很准确的热扩散率值。所以，如果采用交叉热线法的话，一般只能测得热导率。热导率 λ 的测量精度取决于温度 T 和发热量 q 的测量精度，一般测量误差可以控制在3%左右甚至更小。

2.3.1.2 热探针法

热探针法的原理也是基于热线法[11]，只不过用探针取代了热线，可以测量各种均质固体和粉末状材料的热导率和比热，也可以测量非均质的多孔材料，可测量的温度范围为−50～500℃，热导率测量区间为0.05～20 W/(m·K)。热探针法对于测量一些熔融材料、粉末或者含湿材料特别适合，还可以进行现场和野外作业。实验室用的热探针长度通常为200 mm，直径为1～2 mm。

热探针法原理如图 2-6 所示，折叠的或者螺旋形的细金属加热丝，以及测温元件被封装在一根细长的薄壁金属管内，互相之间要保持绝缘。在一定时间里对探针加热，同时测量并记录探针的温度响应，然后根据探针—试样实验系统的传热数学模型及温度变化的理论公式，就可计算出被测试样的热物性参数。

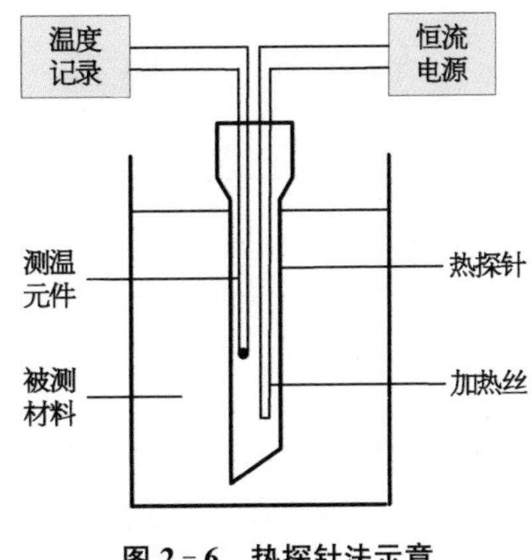

图 2-6　热探针法示意

热探针法温度响应的理论公式或模型有两种，一种为理想线热源模型，与热线法模型相同：

$$\Delta T(r,\ t) = A\ln t + B,\ t \gg r^2/(4a) \tag{2-38}$$

式中：$A = q/(4\pi\lambda)$，$B = [q/(4\pi\lambda)] \cdot [\ln(4a/r^2) - C_E]$。

另一种是较为精确的 Jaeger 修正模型：

$$\Delta T(r,\ t) = A\ln t + B + (D + E\ln t)/t,\ t \gg \varphi_d^2/a \tag{2-39}$$

式中：$A = q/(4\pi\lambda)$，$B = [q/(4\pi\lambda)] \cdot \{\ln[4a/(r^2 C_E^*)] + 4\pi\lambda(\Gamma + W)\}$，$D = [(qcr^2)/(8\pi\lambda^2)] \cdot \{(1 - c_p/c)\ln[4a/(r^2 C_E^*)]\} + 1 - [4\pi\lambda c_p(\Gamma + W)/c]$，$E = [(qcr^2)/(8\pi\lambda^2)] \cdot (1 - c_p/c)$。其中：$\varphi_d$，探针的外直径；$\Gamma$、$W$，探针与试样之间的接触热阻以及探针的内部热阻；$c_p$、$c$，分别为探针和试样的体积热容，其他符号与热线法相同。

若采用理想线热源模型，热导率 λ 的测量误差与被测材料的结构有关，对于含湿的细颗粒材料误差约为 5%，而对于干燥的粗颗粒材料误差有可能超过 10%。若采用较为精确的 Jaeger 修正模型，热导率 λ 的测量误差为 3%～5%，体积热容 c 的误差比较大，约为 20%。在现场或野外作业时，测量误差通常最小也会达到 10%。

2.3.1.3　热带法

热带法测量原理类似于热线法，不同之处是用很薄的窄金属带（热带）替代热线[11]，如图 2-7 所示。实验中将薄金属带夹持在待测材料中间，从某时刻起以恒定电功率加热金属带，测量并记录热带的温度响应曲线，根据温度变

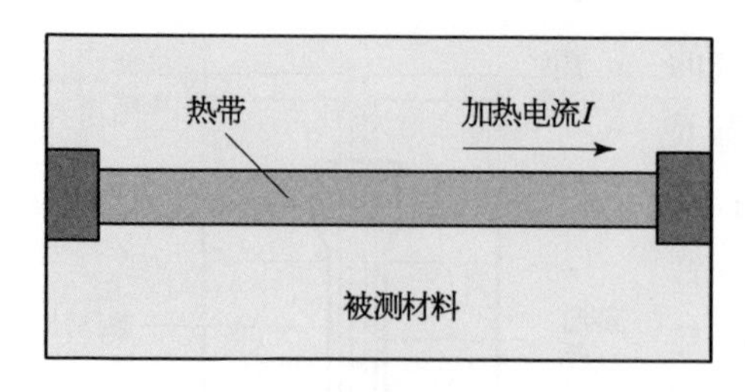

图 2-7 热带法示意

化的理论公式可同时得到被测材料的热导率和热扩散率。热带法不仅可以测量液体、松散材料、多孔介质及非金属固体材料的热导率,在热带表面覆着一层很薄的绝缘层之后,还可用于测量金属材料,适用范围较广,而且实验装置易于实现。与圆柱状电加热体相比,薄带状电加热体与被测固体材料有更好的接触状态,故热带法比热线法更适宜于测量固体材料,而且热扩散率的测量结果也较热线法精确。另外,热带比细的热线要更加结实耐用一些。热带的温度变化可以通过测量热带电阻的变化来获得,也可以借助在热带表面上焊接热电偶来直接测量获得。

最常用的热带材质是纯铂,也可以使用其他已知电阻温度系数的性能稳定的金属,热带典型的长度为 100～200 mm,宽度为 3～5 mm,厚度为 10 μm 或更小。

热带法温度响应的理论公式或模型如下:

$$\Delta T(t)=\frac{q}{2\sqrt{\pi\lambda}}\left\{\tau erf(\tau^{-1})-\frac{\tau^2}{\sqrt{4\pi}}[1-\exp(-\tau^{-2})]-\frac{1}{\sqrt{4\pi}}Ei(-\tau^{-2})\right\} \tag{2-40}$$

式中:$\tau=\frac{\sqrt{4at}}{w_h}$;$w_h$,热带宽度;$erf(z)$,误差函数;$q$,热带每单位长度的加热热流。

当加热一定时间,即 $\sqrt{4at}\gg w_h$ 时,可得简化公式:

$$\Delta T(t)=\frac{q}{2\sqrt{\pi\lambda}}\left(\ln t+\ln\frac{45a}{w_h^2}\right) \tag{2-41}$$

对于热电阻式的热带法,温度响应是通过测量热带上的电压变化来获得:

$$\Delta U(t)=\frac{aU_0^2I}{4\pi l\lambda}\left(\ln t+\ln\frac{45a}{w_h^2}\right) \tag{2-42}$$

如果画出温升 $\Delta T(t)$ 或电压 $\Delta U(t)$ 随对数时间的变化曲线,曲线呈线性变化趋势，直线的斜率为 $m=q/(4\pi\lambda)$，截距为 $n=m\ln[45a/(w_h^2)]$，据此可以得到被测试样的热导率 λ 和热扩散率 a：

$$\lambda=\frac{qU_0^2I}{4\pi lm} \tag{2-43}$$

$$a=\frac{w_h^2}{45}\exp\left(\frac{n}{m}\right) \tag{2-44}$$

由式(2-44)可见，用热带法得到的热扩散率的测量误差比热线法要小得多，因为 w_h 的数值(1～10 mm)比热线的半径大得多，可保证热扩散率值达到满意的精度。热导率的测量误差一般在 3%，热扩散率 a 的测量误差可以控制在 4%左右。

2.3.1.4　平面热源法

平面热源法可以快速测量试样的导热系数和热扩散率[11]，其原理是向电热合金制成的金属片通以某种固定形式(阶跃式或脉冲式)的电流，金属片释放热量而成为热源，即平面热源，如下以阶跃式电流为例。使用该热源加热试样，并测量出试样某点(实验中通常取试样某截面的中心点，该点相当于中心探测区)过余温度—时间曲线，根据相应的数学模型和改进高斯-牛顿参数估计法，可以同时测得试样的导热系数 λ 和热扩散率 a，进一步得到体积热容 $\rho c=\lambda/a$，式中 ρ 表示试样的密度，c 表示试样的比热容，其物理模型如图 2-8 所示。

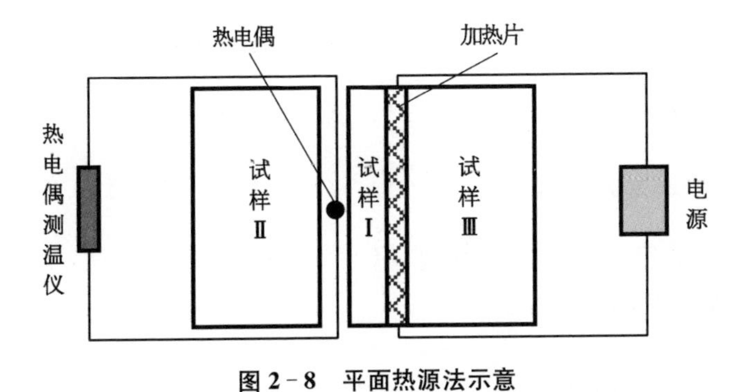

图 2-8　平面热源法示意

对于固体而言，实际的热传导过程都是复杂的三维过程。为了简化分析，假设模型与周围环境之间不存在换热，热量只沿某个固定的方向进行传导，例如厚度方向，这样的模型即是理想一维模型。实际测量中，只要满足半无限大理论模型即可将它认为是理想一维模型，平面热源法正是基于该理论来测量材料的导热系数，相应导热微分方程、初始条件和边界条件如下：

$$\begin{cases}\dfrac{\partial^2 T(z,\ t)}{\partial z^2}=\dfrac{1}{a}\dfrac{\partial T(z,\ t)}{\partial t}, & (t>0,\ 0\leqslant z<+\infty);\\ T(z,\ 0)=0, & (t=0,\ z\geqslant 0);\\ -\lambda\dfrac{\partial T(z,\ t)}{\partial z}\bigg|_{z=0}=q(t), & (t>0,\ z=0);\\ T(z,\ t)\to 0, & (t>0,\ z\to+\infty)\end{cases} \tag{2-45}$$

式中：$T(z,\ t)$ 为过余温度，试样真实温度与系统初始温度 T_0 之差，℃；z 为热传导方向的空间坐标，m；t 为时间，s；λ 为试样导热系数，W/(m·K)；a 为试样热扩散率，m^2/s；$q(t)$ 为试样加热面上的热流密度，W/m^2，若电流以阶跃形式出现，当加热电流为 I，加热片两端的电压为 U，平面热源电阻为 R，$q(t)=Q/(2S)=UI/(2S)=I^2R/(2S)$，$Q$ 为加热功率，W；S 为平面热源的面积，m^2。

对式(2-45)中的时间变量 t 作完全的拉普拉斯变换（即对偏微分方程和边界条件都作拉氏变换），以求解 $0\leqslant z<+\infty$ 区间内各截面中心点过余温度随时间的变化关系 $T—t$ 曲线，设象函数为 $\theta(z,\ p)$，变换后得到：

$$\begin{cases}\dfrac{d^2\theta(z,\ p)}{dz^2}=\dfrac{p}{a}\theta(z,\ p), & (t>0,\ 0\leqslant z<+\infty);\\ \theta(z,\ \infty)=0, & (t=0,\ z\geqslant 0);\\ -\lambda\dfrac{\partial\theta(z,\ p)}{\partial z}\bigg|_{z=0}=\phi(p), & (t>0,\ z=0);\\ \theta(z,\ p)\to 0, & (t>0,\ z\to+\infty)\end{cases} \tag{2-46}$$

式中，p 为拉普拉斯变量，θ 为温度 $T(z,\ t)$ 的拉普拉斯变换，$\dot{\phi}(p)$ 为热流 $q(t)$ 的拉普拉斯变换，其中：

$$\theta(z,\ p)=L[T(z,\ t)]=\int_0^\infty T(x,\ t)e^{-pt}dt \tag{2-47}$$

$$\phi(p)=L[q(t)]=\int_0^\infty q(t)e^{-pt}dt \tag{2-48}$$

求解式(2-46)得到：

$$\theta(z,\ p)=\frac{\sqrt{a}}{\lambda}\frac{\phi(p)}{\sqrt{p}}\exp\left(-\sqrt{\frac{p}{a}}z\right) \tag{2-49}$$

以阶跃式电流通过金属片，加热时间内，$q(t)$ 为常数，利用拉氏反变换对式(2-49)进行求解，得到相应的数学模型：

$$T(z,\ t)=q(t)\frac{\sqrt{a}}{\lambda}\left[2\sqrt{\frac{t}{\pi}}\exp\left(-\frac{z^2}{4at}\right)-\frac{z}{\sqrt{a}}erfc\left(\frac{z}{2\sqrt{at}}\right)\right] \tag{2-50}$$

式中，$erfc$ 为余误差函数。

在式(2-50)中被测试样厚度 $z=z_0$ 处的平面中心点处，过余温度 $T(z_0,\ t)$ 随时间 t 的变化是实验中可以使用多通道数字示波器直接测量得到的，因此式中仅含导热系数 λ 和热扩散率 a 两个未知参数。又由于 λ 和 a 是线性无关的，根据式(2-50)，可以利用改进高斯—牛顿参数估计法编写程序同时计算出 λ 和 a 这两个参数，进一步可以得到体积热容 $\rho c=\lambda/a$。

加热过程中，金属片两端的电压 U 和电流 I 也都可以使用多通道数字示波器测量得到，金属片的有效加热面积 S 可以直接测量得到，因此 $q(t)=UI/(2S)$，为常数。

2.3.2　热导率的实验测量

2.3.2.1　测量仪器和设备

如下测量采用的主要设备是 Mathis TCi 热物性分析仪，如图 2-9 所示。它主要是基于修正的平面热源法，利用单侧界面热反射探头(图 2-10 为探头

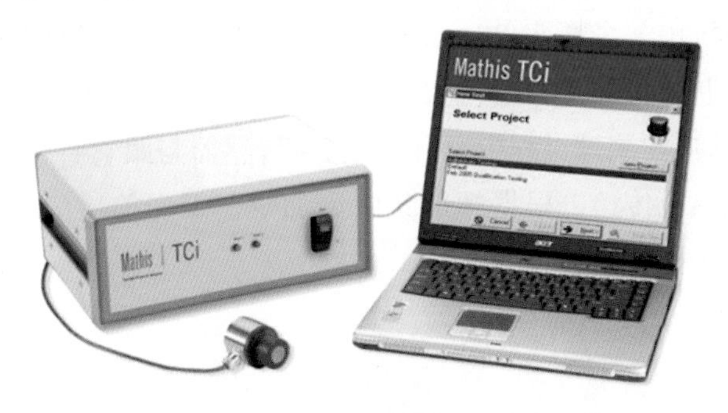

图 2-9　Mathis TCi 热物性分析仪示意

结构示意图)为样品提供一个恒定的瞬时热源。此分析仪可以实现热导率和热扩散系数的快速、非破坏性测试。它可以简便、精确地进行热物性的测试，为实验室研究、工厂质量控制以及生产控制提供了极大的方便。

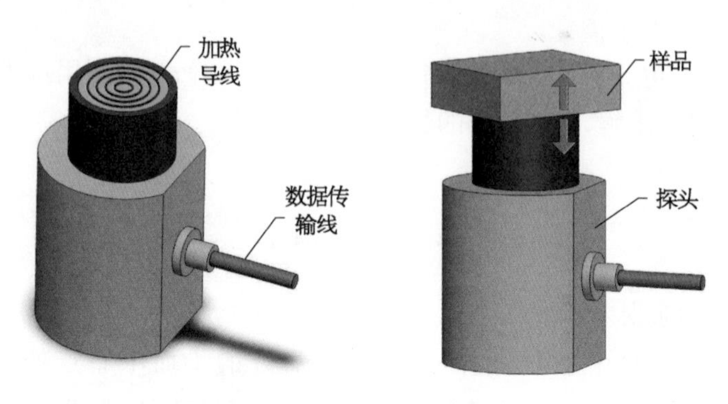

图 2-10 探头结构示意

Mathis TCi 热物性分析仪使用前不需要标定，而且对试样没有严格的要求。此外，它具有很宽的量程[0.004～100 W/(m·K)]，测试温度也可以在较大的范围内进行变化(－50～200℃)。由于测试是非破坏性的，测试结束后试样没有受到任何干扰，保持了完整性，可以重复使用。在实验室或者在生产线上仅用数秒钟，就能实现高精度、无破坏性的导热性和热效应测试。

液态或固态的低熔点金属的热导率参数都可以通过该设备获得。测试过程中，对探头的加热元件施加已知大小的电流，以提供一定的热量，使探头和样品产生一个小的温升，从而改变探头中传感器的电压变化。而此电压的变化率可用来确定样品的物理性质，并且两者的数值呈反比，即材料的热性能越好，探头的电压变化率越小。

此测量系统由一个探头、电子控制电路和计算机软件组成。探头是包有保护圈的螺旋状中央加热器(传感器元件)。除了中央加热器以外，保护圈也能产生热量，这样在测试过程中，可以近似为传感器与跟它直接接触的被测材料之间为一维热流传递。根据螺旋状中央加热器瞬变前后的电压变化，即可获得材料的热扩散率和热导率。

2.3.2.2 测量注意事项

为了给探头和样品提供恒定且稳定的温度环境，可采用与 Mathis TCi 热物性分析仪配套的恒温箱，其内部结构示意图如图 2-11 所示。从图中可以看到，在恒温箱的左侧开有一个孔，方便探头与 TCi 主机的连接。此恒温箱能够为探头及样品提供－50～200℃温度范围内的恒定温度，但是样品的实际温度以探头上安装的温度传感器测得的值为准。

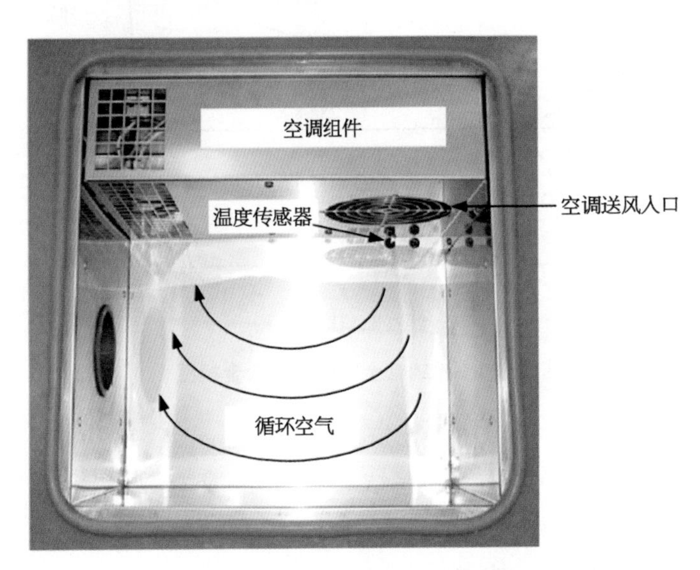

图 2-11 恒温箱内部结构示意

在实际测量中，为了保证所测结果的准确性，需要在探头上的温度传感器所测温度达到稳定之后再进行热导率的测量。此外，需要特别注意的是，平面热源法的一个重要假设是探头与样品的接触面上两者温度相同，所以测试过程中样品不能发生相变，这是由于在相变过程中样品吸收或释放大量的相变潜热，使得接触面上探头与样品之间产生温差，这不仅会对实验结果造成影响，还会对探头表面造成不可修复的破坏。因此，在实验之前一定要了解被测液态金属的熔点，并且在熔点附近测量热导率时，需要提前对探头进行预冷或预热。

2.3.2.3 热导率测量结果

2.3.2.3.1 镓铟合金热导率

镓铟合金具有较低的熔点，特别是在其共晶合金附近，其相图如图 2-12 所示。镓铟合金很适合用于液态金属芯片散热技术中，这里给出了部分镓铟合金的热导率测量结果。

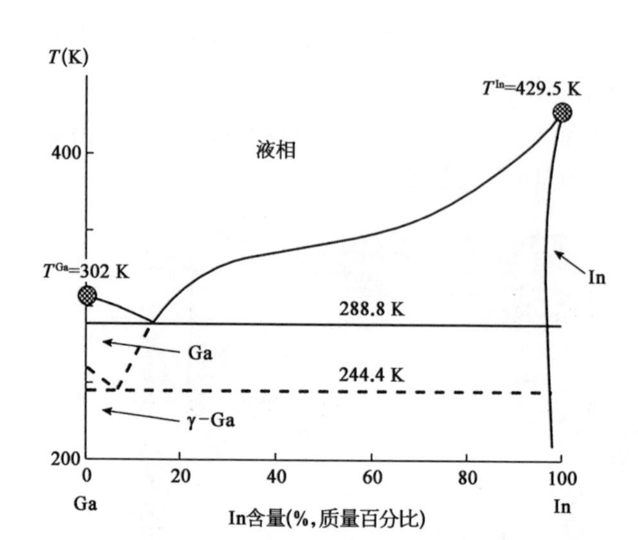

图 2-12 镓铟合金中的二元合金相图[12]

图 2-13 到图 2-19 是二元镓基合金 $GaIn_{2.3}$、$GaIn_5$、$GaIn_{10}$、$GaIn_{15}$、$GaIn_{20}$、$GaIn_{25}$、$GaIn_{30}$的热导率测量结果[2]。其中，下标数字表示质量百分比。

1. $GaIn_{2.3}$合金的热导率

测试结果如图 2-13 所示。

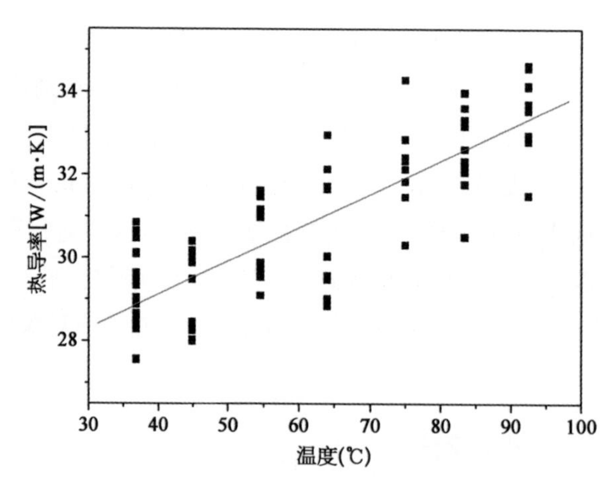

图 2-13 $GaIn_{2.3}$合金的热导率测试结果与线性拟合

进行线性拟合，可以得到 $GaIn_{2.3}$合金的热导率与温度的关系为

$$\lambda = 25.915\,74 + 0.080\,48T \tag{2-51}$$

2. $GaIn_5$ 合金的热导率

测试结果如图 2－14 所示。

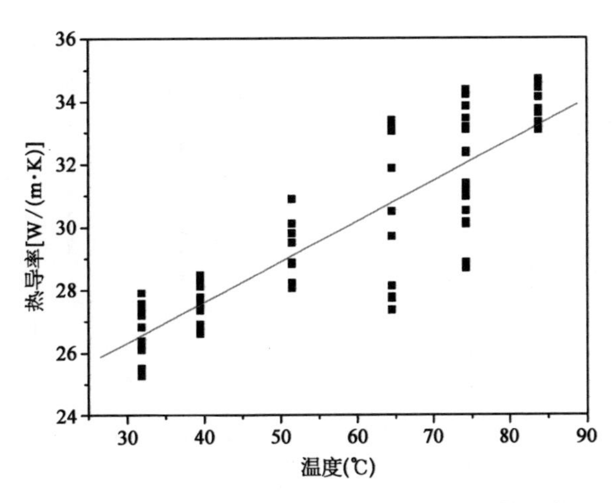

图 2－14　$GaIn_5$ 合金热导率测试结果与线性拟合

进行线性拟合，可以得到 $GaIn_5$ 合金的热导率与温度的关系为

$$\lambda = 22.411\,28 + 0.129\,14T \tag{2-52}$$

3. $GaIn_{10}$ 合金的热导率

测试结果如图 2－15 所示。

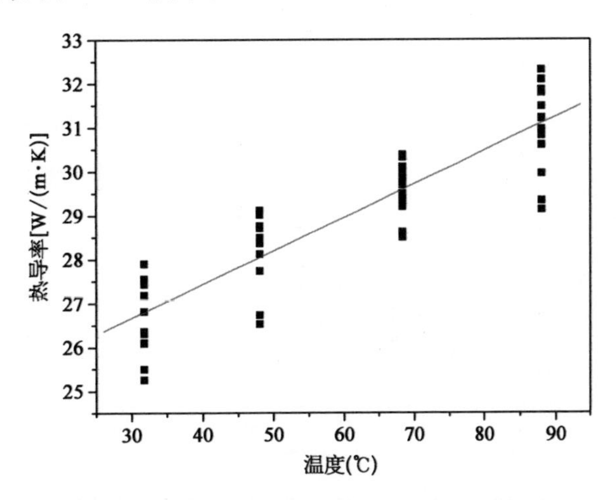

图 2－15　$GaIn_{10}$ 合金热导率测试结果与线性拟合

进行线性拟合，可以得到 $GaIn_{10}$ 合金的热导率与温度的关系为

$$\lambda = 24.377\,78 + 0.076\,05T \tag{2-53}$$

4. $GaIn_{15}$合金的热导率

测试结果如图 2-16 所示。

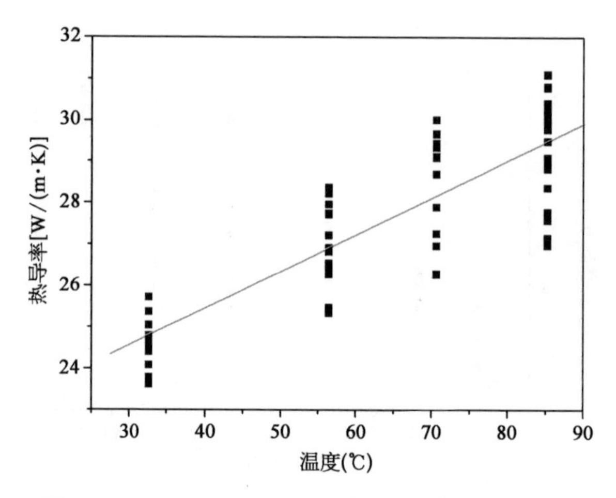

图 2-16　$GaIn_{15}$合金的热导率测试结果与线性拟合

进行线性拟合，可得到$GaIn_{15}$合金的热导率与温度的关系为

$$\lambda = 21.917\,15 + 0.088\,97T \tag{2-54}$$

5. $GaIn_{20}$合金的热导率

测试结果如图 2-17 所示。

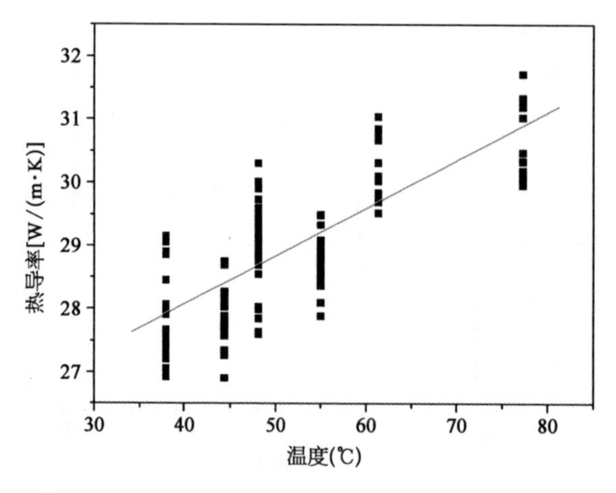

图 2-17　$GaIn_{20}$合金的热导率测试结果与线性拟合

进行线性拟合，可得到$GaIn_{20}$合金的热导率与温度的关系为

$$\lambda = 25.063\,15 + 0.075\,8T \tag{2-55}$$

6. $GaIn_{25}$合金的热导率

测试结果如图 2-18 所示。

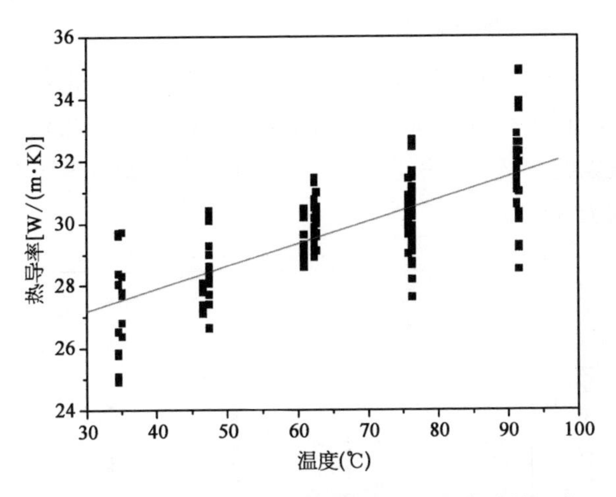

图 2-18　$GaIn_{25}$合金的热导率测试结果与线性拟合

进行线性拟合,可得到$GaIn_{25}$合金的热导率与温度的关系为

$$\lambda = 25.029\,05 + 0.071\,74T \tag{2-56}$$

7. $GaIn_{30}$合金的热导率

测试结果如图 2-19 所示。

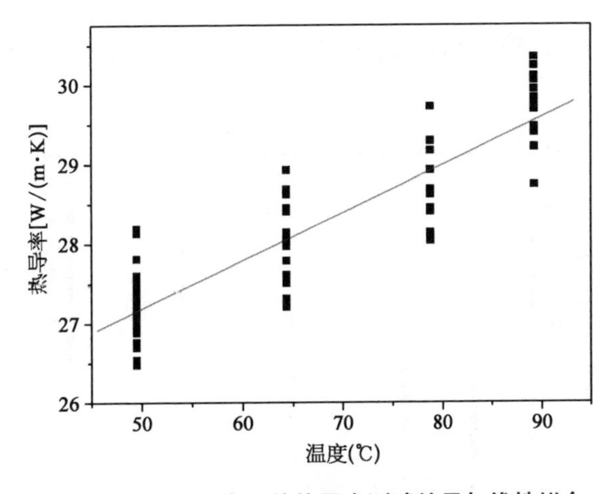

图 2-19　$GaIn_{30}$合金的热导率测试结果与线性拟合

进行线性拟合,可得到$GaIn_{30}$合金的热导率与温度的关系为

$$\lambda = 24.184\,45 + 0.060\,05T \tag{2-57}$$

从图 2-13 到图 2-19 可以看出,对于液态镓铟合金,其热导率均随温度的升高而升高。

2.3.2.3.2 镓锡合金热导率

我们知道,镓和铟的市场价格相对而言比较昂贵,目前均在 1 000 元/kg 上下。而镓锡合金也具有熔点低、导热性能较好的特点,锡的价格约为 100 元/kg,远远低于镓或铟的价格。这里也给出了两种镓锡合金的热导率,此两种合金的锡含量分别为 6%和 15%。

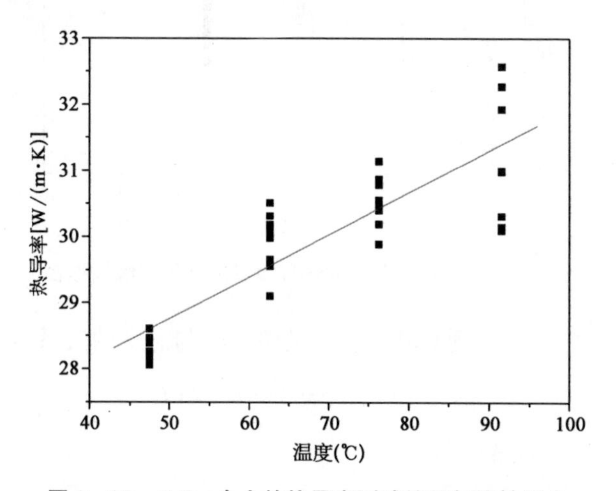

图 2-20 $GaSn_6$ 合金的热导率测试结果与线性拟合

进行线性拟合,可得到 $GaSn_6$ 合金的热导率与温度的关系为

$$\lambda = 25.577\,48 + 0.063\,64T \tag{2-58}$$

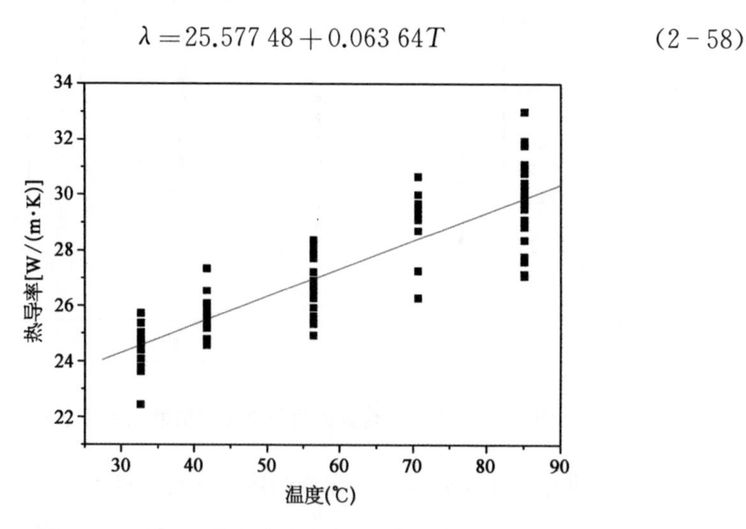

图 2-21 $GaSn_{15}$ 合金的热导率测试结果与线性拟合

进行线性拟合,可得到 $GaSn_{15}$ 合金的热导率与温度的关系为

$$\lambda = 21.295\,94 + 0.100\,83T \tag{2-59}$$

从图 2-20 和图 2-21 可以看出,对于液态镓锡合金,其热导率也随着温度的升高而升高。

2.3.2.3.3　三元低熔点合金 $GaIn_{25}Sn_{13}$ 的热导率

如下给出代表性三元合金 $GaIn_{25}Sn_{13}$ 的热导率测量结果。$GaIn_{25}Sn_{13}$ 是目前所知的具有最低熔点的三元镓基合金,其熔点仅为 5℃[13]。

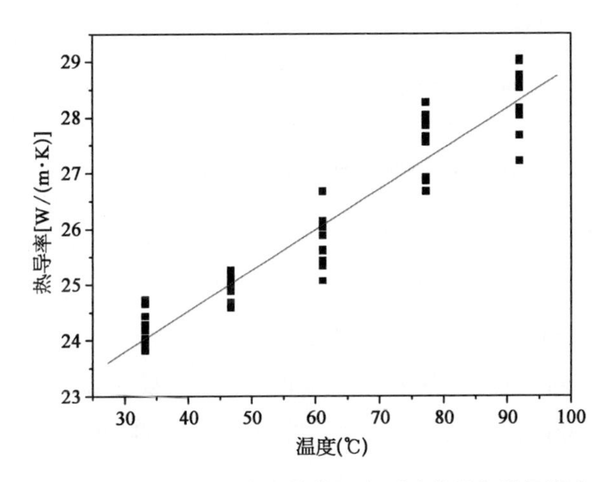

图 2-22　$GaIn_{25}Sn_{13}$ 合金的热导率测试结果与线性拟合

进行线性拟合,可得到 $GaIn_{25}Sn_{13}$ 合金的热导率与温度的关系为

$$\lambda = 21.613\,83 + 0.072\,81T \tag{2-60}$$

从式(2-51)到式(2-60),T 为温度,单位为℃,其条件为 $T_m < T$。

2.3.2.3.4　$GaIn_{20}$ 固液两相的热导率

在实际应用中,当环境温度较低时,液态金属也可能发生凝固。对液态金属发生相变时的热导率变化规律进行研究也具有非常重要的价值。作为代表,这里也给出了 $GaIn_{20}$ 在相变前后热导率随温度的变化规律[11],如图 2-23 所示。

进行线性拟合,可以得到:

$$固态:\lambda = 33.806\,1 + 0.043\,03T,\ -40 < T < 10 \tag{2-61}$$

$$液态:\lambda = 23.903\,4 + 0.076\,56T,\ 30 < T < 90 \tag{2-62}$$

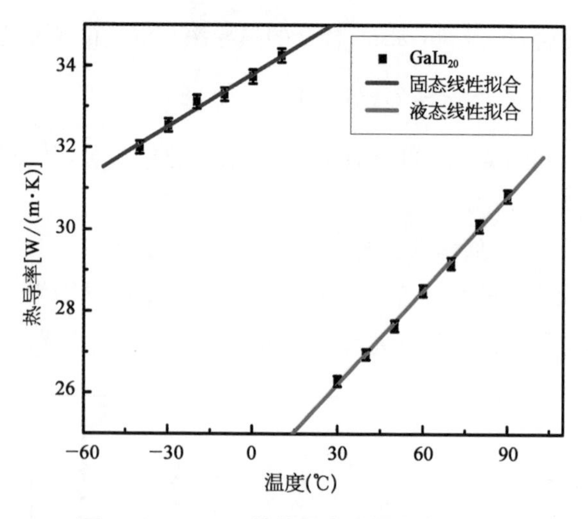

图 2-23 $GaIn_{20}$的热导率随温度变化曲线

从图 2-23 的结果可以看出：无论是在固相还是液相，随着温度的增加，$GaIn_{20}$的热导率均随温度呈线性增长。需要指出的是，尽管式(2-66)和式(2-55)给出的 $GaIn_{20}$热导率的线性拟合式有所区别，但计算得出的数值均在误差范围内。此外，对于液态金属而言，固态时的热导率要显著高于液态时，并且在熔点附近的相变处，热导率的值有一个突变，这与热导率的相关理论是一致的。

2.3.2.4 液态金属热导率测量结果与理论预测的对比

图 2-24 所示为 60℃下镓铟合金热导率的实测值与理论预测值对比。

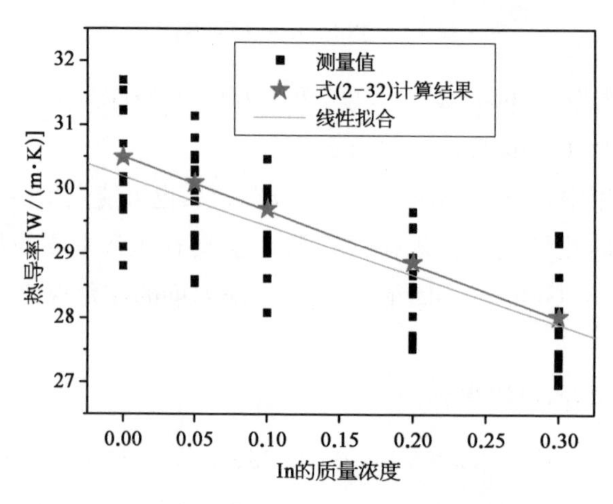

图 2-24 镓铟合金中不同铟含量时热导率(60℃)

这里，60℃的液态铟的导热系数由式(2－31)计算，其中 $\Delta H=3.278\ \mathrm{kJ/mol}$，$T=333\ \mathrm{K}$，测得 60℃固态铟的热导率为 46.8 W/(m·K)，则 60℃液态铟的热导率为

$$\lambda_l=46.8\exp\left(-\frac{80\times 3.278}{333}\right)=21.3\ \mathrm{W/(m\cdot K)} \tag{2-63}$$

取 60℃镓的热导率为 30.5，由式(2－32)理论关系式得到结果如图 2－24 所示。值得注意的是，方程(2－31)中的浓度为摩尔浓度，而图 2－27 中为质量浓度，需要经过简单转换。

从图 2－24 可知，随着铟含量的增加，镓铟合金的热导率减小，这是因为液态铟的热导率小于镓的热导率，从图 2－24 也可以看出，当合金成分的热导率相差不大时，由式(2－32)计算得到的合金热导率在一定浓度范围也近似为直线。

2.4 本章小结

迄今为止，液态金属的导热特性参数仍然较为缺乏，远未达到系统全面。为此，本章初步介绍了利用 Faber－Ziman 模型预测二元合金的电阻率，然后结合 WFL 定理预测二元合金的热导率的情况。进一步地，讨论了镓基液态金属热导率的实验测量方法和部分测试数据，并将实测值与理论预测值进行了对比分析。总的说来，理论预测值与测试值一定程度上相对吻合，在缺乏实验数据的情况下，可以部分采用理论公式对液态金属的热导率做出预测。

参考文献

[1] Ma K Q, Liu J. Liquid metal cooling in thermal management of computer chip. Frontiers of Energy and Power Engineering in China, 2007, 1: 384.

[2] 马坤全.液态金属芯片散热方法的研究(博士学位论文).北京：中国科学院研究生院，中国科学院理化技术研究所，2008.

[3] Ziman J M. A theory of the electrical properties of liquid metals. Philosophical Magazine, 1961, 6: 1013.

[4] Faber TE. An introduction to the theory of liquid metals. Cambridge: Cambridge University Press, 1972.

[5] 下地光雄.液态金属.郭淦钦，译.北京：科学出版社，1987.

[6] Ashcroft N W，Langreth D C. Structure of binary mixtures I. Phys. Rev，1967，156：685.
[7] Ashcroft N W. Electron-ion pseudopotentials in metals. Phys. Letters，1966，23：48.
[8] Ashcroft N W. Electron-ion pseudopotentials in the alkali metals. J. Phys. C，1968，1：232.
[9] Shimoji M. Liquid Metals. New York：Academic Press，1977.
[10] Iida T，Guthrie R I L. The physical properties of liquid metals. Oxford：Clarendon Press，1993.
[11] 张珊珊.镓基液态金属热物性的测量研究(硕士学位论文).北京：中国科学院大学，中国科学院理化技术研究所，2013.
[12] Anderson T J，Ansara I. The Ga-In（gallium-indium）system. Journal of phase equilibria，1991，12(1)：64～72.
[13] 谢开旺，马坤全，刘静，等.二元室温金属流体热导率的理论计算与实验研究.工程热物理学报，2009，30(10)：1763～1766.

第3章
液态金属固液相变特性

3.1 引言

低熔点液态金属在固液相变过程中会吸收大量热量。由于金属的密度高，其体积相变潜热也相对较大，因此可将其应用在受限空间的相变热控方面。在相变热控领域，对材料的相变特性的认识至关重要。液态金属在不同工况下具有较为复杂的相变特性。以金属镓为例，常压下固态镓除了常见的稳态相 α - Ga 外，还存在亚稳态的 β - Ga、γ - Ga、δ - Ga、ε - Ga 等多种相态，不仅各相的微观晶体结构不一样，其熔点、熔化焓、密度等宏观物性参数也不尽相同。表 3 - 1 中列出了 4 种常见固相镓的物性和晶体结构参数。

表 3 - 1　4 种常见固相镓的物性及晶体结构参数[1]

相　态	α - Ga	β - Ga	γ - Ga	δ - Ga
熔点(℃)	29.78	−16.30	−35.60	−19.40
熔化焓(J/g)	80.0	38.0	34.9	37.0
晶系	正交晶系	单斜晶系	斜方晶系	菱方晶系
空间群	*Cmca*	*C*2/*c*	*Cmcm*	$R\bar{3}m$
晶格常数(nm)	a=0.452 3 b=0.766 1 c=0.452 4	a=2.766 b=8.053 c=3.332	a=10.593 b=13.523 c=5.203	a=0.772 9 α=72.02°
晶胞原子数	8	4	40	
熔点时密度(g/cm^3)	5.92	6.22	6.20	6.21

一般情况下，大量液态镓冷却结晶时生成稳态的 α - Ga，然而当镓液滴的粒径在微纳米量级时，液态镓却倾向于结晶生成亚稳态相。这表明，镓液滴的粒径能够影响其相变行为。尽管关于镓在微尺度下相变特性的研究逐渐增

多,但是影响其相变行为的内在机理仍然不够清晰,很多理论解释也相对初步[2]。与纯镓相比,镓基合金等液态金属的相变特性显得更为复杂。本章对几类典型液态金属的相变特性进行介绍。

3.2 纯镓的相变特性

与大部分金属相比,纯镓的相变行为有其特别之处,这是因为固态镓除了常规的稳态相 α-Ga 外,还存在 β-Ga、γ-Ga、δ-Ga 等多种亚稳态相[1]。当前关于纯镓相变特性的研究,主要聚焦于微纳米尺度镓液滴或镓颗粒的相变,而关于其在宏观尺度下相变行为的研究反而相对较少。本节首先简单介绍金属的结晶与熔化相变理论[2],之后结合理论对采用差示扫描量热法测试的宏观尺度下镓液滴的 DSC 相变曲线进行分析。

3.2.1 纯金属的相变

物质的固液相变分为凝固和熔化[1,3]。凝固是物质由液态转变为固态的过程,若凝固后所得到的物质为晶体,则称之为结晶。金属及其合金在固态时一般都是晶体,所以它们的凝固过程就是结晶。金属在结晶时释放出结晶潜热,而在熔化时吸收熔化潜热。当金属存在多种固相时,除了通常的结晶与熔化相变,还可能发生不同晶相之间的固固相变。

3.2.1.1 纯金属的结晶

能量最低原理指出,系统在能量较低的时候更稳定,自然界一切自发的过程都是使系统自身能量降低的过程。热力学指出[3],对于发生在恒温恒压条件下的相变,系统所处的能量状态,可用其吉布斯自由能 G 表征:

$$G = H - TS \tag{3-1}$$

其中 H 为热焓,T 是热力学温度,S 是系统的熵。上式表明,系统的吉布斯自由能是温度的函数。

在温度 T 时,金属液相和固相的吉布斯自由能 G_L 和 G_S 分别由式(3-2)和式(3-3)给出:

$$G_L = H_L - TS_L \tag{3-2}$$

$$G_S = H_S - TS_S \tag{3-3}$$

金属液相与固相的吉布斯自由能随温度的变化曲线如图3-1所示。从图中可以看出，不论是在液相还是在固相，金属的吉布斯自由能都随着温度的降低而升高。在温度较高时，金属液相的吉布斯自由能 G_L 比固相的自由能 G_S 低，根据能量最低原理，此时金属的液相比固相更稳定，所以在温度足够高时，金属呈现为液态[3]。

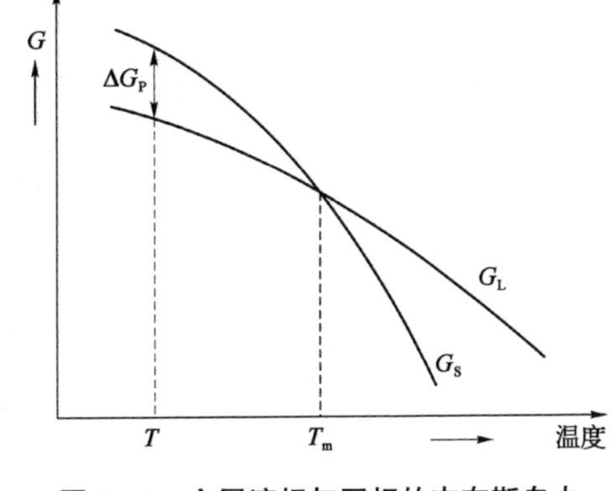

图3-1　金属液相与固相的吉布斯自由能随温度的变化曲线

随着温度的降低，金属液相与固相的吉布斯自由能都增大，但两者增大的快慢不一样，G_L 曲线随温度下降而升高的斜率大于 G_S 曲线的斜率，从而导致两条曲线在某一温度值相交，这个温度即为该金属的相变平衡温度 T_m，也就是通常所说的熔点。在熔点温度时，金属液相与固相的吉布斯自由能相等，两相之间达到平衡。

当金属的温度低于相变平衡温度 T_m 时，其液相的吉布斯自由能反而比固相的高，因而此时金属的固态比液态更稳定。金属在温度较低时，一般呈现为固态，而液态金属在温度降至熔点以下时，有自发转变为固态的趋势。

然而，液态金属在温度冷却至熔点以下时，并非立即自发地转变为固态，仍然有可能继续保持液态，这种现象称之为过冷[3]。液态金属的过冷并不违背能量最低原理，这是因为系统自身的能量组成，除了固相或液相的吉布斯自由能之外，还应包括结晶后新形成的固液界面能。当液相中出现晶核时，系统自由能的变化由两部分组成，一部分是金属在液相与固相时的吉布斯自由能之差 ΔG_P，它是金属由液相转变为固相的驱动力；另一部分是由于出现了新的固液界面，使系统增加了固液界面能 ΔG_i，它是结晶相变的阻力。当液相中不存在杂质且结晶在液体内部发生时，ΔG_i 的大小可根据下式来计算：

$$\Delta G_i = A\sigma_{LS} \tag{3-4}$$

式中 A 为新形成的固液界面的面积，σ_{LS} 为晶核表面的界面张力。

如图3-1所示，当液态金属过冷至温度 T 时，其在固态和液态时的吉布斯自由能之差即相变驱动力，可用下式表示：

$$\Delta G_{P} = G_{S} - G_{L} = \Delta H - T\Delta S \tag{3-5}$$

其中，ΔH 和 ΔS 是温度为 T 时金属固相和液相之间的焓差与熵差，即：

$$\Delta H = H_{S} - H_{L} \tag{3-6}$$

$$\Delta S = S_{S} - S_{L} \tag{3-7}$$

当温度 T 与熔点 T_{m} 相差不大时，存在以下近似关系：

$$\Delta H \approx -\Delta H_{m} \tag{3-8}$$

$$\Delta S \approx -\Delta S_{m} = -\frac{\Delta H_{m}}{T_{m}} \tag{3-9}$$

其中，ΔH_{m} 是纯金属的熔化潜热，ΔS_{m} 是熔化熵。将式(3-8)、(3-9)代入式(3-5)可得：

$$\Delta G_{P} \approx -\Delta H_{m} + T\frac{\Delta H_{m}}{T_{m}} = -\Delta H_{m}\left(1 - \frac{T}{T_{m}}\right) = -\Delta H_{m}\frac{\Delta T}{T_{m}} \tag{3-10}$$

其中，$\Delta T = T_{m} - T$，称为液体的过冷度。上式表明，液态金属的过冷度越大，其由液态转变为固态的相变驱动力也越大。液态金属在形成晶核前后系统自由能的变化为：

$$\Delta G = \Delta G_{P} + \Delta G_{i} = -\Delta H_{m}\frac{\Delta T}{T_{m}} + A\sigma_{LS} \tag{3-11}$$

只有当 ΔG 足够小时，结晶相变才有可能发生。

综上所述，金属由液相转变为固相的过程可以概述如下[2]：液态金属在连续冷却的过程中，温度降至固液相平衡温度 T_{m} 时，相变驱动力为零，此时并不发生结晶；随着温度持续降低，液态金属进入过冷态，虽然相变驱动力有所增大，但因为相变阻力的存在，其仍然保持为液态；只有当温度进一步降低，使得相变驱动力增大到足以克服相变阻力时，液态金属才开始结晶，其实际结晶温度和固液相平衡温度之差称为过冷度。

在结晶的过程中，金属释放出大量的潜热，如果这部分热量不能被及时转移，就会为晶体本身所吸收，转化为晶体的显热，使其温度升高，直至结晶过程全部结束时，金属晶体的温度才在外界的冷却作用下进一步降低。金属在整个降温过程中的温度变化曲线如图 3－2 所示，其中，T_n 为结晶温度，结晶过冷度 $\Delta T = T_m - T_n$。

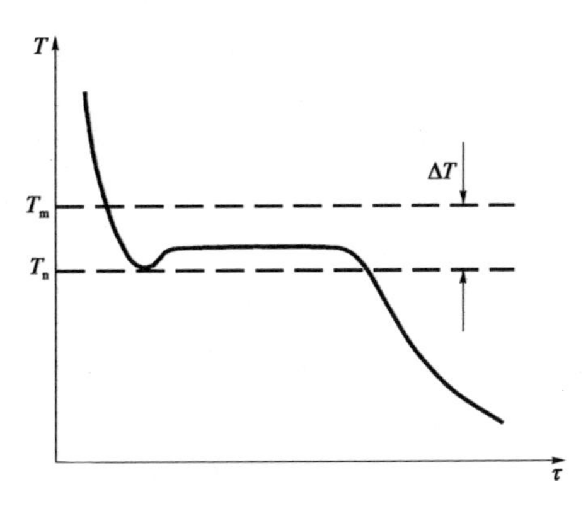

图 3－2　纯金属结晶时的温度变化曲线

3.2.1.2　纯金属结晶的均质成核与异质成核

液态金属的结晶一般分为两步，成核和晶核长大，这两个过程重叠交织，最终完成由液相向固相的转变。其中成核与否由热力学条件决定，而晶核生长的快慢与原子的扩散速度有关，由动力学条件决定。液态金属处于过冷状态时，可能以两种方式生成晶核，分别是均质成核和异质成核[4]。

均质成核是指在均匀的、无杂质的液体内部，金属原子由于能量涨落随机聚集成为晶核的胚芽，即晶胚，当晶胚的粒径大于某一临界尺寸时，晶胚便可自发地生长成为晶核。对于均质成核来说，晶核是由液体自发形成的，并且液相中各区域形成晶核的概率都相等，均质成核的过程也是液相内固液界面从无到有的过程。

若是液体中存在杂质，或者是在容器壁面、表面氧化膜等位置，在形成晶核前已经存在固液界面，晶核在这些异相的表面生成，这种成核方式称为异质成核。需要指出的是，异质成核所形成的晶核仍然是液相原子的聚集体，杂质等固相的表面只是对成核过程起催化作用，增大形成稳定晶胚的可能性，却并非晶核本身。

如图 3－3 所示，晶核在异质基底的表面生成时，相变阻力即系统总界面能的增加为：

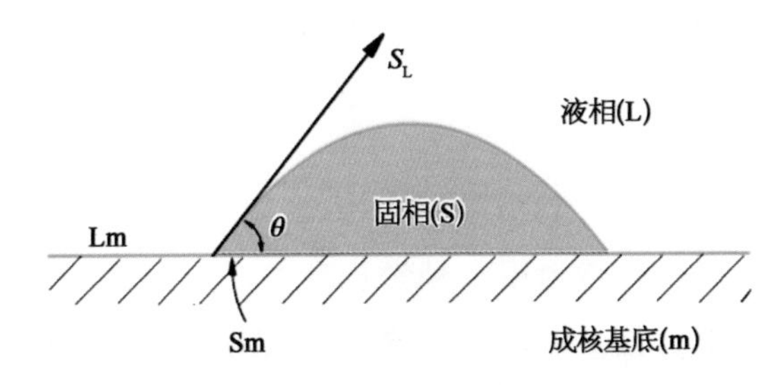

图 3－3　液相中的原子在异相表面形成晶核的示意

$$\Delta G_i = A_{LS}\sigma_{LS} + A_{Sm}\sigma_{Sm} - A_{Sm}\sigma_{Lm} \tag{3-12}$$

式中，m 表示成核基底，S 是新形成的固相晶核，L 代表液相，A_{LS} 是晶核和液相之间的界面面积，A_{Sm} 是晶核和基底之间的界面面积，σ_{LS} 是晶核表面和液相之间的界面张力，σ_{Sm} 是晶核表面和基底之间的界面张力，σ_{Lm} 是液相和基底之间的界面张力。对比式(3-4)可知，异质成核的相变阻力明显要比均质成核的小，因而异质成核也比均质成核更容易发生。

对于均质成核来说，其成核的相变阻力大，因而发生均质成核的液体能达到较大的过冷度；对于异质成核来说，其相变阻力要小很多，只需较小的过冷度就能够实现成核。事实上，严格意义上的均质成核很难实现，因为液相在结晶过程中很难排除杂质表面和容器壁面等位置的影响，自然界中的结晶过程几乎都始于异质成核。

液态金属的纯度越高，其所含的杂质就越少，因而结晶时的成核过程越接近于均质成核，所能达到的过冷度也就越大。有研究者指出，一般纯金属结晶时的过冷度为 $(0.18 \sim 0.20)T_m$，而在一些特殊的条件下，液态金属所能达到的过冷度远大于 $0.20T_m$。为了增大液体的结晶过冷度，一方面可以增大冷却速度，使得液相在降温过程中其晶核来不及形成和长大；另一方面可以提高液态金属的纯度，采取措施清除液体中的杂质，使得液相中的成核过程尽可能地接近均质成核；除此之外，还可以采用微小液滴法，通过减小液滴的粒径来排除杂质对液滴结晶过程的影响，因为液滴的粒径越小，其所包含的杂质就越少，甚至有可能不包含杂质，液滴就越容易发生均质成核，其所能达到的过冷度也就越大[4]。

液态金属的过冷度越大，液相内的晶核越容易形成，其成核率也就是单位时间内单位容积中所生成的晶核数越大。同时当过冷度较大时，液体的温度也较低，原子的扩散能力减弱，因而晶核生长得较慢。所以在较大的过冷度下，液态金属生成的是多晶粒细晶粒的晶体，其微观组织也更加均匀。

3.2.1.3 纯金属的熔化

金属的熔化虽然是自然界中一种常见现象，但是人们对其内在机制的揭示不如结晶过程那么透彻。最近 20 年的研究成果表明，晶体的熔化过程始于晶体表面或内界面(如晶界、相界等)处熔体的非均匀成核，因为在这些地方原子的排布与晶体内部的完整晶格有很大差异，而且界面处的原子具有较高的自由能，有利于熔体的非均匀成核，因此晶体表面和内界面的存在及数量决定了热力学熔化及其进程[5]。

与结晶相变存在较大阻力不同，金属熔体在表面的成核势垒极小，因而其熔化相变几乎不存在与过冷现象相对应的过热现象。然而通过改变晶体表面（界面）的结构使熔体难以在这些位置成核，其过热现象有可能被强化。与之相反的是，当晶体的界面增多时，如减小晶体的尺寸使其比表面积增大，或使晶粒细化使其内晶界增多，则熔化的非均匀成核位置增多，导致熔化在较低的温度下开始，从而出现熔点降低的现象。在常规的金属熔化过程中，不论是过热现象还是熔点降低现象，都很难观察到，因而一般不予考虑。

纯金属在熔化相变中需要吸收熔化潜热，并在吸热的过程中温度保持不变，其熔化过程的温度变化示意图如图 3-4 所示。从图中可以看出，金属在升温熔化的过程中，其温度曲线存在一个明显的水平段，该水平段所在的温度即为金属的熔点。与结晶相变存在过冷不同，金属熔化过程的相变温度即为其固液相平衡温度，因而一般通过金属的熔化相变来测试其熔点。

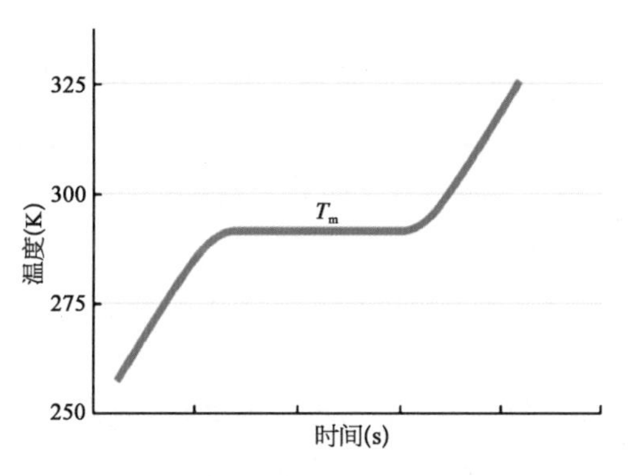

图 3-4　金属熔化过程的温度变化示意

3.2.1.4　金属的亚稳态相及其固固相变

有些金属在常压下可形成多种固相，不同的固相其晶体结构不同，与液相之间的平衡温度也不同。图 3-5 所示为这类金属的液相与多种固相的吉布斯自由能随温度变化的示意图。从图中可以看出，同稳态相 α 一样，亚稳态相 β、γ、δ 的自由能都随着温度的降低而增大，固相 α、β、γ 与液相之间的平衡温度分别为 T_m^{α}、T_m^{β}、T_m^{γ}，而固相 δ 与液相之间不存在平衡温度，因而它不可能从液相结晶形成，只能直接从蒸气凝华而成[4]。

一般情况下，从热力学角度看，该类金属的液相过冷到较低温度时，α 相与液相之间的自由能差 $\Delta G_{L\text{-}\alpha}$ 最大，因而液相结晶为 α 相的驱动力更大，与 β、γ 相相比，α 相的晶体更可能析出。但是液态金属在连续冷却的过程中，

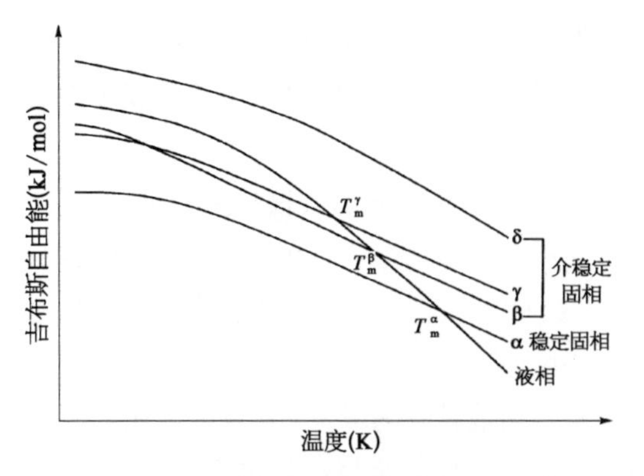

图 3-5　金属液相与多种固相的吉布斯自由能随温度的变化曲线[4]

在较低温度发生相变时，因为体积自由能、界面张力及异相表面等因素的影响，α 相的成核可能被抑制，此时亚稳态的 β 或 γ 相有可能析出。特别是对于密度较小的金属如镓来说，即使有大的摩尔相变驱动力 ΔG_m，但是其单位体积相变驱动力 ΔG_V 却不大，在过冷度较大的情况下，这类金属有可能析出亚稳态相晶体[4]。

然而亚稳态晶体不稳定，有可能发生固固相变转变为稳态相晶体。如图 3-6 所示，亚稳态相 γ 的自由能比稳态相 α 的高，两者之间的自由能差 $\Delta G_{\gamma\to\alpha}=G_\gamma-G_\alpha$ 即为 γ 相转变为 α 相的驱动力。然而实际上，要使物质从一种晶体结构转变为另一种晶体结构，除了要有相变驱动力之外，还必须克服相变势垒。所谓相变势垒，是指改变晶格时所必须克服的原子间引力。为克服相变势垒，需为晶格中的原子提供附加能量，使其处于较高的能量状态，从而越过相变势垒 Δg，向稳态相晶体转变，如图 3-6 所示[3]。

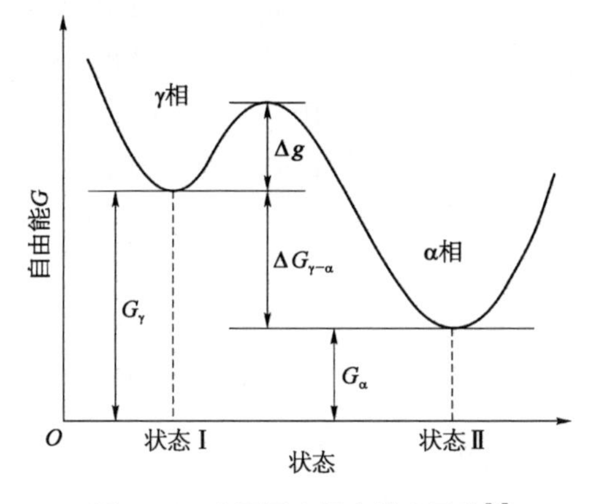

图 3-6　金属固态相变势垒示意[3]

晶体中的原子可通过两种方式来获得附加能量，一是原子热振动的不均匀性，它使个别原子可能具有很高的热振动能量，足以克服原子间的引力而离开平衡位置，从而获得附加能量；二是机械应力，比如晶体的弹性变形或塑性变形破坏了其原子排列的规律性，在晶体中产生内应力，可强制某些原子离开平衡位置，从而获得附加能量。

3.2.2　纯镓相变特性的 DSC 测试[2]

测试所用仪器为 DSC 200 F3 热流式差示扫描量热仪，采用液氮供冷，测试中所用镓样品的纯度为99.999%，其质量由梅特勒-托利多 AB135-S天平测得，测量精度为0.1 mg，测试温度范围为－50～60℃。测试所得的DSC曲线通过NETZSCH Proteus Thermal Analysis分析软件进行分析。

3.2.2.1　纯镓的3种相变行为

图3-7所示为纯镓的DSC曲线，样品质量为15.02 mg，升降温速率为10 K/min，温度程序中包含两个连续的降升温循环。从图中可以看出，不论是降温段的放热峰，还是升温段的吸热峰，样品第2次降升温循环的峰高和峰面积都明显不同于第1次的。图3-8和图3-9分别对2次热循环中的降温曲线和升温曲线作了比较。从图3-8中可知，该质量为15.02 mg的纯镓样品在降温过程中形成一个尖锐的放热峰，显然对应于其结晶相变。测得样品在第1次降温过程中的结晶温度为－45.8℃，在第2次降温过程中的结晶温度为－42.6℃。同时，从图中还可以看出，样品在第2次降温过程中所形成结晶峰的峰高和峰面积都明显小于第1次的。从图3-9中可知，样品在2次升温过程中，不仅熔化峰所在的位置明显不一样，而且第1次升温过程中熔化峰的峰高和峰面积也明显大于第2次的。测得样品第1次熔化相变的熔点为31.0℃，熔化焓为81.36 J/g；第2次熔化相变的熔点为－15.9℃，熔化焓为38.51 J/g。

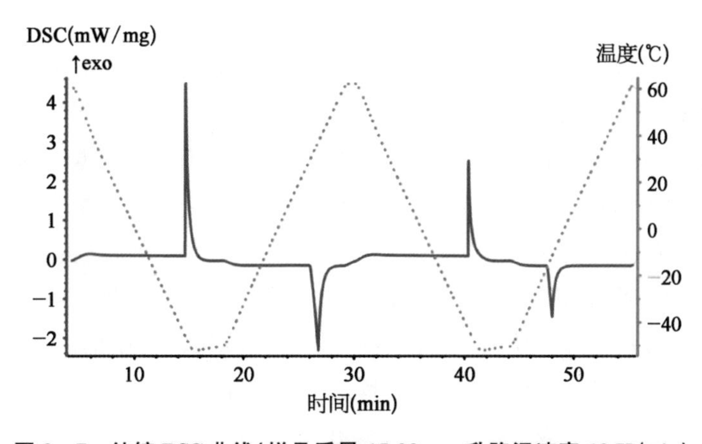

图3-7　纯镓DSC曲线(样品质量15.02 mg，升降温速率10 K/min)

从表3-1已经知道，α-Ga的熔点为29.78℃，熔化焓为80.0 J/g；β-Ga的熔点为－16.3℃，熔化焓为38.0 J/g。这说明该质量为15.02 mg的纯镓样品

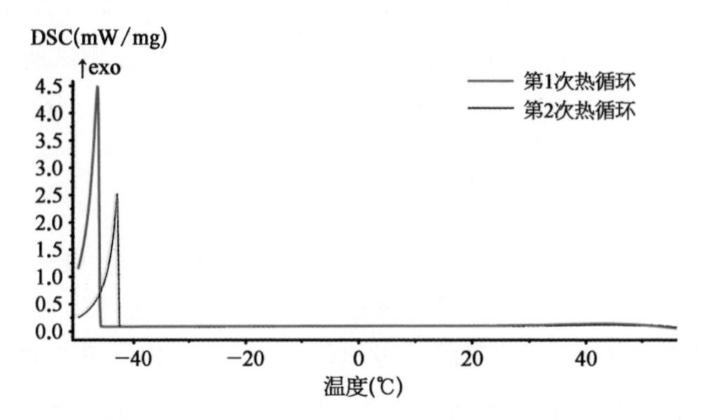

图 3-8　纯镓样品(15.02 mg)的降温 DSC 曲线(降温速率 10 K/min)

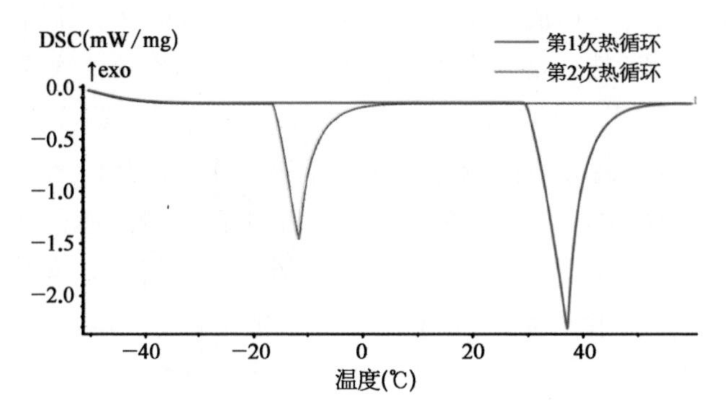

图 3-9　纯镓样品(15.02 mg)的升温 DSC 曲线(升温速率 10 K/min)

在第 1 次降温过程中结晶形成 α-Ga 晶体,之后在升温过程中发生 α-Ga 的熔化相变;而在第 2 次降温过程中,该样品结晶形成 β-Ga 晶体,之后在升温过程中发生 β-Ga 的熔化相变。测得样品 α-Ga 熔化相变的熔点和熔化焓与理论值之间的偏差分别为 4.1%和 1.7%,β-Ga 熔化相变的熔点和熔化焓与理论值之间的偏差分别为 2.5%和 1.3%,均在允许误差范围之内。

图 3-10 所示为另一纯镓样品的 DSC 曲线,该样品的质量为 30.70 mg,升降温速率为 5 K/min。从图中可以看出,样品在降温过程中形成 2 个放热峰,在升温过程中形成 1 个吸热峰,显然样品的第 1 个放热峰对应其结晶相变,吸热峰对应其熔化相变。测得样品熔化相变的熔点为 30.1℃,熔化焓为 80.62 J/g,说明其发生 α-Ga 熔化相变。再对样品的结晶相变进行分析,发现其结晶潜热为 37.22 J/g,与 β-Ga 结晶相变的潜热接近。我们知道,β-Ga 为亚稳态相晶体,有可能发生固固相变转变为稳态相 α-Ga。由此,可以得出以

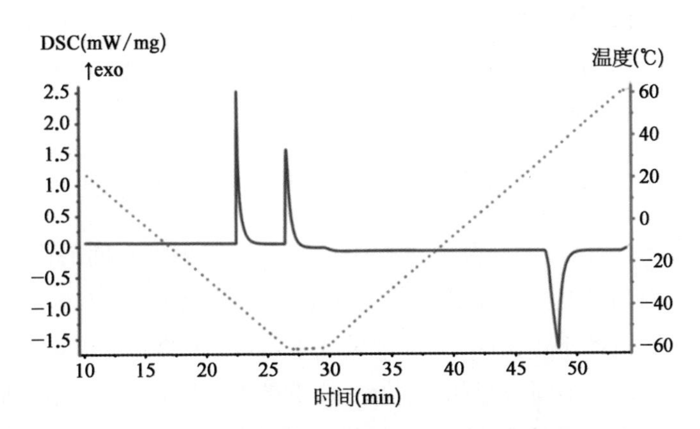

图3-10　纯镓DSC曲线(样品质量30.70 mg,升降温速率5 K/min)

下结论[2]：该质量为30.70 mg的纯镓样品在降温过程中,先结晶形成β-Ga晶体,该晶体不稳定,在温度进一步降低时发生固固相变转变为α-Ga晶体,并释放出相变潜热,形成第2个放热峰,之后样品在升温过程中发生α-Ga的熔化相变。测得样品的结晶温度为−39.8℃,β-Ga→α-Ga固固相变的温度为−59.7℃。

由上可知,在DSC测试条件下,在一次降升温循环中,纯镓存在3种截然不同的相变行为：

(1) 第1种相变行为如图3-7中第1个降升温循环所示,镓液滴在连续冷却的过程中,当过冷到某一温度时,从液态结晶为α-Ga晶体,并释放出结晶潜热,之后在升温过程中发生α-Ga的熔化相变。这是纯镓最常见的相变行为。

(2) 第2种相变行为如图3-7中第2个降升温循环所示,镓液滴在连续冷却的过程中,当过冷度达到某一值时,从液相结晶为β-Ga晶体,并释放出结晶潜热,之后在升温过程中,发生β-Ga的熔化相变。

(3) 第3种相变行为如图3-10所示,镓液滴在降温过程中,先结晶形成β-Ga晶体,并释放出结晶潜热,β-Ga晶体不稳定,在温度进一步降低时,发生固固相变转变为α-Ga晶体,并再次释放出相变潜热,形成第2个放热峰,之后在升温过程中发生α-Ga的熔化相变。β-Ga→α-Ga固固相变既可能发生在β-Ga晶体析出之后的降温段,也可能发生在低温恒温段。

必须说明的是,在DSC测试条件下,纯镓的上述3种相变行为中,α-Ga与β-Ga的结晶与熔化相变较为常见,而β-Ga→α-Ga固固相变只在极少数情况下发生，而且极具偶然性，重复性较差。事实上，常规尺度下液态镓的β-Ga结晶相变与β-Ga→α-Ga固固相变在文献[6]中也有报道，Wolny等曾通过电阻分析法观察到了这一现象。

3.2.2.2 样品质量和变温速率对纯镓相变行为的影响

如上所述，镓微液滴在降温过程中可结晶形成多种不同的固相，且不同粒径的镓液滴其结晶形成的固相可能不同，说明液滴粒径对纯镓的相变行为存在影响。由此不难推测，在常规尺度下，镓液滴的粒径也可能对其相变行为有影响[2]。而不同粒径的镓液滴，其质量也不同，下面介绍不同质量纯镓样品在同一变温速率下的DSC曲线。所选择的5个样品的质量依次为13.88 mg、21.26 mg、30.70 mg、41.28 mg、52.80 mg，测试所用的温度程序完全相同。

图3-11所示为各样品在同一升降温速率下的升温DSC曲线，升降温速率为10 K/min。从图中可以看出，在相同的测试条件下，除了质量为52.80 mg的样品发生α-Ga熔化相变外，另外4个样品都发生β-Ga熔化相变。当升降温速率改为5 K/min、15 K/min、30 K/min时，结果同样如此。这说明，当样品的质量较大时，样品更可能发生α-Ga相变。一个可能的解释为，表面界面能是影响液滴结晶过程的重要因素，样品的质量越小，其液滴的粒径越小，其比表面积越大，因而样品也越可能在结晶过程中发生非稳态的β-Ga相变。对于同样发生β-Ga相变的4组样品，从图中可以看出，样品的质量越大，熔化峰的峰高越小，峰宽越大。这是因为，当样品的质量较大时，样品液滴和坩埚底面的接触面积也较大，传热效果更好，导致峰高降低；同时，在

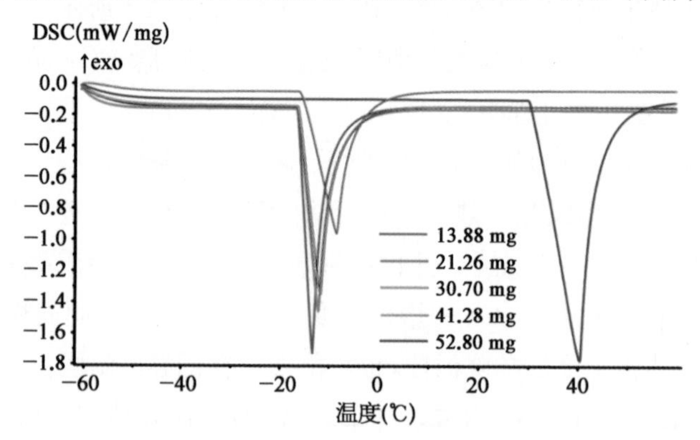

图3-11 不同质量样品的升温DSC曲线(升温速率10 K/min)

样品的质量较大时，由坩埚到样品中心的传热热流路径增长，样品内部和表面的温差增大，从而导致峰形扩大。此外，图中各曲线的基线高度各不相同，主要是因为装载各样品所用坩埚的质量不一样。

除了样品质量的影响外，升降温速率也是一个影响纯镓相变行为的重要因素[2]。为此给出了各样品在不同升降温速率下的 DSC 曲线，所选择的升降温速率分别为 5 K/min、10 K/min、15 K/min、20 K/min、30 K/min。测试结果表明，当样品质量为 13.88 mg、21.26 mg、30.70 mg、41.28 mg 时，不论对于哪一个升降温速率，样品都主要发生 β-Ga 相变。而当样品质量为 52.80 mg 时，其在不同变温速率下的升温 DSC 曲线如图 3-12 所示。从图中可以看出，当升温速率为 5 K/min、10 K/min、15 K/min 时，样品发生 α-Ga 相变，而当升温速率为 20 K/min 时，样品却发生 β-Ga 相变。一个可能的解释为，降温速率改变时，各种固相的成核率也发生了相应的变化，从而影响纯镓液滴的结晶相变。

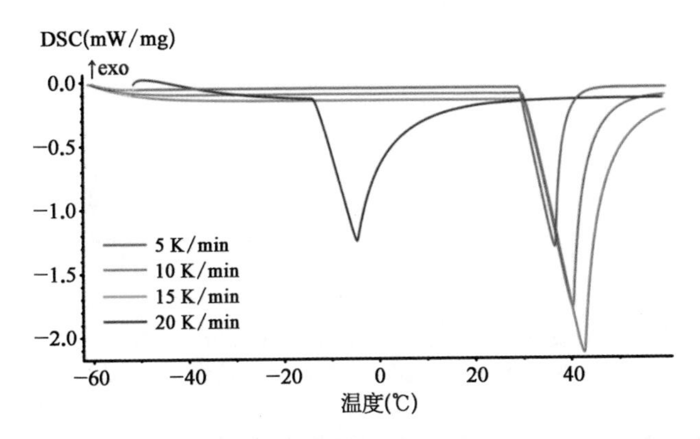

图 3-12　质量为 52.80 mg 纯镓样品在不同变温速率下的升温 DSC 曲线

对于同样发生 α-Ga 相变的 3 组样品，从图中可以看出，随着升温速率的增大，熔化峰的高度增加，峰温增大，峰形也变宽。这是因为升温速率增大时，样品的吸热速率也增大，因而峰高增大，峰形越容易分辨。同时升温速率较大时，由于体系不能及时响应，使得热滞后现象加剧，导致峰宽增大。在其他条件一样时，基线偏离零线的高度和升温速率成正比，所以从图中可以看出，升温速率增大时，基线的高度也变大。

需要阐明的是，因为亚稳态镓晶体是不稳定的，任何环境因素的扰动都可能影响亚稳态镓的形成。因而在 DSC 测试条件下，对于质量较小的纯镓样品，即便在升降温速率较高时，也可能发生 α-Ga 相变。笔者实验室曾观察到这样的现象[2]：一个质量为 6.84 mg 的纯镓样品，第一天晚上采用 10 K/min 的速率对其进行 DSC 测试时，样品发生β-Ga 相变，之后停止对仪器供应吹扫气和保护气，让样品在仪器内静置一夜，第二天采用相同的方法对其进行测试时，发现样品发生 α-Ga 相变，但是在之后的重复测试中，该纯镓样品又反复发生β-Ga 相变。对于大多数测试来说，当在温度程序中设置多个降升温循环时，样品在不同循环中的相变行为是一样的，要么全部是 α-Ga 相变，要么全部是β-Ga 相变。但是也曾观察到样品在第一个降升温循环中发生 α-Ga 相变，而在之后的循环中却发生β-Ga 相变，图 3-7 所示的测试就属这一类。而在另外的少数几次测试中，现象却刚好相反，样品在第一个降升温循环中发生β-Ga 相变，在之后的循环中发生 α-Ga 相变，如图 3-13 所示。

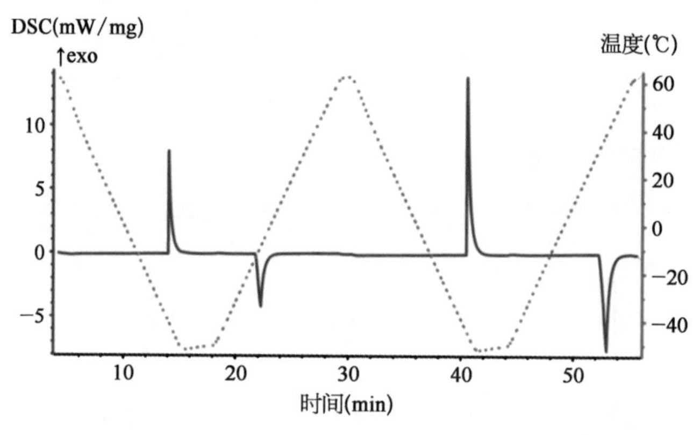

图 3-13 样品质量 18.10 mg，升降温速率 10 K/min，在第 1 个热循环中发生β-Ga 相变，在第 2 个热循环中发生 α-Ga 相变

以上现象说明，样品质量和升降温速率并不是影响纯镓相变行为仅有的 2 个因素，气氛气种类的变化、气氛气和吹扫气流速的扰动等环境因素的改变都可能导致纯镓的相变行为发生变化。在测试中，除了样品质量和升降温速率之外，应尽可能地保持其他测试条件一样。但是受到实验条件的限制，并不能完全保证其他环境参数不会发生变化，因而使得测试结果带有一定的偶然性。所以前文所述的关于质量和降升温速率这 2 个因素对纯镓相变行为的影响的结论，严格来说是基于多次重复测试后所得到的一种概率意义上的描述。也就是说，基于所有这些测试结果，可得到这样的结论：样品质量越小，越可能发生β-Ga 相变，升降温速率越大，样品越可能发生β-Ga 相变，但并不排除当样品质量较小和升降温速率较大时，样品仍发生 α-Ga 相变。

3.2.2.3　DSC测试纯镓的结晶温度与过冷度

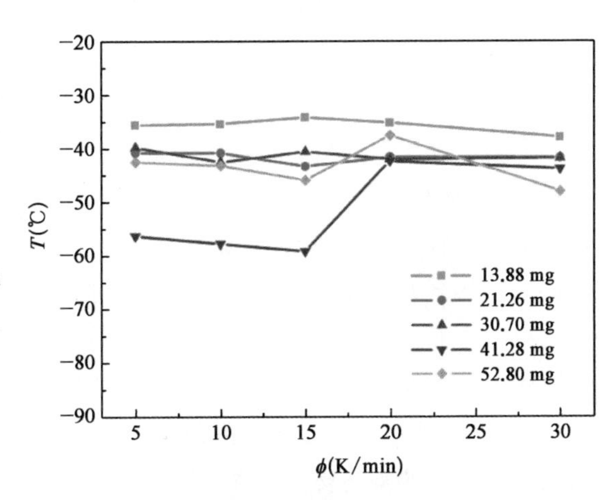

图3-14　各纯镓样品在不同降温速率下的结晶温度

图3-14所示为各质量不同的纯镓样品在不同降温速率下的结晶温度。如前所述，除了质量为52.80 mg的样品在降温速率为5 K/min、10 K/min、15 K/min、30 K/min时发生α-Ga结晶相变，其他所有测试的样品都发生β-Ga结晶相变。从图中可以看出，在DSC测试条件下，样品不论是发生α-Ga结晶相变，还是发生β-Ga结晶相变，其结晶温度随样品质量和降温速率的变化并无明确的规律，而且α-Ga相变和β-Ga相变的结晶温度之间也无明显差别。

根据金属的结晶相变理论[2]，在微纳米尺度下，液滴的粒径（或者质量）越小，液滴所能达到的过冷度越大；降温速率越大，液滴所能达到的过冷度越大。液滴的过冷度越大，其结晶温度越低。但是上述测试所用的纯镓样品其质量在几十毫克级，与微纳米尺度相比，已经属于宏观尺度范畴。事实上，在DSC测试条件下，纯镓样品的结晶相变受很多因素的影响，除了液滴尺寸和降温速率外，样品本身的热历史和环境扰动等因素也会影响到其结晶过冷度，因而通过DSC测试纯镓的结晶温度具有较大的偶然性，其重复性较差。

3.2.3　经氧化处理后镓的相变特性

镓及镓基合金液态金属用于热界面材料时，为了提高其对材料表面的粘附性，可对其进行部分氧化处理，所生成金属氧化物的质量分数虽然很小，但是均匀分布于镓或镓基合金基体中，能够显著改变液态金属的黏度，使得其易于浸润各种材料的表面[7]。为此笔者实验室测试研究了经氧化处理后镓的相变行为，并和纯镓的相变特性进行了比较[2]。

3.2.3.1　纯镓的氧化

常温下，镓在空气中比较稳定，几乎不与氧气发生反应。这一方面是因为和大部分金属相比，镓的化学活性相对较弱，另一方面是因为镓能在表面生成一层氧化膜，这层氧化膜的化学性质非常稳定，能对内部的纯镓起保护作用，防止其被进一步氧化。但是在温度较高时，镓和氧气之间的反应明显加剧，镓被氧化后的产物主要是氧化镓。

如下实验中，纯镓的氧化处理通过恒温磁力搅拌器来实现[2]。氧化处理前，先用热水将纯度为 99.999%的镓样品熔化，取一定质量的液态镓放入 100 ml的小烧杯中，在烧杯内放置一磁性搅拌子，之后将烧杯置于恒温磁力搅拌器上加热至 60℃并保持恒温。磁性搅拌子通过在优质磁钢外包覆一层聚四氟材料制作而成，聚四氟材料与镓之间不发生任何反应，具有很好的相容性。恒温磁力搅拌器除了能将温度稳定在设定值之外，还能产生一定频率的交变磁场，磁性搅拌子在交变磁场的作用下转动，从而对烧杯中的液态镓起到搅拌作用。被搅拌的液态镓在 60℃温度下和空气中的氧发生反应，随着反应不断进行，烧杯内样品的质量也不断增加。测出反应前和反应中烧杯内样品的质量，便能得到不同阶段和镓发生反应的氧气的质量。烧杯内镓样品的质量由分析天平测得，测量精度为 0.1 mg。

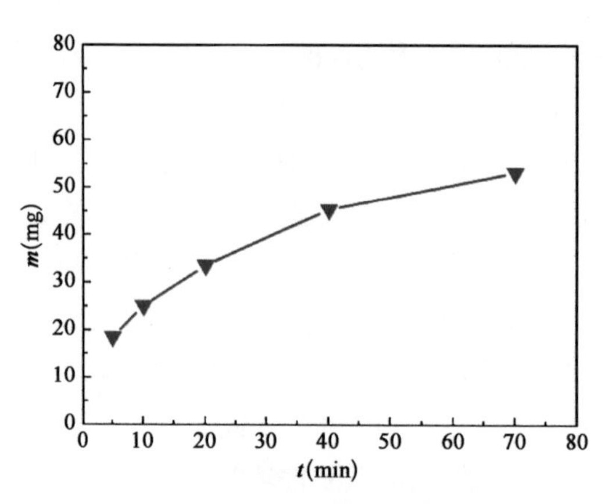

图 3-15 烧杯内镓样品的质量增量随时间的变化曲线

图 3-15 所示为21.251 4 g 液态镓在 60℃温度下被搅拌氧化时，烧杯内样品的质量增量随时间的变化曲线。从图中可以看出，刚开始搅拌时，液态镓与氧之间的反应速率比较大，样品质量增加较快，随着反应的进行，液态镓的氧化逐渐趋于饱和，其氧化反应的速率减小，因而质量增量曲线逐渐趋于平缓。在高温搅拌氧化 120 min 后，将烧杯从恒温磁力搅拌器上拿开，并立即取样对氧化后的镓样品进行 DSC 测试，此时测得烧杯内样品的质量增量为 87.7 mg。

3.2.3.2 氧化处理对镓熔化相变的影响

图 3-16 所示为经氧化处理与未经氧化处理镓样品的升温 DSC 曲线，升降温速率为 5 K/min，经氧化处理镓样品的质量为 41.35 mg，未经氧化处理镓

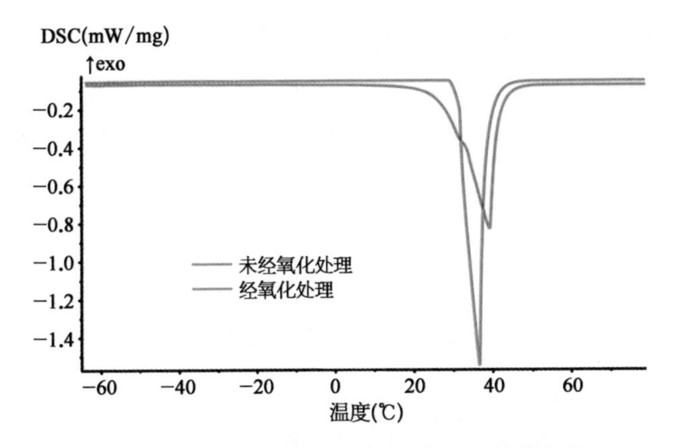

图3-16　经氧化处理与未经氧化处理镓样品的升温DSC曲线(升温速率5 K/min)

样品的质量为42.65 mg,两者质量接近,排除了因质量差别较大造成DSC曲线不同的影响。图中两条曲线的基线高度存在微小偏差,是由测试时所用坩埚的质量不一样造成的,经氧化处理镓样品的坩埚质量为158.56 mg,纯镓样品的坩埚质量为142.43 mg。

从图中可以看出,两种镓样品在升温过程中都发生α-Ga的熔化相变。与纯镓样品相比,经氧化处理后的镓样品的熔化峰更平缓、开阔,其峰高较低,峰的宽度却更大。测得经氧化处理后的镓样品的熔点为25.8℃,熔化焓为78.42 J/g,而未经氧化处理的纯镓样品,测得其熔点为31.5℃,熔化焓为84.80 J/g。由此可见,镓经氧化处理后,不论是熔点还是熔化焓,都明显降低。

经氧化处理镓样品的熔化焓之所以降低,是因为在整个测试温度范围内,样品中的氧化镓并不参与相变。氧化镓的熔点高达1 740℃[1],其在升温和降温的过程中,所吸收和释放的都是显热,因而实际上只有样品中的纯镓发生熔化相变。而曲线分析软件在将计算所得的总熔化焓折算到单位质量样品时,是按照样品的总质量来算的,因而所得到的熔化焓比实际值偏小。如果忽略测量误差,纯镓的熔化焓按理论值80.0 J/g来算,则经氧化处理后的1 g镓样品中含有纯镓的质量为:

$$m_{Ga}=\frac{78.42}{80.00}\times 1=0.980\,25(g) \tag{3-13}$$

因而该镓样品中纯镓的质量分数为98.025%,氧化镓的质量分数为1.975%。

由前文可知,在高温搅拌氧化前,烧杯内镓样品的质量为21.251 4 g,在经过 120 min 的搅拌氧化后，烧杯内的质量增量为 87.7 mg，也就是说在整个氧化过程中，共有 87.7 mg 的氧气参与了反应。镓氧化后的主要产物为氧化镓（Ga_2O_3），镓和氧的相对原子质量分别为 70 和 16，则生成的氧化镓的质量可按下式来计算：

$$m_{Ga_2O_3} = 87.7 \times \frac{16 \times 3 + 70 \times 2}{16 \times 3} = 343.49(\text{mg}) \tag{3-14}$$

因而新生成的氧化镓在整个氧化后镓样品中的质量分数为：

$$x_{Ga_2O_3} = \frac{343.49}{87.7 + 21.251\,4 \times 1\,000} \times 100\% = 1.610\% \tag{3-15}$$

前文已经推算出经氧化处理后样品中氧化镓的质量分数为 1.975%，比上式所得的结果大。除了测量误差的原因外，更主要的原因可能在于[2]，前者算得的是样品中所有氧化镓的质量分数，而后者算得的是经高温搅拌氧化后新生成氧化镓的质量分数。事实上，在高温搅拌氧化前，镓样品内已经有一部分氧化物存在。这部分氧化物的质量分数可由两者之间的偏差来估算，约为 0.3%。

除了熔化焓偏低之外，经氧化处理后的镓样品，其所测得的熔点也明显低于纯镓的。事实上，早在温度低达 20℃左右的时候，样品就已经开始缓慢熔化。一个可能的解释为，大量的氧化镓以杂质的形态均匀地分布于纯镓基体中，氧化镓的存在破坏了纯镓基体的晶格排列，使得晶体的表面和界面增多，因而不需要克服太多的能量（晶格能）就能让晶体熔化为液体，从而出现熔点降低的现象。

熔化理论认为[2,5]，晶体的表面、界面、位错等位置的原子具有较高的能量，当温度升高时，这些区域的原子的活动能力增强，在达到熔点温度之前，这些原子的对称排列就已经被打破，失去长程有序结构而形成类似液相的结构。晶体中存在大量不溶于固液相的杂质时，在破坏晶体结构、使得晶体内同质相界面（即晶界）增加的同时，也会使得晶体内的异质相界面（和杂质之间的界面）相应增加，使熔化的非均匀成核位置增多，导致熔化在较低的温度下开始[8]。晶体表面或界面在低于平衡熔点温度下熔化的现象，称为晶体的预熔化。金属的预熔化早已多次为实验所验证，铅单晶和铋微粒等低维材料熔点降低的现象就是金属预熔化的一种表现[9,10]。镓经高温搅拌氧化后，生成的大量氧化镓以杂质的形态均匀分布于纯镓基体中，强化了纯镓基体的预熔化现象，从而使得样品在较低的温度下就开始熔化。

3.2.3.3　氧化处理对镓结晶相变的影响

图 3－17 所示为经氧化处理与未经氧化处理的镓样品在降温过程中的 DSC 曲线[2]，如前所述，经高温搅拌氧化处理的镓样品的质量为 41.35 mg，纯镓样品的质量为 42.65 mg，降温速率为 5 K/min。从图中可以看出，未经氧化处理的纯镓样品，在降温过程中共发生了 2 次相变，当其温度过冷至－42.8℃时，先结晶为β－Ga 晶体，在温度进一步降低至－66.5℃时，样品发生β－Ga→α－Ga 固固相变，并再次释放出相变潜热。而对于纯镓样品，其在降温过程中发生α－Ga 的结晶相变，结晶温度为－26.6℃。

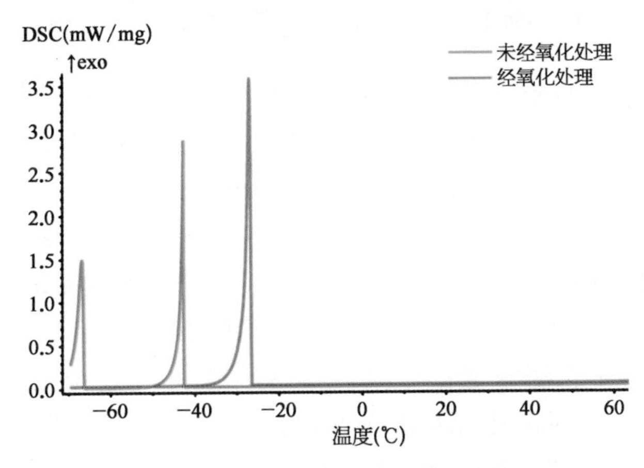

图 3－17　经氧化处理与未经氧化处理镓样品的降温 DSC 曲线(降温速率 5 K/min)

从上边的测试结果可知，对于质量接近的两个样品，在相同的测试条件下，经氧化处理的镓样品所能达到的过冷度比纯镓样品的小。图 3－18 进一步展示了质量分别为 41.35 mg 和 12.84 mg 的经氧化处理的镓样品以 5 K/min 和 10 K/min 的速率降温时的 DSC 曲线，各样品在升温过程中均发生α－Ga 的熔化相变。从图中可以看出，降温速率越大，样品的质量越小，样品的结晶温度越低。但是各条曲线的起始结晶温度之间的偏差并不大，都在－30℃左右。这说明，与纯镓样品相比，经高温搅拌氧化处理的镓样品所能达到的过冷度普遍偏小。这是因为，镓样品经氧化处理后，生成的大量氧化镓以杂质的形态均匀地分布于纯镓基体中，使得样品在降温过程中主要发生异质成核，因而只需要达到较小的过冷度就能析出晶体。

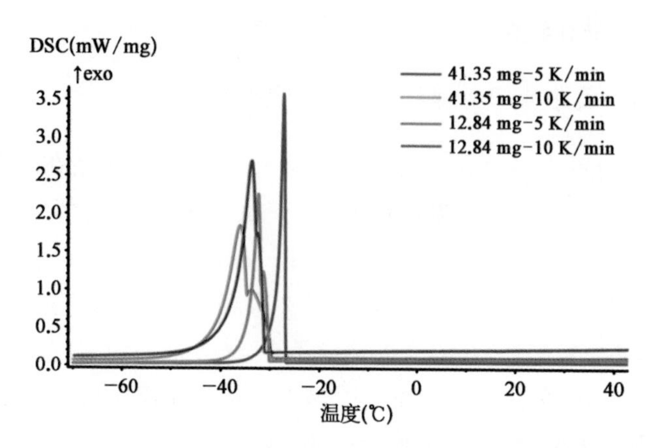

图 3-18 质量为 41.35 mg 和 12.84 mg 的经氧化处理的镓样品以 5 K/min、10 K/min 的速率降温时的 DSC 结晶曲线

事实上,氧化镓杂质的存在除了会促进样品在结晶过程中的异质成核,降低样品的过冷度以外,还会促使亚稳态的β-Ga 晶体向稳态的α-Ga 晶体转变[2]。从图 3-18 中可知,除了质量为 41.35 mg 的镓样品以 5 K/min 的速率降温时得到一个完整的、尖锐的结晶峰外,另 3 组测试中镓样品的结晶峰都是 2 个峰的叠加,其峰高较小,峰宽却更大。这说明,这 3 组样品在降温过程中先部分结晶形成β-Ga 晶体,但是由于纯镓基体中大量氧化镓杂质的存在,亚稳态的β-Ga 晶体无法稳定保存,在样品的结晶相变还未完成时,就发生β-Ga→α-Ga 固固相变,从而出现两个峰叠加的情况。这说明,氧化镓的存在能够进一步破坏β-Ga 的稳定性。

3.3 镓基二元合金相变特性的 DSC 研究

大部分镓基合金具有比纯镓更低的相变温度,因而在热管理领域,镓基合金的应用比纯镓更为普遍。如下首先简单介绍二元合金的结晶与熔化相变理论,然后讨论通过差示扫描量热仪测试不同成分的镓铟、镓锡、镓锌二元合金的 DSC 相变曲线,并结合测试结果分析合金成分对其相变行为的影响[2]。

3.3.1 二元合金的相变

吉布斯相律指出,在恒压下,当系统处于完全平衡时,其自由度数由下式决定[11]:

$$F = C - P + 1 \tag{3-16}$$

其中，C 为系统的组分数，P 为系统的相数，而自由度数 F 是指，为描述系统所处的状态，所需的可独立变化的强度变量的最少个数，强度变量包括温度、组元的成分（质量百分比或原子百分比）等。对于纯金属而言，当其处于液态或固态时，其组分数和相数都为 1，此时系统的自由度数为 1，因而只需要一个温度参数就能描述其所处的状态；而当其处于固液两相平衡共存状态时，系统的相数为 2，自由度数为 0，此时系统的温度为固定值，不能自由变化，所以纯金属具有固定的相变平衡温度。对于二元合金系统，其最大的自由度数为 2，这两个自由度就是温度和某一组元的成分，因此，可用温度—成分坐标来表示二元合金系统。

3.3.1.1　二元匀晶合金

一种金属的晶体溶入有其他原子并保持其晶格类型不变后新形成的晶体称为固溶体。由液相直接析出单相固溶体的过程称为匀晶转变，只存在匀晶转变的合金称为匀晶合金[2]。图 3-19 所示为二元匀晶合金的相图，两组元在液态和固态时都完全相互溶解，图中纵坐标是温度，横坐标是组元 B 的成分，左端线表示纯金属 A，其熔点为 T_A，右端线表示纯金属 B，其熔点为 T_B。相图中的任意一点对应于合金的一个状态，整个相图被两条曲线划分为 3 个区域，上面一条是液相线，液相线以上的区域称为液相区 L，即温度高于液相线时合金为液态；下面一条曲线是固相线，固相线以下的区域为固相区，温度低于固相线时合金为固相 α；两条曲线之间的区域是固液两相共存区 α+L。

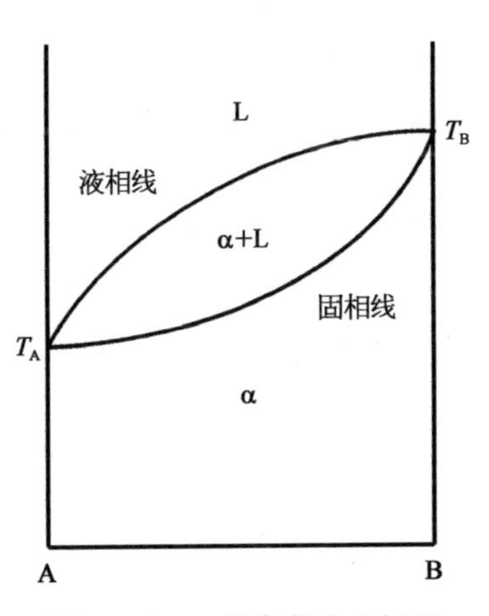

图 3-19　二元匀晶合金相图

当合金从液态无限缓慢冷却，在相变过程中，不仅液相充分混合，成分均匀，而且固相内的原子也充分扩散，成分处处一致，这种凝固过程称为平衡凝固。如图 3-20 所示，成分为 x_a 的合金从液态开始缓慢冷却，发生平衡凝固，当合金温度降至液相线的 1 点时，液体开始结晶，此时与液相保持平衡的固相成分为 x_b，也就是说此时结晶出来的极少量固相的成分为 x_b。因为 b 点固

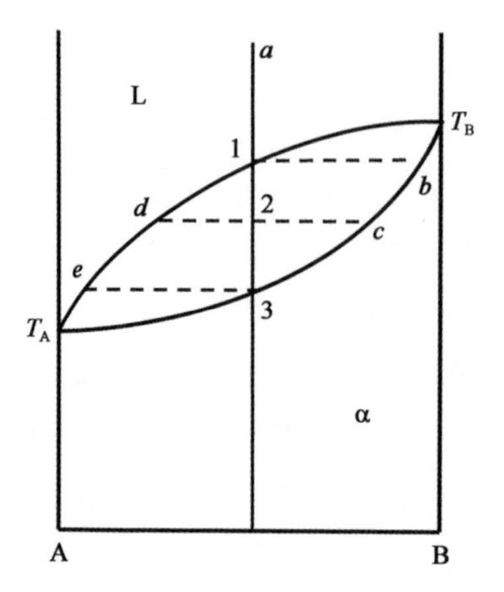

图 3-20 二元合金冷却示意

相晶体中的B组分比较多,使得液相中的B组分减少,合金在不断冷却和结晶的过程中,液相的成分沿液相线 1-d-e 变化,结晶出来的固相的成分沿固相线 b-c-3 变化,直至合金的温度降到固相线3点时,所有的液相全部结晶为固相,固相晶体的成分回到原合金成分 x_a。

合金的结晶相变和纯金属的一样都需要经历成核和晶核长大的过程,但两者又有显著的区别[2]:合金在析出固溶体时,新形成的固相成分和原液相不同,而且在整个结晶过程中,合金的温度在不断变化,液相和固相的成分也在不断变化,直至结晶结束;而对于纯金属来说,其发生结晶时不仅固相和液相的成分相同,而且在整个结晶过程中两相的温度和成分也保持不变。

当合金温度降至2点时,系统处于固液两相平衡共存的状态,此时残留液相的成分为 x_d,与之平衡的固相晶体的成分为 x_c。设合金的总量为 Q,液相的量为 Q_L,固相的量为 Q_S,则由物质的守恒定律有如下关系式:

$$Q = Q_L + Q_S \tag{3-17}$$

$$Q \cdot x_a = Q_L \cdot x_d + Q_S \cdot x_c \tag{3-18}$$

结合上两式可算出固液两相的相对量:

$$\frac{Q_L}{Q} = \frac{x_c - x_a}{x_c - x_d} = \frac{\overline{2c}}{\overline{dc}} \tag{3-19}$$

$$\frac{Q_S}{Q} = \frac{x_a - x_d}{x_c - x_d} = \frac{\overline{d2}}{\overline{dc}} \tag{3-20}$$

其中,$\overline{dc}$、$\overline{2c}$、$\overline{d2}$ 表示线段 d-c、2-c、d-2 的长度。式(3-19)和式(3-20)被称为杠杆定律[11],可用于计算两相平衡时各相的相对量。

3.3.1.2 二元共晶合金

在一定温度下,由同一液相同时析出两个不同固相的过程,称为共晶转变。两组元在固态时完全不相互溶解的二元共晶相图如图3-21所示,在固态时相互有限溶解的二元共晶相图如图3-22所示，后者是比较常见的共晶相图。发生共晶相变时，液相同时和两个不同固相平衡共存，根据相律，此时的自由度数为0，因而3个平衡相的成分和相变温度都是固定的。共晶相变时液相的成分称为共晶成分，温度为共晶温度，其在相图中对应的点为共晶点[11]。

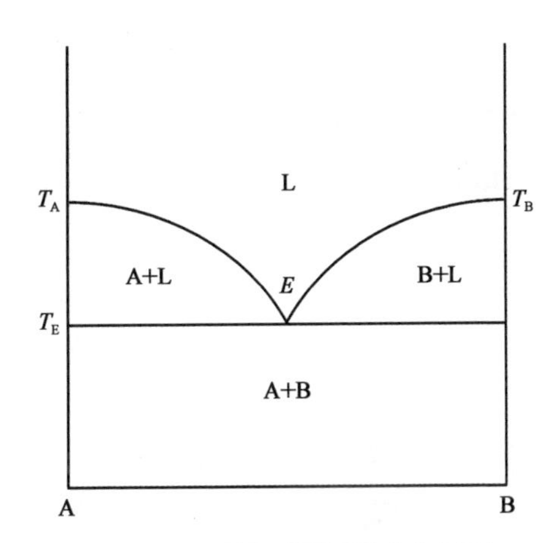

图3-21　固态时两组元完全互不溶解的共晶相图

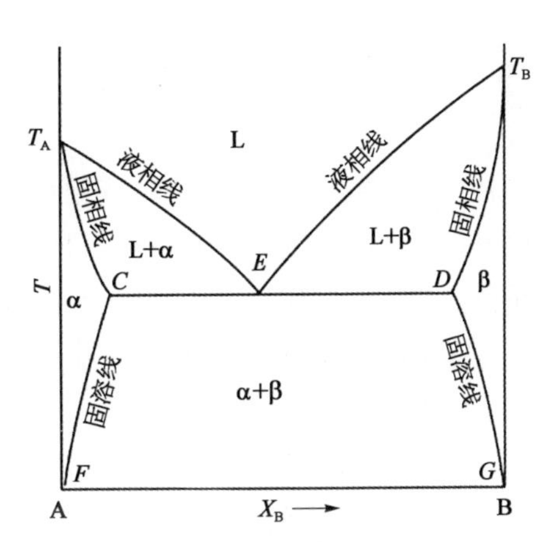

图3-22　固态时两组元相互有限溶解的共晶相图

如图3-22所示，E点为共晶点，T_A、T_B分别是组元A和组元B的熔点，T_AET_B为液相线，液相线以上的区域为液相区L，T_ACEDT_B为固相线，在固相线以下合金为固态，其中CED为一等温水平线，也称为共晶线，温度值为共晶温度T_E。α表示B原子溶入A基体中形成的固溶体，β表示A原子溶入B基体中形成的固溶体，固溶线CF是组元B在组元A中的溶解度曲线，DG是组元A在组元B中的溶解度曲线，从曲线可以看出，随着温度的降低，溶质的溶解度也降低。整个相图被划分为3个单相区、3个两相区和一个三相区[11]，3个单相区分别为液相区L，α固溶体区，β固溶体区；3个两相区分别是L+α固液两相区，L+β固液两相区，以及α+β固态两相区；三相区就是CED共晶线，其所在的温度为共晶温度T_E，在共晶线上，L、α、β三相可平衡共存。

对于成分为共晶成分x_E的合金，其由液态L_E缓慢冷却发生平衡凝固，当温度降至共晶温度T_E时，有如下反应：

$$L_E \xrightarrow{T_E} \alpha_C + \beta_D \tag{3-21}$$

其中α_C、β_D分别表示C点的α固溶体和D点的β固溶体，而对于在固态时

A、B两组元完全不相互溶解的共晶反应，其生成物则为组元A和组元B的混合物。根据杠杆定律，新形成的 α_C 固溶体和 β_D 固溶体在固相中所占的比例 w_{α_C} 和 w_{α_D} 分别为：

$$w_{\alpha_C} = \frac{x_D - x_E}{x_D - x_C} \tag{3-22}$$

$$w_{\alpha_D} = \frac{x_E - x_C}{x_D - x_C} \tag{3-23}$$

共晶合金发生相变时，尽管其液相和两个固相的成分不同，但是在整个相变过程中，不仅相变温度保持恒定，而且L、α、β三相的成分也维持不变。因此，共晶合金的相变过程和纯金属的十分接近。

对于非共晶成分的合金，其由液态缓慢冷却时的结晶过程，按合金成分的大小可以分为以下三类[2,11]：

(1) 成分在 C 点以左的合金，发生匀晶相变，生成α固溶体；成分在 D 点以右的合金，发生匀晶相变，生成β固溶体。这两种成分的合金也称为端部固溶体合金，其在结晶过程中并不发生共晶相变。

(2) 成分在 C 点以右、共晶点 E 以左的合金，称为亚共晶合金，其结晶过程如图3-23中虚线Ⅰ所示。合金由液态缓慢冷却的过程中，当温度降至液相线的1点时，结晶开始，此时液体发生匀晶相变，析出α固溶体，之后液相成分沿液相线1-E 变化，固相成分沿固相线2-C 变化，当温度降至共晶线上的3点时，匀晶相变结束，残留液相的成分为共晶成分，之后液相发生共晶转变，同时析出α、β固溶体。

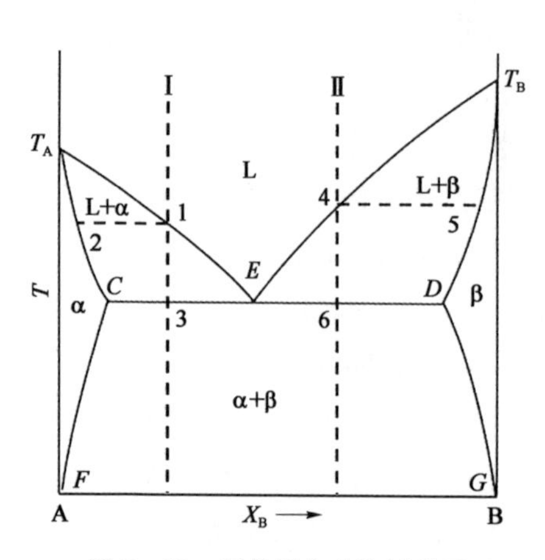

图3-23 亚共晶合金和过共晶合金结晶示意

(3) 成分在 D 点以左、共晶点 E 以右的合金，称为过共晶合金，其结晶过程和亚共晶合金相似，如图3-23中虚线Ⅱ所示。合金由液态缓慢冷却的过程中，当温度降至液相线的4点时，结晶开始，此时液体发生匀晶相变，析出β固溶体，之后液相成分沿液相线4-E 变化，固相成分沿固相线5-D 变化。当温度降至共晶线上的6点时，匀晶相变结束，残留液相的成分为共晶成分，之后液相发生共晶转变，同时析出 α、β 固溶体。

因此，不论是对于亚共晶合金，还是过共晶合金，其残留液相的成分最终都会变为共晶成分，并发生共晶转变，形成共晶组织。由杠杆定律可知，非共晶合金的成分离共晶成分越近，其形成共晶组织的相对量就越多；其成分离共晶成分越远，形成初生固溶体相的相对量就越多。

除了匀晶转变和共晶转变之外，二元合金还存在包晶转变、共析转变、包析转变等其他相变方式，这里不再赘述。

3.3.1.3　不均匀性对合金结晶相变的影响

当液态合金混合不充分时，必然导致液体内的局部成分偏离合金整体的成分，使得一部分液体的成分高于合金整体成分，而另外一部分液体的成分低于合金整体成分。下面以图 3－24 为例来说明液相合金的不均匀性对其结晶相变的影响。

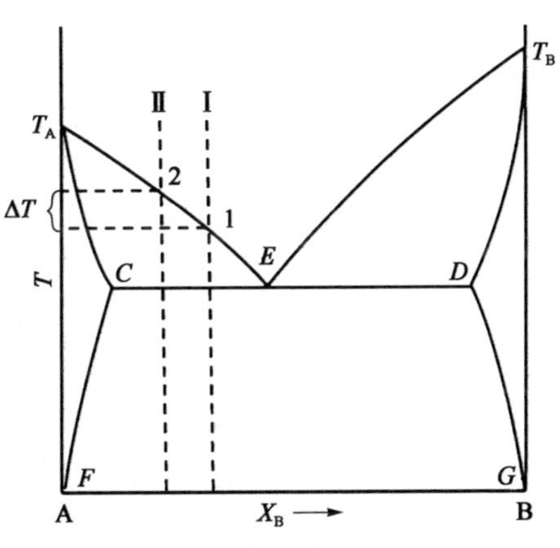

图 3－24　不均匀性对合金结晶相变的影响

如图所示，某一亚共晶合金的成分为 x_{I}，若合金混合充分，其缓慢冷却时，温度降至 1 点时才开始结晶，起始结晶温度为 T_1。但是当液态合金混合不充分时，存在一部分液体的成分小于 x_{I}，设为 x_{II}，从图中可以看出，对于这一部分液体而言，其温度降至 2 点时就已经开始结晶，其起始结晶温度为 T_2，高于合金整体的理论起始结晶温度，两者之间的偏差为 ΔT。对于过共晶合金而言，通过类似的分析可知，当合金混合不充分时，成分高于合金整体的那一部分液体也在温度高于 T_1 时开始结晶。实际上，对于任意成分的合金，当其液相混合不均匀时，都将导致其实际起始结晶温度高于理论起始结晶温度，出现提前结晶的现象。

3.3.1.4　合金的非平衡凝固

以上讨论的是合金平衡凝固的情况，实际中液态合金具有一定的冷却速度，严格意义上的平衡凝固很难实现。非平衡凝固时，合金的结晶情况和平衡凝固相比略有差别。在较大的冷却速度下,合金在结晶过程中,固相内的原子尚未扩散充分,其温度就继续下降,使得液相尤其是固相内保持一定的浓度梯度,造成各相内的成分分布不均匀[2,11]。平衡凝固时,任何偏离共晶成分的合金都不会得到全部共晶组织。但是在非平衡凝固时,接近共晶成分的亚共晶合金或过共晶合金,凝固后可以全部是共晶组织。这种由非共晶合金得到的完全共晶组织称为伪共晶。

如图 3-25(a)所示,将两条液相线延长形成影线区,对于非共晶成分的合金,当合金熔体快速冷却至影线区内时,合金在结晶时形成初生固溶体相的过程被抑制,发生同时析出 α 固溶体和 β 固溶体的共晶转变,形成伪共晶。伪共晶区也就是影线区的成分范围随过冷度的增大而增宽。合金中两组元的熔点相近时,伪共晶区呈对称分布,若合金中两组元的熔点相差很大,则伪共晶区将偏向高熔点组元一侧,如图 3-25(b)所示。

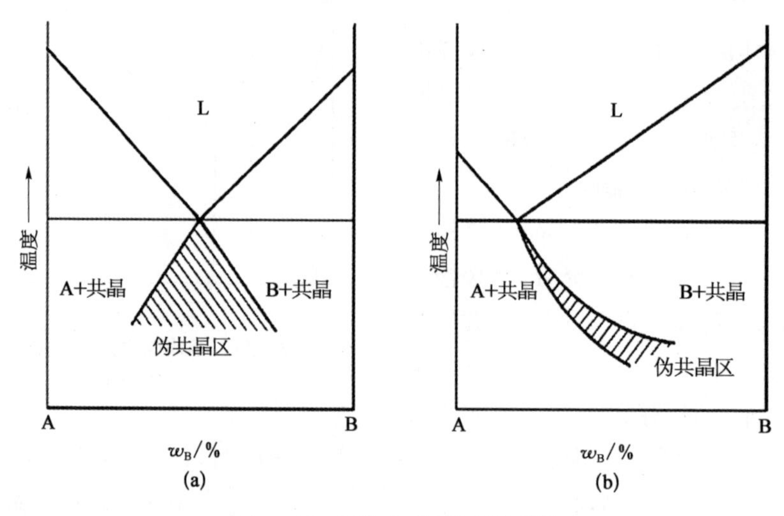

图 3-25 两类伪共晶区相图[11]

(a) 合金中两组元的熔点相近;(b) 合金中两组元的熔点相差很大。

需要说明的是,合金的实际凝固虽然偏离于平衡凝固,但在多数情况下,我们仍然可以借助平衡凝固理论来分析合金的结晶过程,并根据非平衡凝固理论进行适当修正。

3.3.1.5 合金的熔化

合金的熔化过程可分为两类,即一致性熔化和非一致性熔化。对于共晶合金来说，和纯金属一样，其熔化过程是等温过程，在DSC曲线上呈现为一个尖锐的吸热峰，此即为一致性熔化；对于匀晶合金来说，合金在熔化时不仅温度不断升高，而且新形成的液相的成分也在不断变化，直到最后全部熔化为液相为止，其吸热峰的峰形比较平缓、开阔，此即为非一致性熔化[12]。

如图3-23中虚线Ⅰ所示，成分为x_{I}的亚共晶合金从固态开始升温，当温度升至3点即共晶温度T_E时，合金中由β固溶体和部分α固溶体组成的共晶组织首先熔化为液态，这一过程为一致性熔化，温度保持在T_E不变，与之对应的DSC吸热曲线十分尖锐。当合金温度继续升高时，余下的α固溶体也逐渐熔化为液态，与此同时液相中A组元的含量也不断增加，直到合金温度达到1点时熔化相变才结束，液相成分回到原合金成分x_{I}，这一过程为非一致性熔化见图3-26中曲线。

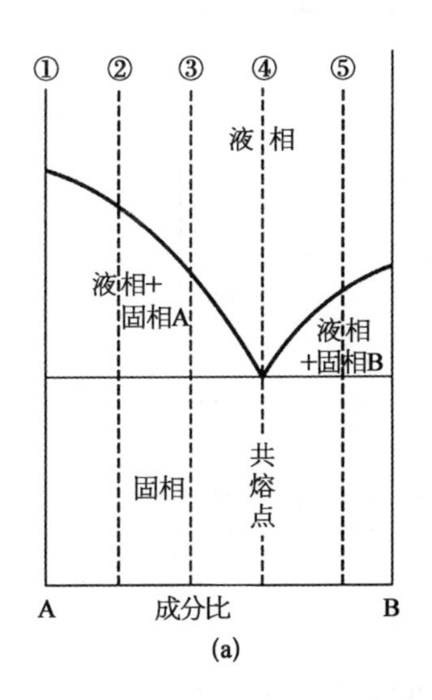

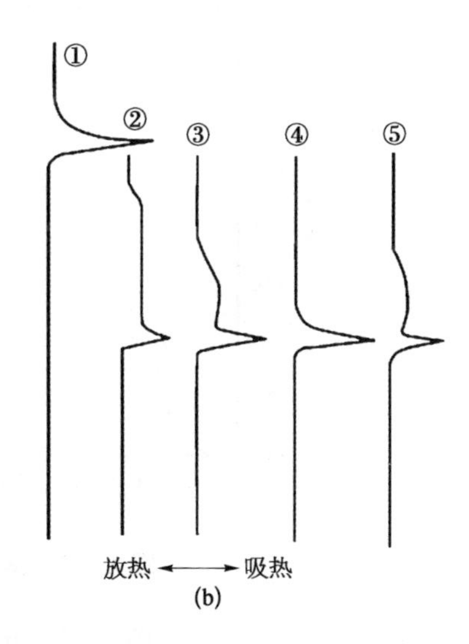

图3-26 纯金属和不同成分合金的热分析曲线[13]

(a) 合金组分示意图；(b) 热分析曲线。

①所示为纯金属的熔化过程，②、③为亚共晶合金的熔化过程，④为共晶合金的熔化过程，⑤为过共晶合金的熔化过程。

从上文可知，不论是对于共晶合金，还是对于亚共晶合金或过共晶合金，其发生熔化相变时，都从共晶组织的一致性熔化开始，起始熔化温度均为共晶温度T_E。而端部固溶体合金只发生非一致性熔化相变，其起始熔化温度高于T_E，具体大小由固相线决定，和合金本身的成分有关。

3.3.2 镓铟合金相变特性的DSC研究[2]

3.3.2.1 镓铟合金相图

图3-27所示为镓铟合金相图，相图的横坐标为铟原子的百分比，从图中可以看出，镓铟合金是典型的共晶合金。因为少量的镓原子可以溶入铟基体的晶格中形成金属固溶体，而铟原子很难溶入镓基体的晶格中，所以图中右端存在固溶线而左端没有。镓铟合金的共晶温度为15.8℃，共晶成分为14.20 at.% In，折算成质量百分比是21.42 wt.% In。镓铟合金在共晶点的结晶和熔化相变如下：

$$\text{Liquid} \underset{\text{共熔}}{\overset{\text{结晶}}{\rightleftarrows}} \text{A11} + \text{A6} \tag{3-24}$$

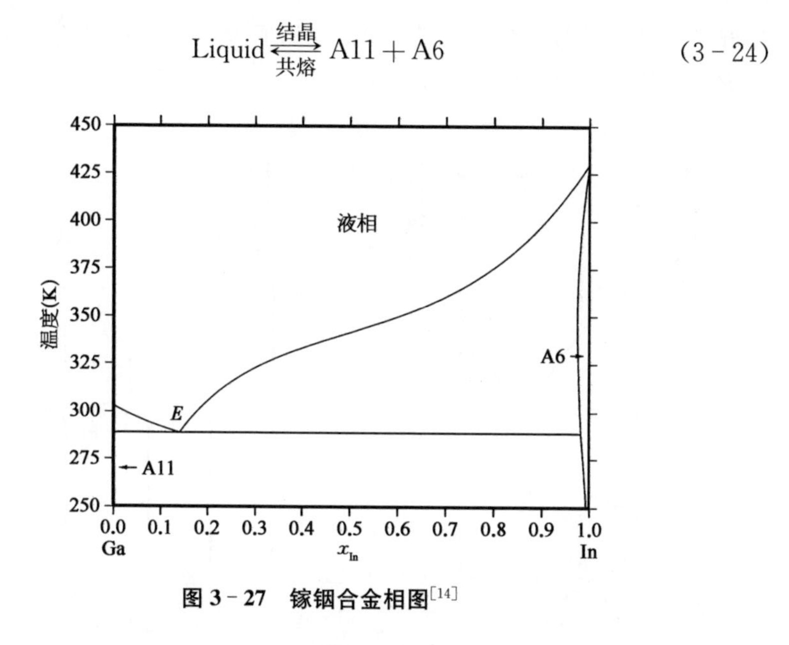

图3-27 镓铟合金相图[14]

相变潜热为5 738.0 J/mol，即75.4 J/g，其中，A11为α-Ga晶体，A6为铟基体中溶有镓原子的固溶体，两种晶体的结构参数如表3-2所示[14]。从表中可知，A6的成分为98.18 at.% In，折算成质量百分比是98.89 wt.% In。根据杠杆定律，镓铟合金发生共晶相变时，所生成两种晶体的质量百分比分别为：

$$w_{\text{A11}} = \frac{98.89 - 21.42}{98.89 - 0} \times 100\% = 78.34\% \tag{3-25}$$

$$w_{\text{A6}} = \frac{21.42 - 0}{98.89 - 0} \times 100\% = 21.66\% \tag{3-26}$$

表3-2　镓铟合金共晶反应中两种固相的晶体结构参数[14]

晶相	组　成	晶　系	空间群	晶格参数 [nm][°]	密度/晶胞体积 [g·cm^{-3}][nm^3]
A11	α-Ga	正交晶系	*Cmca*	$a=0.4523$ $b=0.7661$, $c=0.4524$ $\alpha=90$, $\beta=90$, $\gamma=90$	5.91/0.156 76
A6	$GaIn_{0.9818}$	四方晶系	*I*4/*mmm*	$a=0.3244$ $b=0.3244$, $c=0.4936$ $\alpha=90$, $\beta=90$, $\gamma=90$	7.29/0.051 9

3.3.2.2　镓铟共晶合金的DSC测试

下面通过差示扫描量热仪测试了镓铟共晶合金(EGaIn)和$Ga_{95}In_5$、$Ga_{90}In_{10}$、$Ga_{85}In_{15}$亚共晶合金以及$Ga_{75.5}In_{24.5}$、$Ga_{70}In_{30}$、$Ga_{60}In_{40}$过共晶合金的DSC曲线。若非特别说明,后文都采用质量百分比来表示合金的成分。合金配制好后,在60℃以100 Hz的频率超声振动120 min,以使合金混合均匀。超声振动的温度选为60℃是因为在较高的温度下,金属原子更活跃,扩散能力更强,而为避免液态合金在空气中被严重氧化,此温度值不宜过高。根据杠杆定律,可以算出各种成分合金发生匀晶相变和共晶相变的相对量,而各合金液相线的温度可由相图查出,误差在1.0℃以内,如表3-3所示。从表中可以看出,合金的成分离共晶成分越远,合金发生匀晶相变的相对量就越多,合金成分离共晶成分越近,其发生共晶相变的相对量越多。

表3-3　镓铟合金的液相线温度及其匀晶、共晶相变相对量

合金成分	$Ga_{95}In_5$	$Ga_{90}In_{10}$	$Ga_{85}In_{15}$	EGaIn	$Ga_{75.5}In_{24.5}$	$Ga_{70}In_{30}$	$Ga_{60}In_{40}$
at.% In	3.1	6.3	9.7	14.2	16.5	20.7	28.8
液相线温(℃)	25.5	22.6	19.6	15.8	25.5	35.6	48.7
匀晶相变(%)	76.7	53.3	30.0	0.0	4.0	11.1	24.0
共晶相变(%)	23.3	46.7	70.0	100.0	96.0	88.9	76.0

图3-28所示为EGaIn合金的DSC降温曲线,样品的质量为14.43 mg,降温速率为10 K/min。从图中可以看出,合金在降温过程中形成两个放热峰,其中peak Ⅰ的峰温为-0.8℃,其峰形平缓、开阔,峰高和峰面积都很小,对应于合金的匀晶相变;peak Ⅱ的峰温为-35.7℃,其峰形尖锐,峰高和峰面积都很大,占合金结晶相变的主要部分。测得合金总的结晶潜热为66.77 J/g。

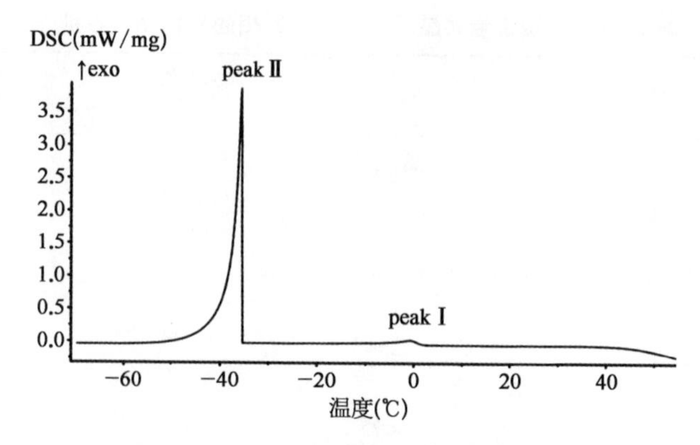

图 3－28　EGaIn 合金的 DSC 降温曲线

由前文可知，共晶合金的结晶与熔化相变和纯金属的接近，因而理论上其在降温过程中只形成一个放热峰，然而图中存在两个放热峰，这是因为，在配制合金的过程中，因为人为操作和仪器测量误差所带来的影响，使得所配合金的实际成分略微偏离合金的共晶成分，因而在降温过程中，有少量合金发生匀晶相变。此外，peak Ⅰ的峰温远低于合金的共晶温度，说明合金在降温过程中也存在过冷现象，而且合金匀晶相变和共晶相变的过冷程度不一样，使得两个结晶峰的峰形产生明显分离。

图 3－29 所示为同一 EGaIn 合金样品的 DSC 升温曲线，升温速率为 10 K/min。从图中可以看出，该合金样品的熔化峰峰形尖锐，和纯金属的相似，与共晶合金的一致性熔化特征相符。尽管实际上合金样品的成分偏离共晶成分，存在少量合金发生非一致性熔化，但是因为这部分合金的量很少，使得其熔化相变在曲线中几乎没有体现[2]。测得合金的起始熔化温度为

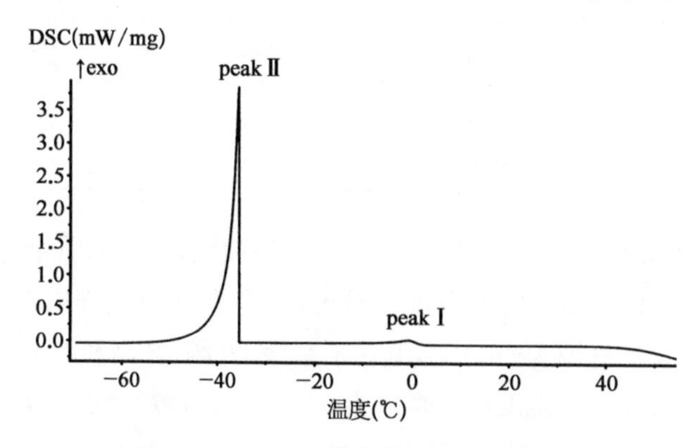

图 3－29　EGaIn 合金的 DSC 升温曲线

16.4℃，熔化潜热为71.09 J/g。我们知道，合金的理论起始熔化温度即为其共晶温度，镓铟合金的共晶温度为15.7℃，两者之间的偏差很小，在允许范围之内。但是EGaIn合金的理论熔化焓为75.40 J/g，两者之间的偏差为5.72%，相对较大，除了测量误差的原因之外，主要归因于合金的实际成分略微偏离了共晶成分。铟的熔化焓为28.6 J/g，比镓的小很多，由所测得的熔化焓偏小可知，合金中铟的量偏多，为过共晶合金。这一推测与匀晶相变峰的峰温较高相吻合，因为一般情况下，铟固溶体的析出温度比α-Ga晶体的析出温度高。

3.3.2.3　镓铟亚共晶合金的DSC测试

图3-30所示为$Ga_{95}In_5$亚共晶合金的DSC曲线，样品的质量为17.28 mg，升降温速率为10 K/min。从图中可以看出，该合金样品在降温过程中只形成一个尖锐的放热峰，而在升温过程中形成两个紧密相连的吸热峰[2]。由表3-3可知，$Ga_{95}In_5$合金发生共晶相变和匀晶相变的相对量分别为23.3%和76.7%，因而其熔化相变包含显著的一致性熔化过程和非一致性熔化过程，图中peak Ⅰ主要对应于合金中共晶组织的等温熔化相变，peak Ⅱ主要对应于匀晶组织的变温熔化相变。然而该合金样品只有一个结晶峰，这可能是因为$Ga_{95}In_5$合金在匀晶相变中生成α-Ga晶体，能达到较大的过冷度，使得样品的共晶相变几乎与匀晶相变同步发生，从而出现两种结晶过程完全重叠的情况。测得合金的结晶温度为－25.3℃，结晶潜热为78.44 J/g；起始熔化温度为15.2℃，总的熔化焓为82.07 J/g。其中合金的熔化焓比纯镓的高，因为液态金属的混合是一个吸热过程。

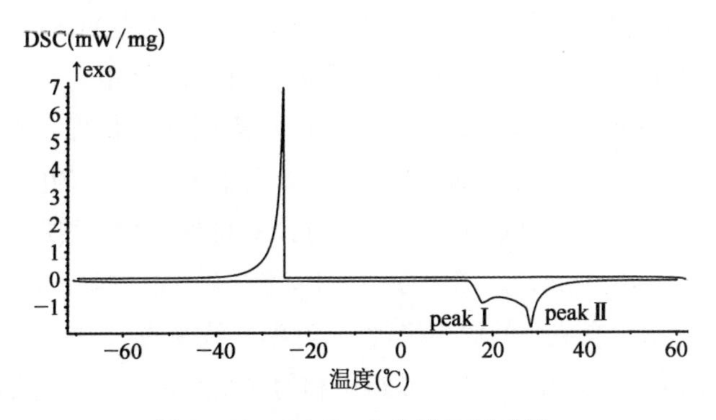

图3-30　$Ga_{95}In_5$合金的DSC曲线

图 3-31 所示为 $Ga_{85}In_{15}$ 亚共晶合金的 DSC 曲线，样品质量为 14.48 mg，升降温速率为 10 K/min。理论上 $Ga_{85}In_{15}$ 合金共晶相变和匀晶相变的相对量分别为 70.0%和 30.0%。从图中可以看出，该合金样品在降温过程中形成两个放热峰[2]，其中 peak Ⅰ 的峰温为 −28.6℃，其峰形平缓、开阔，峰高和峰面积都很小，需要通过放大才能分辨出，对应于合金的匀晶相变；peak Ⅱ 的峰温为 −38.1℃，其峰形尖锐，峰高和峰面积都很大，占合金结晶相变的主要部分，主要对应于共晶结晶过程。测得合金总的结晶潜热为 72.95 J/g。

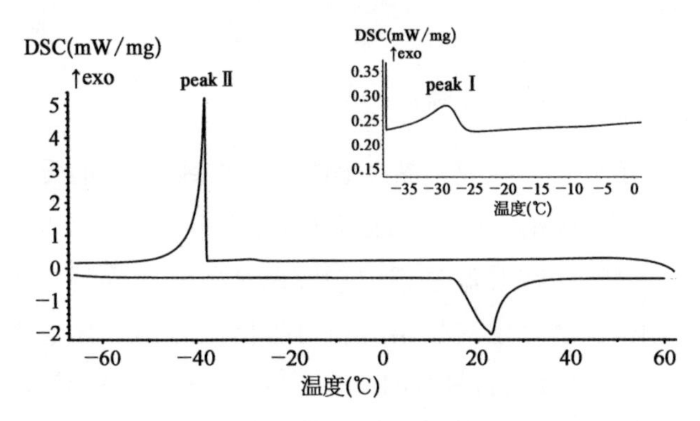

图 3-31　$Ga_{85}In_{15}$ 合金的 DSC 曲线

从升温曲线来看，合金在升温过程中只形成一个吸热峰，其峰形和共晶合金的熔化峰接近，测得其起始熔化温度为 15.8℃，总的熔化焓为 77.67 J/g。我们知道，合金的熔化相变不存在过热现象，而且匀晶组织的起始熔化温度就是共晶组织的熔化温度，所以两种合金组织的熔化相变紧密相连。由于合金样品在熔化过程中存在温度梯度，样品中温度较低部位的共晶组织仍在熔化时，温度较高部位的匀晶组织已经开始溶解，因而使得两种熔化相变同步进行。另外，$Ga_{85}In_{15}$ 合金的匀晶组织为 α-Ga 晶体，其在液相中的溶解速度较快，而其量又相对较少。以上原因，都使得样品的一致性熔化相变和非一致性熔化相变几乎完全重叠在一起，从而形成一个比较规则的熔化峰。不过通过峰顶左侧存在的一个拐点，仍可判别出其与纯金属熔化相变之间的区别[2]。

图 3-32 所示为 $Ga_{90}In_{10}$ 亚共晶合金的 DSC 曲线，样品的质量为 14.24 mg，升降温速率为 10 K/min。从图中可以看出，该合金样品的降温曲线和图 3-30 中的一样，只形成一个尖锐的放热峰，而从升温曲线来看，其熔化峰和纯金属的明显不同。理论上 $Ga_{90}In_{10}$ 合金共晶组织和匀晶组织的相对量分别为 46.7%和 53.3%，两种合金组织的量相当，因而从熔化曲线上可以明显地判断出其熔化

相变是由一致性熔化和非一致性熔化叠加而成。测得合金的结晶温度为-35.6℃，结晶潜热为75.00 J/g，起始熔化温度为16.2℃，总熔化焓为80.21 J/g。

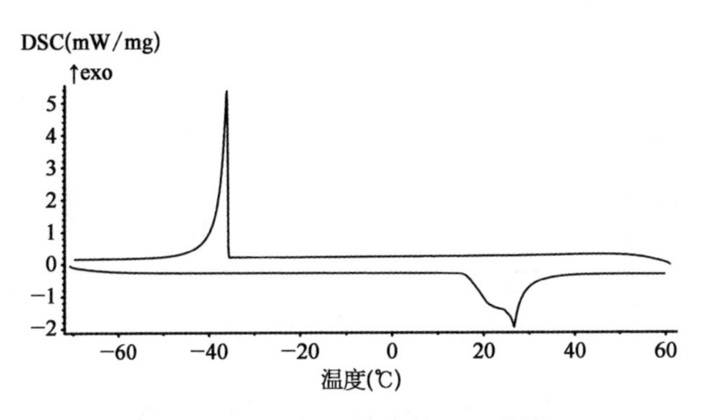

图3-32　$Ga_{90}In_{10}$合金的DSC曲线

3.3.2.4　镓铟过共晶合金的DSC测试

图3-33所示为$Ga_{75.5}In_{24.5}$过共晶合金的DSC曲线，样品的质量为25.21 mg，升降温速率为10 K/min。从图中可以看出，该合金样品在降温过程中形成两个放热峰[2]，其中peak Ⅰ的峰温为7.3℃，其峰高和峰面积都很小，对应于合金的匀晶结晶过程，peak Ⅱ的峰温为-40.6℃，其峰形尖锐，峰高和峰面积都很大，占合金结晶相变的主要部分，对应于合金的共晶结晶过程，测得合金总的结晶潜热为65.52 J/g。$Ga_{75.5}In_{24.5}$合金的成分接近于共晶成分，其发生匀晶相变的量相对较少，只有4.0%，所以peak Ⅰ的峰面积很小。同时镓铟过共晶合金在匀晶相变中生成铟的固溶体，该相变所能达到的过冷度较小，所以peak Ⅰ的峰温较大，两结晶峰之间相距较远。

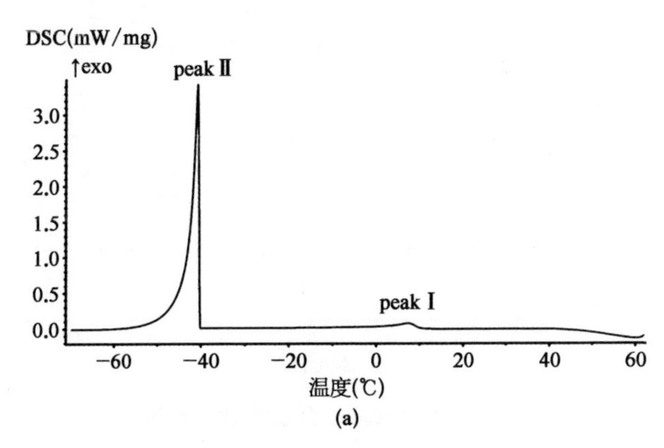

(a)

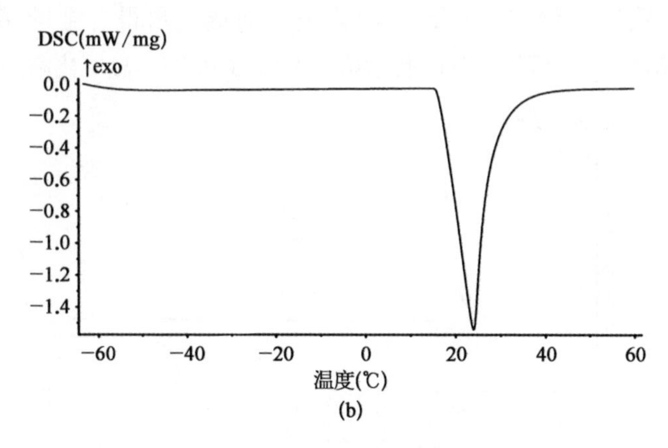

图 3-33　$Ga_{75.5}In_{24.5}$ 合金的 DSC 曲线

(a) 降温曲线;(b) 升温曲线。

从升温曲线来看,该合金样品的熔化峰峰形尖锐,和纯金属的接近,主要是因为合金中匀晶组织的量很少,其非一致性熔化相变在熔化峰中几乎没有体现[2]。测得合金的起始熔化温度为 16.5℃,总熔化焓为 69.43 J/g。

图 3-34 所示为 $Ga_{60}In_{40}$ 合金的 DSC 曲线,样品的质量为 17.43 mg,升降温速率为 10 K/min。从图中可以看出,样品在降温过程中形成两个放热峰,其中 peak Ⅰ 的峰温为 39.5℃,其峰高和峰面积都很小,对应于合金的匀晶相变;peak Ⅱ 的峰温为 −25.4℃,其峰高和峰面积都很大,占合金结晶相变的主要部分,对应于合金的共晶相变。$Ga_{60}In_{40}$ 合金的液相线温度高达 48.7℃,而析出铟固溶体的匀晶相变所能达到的过冷度较小,这两个因素均导致匀晶结晶峰的峰温很高。测得合金总的结晶潜热为 68.41 J/g。

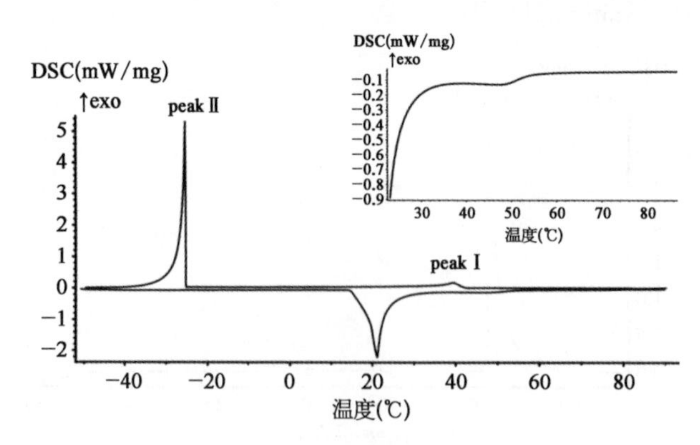

图 3-34　$Ga_{60}In_{40}$ 合金的 DSC 曲线

从升温曲线来看，在合金熔化峰右侧的底端，有一个低长的平缓段，从放大的图形中能明显看到其与基线之间的高度差[2]，显然该平缓段对应于合金匀晶组织的非一致性熔化过程。尽管 $Ga_{60}In_{40}$ 合金的匀晶组织只占合金总量的 24.0%，但由铟固溶体组成。与 α－Ga 晶体相比，铟固溶体在液相中的溶解熔化要缓慢得多，所以在图中能看到明显的非一致性熔化段。测得合金的起始熔化温度为 15.7℃，总熔化焓为 70.53 J/g。

图 3－35 所示为 $Ga_{70}In_{30}$ 过共晶合金的 DSC 曲线，样品的质量为 19.09 mg，升降温速率为 10 K/min。测得合金匀晶相变峰的峰温为 21.0℃，共晶相变峰的峰温为－27.6℃，总的结晶潜热为 68.63 J/g；测得其起始熔化温度为 16.6℃，总熔化焓为 71.73 J/g。$Ga_{70}In_{30}$ 合金的相变行为与 $Ga_{75.5}In_{24.5}$ 合金的相似，这里不再赘述。

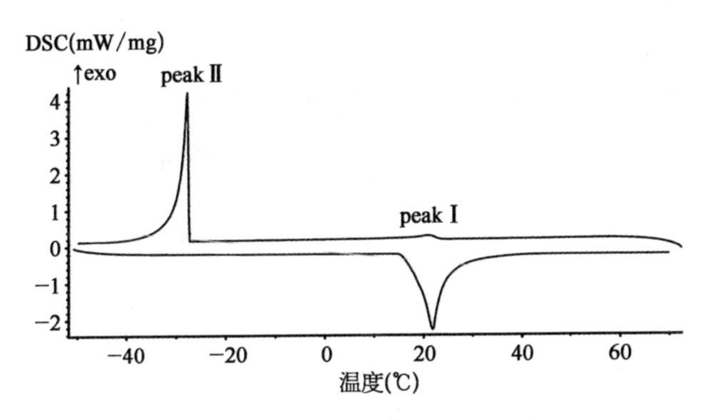

图 3－35 $Ga_{70}In_{30}$ 合金的 DSC 曲线

3.3.3 镓锡合金相变特性的 DSC 测试

3.3.3.1 镓锡合金相图

图 3－36 所示为镓锡合金的相图，其横坐标为锡的原子百分比。同镓铟合金一样，镓锡合金也是共晶合金，其共晶成分为 7.7 at.% Sn，折算成质量百分比是 12.44 wt.% Sn，共晶温度为 293.8 K，即 20.7℃。因为少量的镓原子可以溶入锡晶体的晶格中形成金属固溶体，而锡原子很难溶入镓的晶格中，所以图中右端存在固溶线而左端没有。镓锡合金在共晶点的结晶和熔化相变如下：

$$\text{Liquid} \underset{\text{共熔}}{\overset{\text{结晶}}{\rightleftarrows}} \text{A11} + \text{bct} \qquad (3-27)$$

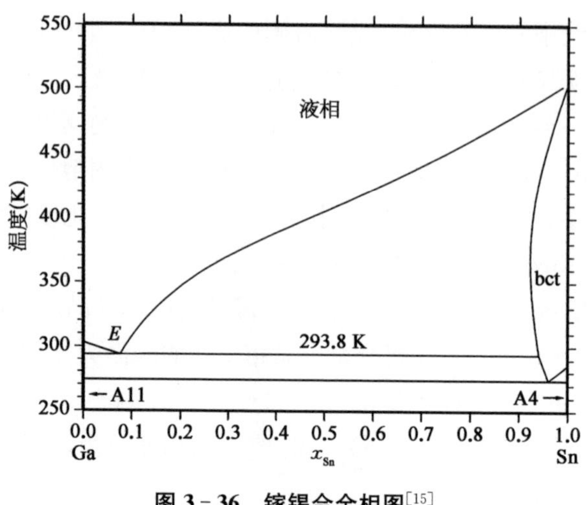

图 3-36 镓锡合金相图[15]

相变潜热为 5 911.0 J/mol,即 80.45 J/g。其中,A11 为 α-Ga 晶体,bct 为锡固溶体,其组成为 Ga_7Sn_{93}。锡固溶体的质量百分比为 95.77 wt.% Sn,根据杠杆定律,镓锡合金发生共晶相变时,所生成两种晶体的质量百分比分别为:

$$w_{A11}=\frac{95.77-12.44}{95.77-0}\times 100\%=87.01\% \tag{3-28}$$

$$w_{bct}=\frac{12.44-0}{95.77-0}\times 100\%=12.99\% \tag{3-29}$$

与镓铟合金不同的是,镓锡合金相图中除了存在共晶转变,还存在共析转变。所谓共析转变,是指一定成分的固相在恒温下转变为两个不同固相的过程。共析转变与共晶转变的相图特征十分相似,区别仅在于共析转变的反应相是固相而共晶转变的反应相是液相,如镓锡相图中右下角所示。镓锡合金共析点的成分为 96.0 at.% Sn,温度为 1.1℃,其在共析点的相变如下:

$$\text{bct} \underset{\text{吸热}}{\overset{\text{放热}}{\rightleftharpoons}} \text{A11}+\text{A4} \tag{3-30}$$

相变潜热为 2 287.0 J/mol,其中 A4 为锡的晶体。

3.3.3.2 镓锡合金相变特性的 DSC 测试

如下给出了镓锡共晶合金(EGaSn)、$Ga_{95}Sn_5$ 亚共晶合金以及 $Ga_{80}Sn_{20}$ 过共晶合金的 DSC 曲线[2],表 3-4 列出了 3 种合金的液相线温度以及匀晶相变和共晶相变的相对量。

表3-4 镓锡合金的液相线温度及匀晶、共晶相变相对量

合金成分	$Ga_{95}Sn_5$	EGaSn	$Ga_{80}Sn_{20}$
at.% Sn	3.0	7.7	12.8
液相线温度(℃)	26.9	20.5	44.0
匀晶相变量(%)	59.8	0.0	9.1
共晶相变量(%)	40.2	100.0	90.9

图3-37所示为EGaSn合金的DSC曲线，样品的质量为12.40 mg，升降温速率为10 K/min。从图中可以看出，样品在降温过程中形成两个放热峰，其中peak Ⅰ的峰温为－9.7℃，其峰形平缓、开阔，峰高和峰面积都很小，对应于合金的共晶结晶过程；peak Ⅱ的峰温为－22.7℃，其峰形尖锐，峰高和峰面积都很大，占合金结晶相变的主要部分，对应于合金的共晶结晶过程。测得合金总的结晶潜热为76.59 J/g。之所以图中存在两个结晶峰，是因为合金的实际成分略微偏离共晶成分，这是在配制合金的过程中，由人为操作和仪器测量误差所造成的。此外，两结晶峰的峰温接近，都远小于共晶温度20.70℃，说明合金的匀晶相变也能达到较大的过冷度，应为析出α-Ga晶体的结晶相变，该合金实际为亚共晶合金。

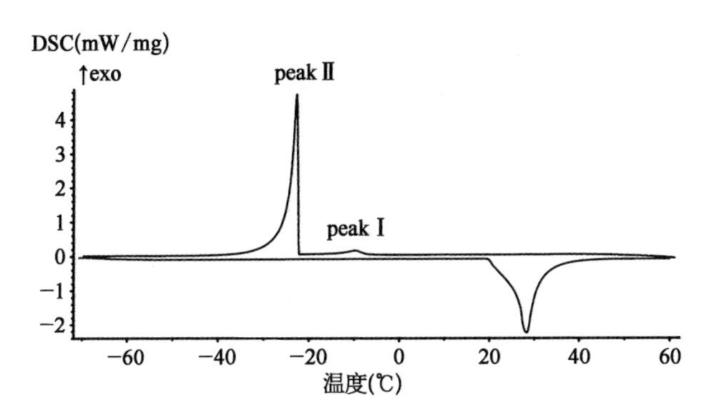

图3-37 EGaSn合金的DSC曲线

从升温曲线来看，该合金的熔化峰和纯金属的相似，比较符合共晶合金的特征。尽管实际上合金中存在匀晶组织，但是其量很少，其非一致性熔化相变在熔化峰中几乎没有体现。测得合金的起始熔化温度为20.4℃，总熔化焓为80.29 J/g，与理论值都十分接近。

图3-38所示为$Ga_{95}Sn_5$亚共晶合金的DSC曲线，样品质量为12.45 mg，升降温速率为10 K/min。从图中可以看出，样品在降温过程中只形成一个尖

锐的放热峰，这是因为，镓锡亚共晶合金在匀晶相变中生成 α-Ga 晶体，该结晶相变能达到较大的过冷度，从而出现与共晶结晶完全重叠的情况[2]。测得合金的结晶温度为－33.5℃，总的结晶潜热为 78.84 J/g。从升温曲线来看，$Ga_{95}Sn_5$合金的熔化峰和纯金属的明显不同，在其左侧的上升曲线中存在一个拐点。这是因为，$Ga_{95}Sn_5$合金的匀晶组织占合金总量的 59.8%，相对较大，因而其非一致性熔化相变对合金熔化曲线的形成有较大影响，使得熔化峰产生变形。测得合金的起始熔化温度为 21.4℃，熔化焓为 83.66 J/g。锡的熔化焓为 60.5 J/g，镓的熔化焓为 80.0 J/g，$Ga_{95}Sn_5$合金的总熔化焓比两者都高，这是因为液态金属的混合是一个吸热过程。

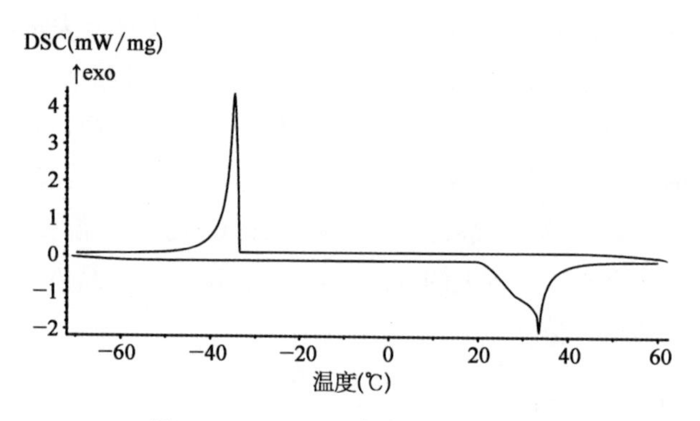

图 3-38　$Ga_{95}Sn_5$合金的 DSC 曲线

图 3-39 所示为 $Ga_{80}Sn_{20}$过共晶合金的 DSC 曲线，样品的质量为 20.72 mg，升降温速率为 10 K/min。从图中可以看出，样品在降温过程中形成两个放热峰，其中 peak Ⅰ 的峰温为 8.5℃，其峰高和峰面积都较小，对应于锡固溶体的析出过程；peak Ⅱ 的峰温为－17.9℃，其峰形尖锐，峰高和峰面积都很大，占合金

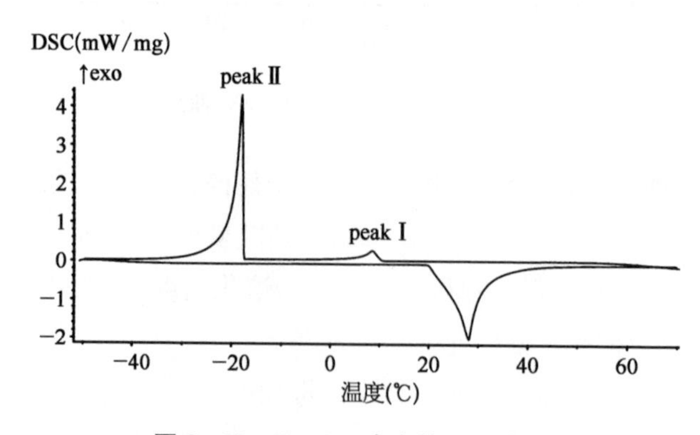

图 3-39　$Ga_{80}Sn_{20}$合金的 DSC 曲线

结晶相变的主要部分，对应于合金的共晶相变。因为 $Ga_{80}Sn_{20}$ 合金的液相线温度高达 44.0℃，而且析出锡固溶体的结晶相变所能达到的过冷度较小，所以合金匀晶结晶峰的峰温较高，两结晶峰之间产生较大分离。测得合金总的结晶潜热为 74.34 J/g。

从升温曲线来看，该合金样品的熔化峰和纯金属的接近，这是因为 $Ga_{80}Sn_{20}$ 合金的匀晶组织只占合金总量的 9.1%，相对较少，因而其非一致性熔化相变在熔化曲线中几乎没有体现。测得合金的起始熔化温度为 20.5℃，总熔化焓为 77.48 J/g。

3.3.4　镓锌合金相变特性的 DSC 测试

3.3.4.1　镓锌合金相图

图 3-40 所示为镓锌合金相图，其横坐标为锌的原子百分比。从图中可以看出，镓锌合金也是共晶合金，其共晶成分为 3.9 at.% Zn，折算成质量百分比是 3.67 wt.% Zn，共晶温度为 297.9 K，即 24.7℃。少量的镓原子可以溶入锌的晶格中形成金属固溶体，而锌原子很难溶入镓的晶格中，所以图中右端存在固溶线而左端没有。镓锌合金在共晶点的结晶和熔化相变如下[16]：

$$\text{Liquid} \underset{\text{共熔}}{\overset{\text{结晶}}{\rightleftharpoons}} \text{A11} + \text{hex} \tag{3-31}$$

相变潜热为 5 803.0 J/mol，即 83.46 J/g。其中，A11 为 α-Ga 晶体，hex 为锌的

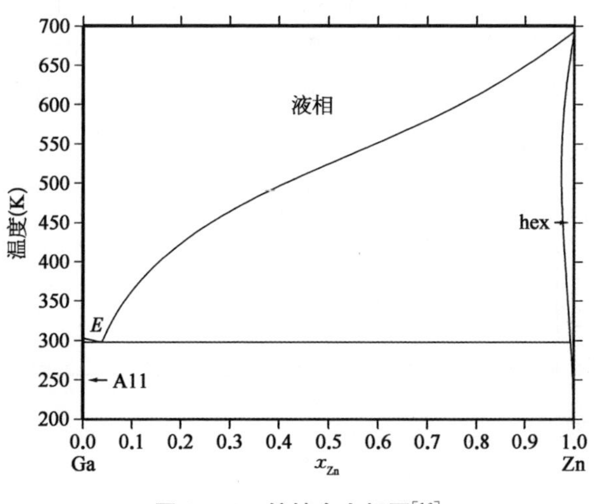

图 3-40　镓锌合金相图[16]

固溶体，其组成为 Ga_2Zn_{98}，属六方晶系。锌固溶体的质量百分比为 97.87 wt.% Zn，根据杠杆定律，镓锌合金发生共晶相变时，所生成两种晶体的质量百分比分别为：

$$w_{A11}=\frac{97.87-3.67}{97.87-0}\times 100\%=96.25\% \tag{3-32}$$

$$w_{hex}=\frac{3.67-0}{97.87-0}\times 100\%=3.75\% \tag{3-33}$$

3.3.4.2 镓锌合金相变特性的 DSC 测试

如下给出了镓锌共晶合金（EGaZn）、$Ga_{98}Zn_2$ 亚共晶合金以及 $Ga_{92}Zn_8$ 过共晶合金的 DSC 曲线[2]。表 3-5 列出了 3 种合金的液相线温度、锌原子百分比以及匀晶相变和共晶相变的相对量。

表 3-5　镓锌合金的液相线温度及匀晶、共晶相变相对量

合金成分	$Ga_{98}Zn_2$	EGaZn	$Ga_{92}Zn_8$
at.% Zn	2.1	3.9	8.5
液相线温度(℃)	28.0	24.7	75.2
匀晶相变量(%)	45.50	0.0	4.6
共晶相变量(%)	54.50	100.0	95.4

图 3-41 所示为 $Ga_{98}Zn_2$ 亚共晶合金的 DSC 曲线，样品的质量为 16.36 mg，升降温速率为 5 K/min。从图中可以看出，样品在降温过程中只形成一个尖锐的放热峰，测得其结晶温度为−21.9℃，结晶潜热为 40.87 J/g。从升温曲线来看，其熔化峰平缓、开阔，尤其是右侧的曲线下降缓慢，表明合金包含明显的

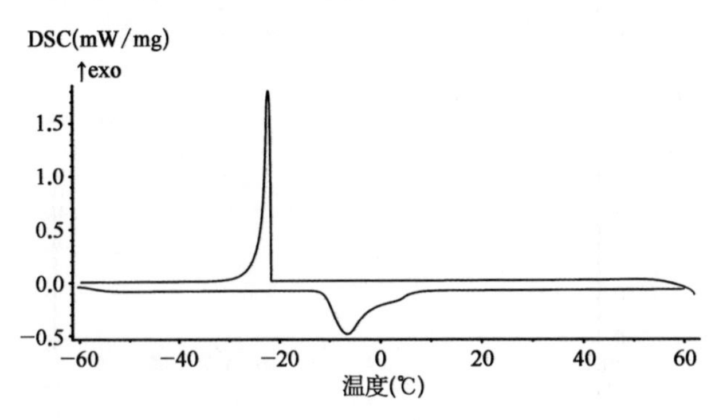

图 3-41　$Ga_{98}Zn_2$ 合金的 DSC 曲线

非一致性熔化相变。测得合金的起始熔化温度为－11.1℃，总熔化焓为41.75 J/g。与之前测试的所有合金相比，该合金样品的熔化温度与熔化焓显著偏小。为此，笔者实验室测试了另一 $Ga_{98}Zn_2$ 合金样品的DSC曲线[2]，如图3-42所示。

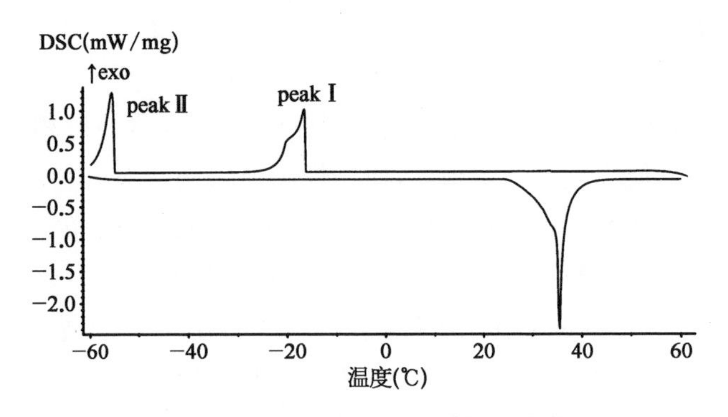

图3-42 $Ga_{98}Zn_2$合金的DSC曲线

图3-42中，样品的质量为35.92 mg，升降温速率为5 K/min。从图中可以看出，样品在降温过程中形成两个放热峰，其中peakⅠ的峰温为－16.6℃，其上升段曲线陡直，下降段曲线却存在明显的拐点，表明该放热峰由两种结晶相变叠加形成，测得其相变潜热为41.16 J/g；peakⅡ的峰温为－55.5℃，其峰形尖锐，峰高和峰面积与peakⅠ的相当。从升温曲线来看，其熔化峰左侧的曲线上升缓慢，且存在明显的拐点，表明合金包含有非一致性熔化相变，测得合金的起始熔化温度为25.4℃，熔化焓为85.7 J/g。

比较上述两种不同质量 $Ga_{98}Zn_2$合金样品的测试结果，可以看到，图3-41中样品的结晶潜热与图3-42中样品第一个放热峰的相变潜热几乎相等，结合前面关于纯镓β-Ga相变的测试结果，可以看出：

(1) 图3-42中质量为35.92 mg的 $Ga_{98}Zn_2$合金样品在降温过程中，接连发生匀晶相变和共晶相变，并释放出结晶潜热，形成第一个放热峰peakⅠ，同时合金中的镓组分在结晶过程中生成β-Ga晶体，该晶体不稳定，在合金温度进一步降低至－55.5℃左右时，发生β-Ga→α-Ga固固相变，并释放出相变潜热，形成第二个放热峰peakⅡ。之后样品在升温过程中，以稳态相的形态参与熔化相变，因而测试所得的熔化温度与熔化焓和预测值相吻合。此外，合金中匀晶组织的相对量为45.50%，其非一致性熔化相变对合金熔化曲线的形成产生了一定的影响，使得其熔化峰和纯金属的稍有不同。

(2) 图 3-41 中质量为 16.36 mg 的 $Ga_{98}Zn_2$ 合金样品，其镓组分在结晶过程中形成β-Ga晶体，且析出β-Ga晶体的匀晶相变能达到较大的过冷度，从而出现与共晶相变完全重叠的情况，使得样品在结晶过程中只形成一个放热峰。之后样品在升温过程中以亚稳态相的形态参与熔化相变，因而测试所得的起始熔化温度和熔化焓显著偏小。此外，测得亚稳态合金的起始熔化温度为−11.1℃，应为β-Ga(Zn)共晶组织的相变温度。

由此可知，在DSC测试条件下，不仅纯镓可能发生β-Ga相变，镓基合金中的镓组分也可能发生β-Ga相变，而且样品质量同样对合金的相变行为有影响，在样品质量较小时，合金中的β-Ga晶体更容易保持稳定。

图 3-43 所示为 EGaZn 合金的 DSC 曲线，样品的质量为 20.56 mg，升降温速率为 10 K/min。从图中可以看出，样品在降温过程中形成 3 个放热峰，说明合金发生亚稳态结晶相变。其中 peak Ⅰ 的峰温为 1.8℃，peak Ⅱ 的峰温为−21.4℃，两峰的峰形相连，且彼此之间的峰高和峰面积相当，分别对应于合金的匀晶相变与共晶相变，测得合金总的结晶潜热为 40.18 J/g。合金中的镓组分在结晶过程中形成β-Ga晶体，该晶体不稳定，在温度进一步降低至−66.4℃时转变为α-Ga晶体，并释放出相变潜热，形成第三个放热峰 peakⅢ。

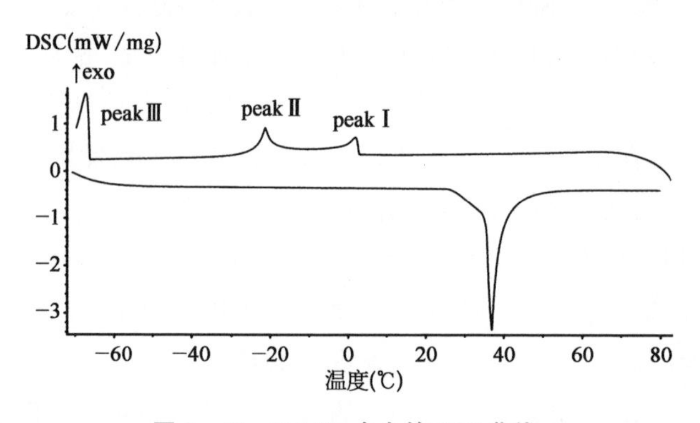

图 3-43　EGaZn 合金的 DSC 曲线

EGaZn 合金是共晶合金，其匀晶相变峰与共晶相变峰的峰面积却相当，这是因为，我们通常所说的共晶合金，指的是稳态相变下的共晶合金，在亚稳态相变下，合金的共晶成分和共晶温度发生了变化，因而稳态相变下的共晶合金却是亚稳态相变下的非共晶合金，从而出现在亚稳态相变下 EGaZn 合金的匀晶相变峰与共晶相变峰面积相当的情况。β-Ga→α-Ga 固固相变发生后，样品以稳态相的形态参与熔化相变，因而其熔化峰的峰形和纯金属的接近，测得合金的起始熔化温度为 26.3℃，熔化焓为 83.10 J/g。

图 3－44 所示为 $Ga_{92}Zn_8$ 过共晶合金的 DSC 曲线[2]，样品的质量为 21.70 mg，升降温速率为 10 K/min。从图中可以看出，样品在降温过程中主要形成两个放热峰，其中 peakⅠ的峰形和图 3－43 中 peakⅠ的峰形十分相似，都在下降段曲线的末端形成较长的平缓段，因此笔者认为该合金样品首先发生亚稳态结晶相变，形成部分 β－Ga 晶体。从第二个放热峰 peakⅡ来看，其峰形尖锐，上升段曲线陡直，与图 3－43 中 peakⅡ的峰形明显不同，说明合金中的 β－Ga 晶体在合金共晶结晶还未完成时就已经转变为 α－Ga 晶体。测得 peakⅠ的峰温为 1.7℃，peakⅡ的峰温为－20.0℃，总的相变潜热为 77.24 J/g。

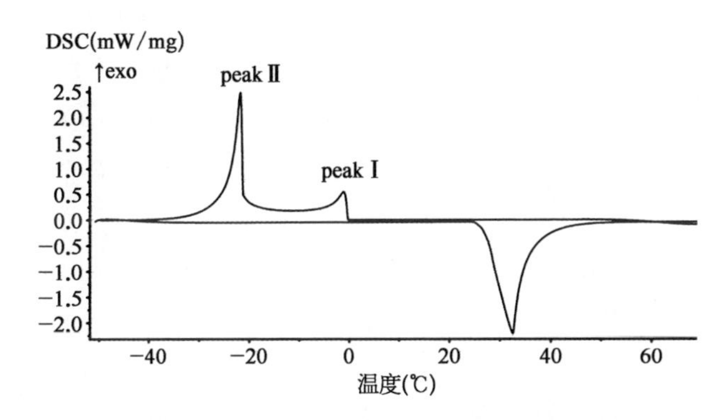

图 3－44　$Ga_{92}Zn_8$ 合金的 DSC 曲线

从升温曲线来看，合金以稳态相参与熔化相变，熔化峰的峰形和纯金属的接近，这是因为 $Ga_{92}Zn_8$ 合金在发生稳态相变时的匀晶组织只占合金总量的 4.6%，相对较少，因而其非一致性熔化相变在合金的熔化峰中几乎没有体现。测得合金的起始熔化温度为 25.8℃，熔化焓为 80.78 J/g。

3.4　镓基多元合金相变特性的 DSC 研究

与纯镓和镓基二元合金相比，镓基多元合金的相变要复杂得多，其合金种类更多，应用也更为广泛。本节进一步讨论镓基多元合金的相变试验特性[2]，首先简单讨论了三元合金的相变理论，之后分析了借助差示扫描量热法测得的关于镓铟锡、镓铟锌、镓锡锌三元合金及镓铟锡锌四元合金的相变曲线，并结合理论对镓基多元合金的相变行为进行了解读。

3.4.1 三元合金的相图与相变

3.4.1.1 三元合金相图的表示方法

三元合金系统的组元数为 3，根据吉布斯相律，其自由度数为：

$$F = C - P + 1 = 4 - P \tag{3-34}$$

因而三元合金中最多有 4 个不同的相，其自由度数最大为 3，分别为温度和两个组元的成分。其中，成分既可以是原子百分比，也可以是质量百分比。与二元合金不同，三元合金通常用等边三角形表示合金的成分，如图 3-45 所示，三角形的 3 个顶点分别表示纯组元 A、B、C 的情况，三条边表示 3 种二元合金系统，三角形内任意一点 O 对应于一定成分的三元合金。O 点合金的成分通过如下方法确定：过 O 点分别作三角形三条底边的平行线，其在邻边的截线长度即表示其所对应顶点组元的成分，如图中所示，$Ca = w_A$，$Ab = w_B$，$Bc = w_C$，三者之和刚好为 100%。

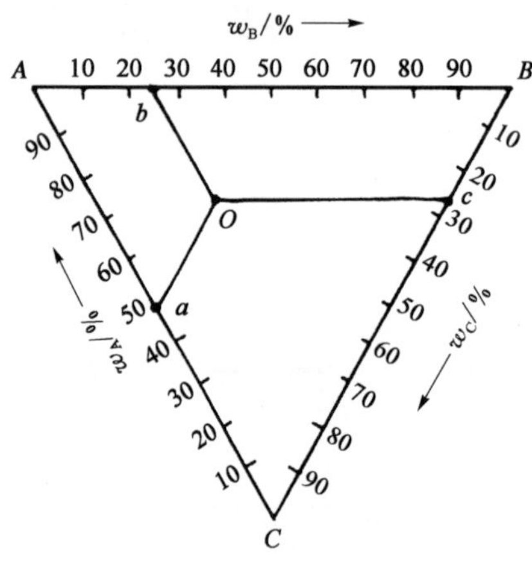

图 3-45 三元合金系统的成分三角形[11]

成分三角形内有两种特殊的直线。当直线和三角形的一条边平行时，对应顶点的组元在该直线上任意一点的成分相等，如图 3-46(a)所示，直线 MN 上各点合金的 w_C 相等。当直线通过三角形上代表某一纯组元的顶点时，该直线上任意一点合金的另两种组元的成分之比为定值，如图 3-46(b)所示，直线 CD 上各点的 w_A/w_B 为常数。由此可知，对于图(b)中 1 点所表示的液态合金，当其在降温过程中先析出组元 C 的晶体时，残留液相的成分将沿着 $1D$ 线变化，并不断远离 C 点，合金液相成分的这一变化规律被称为背向性规则。

完整的三元合金相图以等边三角形表示合金的成分，以垂直于成分三角形所在平面的纵轴表示温度，因而整个三元合金相图是一个三角棱柱的立体图形。图 3-47 为完整三元合金相图的一个示例，其 3 个侧面即为 3 种二元合金相图。因为立体图形比较复杂，测定困难，实际中经常使用水平（等温）截面图、垂直（成分单变量）截面图和投影图。所谓投影图就是将立体相图中特殊的点、线、面投影到成分三角形上，如图 3-48 所示。

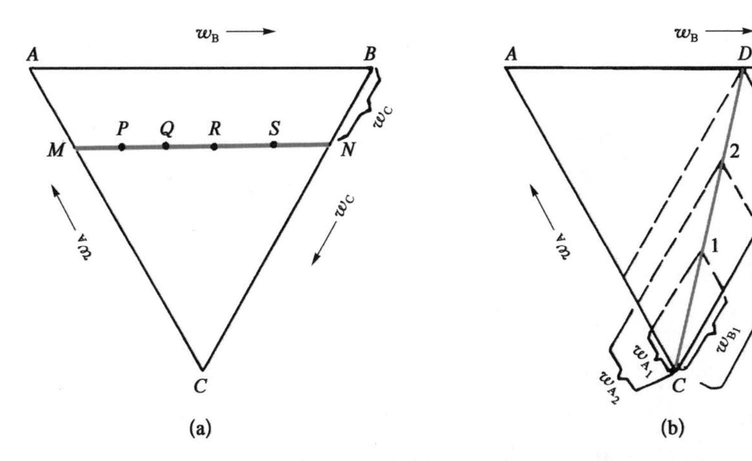

图3-46　三元合金系统成分三角形中的两种特殊直线[11]

(a) 组元C的等成分直线；(b) 组元A、B成分的等比例直线。

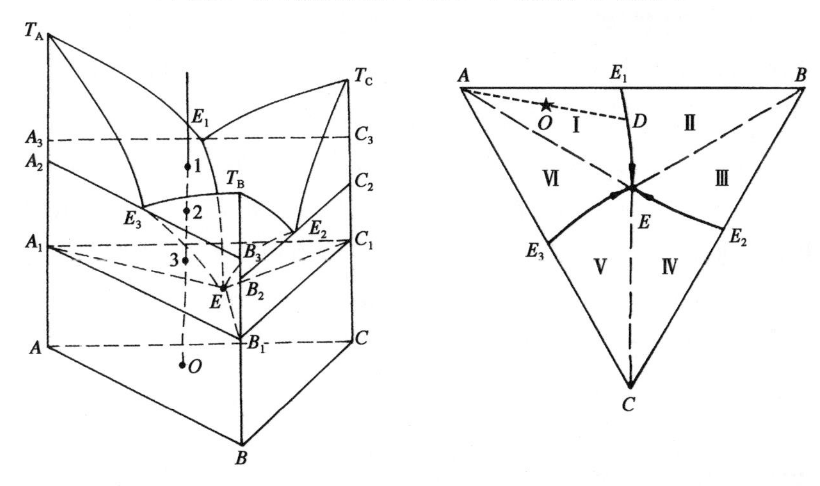

图3-47　完整的三元共晶系合金相图[11]

图3-48　三元共晶系合金相图在成分三角形上的投影[12]

3.4.1.2　三元共晶系合金的结晶相变

对于液态时无限互溶，固态时互不溶解的三元共晶合金，其完整的立体相图如图3-47所示，图中3个侧面即为3种二元共晶合金的相图。与二元共晶合金类似，三元共晶合金也存在一个共晶点E，该点的液态合金在结晶过程中同时析出3种不同的固相，实现四相平衡共存。根据吉布斯相律，此时系统的自由度数为0，因而三元合金在发生共晶相变时其温度和各相的成分都是固定的，其发生共晶相变的温度比3种二元合金的共晶温度都要低。

图 3-47 中，T_A、T_B、T_C分别是纯组元 A、B、C 的熔点，E_1、E_2、E_3依次为二元共晶合金 A-B、B-C、A-C 的共晶点，顶面 $T_AE_1EE_3$、$T_BE_3EE_2$、$T_CE_2EE_1$ 为液相曲面，分别对应于 A、B、C 3 个初晶区，A、B、C 初晶区内的合金在结晶时首先析出的分别是纯组元 A、B、C 的晶体。3 个液相曲面之间的交界线 E_1E、E_2E、E_3E 是二相共晶线，其在成分三角形上的投影图如图 4-48 所示，图中线上的箭头表示温度降低的方向。

以图中 O 点的合金为例，来说明三元共晶合金的结晶过程[2]。对于平衡凝固来说，O 点的液相合金在降温至液相面温度时就开始结晶，最初析出 A 相晶体，随着合金温度不断降低，析出的 A 相晶体的数量也不断增加，因而残留液相中组元 A 的成分不断减小，根据背向性规则，液相的成分将沿 AO 的延长线变化，并不断远离 A 点，直到与二相共晶线 E_1E 相交于 D 点时，O 点合金的初晶析出过程才进行完毕。之后残留液相发生二相共晶转变，同时析出 A、B 相晶体，此时系统实现三相平衡共存，根据吉布斯相律其自由度数为 1，因而该二相共晶转变为变温过程，随着合金温度不断降低，析出 A+B 相晶体的数量也逐渐增多，残留液相的成分将沿着单变量曲线 DE 变化，并不断靠近三相共晶点 E，直至到达 E 点时，合金的二相共晶析出过程才宣告完毕。之后残留液相发生三相共晶反应，同时析出 A、B、C 3 种晶体，直至所有液相全部完成结晶。合金的三相共晶转变为恒温过程，其间各相的成分保持不变。成分三角形内各点合金的结晶过程和 O 点合金的相似，各区域的合金在结晶过程中各阶段析出晶体的情况列于表 3-6 中，其中括号表示从合金液相同时析出括号内各种晶体。

表 3-6　三元共晶系合金结晶过程中的各个阶段[12]

区　域	初　晶	二相共晶	三相共晶
Ⅰ区	A	(A+B)	(A+B+C)
Ⅱ区	B	(A+B)	(A+B+C)
Ⅲ区	B	(B+C)	(A+B+C)
Ⅳ区	C	(B+C)	(A+B+C)
Ⅴ区	C	(A+C)	(A+B+C)
Ⅵ区	A	(A+C)	(A+B+C)
AE 线	A	—	(A+B+C)
BE 线	B	—	(A+B+C)
CE 线	C	—	(A+B+C)
E_1E 线	—	(A+B)	(A+B+C)
E_2E 线	—	(B+C)	(A+B+C)
E_3E 线	—	(A+C)	(A+B+C)
E 点	—	—	(A+B+C)

3.4.2　镓铟锡三元合金及其相变特性的 DSC 测试

3.4.2.1　铟锡二元合金相图

如上节所述，镓铟、镓锡合金是典型的二元共晶合金，铟锡合金与之相比则有较大的不同。图 3-49 所示为铟锡合金的相图，图中淡蓝色区域为单相区，白色区域为两相区。与共晶合金只存在匀晶相变与共晶相变不同，铟锡合金在降温过程中还存在两种包晶相变[2]。所谓包晶相变，是指一个液相与一个固相在恒温下生成另一个固相的转变。二元合金发生包晶转变时，三相之间平衡共存，由吉布斯相律可知，此时系统的自由度数为 0，因而包晶转变和共晶转变一样也是恒温过程。铟锡合金相图中存在两个包晶反应，一个在富铟侧，一个在富锡侧，分别是：

$$L + (In) \xrightleftharpoons{142℃} \beta InSn \tag{3-35}$$

$$L + (Sn) \xrightleftharpoons{224℃} \gamma InSn \tag{3-36}$$

其中，(In)、(Sn) 表示铟和锡的固溶体，γInSn、βInSn 为金属间化合物，这两种金属间化合物虽然有各自稳定的晶体结构，但它们的组成并不固定，其中前者的平均组成为 $In_{0.2}Sn_{0.8}$，后者的平均组成为 $In_{0.75}Sn_{0.25}$。不论是富铟侧还是富锡侧的包晶反应，其所生成固相的成分在参与该反应的液相的成分的外侧。此外，铟锡合金相图中还存在如下共晶反应：

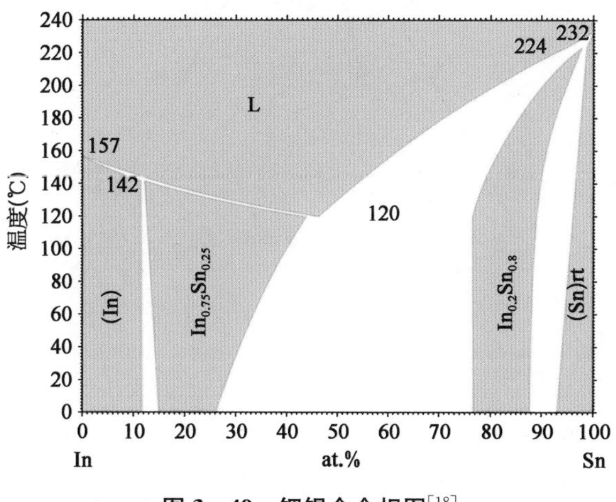

图 3-49　铟锡合金相图[18]

$$\mathrm{L} \xrightleftharpoons{120℃} \gamma\mathrm{InSn} + \beta\mathrm{InSn} \tag{3-37}$$

铟锡合金的这种相变特性,使得镓铟锡合金相图比简单三元共晶系相图复杂得多[17,18]。

3.4.2.2 镓铟锡三元合金相图

图 3-50 所示为镓铟锡三元合金相图在成分三角形上的投影图[2],显然其与图 3-48 所示的简单三元共晶系相图的投影图有很大不同,这主要是由铟锡合金中存在两种包晶反应造成的。图中 e_1、e_2、e_3 分别是铟锡、镓铟、镓锡 3 种二元合金的共晶点;P_1、P_2 分别是铟锡合金中富锡侧和富铟侧参与包晶反应的液相成分点;E 是镓铟锡三元合金的共晶点,其共晶成分为 $Ga_{66.0}In_{20.5}Sn_{13.5}$,共晶温度为 10.7℃,$E$ 点的共晶反应如下:

$$\mathrm{L} \xrightleftharpoons{10.7℃} (\mathrm{Ga}) + (\mathrm{Sn}) + \beta\mathrm{InSn} \tag{3-38}$$

其中(Ga)表示 α-Ga 晶体;U_1、U_2 是准包晶反应点,所谓准包晶反应是一个液相与一个固相生成另两种固相的反应,与三元合金的共晶反应一样,准包晶反应也是一个恒温过程,反应过程中各相的成分维持不变,U_1、U_2 两点处的准包

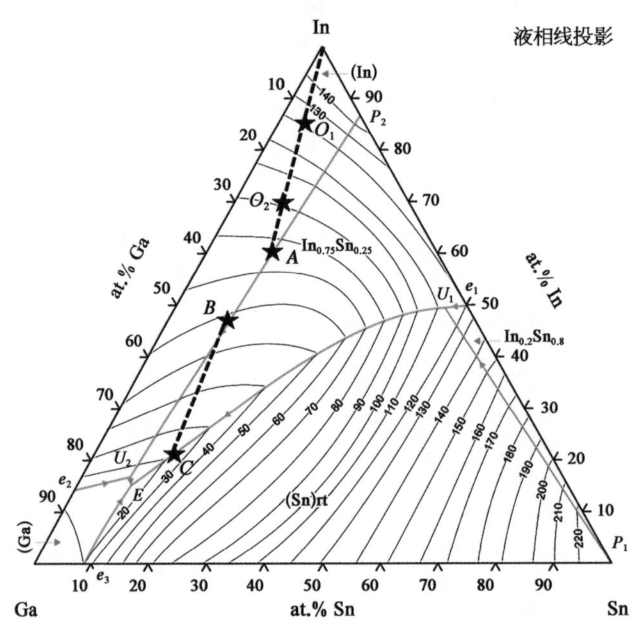

图 3-50 镓铟锡三元合金相图在成分三角形上的投影[19]

晶反应分别如下[88]：

$$L+\gamma InSn \xrightleftharpoons{约113℃} (Sn)+\beta InSn \quad (3-39)$$

$$L+(In) \xrightleftharpoons{13℃} (Ga)+\beta InSn \quad (3-40)$$

其中，U_1点的反应温度在 113℃左右，U_2点的反应温度为 13℃。

成分三角形内标有温度值的细线为等温线，表示线上所有合金的液相面温度相等。整个镓铟锡三元合金的成分三角形被划分为 5 个初晶区，对于同一初晶区内的不同合金，其在结晶时析出的第一种晶相都相同。5 个初晶区析出的第一种晶相分别是(Ga)、(In)、(Sn)、γInSn、βInSn，图 3-50 中，γInSn 和 βInSn 初晶区用其晶相的平均组成 $In_{0.2}Sn_{0.8}$、$In_{0.75}Sn_{0.25}$表示。各初晶区之间的界面曲线为包晶相变曲线和二相共晶相变曲线，其中 e_1U_1、e_2E、e_3U_2、U_1E、U_2E 为二相共晶相变线，P_1U_1、P_2U_2为包晶相变线，线上的箭头表示温度降低的方向，各界面曲线上的结晶相变如表 3-7 所示。

表 3-7　镓铟锡合金投影图中各界面曲线上的结晶相变[20]

界面曲线	结 晶 反 应	界面曲线	结 晶 反 应
e_1U_1	$L\rightleftharpoons\beta InSn+\gamma InSn$	P_2U_2	$L+(In)\rightleftharpoons\beta InSn$
e_2E	$L\rightleftharpoons(Ga)+(Sn)$	U_1E	$L\rightleftharpoons\beta InSn+(Sn)$
e_3U_2	$L\rightleftharpoons(Ga)+(In)$	U_2E	$L\rightleftharpoons\beta InSn+(Ga)$
P_1U_1	$L+(Sn)\rightleftharpoons\gamma InSn$		

下面以图中 O_1点的液态合金为例，说明镓铟锡合金的结晶过程[2]。O_1点位于(In)初晶区，当合金温度不断降低时，首先析出铟固溶体，根据背向性规则，随着析出(In)的量不断增加，液相的成分将沿着 O_1A 线变化，直至到达包晶相变线 P_2U_2上的 A 点。O_1点离 P_2U_2线较远，根据杠杆定律，此时合金析出(In)的量相对较多，随着合金温度继续降低，残留液相与(In)发生式(3-35)所示的包晶反应生成 βInSn 晶体。三元合金的包晶反应为变温过程，随着反应的进行，液相成分将沿着 P_2U_2线变化直至到达U_2点，并在U_2点发生式(3-40)所示准包晶反应。之后若液相还有剩余，随着温度的进一步降低，其成分将沿着共晶相变线 U_2E 变化，并同时析出(Ga)和 βInSn 晶体，最后液相成分到达 E 点，并发生如式(3-37)所示的三相共晶反应。绝大多数镓铟锡合金的结晶相变路径可根据 O_1点合金的类推，即液相成分先根据背向性规则到达其所在初晶区的边界曲线，之后沿着边界曲线变化并不断向 E 点靠近。

各初晶区内合金的主要结晶相变路径如图 3-51 所示，其中 O_1点合金的相变路径用红色箭头线标出。

然而对于图 3-50 中 O_2点的合金，其结晶相变特性和 O_1点合金的有所不同[2]。O_2点靠近边界曲线 P_2U_2，该点的液态合金在初晶析出过程中生成(In)的量相对较少。随着(In)的析出，合金液相成分先到达 A 点，之后残留液相与(In)发生包晶反应生成 βInSn 晶体，其成分沿着 P_2U_2线变化。因为(In)的量较少，残留液相的量较多，当合金液相成分到达 P_2U_2线上的 B 点时，(In)已被消耗完而液相仍有剩余。此时 B 点残留液相的结晶相变特性和 βInSn 初晶区内合金的相似，随着合金温度继续降低，残留液相先析出 βInSn 晶体，其成分根据背向性规则大致沿着 BC 线变化，跨越 βInSn 初晶区到达另一边界曲线 U_1E 上的 C 点。之后合金液相沿着 CE 线发生二相共晶转变，同时析出 (Sn) 和 βInSn 晶体，并最终到达 E 点发生三相共晶反应，至此 O_2点合金的结晶相变全部结束。只有(In)初晶区内靠近 P_2U_2包晶相变线和 (Sn) 初晶区内靠近 P_1U_1包晶相变线的合金，才有可能发生跨越初晶区的结晶相变。在图 3-51 中，O_2点合金的结晶相变路径用蓝色箭头线标出。

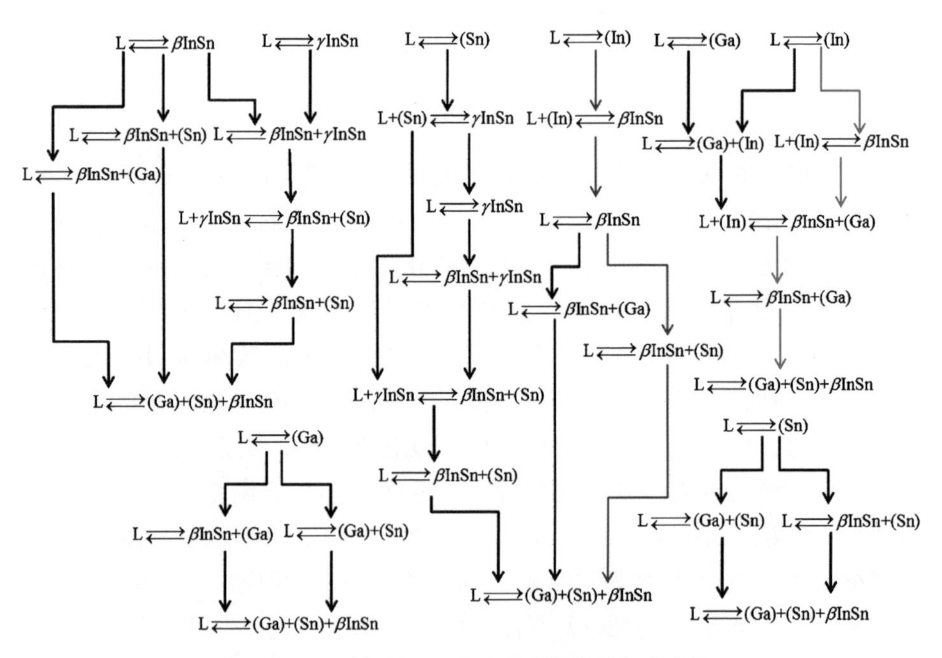

图 3-51 镓铟锡三元合金的主要结晶相变路径

3.4.2.3　镓铟锡三元合金相变特性的 DSC 测试

图 3－52 所示为 $Ga_{67.0}In_{20.5}Sn_{12.5}$ 合金的 DSC 曲线[2]，样品质量为 16.42 mg，升降温速率为 10 K/min。从图中可以看出，样品在降温过程中形成 2 个放热峰，其中 peak Ⅰ 的峰温为－13.2℃，其峰高和峰面积都很小，几乎难以分辨，peak Ⅱ 的峰温为－25.4℃，其峰形尖锐，峰高和峰面积都要大得多，测得合金总的结晶潜热为 65.34 J/g。从升温曲线来看，样品在熔化过程中只形成一个吸热峰，其峰形比较接近于纯金属的熔化峰，说明合金主要发生一致性熔化相变，测得其起始熔化温度为 11.2℃，熔化焓为 69.76 J/g。我们知道，镓铟锡三元合金的共晶温度为 10.7℃，因而不论是从熔化峰的峰形还是从起始熔化温度来看，该样品的升温曲线都比较符合镓铟锡共晶合金的熔化相变特征，说明其成分靠近镓铟锡三元合金的共晶点。由此可以推得，样品降温曲线中的 peak Ⅱ 对应于合金的三相共晶转变，合金达到的过冷度约为 35℃。

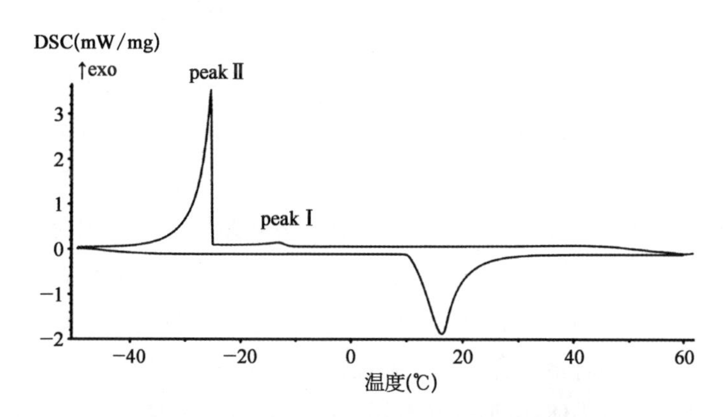

图 3－52　$Ga_{67.0}In_{20.5}Sn_{12.5}$ 合金的 DSC 曲线

图 3－53 所示为 $Ga_{66.0}In_{20.5}Sn_{13.5}$ 合金的 DSC 曲线[2]，样品的质量为 23.47 mg，升降温速率为 5 K/min。从图中可知，该合金样品在降温过程中形成 4 个放热峰。可以看出，合金的前 3 个放热峰对应于其结晶相变的 3 个阶段，其中 peak Ⅰ 的峰温为－3.4℃，其峰高和峰面积都很小，对应于合金的初晶析出过程；peak Ⅱ 的峰温为－20.6℃，其峰高和峰面积更小，峰形几乎不能辨认，对应二相共晶析出过程；peak Ⅲ 的峰温为－31.1℃，其峰形尖锐，峰高和峰面积都很大，占合金结晶相变的主要部分，对应于合金的三相共晶转变；最后一个放热峰 peak Ⅳ，其峰形更加尖锐，峰温为－34.0℃，其对应于 β－Ga 晶体转变为

α－Ga晶体的固固相变。也就是说，合金中的镓组分在降温过程中先形成亚稳态的β－Ga晶体，该晶体不稳定，在温度进一步降低时发生β－Ga→α－Ga固固相变，并释放出相变潜热，形成一个额外的放热峰。测得合金在降温过程中总的相变潜热为65.11 J/g。

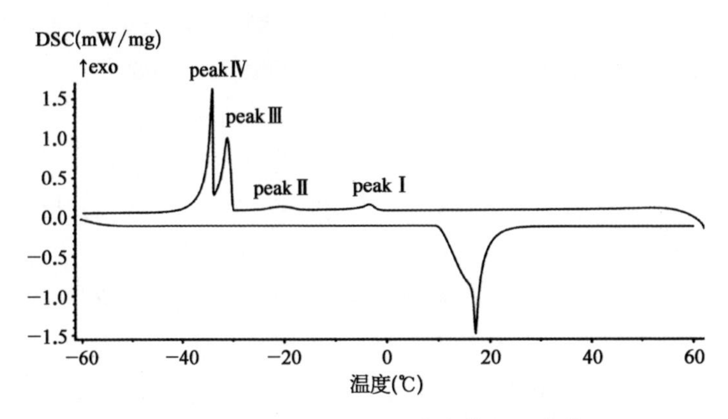

图 3－53　$Ga_{66.0}In_{20.5}Sn_{13.5}$合金的DSC曲线

文献[19]指出，$Ga_{66.0}In_{20.5}Sn_{13.5}$合金即为镓铟锡三元共晶合金。我们知道，共晶合金的相变特征和纯金属的相似，其结晶相变只形成一个尖锐的放热峰，熔化相变只包含一致性熔化过程。显然，图3－53中该合金样品的DSC曲线并不完全符合共晶合金的相变特征。这一方面是因为受配制合金条件的限制，合金的实际成分偏离了共晶成分，另一方面是因为合金亚稳态相变的共晶点不同于稳态相变的共晶点，稳态相变下靠近共晶点的合金在亚稳态相变下却是远离共晶点的合金。合金在降温过程中发生亚稳态结晶相变，之后β－Ga晶体转变为α－Ga晶体，因而其在升温过程中以稳态相参与熔化相变，测得其起始熔化温度为10.4℃，熔化焓为67.86 J/g。在合金熔化峰的上升段曲线中存在一个明显的拐点，说明其熔化相变包含非一致性熔化过程，这主要是由合金的实际成分稍稍偏离了共晶成分造成的。

图3－54所示为$Ga_{62}In_{25}Sn_{13}$合金的DSC曲线[2]，样品质量为15.52 mg，升降温速率为5 K/min。从图中可以看出，该合金样品的DSC曲线与图3－53中的相似，在降温过程中形成4个放热峰，说明样品发生亚稳态结晶相变。前3个放热峰的峰温依次为5.9℃、－19.3℃、－32.3℃，分别对应于合金亚稳态结晶相变的初晶析出过程、二相共晶析出过程和三相共晶析出过程。其中peak Ⅱ的峰高和峰面积都非常小，需要通过放大曲线才能分辨出其峰

形。之后合金中的β-Ga晶体转变为α-Ga晶体,并释放出相变潜热,形成一个固固相变峰,其峰温为-36.0℃。测得合金在降温过程中总的相变潜热为63.47 J/g。从升温曲线看,合金熔化峰的上升段曲线中存在一个明显的拐点,表明其稳态相晶体的熔化相变由一致性熔化过程和非一致性熔化过程叠加而成,测得合金的起始熔化温度为10.5℃,熔化焓为66.49 J/g。

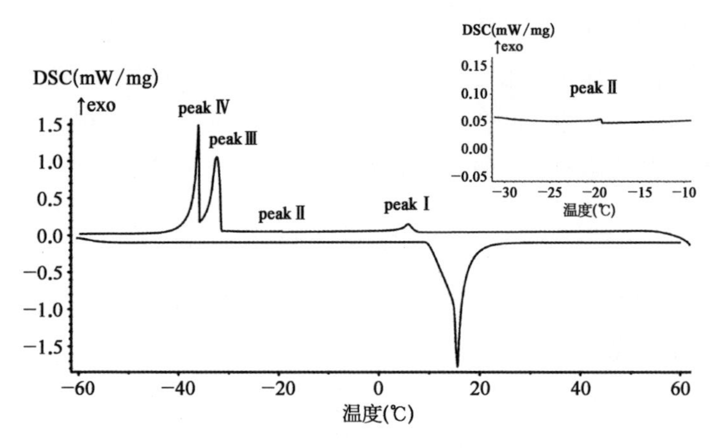

图 3-54　$Ga_{62}In_{25}Sn_{13}$合金的 DSC 曲线

图 3-55 所示为$Ga_{68.5}In_{21.5}Sn_{10.0}$合金的 DSC 曲线[2],样品质量为31.37 mg,升降温速率为10 K/min。从图中可以看出,样品的降温曲线存在4个放热峰,说明其发生亚稳态结晶相变。前3个放热峰分别对应于初晶析出过程、二相共晶析出过程和三相共晶析出过程,其峰温依次为-2.8℃、-35.0℃、-40.0℃,说明在降温速率增大时,合金能过冷到更低的温度。和前两种合金的 peak Ⅱ 难以分辨不同,$Ga_{68.5}In_{21.5}Sn_{10.0}$合金 peak Ⅱ 的峰高和峰面积都很大,说明其亚稳

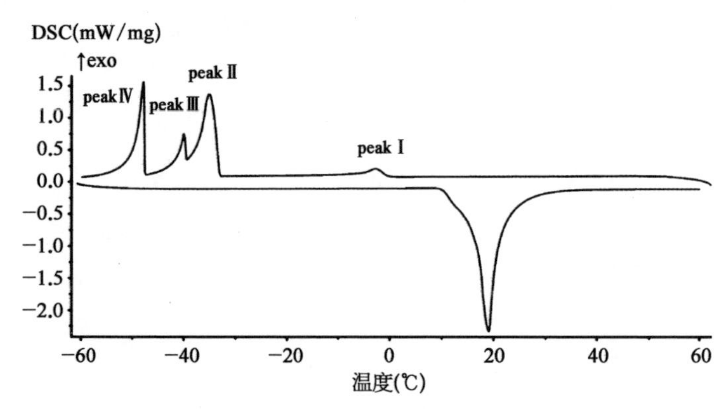

图 3-55　$Ga_{68.5}In_{21.5}Sn_{10.0}$合金的 DSC 曲线

态结晶相变中,二相共晶转变占主要部分。之后合金发生β-Ga→α-Ga固固相变,所形成的放热峰峰温为-47.80℃。从合金的升温曲线测得其起始熔化温度为11.0℃,熔化焓为72.45 J/g。

综上可知,镓铟锡合金在降温过程中一般先发生亚稳态结晶相变,合金中的镓组分生成β-Ga晶体,并形成3个放热峰,分别对应于初晶析出过程、二相共晶转变和三相共晶转变。β-Ga晶体不稳定,在合金温度进一步降低时转变为α-Ga晶体,并释放出相变潜热,形成一个额外的放热峰。在降温速率增大时,发生亚稳态结晶相变的合金能过冷到更低的温度。此外,对于不同成分的镓铟锡合金,其稳态相晶体的起始熔化温度均为合金的共晶温度。

3.4.3 镓铟锌三元合金相变特性的DSC测试

图3-56所示为镓铟锌三元合金相图在成分三角形上的投影图。和镓铟、镓锌合金一样,铟锌合金也是典型的共晶合金,因而镓铟锌合金为简单的三元共晶系合金。图中e_1、e_2、e_3分别是镓铟、镓锌、铟锌合金的共晶点,E是镓铟锌三元合金的共晶点,其共晶成分大致为$Ga_{67}In_{29}Zn_4$,共晶温度为13℃。曲线e_1E、e_2E、e_3E是二相共晶相变线,线上的箭头表示温度降低的方向。整个成分三角形被划分为3个初晶区,分别是(Ga)、(In)、(Zn)初晶区。各初

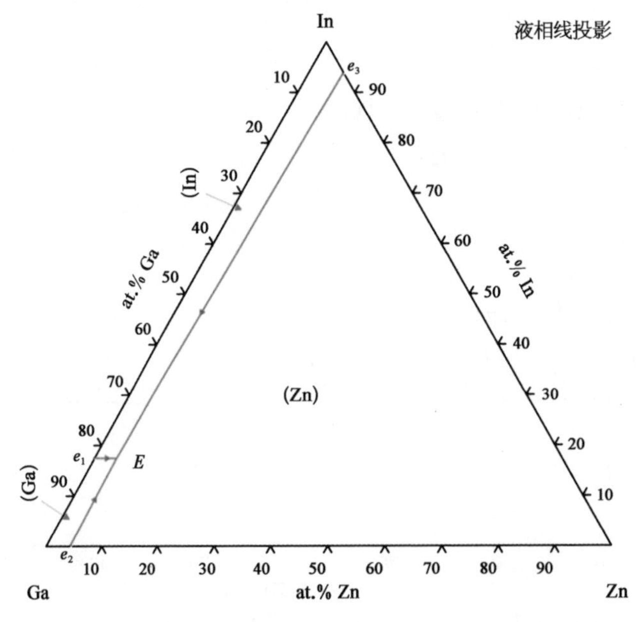

图3-56 镓铟锌合金相图在成分三角形上的投影图[21]

晶区内镓铟锌合金的结晶相变符合表3-7所示的规律，一般分为初晶析出过程、二相共晶析出过程和三相共晶析出过程3个阶段。

图3-57所示为$Ga_{67}In_{29}Zn_4$合金的DSC曲线[2]，样品质量为30.62 mg，升降温速率为5 K/min。我们知道，三元共晶合金在稳态结晶相变中最多形成3个放热峰，然而从图中可知，该合金样品在降温过程中形成4个放热峰，这说明其发生的是亚稳态结晶相变，而第4个放热峰对应于亚稳态晶体转化为稳态晶体的固固相变。在前3个放热峰中，peakⅠ的峰温为22.9℃，其峰高和峰面积都很小，对应于合金亚稳态结晶相变的初晶析出过程；peakⅡ的峰温为−17.5℃，其峰高和峰面积也较小，对应于二相共晶析出过程；peakⅢ的峰温为−32.0℃，其峰高和峰面积都很大，占合金结晶相变的主要部分，对应于三相共晶析出过程；测得合金总的结晶潜热为45.87 J/g。$Ga_{67}In_{29}Zn_4$合金中的镓组分在亚稳态结晶相变中形成β-Ga晶体，该晶体不稳定，在合金温度进一步降低时发生β-Ga→α-Ga固固相变，并释放出相变潜热，形成第4个放热峰peakⅣ，测得该峰的峰温为−49.7℃。此外，peakⅠ的峰温为22.9℃，说明该合金样品的起始结晶温度较高，甚至高于β-Ga的熔点，因此其析出的初晶很可能是锌的固溶体。

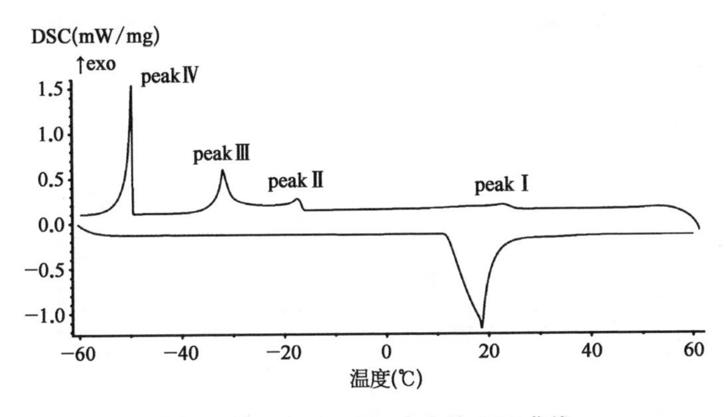

图3-57　$Ga_{67}In_{29}Zn_4$合金的DSC曲线

β-Ga晶体转变为α-Ga晶体后，样品在升温过程中以稳态相的形态发生熔化相变，从其升温曲线可以看出，$Ga_{67}In_{29}Zn_4$合金熔化峰的峰形接近于纯金属的熔化峰，说明该合金的熔化相变主要为一致性熔化过程，其成分靠近镓铟锌三元合金的共晶点。测得合金的起始熔化温度为12.2℃，熔化焓为71.41 J/g。我们知道，三元共晶合金在降温过程中只形成一个尖锐的三相共晶相变峰，然而该合金样品在降温过程中却存在明显的初晶析出过程和二相共晶析出过程。这是因为，我们通常所说的镓铟锌合金的共晶点是根据稳态相变确定的，对于合金的亚稳态相变而言，其共晶成分发生了变化，$Ga_{67}In_{29}Zn_4$合金作为稳态相变下靠近共晶点的合金，却是亚稳态相变下相对远离共晶点的合金，因而合金的降温曲线并不完全符合共晶合金结晶相变的特征。

图3-58所示为$Ga_{72}In_{12}Zn_{16}$合金的DSC曲线，样品质量为23.50 mg，升降温速率为5 K/min。从图中可以看出，$Ga_{72}In_{12}Zn_{16}$合金在降温过程中形成3个明显的放热峰，其峰形和图3-57中降温曲线的后3个放热峰的峰形极为相似，而且各对应峰的峰温也比较接近。可以看出，该合金样品在降温过程中同样发生亚稳态结晶相变，只是该结晶相变仅分成2个阶段完成，并不存在初晶析出过程。其中peak Ⅰ的峰温为－15.0℃，其峰高和峰面积都较小，对应于合金的二相共晶析出过程，peak Ⅱ的峰温为－31.4℃，其峰高和峰面积都相对较大，占合金结晶相变的主要部分，对应于三相共晶析出过程。当合金温度进一步降低时，其亚稳态结晶相变生成的β-Ga晶体转变为α-Ga晶体，并释放出相变潜热，形成第3个放热峰peak Ⅲ，其峰温为－39.7℃，测得$Ga_{72}In_{12}Zn_{16}$合金总的相变潜热为56.62 J/g。$Ga_{72}In_{12}Zn_{16}$合金的成分离镓铟锌合金的共晶点相对较远，从该合金的升温曲线可以看出，其熔化峰的上升段存在一个明显的拐点，表明其熔化相变中包含一定的非一致性熔化过程，测得其起始熔化温度为12.0℃，总熔化焓为64.11 J/g。

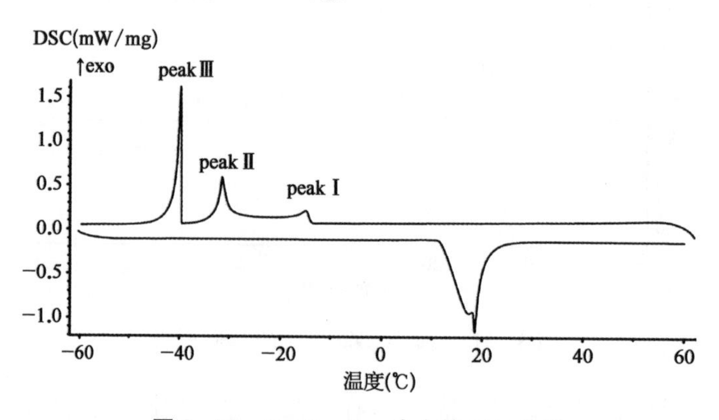

图3-58 $Ga_{72}In_{12}Zn_{16}$合金的DSC曲线

3.4.4 镓锡锌三元合金相变特性的DSC测试

图3-59所示为镓锡锌三元合金相图在成分三角形上的投影图，和镓铟锌合金一样，镓锡锌合金也是简单的三元共晶系合金。图中e_1、e_2、e_3分别是

镓锌、镓锡、锡锌二元合金的共晶点，E 为镓锡锌三元合金的共晶点，前人指出其共晶成分为 $Ga_{82}Sn_{12}Zn_6$，其共晶温度为 17℃。曲线 e_1E、e_2E、e_3E 为二相共晶相变线，线上的箭头表示温度降低的方向。图中标有数字的曲线是等温线，表示线上所有合金的液相面温度相等。整个成分三角形被划分为 3 个初晶区，分别是(Ga)、(Sn)、(Zn)初晶区。各种成分的镓锡锌合金的结晶相变符合表 3-7 所示的规律，同样分为初晶析出过程、二相共晶析出过程和三相共晶析出过程 3 个阶段。

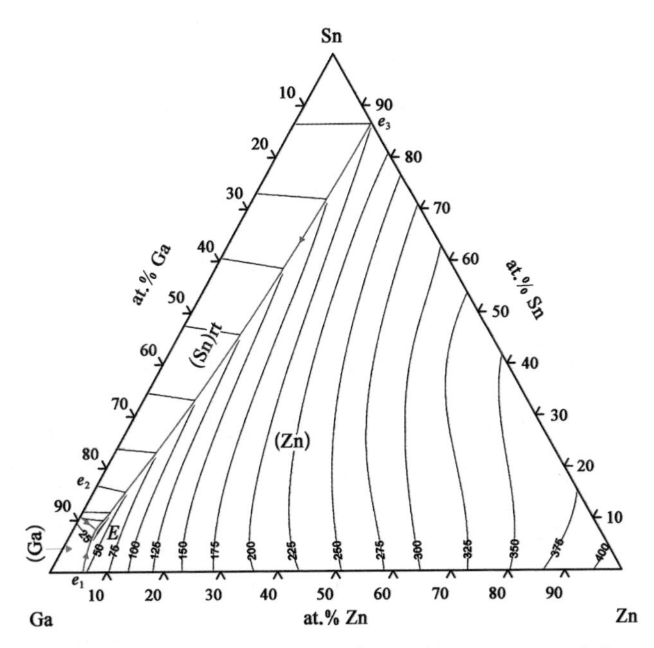

图 3-59 镓锡锌合金相图在成分三角形上的投影图[23]

图 3-60 所示为 $Ga_{88.0}Sn_{8.2}Zn_{3.8}$ 合金的 DSC 曲线[2]，样品质量为15.16 mg，升降温速率为 5 K/min。从图中可以看出，$Ga_{88.0}Sn_{8.2}Zn_{3.8}$ 合金的降温曲线中存在 3 个放热峰，其中 peak Ⅰ 的峰温为 9.9℃，其峰高和峰面积都非常小，需要通过放大曲线才能分辨出，对应于合金的初晶析出过程；peak Ⅱ 的峰温为 −10.7℃，其峰高和峰面积也较小，对应于二相共晶析出过程；peak Ⅲ 与 peak Ⅱ 紧密相连，其峰温为 −15.0℃，其峰形十分尖锐，峰高和峰面积都很大，占合金结晶相变的主要部分，对应于三相共晶析出过程，测得合金总的结晶潜热为 74.13 J/g。通过样品的降温曲线我们可以判断出，$Ga_{88.0}Sn_{8.2}Zn_{3.8}$ 合金在降温过程中主要发生稳态相的三相共晶反应，该合金的成分靠近镓锡锌三元

合金的共晶点。从升温曲线可以看出，$Ga_{88.0}Sn_{8.2}Zn_{3.8}$合金的熔化峰的峰形接近于纯金属的熔化峰，表明其熔化相变主要为一致性熔化过程，符合共晶合金的熔化相变特征。测得合金的起始熔化温度为16.5℃，总熔化焓为80.76 J/g。

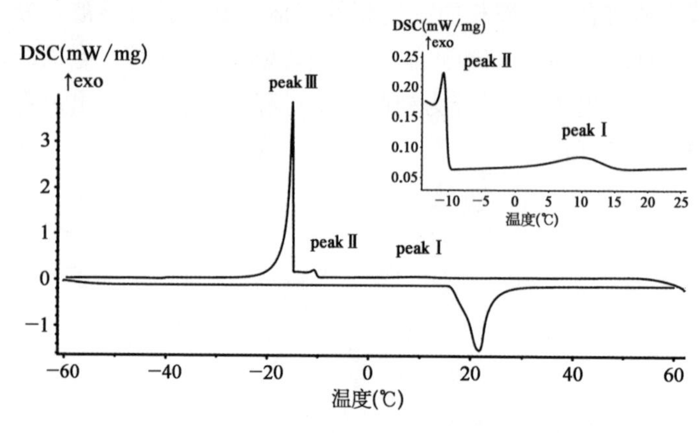

图 3-60 $Ga_{88.0}Sn_{8.2}Zn_{3.8}$合金的 DSC 曲线

3.4.5 镓铟锡锌四元合金相变特性的 DSC 测试[2]

二元合金的组成用直线表示，三元合金的组成可用正三角形表示，四元合金的组成则用正四面体来表示。四元合金含有 4 种不同的组分，根据吉布斯相律，其自由度数为：

$$F = C - P + 1 = 5 - P \tag{3-41}$$

因而四元合金的最大自由度数为 4，对应于 4 个独立的变量，分别为温度和 3 个组元的成分，四元合金最多可实现 5 相之间的平衡共存。四元合金的相图同样为立体图，比三元相图要复杂得多，其应用也相对较少，对于已有的一些体系的四元相图，其精确研究也仅限于局部范围，这里不做详细介绍。

图 3-61 所示为 $Ga_{61}In_{25}Sn_{13}Zn_1$ 合金的 DSC 曲线[2]，样品质量为 35.34 mg，升降温速率为 5 K/min。从图中可以看出，样品在降温过程中形成 4 个放热峰，各峰的峰温依次为 5.0℃、−10.5℃、−23.7℃、−33.6℃，其中，peak Ⅱ 的峰高和峰面积都很小，几乎分辨不出，peak Ⅲ 和 peak Ⅳ 紧密相连，峰高和峰面积都较大，占相变的主要部分，测得合金总的相变潜热为 41.94 J/g。从升温曲线来看，样品的起始熔化温度为−25.4℃，其熔化峰下降段曲线的末端存在一低长的平缓段，该平缓段一直延伸到 20℃左右时才回到基线，表明合金的熔化相

变包含明显的非一致性熔化过程，测得合金总的熔化焓为 46.80 J/g。与镓基三元合金相比，该 $Ga_{61}In_{25}Sn_{13}Zn_{1}$ 合金样品的起始熔化温度非常低，其相变潜热也显著偏小，但与镓基三元合金亚稳态结晶相变的潜热接近，据此我们可以推断，样品在降温过程中发生亚稳态结晶相变，并在升温过程中以亚稳态相参与熔化相变。样品在降温过程中不发生固固相变，却形成 4 个放热峰，这说明，镓铟锡锌四元合金的结晶相变一般分成 4 个阶段完成，而最后一个放热峰 peak Ⅳ对应于镓铟锡锌四元合金共晶点的结晶相变过程。

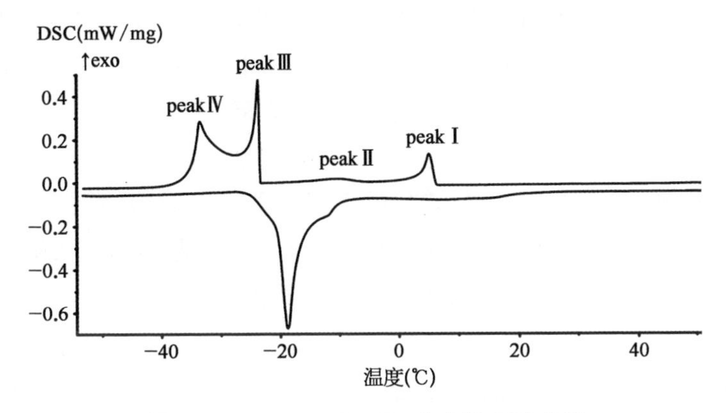

图 3-61　$Ga_{61}In_{25}Sn_{13}Zn_{1}$ 合金的 DSC 曲线

图 3-62 为另一 $Ga_{61}In_{25}Sn_{13}Zn_{1}$ 合金样品的 DSC 曲线[2]，样品的质量为 9.90 mg，升降温速率为 5 K/min。从图中可以看出，该 $Ga_{61}In_{25}Sn_{13}Zn_{1}$ 合金样

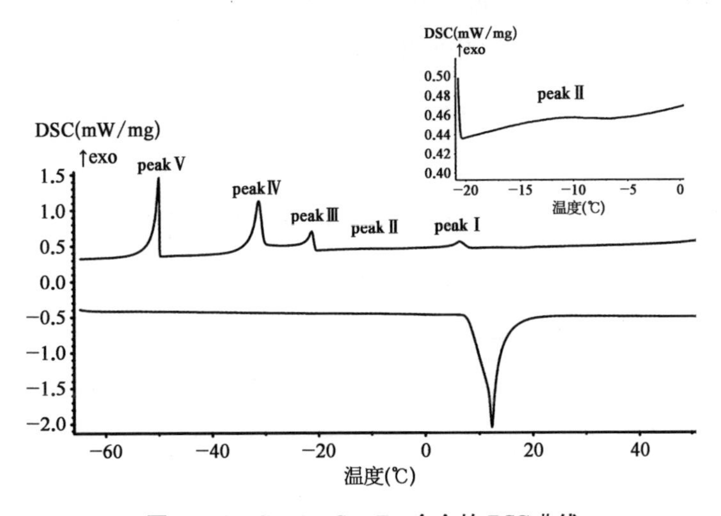

图 3-62　$Ga_{61}In_{25}Sn_{13}Zn_{1}$ 合金的 DSC 曲线

品在降温过程中形成 5 个放热峰，其峰温依次为 6.4℃、−9.8℃、−21.2℃、−31.2℃、−50.0℃，其中 peakⅡ的峰高和峰面积都十分小，需要通过放大才能分辨出。从升温曲线来看，测得样品的起始熔化温度为 7.7℃，熔化焓为 67.55 J/g，这两个参数都和图 3-61 中的测试结果有较大不同，但和镓基三元合金的稳态相熔化相变接近，说明样品在升温过程中以稳态相晶体的形态发生熔化。

样品在降温过程中形成 5 个放热峰，并最终生成稳态相晶体，这说明其在降温过程中发生亚稳态结晶相变，该结晶相变对应于样品的前 4 个放热峰，测得合金总的结晶潜热为 46.47 J/g。合金中的镓组分在亚稳态结晶相变中生成 β-Ga 晶体，该晶体不稳定，当温度进一步降低时转变为 α-Ga 晶体，并释放出相变潜热，形成第 5 个放热峰 peakⅤ。从图中可知，该 $Ga_{61}In_{25}Sn_{13}Zn_1$ 合金样品的熔化峰和纯金属的熔化峰相似，说明其成分靠近镓铟锡锌四元合金的共晶点，之所以其在结晶过程中形成多个明显的放热峰，是因为稳态相变下靠近共晶点的合金却是亚稳态相变下相对远离共晶点的合金。

为分析 $Ga_{61}In_{25}Sn_{13}Zn_1$ 合金的稳态结晶相变，进一步对该合金进行了测试，得到了如图 3-63 所示的 DSC 曲线，该样品的质量为 16.82 mg，升降温速率为 5 K/min。从图中可以看出，样品在降温过程中形成多个放热峰，但只有最后一个放热峰的峰高和峰面积较大，占合金结晶相变的主要部分，其余放热峰与之相比几乎可以忽略，同时该峰峰形尖锐，显然对应于合金共晶点的结晶相变，其峰温为−27.7℃，测得合金总的结晶潜热为 66.89 J/g。从升温曲线来看，样品的熔化峰和图 3-62 中的相似，测得其起始熔化温度为 7.5℃，总的熔

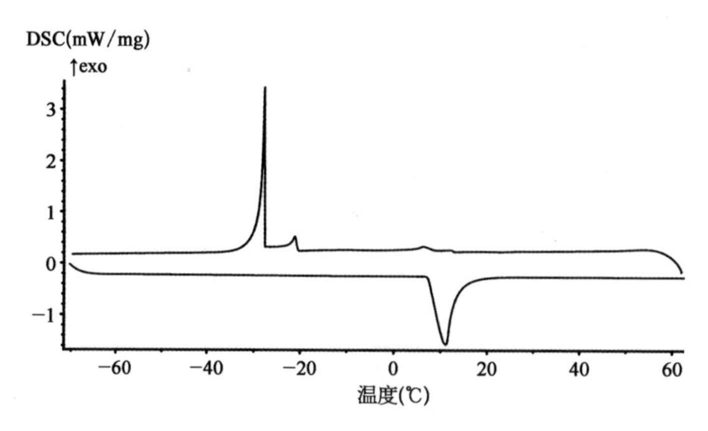

图 3-63　$Ga_{61}In_{25}Sn_{13}Zn_1$ 合金的 DSC 曲线

化焓为 69.19 J/g。由此可知，当 $Ga_{61}In_{25}Sn_{13}Zn_1$ 合金发生稳态相变时，不论是其降温曲线，还是其升温曲线，都比较符合共晶合金的相变特征，这进一步说明该合金的成分靠近镓铟锡锌四元合金的共晶点。

图 3 - 64 所示为 $Ga_{66.4}In_{20.9}Sn_{9.7}Zn_{3.0}$ 合金的 DSC 曲线[2]，样品质量为 24.66 mg，升降温速率为 5 K/min。从图中可以看出，样品在降温过程中只形成 3 个明显的放热峰，其峰温依次为 −1.5℃、−22.2℃、−35.1℃，测得总的结晶潜热只有 43.69 J/g，显著偏小，说明该合金样品中的镓组分在降温过程中发生亚稳态结晶相变，形成 β - Ga 晶体，这一结论也能从样品的升温曲线中得到验证。从图中可以看出，样品在升温过程中形成 2 个明显分离的熔化峰，其中 peakⅠ的起始熔化温度为 − 27.9℃，峰高和峰面积都比较小，其峰温为 −26.4℃，peakⅡ的峰温为 −16.9℃，其峰高和峰面积都比较大，占合金熔化相变的主要部分，在其下降段曲线的末端存在一低长的平缓段，一直延伸至 15℃ 左右才开始回到基线，表明样品的亚稳态熔化相变包含明显的非一致性熔化过程，测得总的熔化焓为 46.82 J/g。这是镓基合金在亚稳态熔化相变中形成 2 个明显分离的熔化峰。

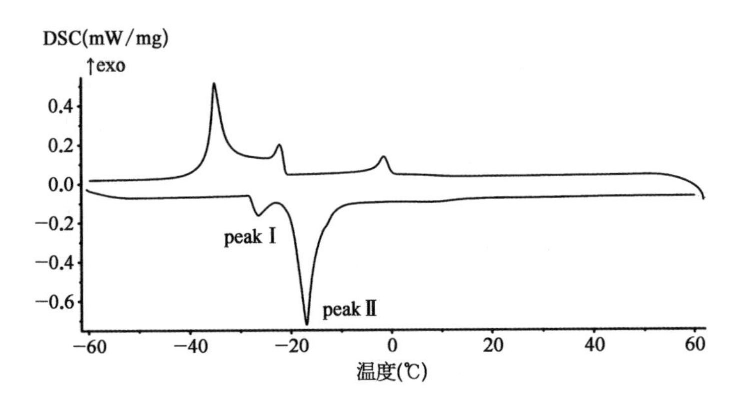

图 3 - 64　$Ga_{66.4}In_{20.9}Sn_{9.7}Zn_{3.0}$ 合金的 DSC 曲线

图 3 - 65 为同一 $Ga_{66.4}In_{20.9}Sn_{9.7}Zn_{3.0}$ 合金样品的 DSC 曲线，不过其升降温速率为 10 K/min。从图中可以看出，样品在降温过程中同样形成 3 个明显的放热峰，其峰温依次为 −2.9℃、−23.8℃、−36.7℃，测得其总的相变潜热为 43.50 J/g。不论是从放热峰的峰形、各峰的位置，还是从总的相变潜热来看，图 3 - 65 中的降温曲线都和图 3 - 64 的极为相似，这说明，当降温速率为 10 K/min时，该合金样品同样发生亚稳态结晶相变。从升温曲线来看，样品在

升温过程的前一阶段形成一个放热峰，这是因为，合金在亚稳态结晶相变中生成的β－Ga晶体不稳定，在其温度升高时转变为α－Ga晶体，并释放出相变潜热，形成一个放热峰。测得该放热峰的峰温为－30.3℃，相变潜热为23.89 J/g。之后样品在温度进一步升高时以稳态相晶体的形态参与熔化相变，测得其起始熔化温度为8.7℃，总的熔化焓为72.24 J/g。这是升温过程中镓基合金中的β－Ga→α－Ga固固相变。

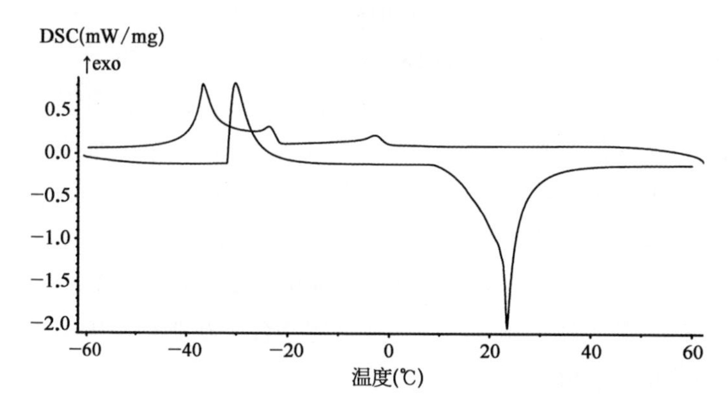

图3－65　$Ga_{66.4}In_{20.9}Sn_{9.7}Zn_{3.0}$合金的DSC曲线

图3－66所示为另一$Ga_{66.4}In_{20.9}Sn_{9.7}Zn_{3.0}$合金样品的DSC曲线，样品的质量为29.91 mg，升降温速率为5 K/min。从图中可以看出，样品在降温过程中形成4个明显的放热峰，其峰温依次为－3.3℃、－22.3℃、－30.9℃、－47.3℃。其中前3个放热峰的峰形和峰温都与图3－64中的接近，说明样品在降温过程中发生亚稳态结晶相变，合金中的镓组分在结晶过程中生成β－Ga晶体，测

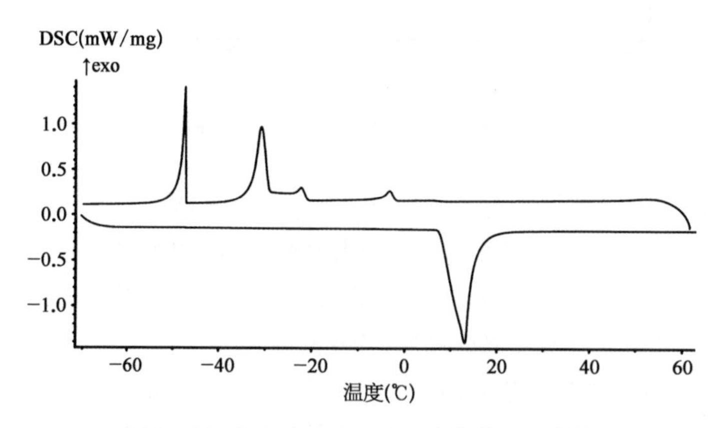

图3－66　$Ga_{66.4}In_{20.9}Sn_{9.7}Zn_{3.0}$合金的DSC曲线

得总的结晶潜热为46.77 J/g。β－Ga晶体不稳定，当合金温度进一步降低时，转变为α－Ga晶体，并释放出相变潜热，形成第4个放热峰。之后合金在升温过程中以稳态相晶体熔化为液态，测得其起始熔化温度为7.5℃，总的熔化焓为73.05 J/g。从升温曲线来看，$Ga_{66.4}In_{20.9}Sn_{9.7}Zn_{3.0}$合金熔化峰的峰形和纯金属的十分接近，说明该合金的成分靠近镓铟锡锌四元合金的共晶点。

综上可以得知，共晶点附近的镓铟锡锌四元合金在降温过程中也存在过冷现象，最多形成4个结晶峰，并发生亚稳态结晶相变，合金中的镓组分在结晶过程中生成β－Ga晶体，该晶体不稳定，有可能进一步转变为α－Ga晶体，并释放出相变潜热，形成一个额外的放热峰[2]。β－Ga→α－Ga固固相变既可能发生在合金的降温过程中，也可能发生在升温过程中。当合金以亚稳态晶体的形态熔化为液态时，存在明显的非一致性熔化过程，而且$Ga_{66.4}In_{20.9}Sn_{9.7}Zn_{3.0}$合金形成2个明显分离的熔化峰。此外，和纯镓液滴一样，样品质量和升降温速率对合金的相变行为有明显的影响，当升温速率增大时，测得合金稳态熔化相变的起始熔化温度偏高，其熔化峰的峰形也偏于平缓，熔程明显增大。

3.5　本章小结

本章结合金属结晶与凝固相变理论，分析了样品质量和升降温速率对纯镓及部分氧化的镓样品的相变行为的影响。随后在介绍二元合金相图与相变理论的基础上，探讨了合金成分（亚共晶合金、共晶合金、过共晶合金）对合金相变行为的影响，并与纯镓的测试结果进行了比较。最后，在介绍三元合金相变理论的基础上，讨论了镓铟锡、镓铟锌、镓锡锌合金以及镓铟锡锌合金成分对其相变行为的影响，并进一步比较了镓基多元合金稳态相变与亚稳态相变的异同。

参考文献

[1]《化工百科全书》编辑委员会.化工百科全书(8).北京：化学工业出版社，1994.

[2] 肖向阳.镓及镓基合金相变特性的差示扫描量热研究（硕士学位论文）.北京：中国科学院大学，中国科学院理化技术研究所，2013.

[3] 徐洲，赵连城.金属固态相变原理.北京：科学出版社，2004.

[4] 胡汉起，沈宁福，姚山，等.金属凝固原理.北京：机械工业出版社，2000.

[5] 卢柯，生红卫，金朝晖.晶体的熔化和过热.材料研究学报，2009，11(6)：658～665.

[6] Wolny J, Niziol S, Łuzny W, et al. Structure changes in gallium near its melting point. Solid state communications, 1986, 58(9): 573～575.

[7] Gao Y, Liu J. Gallium-based thermal interface material with high compliance and wettability. Applied Physics A, 2012, 107(3): 701～708.

[8] 刘新.金属熔化过程与表面吸附的计算化学研究(博士学位论文).大连: 大连理工大学,2006.

[9] Peppiatt S J, Sambles J R. The melting of small particles. I. Lead. Proceedings of the Royal Society of London. A. Mathematical and Physical Sciences, 1975, 345(1642): 387～399.

[10] Peppiatt S J. The melting of small particles. II. Bismuth. Proceedings of the Royal Society of London. A. Mathematical and Physical Sciences, 1975, 345(1642): 401～412.

[11] 陈树江,田风仁,李国华,等.相图分析及应用.北京: 冶金工业出版社,2007.

[12] 刘振海.热分析导论.北京: 化学工业出版社,1991.

[13] 赵乃勤.合金固态相变.长沙: 中南大学出版社,2008.

[14] Anderson T J, Ansara I. The Ga-In (Gallium-Indium) System. Journal of phase equilibria, 1991, 12(1): 64～72.

[15] Anderson T J, Ansara I. The Ga-Sn (gallium-tin) system. Journal of phase equilibria, 1992, 13(2): 181～189.

[16] Dutkiewicz J, Moser Z, Zabdyr L, et al. The Ga-Zn (Gallium-Zinc) System. Journal of Phase Equilibria, 1990, 11(1): 77～82.

[17] The In-Sn (Indium-Tin) System
http://www.springermaterials.com/docs/pdf/10506626_1764.html? queryterms=%22in-sn%22.

[18] The In-Sn (Indium-Tin) binary phase diagram
http://www.springermaterials.com/docs/VSP/summary/lpf-c/00007676.html? queryterms=%22in-sn%22.

[19] The Ga-In-Sn ternary phase diagram
http://www. springermaterials. com/docs/VSP/datasheet/lpf-c/00990000/LPFC _ 990059.html.

[20] Evans D S, Prince A. Thermal analysis of Ga-In-Sn system. Metal Science, 1978, 12(9): 411～414.

[21] The Ga-In-Zn ternary phase diagram
http://www. springermaterials. com/docs/VSP/datasheet/lpf-c/01301000/LPFC _ 1301286.html.

[22] Parravicini G B, Stella A, Ghigna P, et al. Extreme undercooling (down to 90 K) of liquid metal nanoparticles. Applied physics letters, 2006, 89: 033123.

[23] The Ga-Sn-Zn ternary phase diagram
http://www. springermaterials. com/docs/VSP/datasheet/lpf-c/00990000/LPFC _ 990258.htm.

第4章 液态金属与基底材料间的相容性

4.1 引言

液态金属与基底结构材料间的相容性评估，是液态金属散热领域的一个基础性问题[1]。认识液态金属的腐蚀机理，量化基底材料的腐蚀速率，研究可行的防腐方法，以及筛选出合适的耐蚀材料，对于液态金属散热系统的可靠运行具有至关重要的意义。早在20世纪五六十年代，国外对于核反应堆热工领域的典型结构材料与低熔点金属的腐蚀性问题，就已开展了系列探索[2,3]。然而，大部分研究均局限在汞、铅铋合金，以及铅锂合金等的高温腐蚀区域[4-8]，对于镓基合金在芯片安全工作所处的100℃以下中、低温范围的腐蚀性研究文献较为稀少。Luebbers和Chopra[9]对纯镓与部分原子能反应堆结构材料的腐蚀情况进行了研究，结果表明，铁、镍、铬在400℃时与镓反应迅速，而Nb－5Mo－1Zr对镓有较好的抗腐蚀性。类似的，Narh等[10]研究了镓对P-V-T压力容器材料的腐蚀状况，发现镓对316L不锈钢有轻微腐蚀，但对4种典型热塑料(聚乙烯、聚丙烯、聚苯乙烯和聚甲丙烯酸甲酯)，则无明显影响。

总的来说，当前针对液态金属的腐蚀研究均集中在核反应堆热能工程领域，其试验温度高(＞200℃)，同时材料比较特殊(耐蚀合金)。而针对芯片散热领域常见的结构材料(铜或铝合金)在低温(＜100℃)下的腐蚀研究相对空白，笔者实验室为此开展了一系列基础探索[1,11]。本章对相应研究工作和结论予以介绍，以方便读者寻找合适的防腐蚀解决方案提供参考。

4.2 液态金属与结构材料的典型腐蚀现象

常温下镓基合金与铜会发生微弱的腐蚀反应，但与铝反应迅速。图4－1

为法国硬件论坛 Nokytech 对 Coollaboratory 公司液态金属热界面材料的腐蚀情况进行的测评。从中可以看出，镓基合金热界面材料对铝腐蚀剧烈，腐蚀后产物呈现泡沫状纹理，强度降低，容易剥落。因此镓基合金热界面材料完全不能应用于铝制散热器上，甚至是半铝半铜产品。

腐蚀前

腐蚀后

图 4-1　液态金属导热垫对散热器的腐蚀[12]

对于纯镓对铝和铜的腐蚀，笔者实验室邓月光等[1,11]进行了 100℃情况下的腐蚀机理研究。实验前，将 6063 铝合金和 T2 铜基底材料表面打磨除去氧化层，随后将约 0.3 mL 纯镓置于基底材料表面，并放置于 100℃恒温平台上保持 10 小时。腐蚀后的铝基底材料表面与图 4-1 类似，液镓几乎完全渗入铝基底中，同时基底材料呈现出明显的脆性和表面裂纹，已丧失合金的机械强度。而铜合金仅仅在基底材料表面形成薄薄一层腐蚀产物，经酒精棉球清洗后的表面腐蚀形貌显微图片如图 4-2 所示。

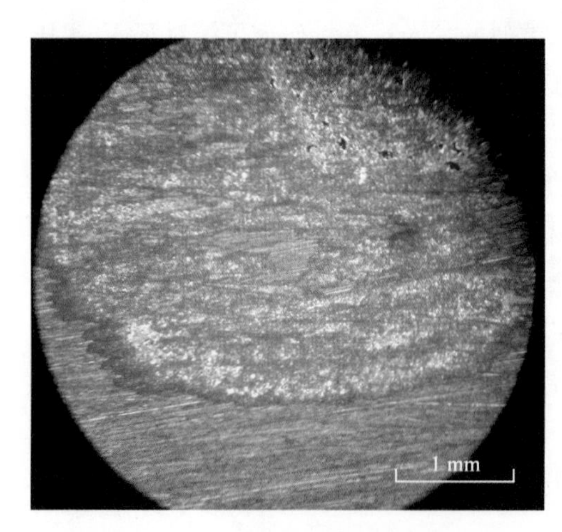

图 4-2　纯镓与 T2 铜腐蚀后的表面形貌显微图片

可以看出，铜合金与纯镓腐蚀程度较浅，两者接触面仅有部分区域被腐蚀。形成的腐蚀产物与铜基体材料紧密结合在一起，不易清除。相比铝基底材料而言，铜的耐腐蚀性显然要强许多。

4.3 液态金属腐蚀机理研究

固液金属界面处，由于浓度梯度而引起的质量迁移，是液态金属对结构材料产生腐蚀的主要驱动因素[11]。根据质量迁移的方向不同，纯金属的腐蚀机理主要包括两个过程[13]：① 固态金属在液态金属中的溶解；② 液态金属原子到固态金属晶格中的扩散。

除此之外，部分纯金属和液态金属还可能在固液交界处形成金属间化合物[14]，从而导致金属间化合物的扩散或对金属原子迁移起到阻碍作用（如前述铜，铝与镓的腐蚀过程）。相对纯金属而言，合金与液态金属的腐蚀机理更加复杂，其组分的选择性溶解或反应会带来金属相变或晶界空隙的产生。目前针对合金腐蚀的相关理论和研究较少，下面仅就纯金属在液态金属中的腐蚀机理进行探讨。

4.3.1 固态金属在液态金属中的溶解

一般认为，固态金属在液体中的溶解包括两个过程[15]：固体晶格内原子结合键被破坏，原子进入液相，以及固体原子从固液边界向液态金属内扩散。前一过程称之为界面反应，而后一过程为典型的对流扩散过程。

如果界面反应速率较慢，则界面反应是腐蚀过程的限制环节；反之如果扩散过程较慢，则扩散成为整个腐蚀过程的限制环节。反应动力学理论表明，反应/扩散过程与温度的关系均可通过阿伦尼乌斯公式进行描述[16]：

$$k = k_0 e^{-E/RT} \tag{4-1}$$

其中，k、k_0、E 分别为反应或扩散过程的速率常数、频率因子和活化能，R 为气体常数，T 为温度。一般而言，反应过程的活化能远大于扩散过程的活化能[17]。因此，随着温度的增加，界面反应的速率增大要远快于扩散速率的增加。这意味着低温时界面反应是限制环节，但在高温下扩散过程则成为腐蚀的限制环节。

固液相间的界面反应取决于金属键的强弱或金属间化合物的产生，其过程复杂，目前还较难对其进行定量描述[15]。但扩散过程可由边界层理论和菲克扩散定律进行量化[11]。如图 4－3，常规的液态金属散热系统中，流道内的液态金属由于紊流及局部阻力会产生明显的径向速度（即垂直于相界面的扩散

分速度 V_{rad})。对于较小的管径(<10 mm),此扩散速度会导致流道主流区的溶质浓度不发生差别。因此纯扩散传质主要发生在无径向速度的流动边界层内。

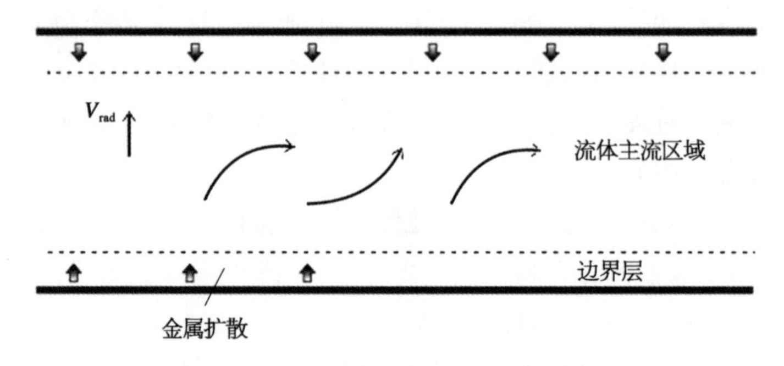

图 4-3 管道内的金属扩散现象

在扩散为腐蚀过程限制环节的情况下,固液界面液相侧的金属溶质浓度可恒定为饱和浓度 C_{sat}(与溶解度相关)。同时,管道内液态金属主流区由于对流而呈现均一浓度 C。根据 Fick 扩散定律[11],边界层内的传质过程可由下式表示:

$$\frac{\mathrm{d}(C \cdot V)}{\mathrm{d}t}=D\,\frac{A}{\delta}(C_{sat}-C) \tag{4-2}$$

其中,V 为液态金属体积,A 为固液界面表面积,D 为扩散系数,δ 为边界层厚度,t 为时间。考虑初始条件 $t=0$ 时 $C=0$,求解(4-2)式可得主流区金属溶质浓度随时间的变化情况:

$$C=C_{sat}(1-\mathrm{e}^{-\frac{DA}{V\delta}t}) \tag{4-3}$$

同时,可得边界层内扩散速率为:

$$\nu=\frac{\mathrm{d}(C \cdot V)}{\mathrm{d}t}=C_{sat}\,\frac{DA}{\delta}\mathrm{e}^{-\frac{DA}{V\delta}t} \tag{4-4}$$

而金属管壁内侧被溶解厚度可计算为:

$$S=\frac{CV}{\rho A}=\frac{(1-\mathrm{e}^{-\frac{DA}{V\delta}t})C_{sat}V}{\rho A} \tag{4-5}$$

可以看出,通过边界层的扩散速率呈指数规律下降。同时,溶解过程中金属管壁逐渐减薄，但其减薄趋势逐渐降低。

考虑金属管壁减薄的极值，(4－5)式中对时间求极限得：

$$S_{\max}=\frac{C_{\text{sat}}V}{\rho A} \tag{4-6}$$

可知，金属管壁厚度减薄的极值主要取决于溶质在液态金属中的饱和浓度以及液态金属的体积。调研表明[17]，除铝之外，常温(＜100℃)下典型的散热结构材料(铜、镍、铁等)在镓中的饱和浓度很低，溶解度低于 0.1 wt%。对于大多数液态金属 CPU 散热系统而言，由式(4－6)计算而得的管壁减薄极值小于 5 μm，远低于管材壁厚(500 μm)。因此，对于大多数金属管材而言，由于金属在液态金属中溶解而导致的腐蚀问题对液态金属 CPU 散热系统影响较小。

对于界面反应占腐蚀过程限制环节的情况，总腐蚀速率会低于式(4－4)中的扩散速率，但金属管壁减薄的极值仍然可以通过式(4－6)计算。因此，总体而言，在芯片散热领域，大多数管材(铝除外)在镓基合金中溶解量极小，管壁溶解腐蚀减薄厚度可忽略不计。

4.3.2　液态金属原子到固态金属晶格中的扩散

相对于固态金属在液态金属中的溶解，液态金属原子到固态金属晶格中的扩散能产生更加严重的腐蚀破坏效果[11]。虽然液态金属中可能仅有微量的原子扩散到固态金属中，但微量的液态金属仍然可能导致金属相变或使材料产生明显的脆性变化[18]。因此，对于典型的散热结构材料(如铜、镍、铁)而言，液态金属到固态金属中的扩散而引起的腐蚀问题必须引起高度重视。

在无金属间化合物生成的情况下，液态金属浸入固态金属结构材料的过程如图 4－4 所示[11]。

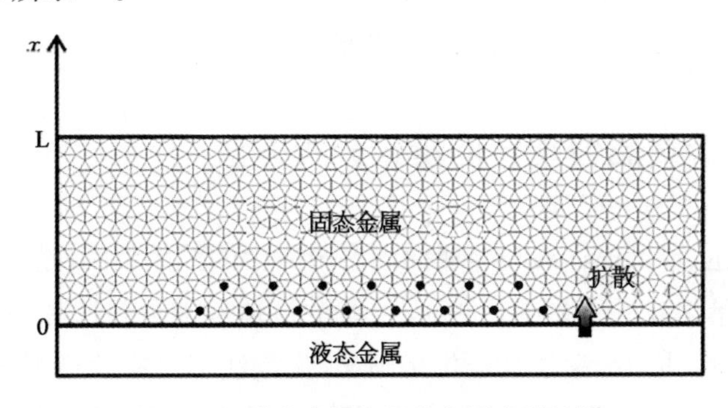

图 4－4　液态金属向固态金属中的扩散

描述该扩散过程的控制方程可表示为：

$$\frac{\partial C}{\partial t}=D\frac{\partial^2 C}{\partial x^2} \tag{4-7}$$

边界条件及初始条件：

$$\begin{cases}C(t,0)=C_0,\ C'(t,L)=0\\ C(0,x)=0\end{cases} \tag{4-8}$$

其中，C 为浸入固态金属中的液态金属原子浓度，C_0 为界面浓度，L 为固态金属厚度，t 为时间，x 为距固液界面的深度。

式(4-7)变换为齐次边界条件，并采用分离变量法求解得：

$$C(t,x)=\sum_{n=1}^{\infty}\left[-\frac{4C_0}{(2n-1)\pi}\right]\left[\sin\frac{(2n-1)\pi}{2L}x\right]\mathrm{e}^{-D\left[\frac{(2n-1)\pi}{2L}\right]^2 t}+C_0 \tag{4-9}$$

通过式(4-9)可以计算腐蚀 t 时间后，固态金属内液态金属原子的浓度分布，并由此确定相应的腐蚀深度及材料寿命。

对于腐蚀扩散区内存在金属间化学反应的情况(如前述铜、铝与镓的腐蚀过程)，应采用反应扩散方程进行描述：

$$\frac{\partial C}{\partial t}=\frac{\partial C}{\partial x}\left(D\frac{\partial C}{\partial x}\right)+kC^n \tag{4-10}$$

其中，kC^n 为形成金属间化合物 n 级反应的速率。式(4-10)考虑了化学反应产物对扩散系数及金属浓度分布的影响，但其仅仅是对腐蚀反应扩散现象的基本描述。实际方程的建立及求解需明确真实的反应机理及过程，比较复杂，此方面仍需要大量的研究工作做进一步的探讨。

4.4 液态金属腐蚀现象的量化分析方法

如前所述，定量描述液态金属向固态金属中的扩散程度，是对液态金属腐蚀现象进行量化分析的关键。然而，传统的液体浸泡失重法并不能准确获取扩散深度信息。同时，镓基合金价格高昂，失重法不仅实验周期长，同时将耗费高额实验成本。因此，必须针对液态金属的腐蚀特点及实验目的，来寻找特定的液态金属低成本腐蚀量化方法。

本质上讲，液态金属腐蚀研究有两大目的[11]：① 对于弱耐蚀材料（腐蚀速率大，如铝合金），需通过一定的速率量化方法来认识其腐蚀过程，并进行类似材料的腐蚀趋势对比；② 对于耐蚀材料（腐蚀速率小，如铜），必须通过实验获得准确的腐蚀速率，并据此来判断材料的耐蚀程度，筛选出可用的结构材料。考虑到镓具有较高的表面张力，邓月光等[1]设计了基于液滴的腐蚀量化方法。其通过分析液态镓球逐渐渗入基底材料的过程，不仅可以方便获得不同弱耐蚀材料的腐蚀趋势对比，同时可以准确测量耐蚀材料的腐蚀速率。其实验平台如图 4-5 所示。

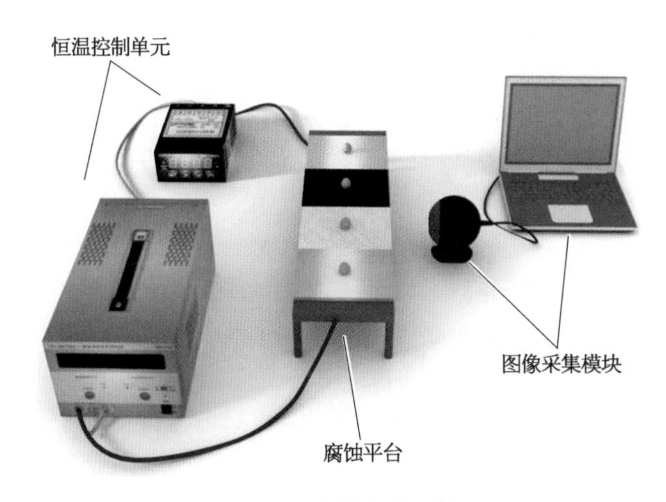

图 4-5　腐蚀实验平台

图 4-5 所示的实验平台分为 3 部分：恒温控制电路、腐蚀平台，以及图像采集系统。其中，恒温控制电路采用 PID 控制器对腐蚀平台温度进行负反馈闭环控制，控温精度可达±0.5℃，其组成包括 XSC5 型 PID 控制器、直流稳压稳流电源 DH1720A-1、T 型热电偶以及 TEC1-12706 半导体制冷片；腐蚀平台由半导体制冷片提供恒温环境，并采用 3 mm 厚铜板进行均温；图像采集系统由摄像头、笔记本电脑组成，通过编写图像采集软件实现特定频率的腐蚀图像采集，并可通过图像的对比来定量描述镓基合金对基底材料的腐蚀趋势。

整个腐蚀实验过程分为两步[1]。首先，在 120℃极端温度情况下对所有待选材料进行 5 h 的腐蚀趋势实验。此过程中，镓球发生显著腐蚀沉降的基底材料定义为弱耐蚀材料。这部分材料被排除在液态金属散热系统结构材料之外，同时其腐蚀过程趋势可以通过采集图片的镓球沉降速率进行定量描述和分析。然后,上一过程中镓球未发生明显沉降的基底材料定义为耐蚀材料。这部分材料将在同样的平台上(恒温 60℃)经过 30 天的长期腐蚀实验,随后被横向剖开,利用扫描电镜(SEM)观察腐蚀层形貌,并用能谱仪(EDX)分析腐蚀界面处元素的分布情况,来计算准确的腐蚀速率。

因为对于任何一种基底材料而言,无论是腐蚀过程趋势的获得(弱耐蚀材料),还是准确腐蚀速率的测量(耐蚀材料),都仅需要一微滴液态金属(<0.5 mL)。同时,图像处理方法的采用,可以在不中断腐蚀过程的前提下对腐蚀趋势进行连续动态捕捉和分析,极大地节约了腐蚀过程特征数据采集的时间。因此,基于液滴的液态金属腐蚀量化方法是一种非常有效的高效率、低成本的腐蚀研究方法。

4.5 液态金属与典型散热结构材料的腐蚀实验研究

4.5.1 实验材料

一般而言,芯片散热系统通常采用铝合金或铜合金作为散热材质。下述实验中,选用应用较广泛的 6063 铝合金和 T2 铜作为研究材料[1,11]。同时,阳极氧化着色处理 6063 铝合金作为最经济实用的表面处理材质,以及 1Cr18Ni9 不锈钢因其较优秀的散热性能和经济性,在实验中也被选作研究对象。液态金属镓从厂家购得,纯度为 99.99%。

4.5.2 实验平台和方法

实验平台如图 4-5 所示。

4 种实验金属材质被切割成 45 mm×25 mm×1 mm 大小的试样。除阳极氧化表面着色处理 6063 铝外,均用耐水砂纸打磨至 300#。随后,用棉签在洗涤液中脱去表面油脂,清水冲洗,滤纸吸干备用。

实验中,首先通过图像对比研究在极限温度 120℃时纯镓对 4 种金属材质的腐蚀趋势。在高温下,随着腐蚀的持续进行,弱耐蚀材料表面的镓球会逐渐没入基底材料。因此可采用图 4-5 中的图像采集系统进行一定频率的实时图像捕捉后,通过 Photoshop 对液态镓球的面积进行提取和对比,以此量化镓与弱耐蚀材料的腐蚀趋势。然后,恒温控制在 60±0.5℃,对筛选出的耐蚀材料(T2 铜、阳极氧化着色处理 6063 铝合金,以及 1Cr18Ni9 不锈钢)进行 30 天连续腐蚀实验。腐蚀过程结束后，试样被横向切开，截面打磨至 1500＃，清洗干燥，在 HITACHI S－4300 型扫描电子显微镜上观察腐蚀层形貌，并用能谱仪分析腐蚀界面处元素的分布情况，量化其腐蚀速率，验证其作为抗镓腐蚀结构材料的可行性。

4.5.3　实验结果

4.5.3.1　120℃时镓对 4 种金属材质的腐蚀趋势

高温下，随着腐蚀的持续进行，弱耐蚀材料表面的镓球会逐渐没入基底材料。图 4－6 为 4 种金属基底材料在 120℃与液态镓球静态接触的腐蚀率曲线[1]。

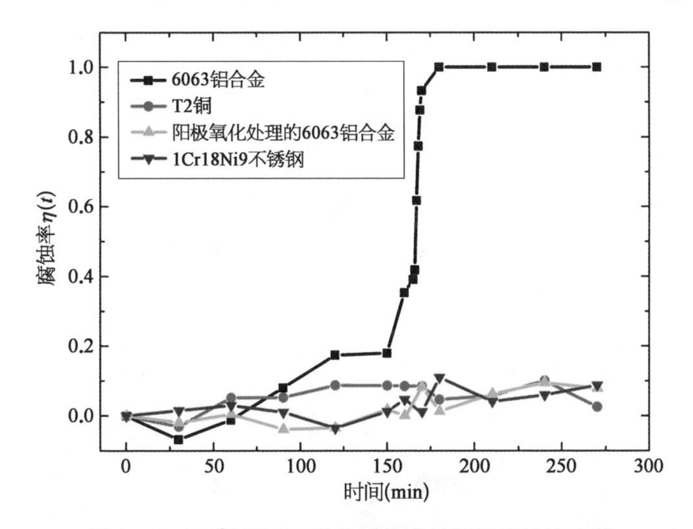

图 4－6　120℃镓对 4 种金属基底材料的腐蚀率曲线

图 4－6 中纵坐标腐蚀率 $\eta(t)$ 定义为：

$$\eta(t)=\frac{S_0^{3/2}-S(t)^{3/2}}{S_0^{3/2}} \tag{4-11}$$

其中，$S(t)$ 定义为摄像头在 t 时刻拍摄的液态镓球面积，S_0 为腐蚀前初始镓球面积，并假设体积与面积之间具有 3∶2 的尺度关系，实际计算中镓球面积以采集图像中该区域的像素数表示。从图 4－6 中可以看出，液态镓对 6063 铝合金具有强烈的腐蚀作用，从 150 min 开始，腐蚀剧烈进行，在近 30 min 内腐蚀率从 0.2 上升至 1.0，说明在该斜率最大的区域内有近 80％的镓球腐蚀渗入铝基底中，并最终完全没入铝基底。相对铝材质的剧烈腐蚀，T2 铜、阳极氧化着色处理 6063 铝合金以及 1Cr18Ni9 不锈钢从采集图像上观察，在近 5 h 内没有明显腐蚀迹象，图 4－6 中 3 种材质的曲线波动是由于摄像头分辨率有限所至，如果采用分辨率更高的摄像头，将会得到更为精确、接近水平的曲线。

图 4－7 为 120℃镓对 6063 铝合金静态/动态腐蚀情况对比[1]：(a) 未对镓球施加扰动；(b) 对镓球施加小扰动。可明显看出，未施加扰动的腐蚀铝板呈现出近似圆形的腐蚀阴影，且随时间向四周扩散。而对镓球施加小扰动后的铝板，液态镓会从旁侧的腐蚀区域鼓起，说明液态镓对铝的渗入作用非常强烈，流动的液态镓会对基底材料产生强烈的冲刷作用。因此，在液态金属散热设备中，由于静态腐蚀和动态腐蚀的综合作用，单纯的 6063 铝合金不能用作镓容器的结构材料。而对于 T2 铜、阳极氧化着色处理 6063 铝合金以及 1Cr18Ni9 不锈钢，没有类似现象。因此，这 3 种材料可定义为耐蚀材料，但仍需对其进行长期腐蚀实验，以计算其真实腐蚀速率，并确认其是否可成为液态金属芯片散热系统的理想结构材料。

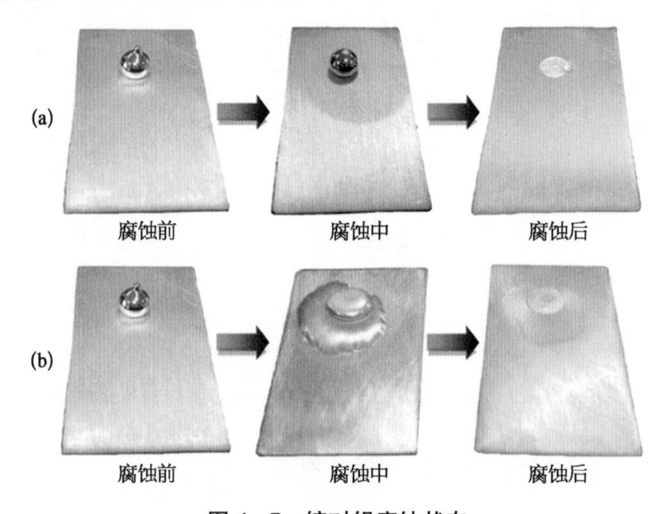

图 4－7　镓对铝腐蚀状态

(a) 未对镓球施加扰动；(b) 对镓球施加小扰动。

4.5.3.2　基底材料 SEM/EDX 实验及分析

1. 腐蚀表面 SEM 分析

基底材料腐蚀表面扫描电镜观察可以获得对腐蚀形貌的直观认识。下列实验中[1]，4 种基底材料分别经过如下处理：6063 铝合金经 5 h 腐蚀(120℃)、T2 铜、阳极氧化着色处理 6063 铝合金以及 1Cr18Ni9 不锈钢控制在 60±

0.5℃条件下连续腐蚀30天。图4-8展示了6063铝合金和T2铜的腐蚀前后表面形貌对比。

图4-8 基底材料未腐蚀/腐蚀表面形貌对比

(a) 6063铝合金;(b) T2铜。

从图4-8(a)中可以看出,镓对6063铝合金腐蚀严重,置镓区出现较大的腐蚀孔洞。未与镓直接接触的区域为腐蚀扩散区,其相对原来未腐蚀表面更加平整,没有未腐蚀表面的一些突起。这说明镓与6063铝合金形成的腐蚀产物较疏松,一方面促进镓在腐蚀产物中扩散形成腐蚀扩散区,另一方面疏松的腐蚀产物强度低,在清洗过程中表面容易被棉签打磨得更加平整。

从图4-8(b)中可以看出,T2铜表面腐蚀区域明显,未腐蚀区因打磨而产生的线状纹理在腐蚀区不再存在,腐蚀区呈现出高低不平的粗糙表面,且没有明显的裂纹或缺陷。这说明镓首先对T2铜的表面凸起发生优先腐蚀,随后为均匀腐蚀过程。对于阳极氧化着色处理6063铝合金以及1Cr18Ni9不锈钢,清洗干燥后电镜观察未发现明显腐蚀迹象(图略)。

2. 腐蚀表面 EDX 分析

图 4-9 为 6063 铝合金表面能谱分析结果[1]，(a)区靠近置镓腐蚀坑，且采集点由腐蚀坑由近及远布置。(b)区远离置镓腐蚀坑，且采集点明暗程度不同。

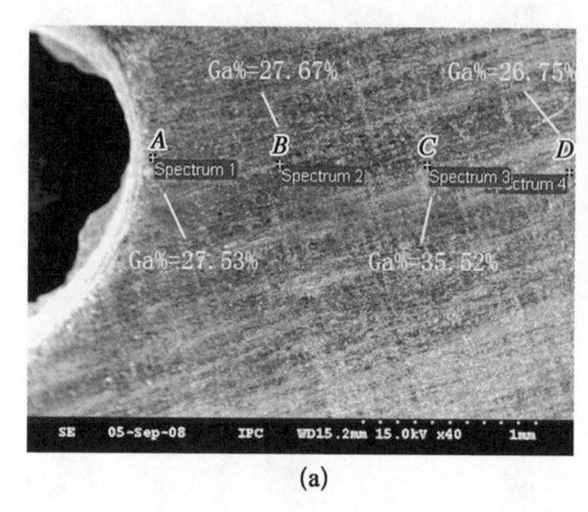

(a)

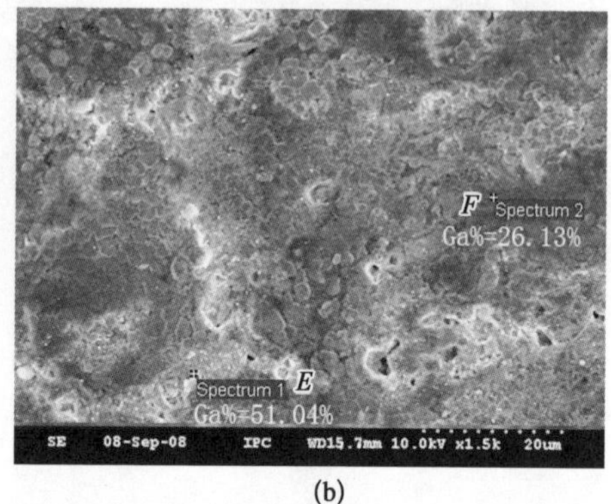

(b)

图 4-9 6063 铝合金表面能谱分析

(a) 靠近置镓腐蚀坑采集点；(b) 远离置镓腐蚀坑不同明暗程度采集点。

从图 4-9(a)可以看出，靠近置镓腐蚀坑的 4 个采集点镓原子摩尔浓度差距不大，分布在 20%～35%之间，没有呈现随离腐蚀坑距离增加而降低的趋势。图 4-9(b)远离镓腐蚀坑，腐蚀区放大 1 500 倍。明暗不同区域能谱结果对比表明明亮区域(点 *E*)存在镓富集现象。对比图 4-9(a)和(b)可知，靠近镓腐蚀坑(*A*、*B*、*C*、*D* 点平均)与远离腐蚀坑区域(*E*、*F* 点平均)的镓原子浓度差距较小。由此说明，镓在 6063 铝合金中渗透能力很强，大范围内腐蚀扩散区中镓的分布比较均匀，没有呈现随离腐蚀坑距离增加而镓含量降低的现象，但小范围内会存在镓分布不均的情况。

表 4-1 为 6063 铝合金未腐蚀/腐蚀扩散区域主要元素摩尔浓度对比。可以看出，腐蚀扩散区表面镓含量大量增加，铝含量大量减少，说明镓对 6063 铝合金发生剧烈的扩散及腐蚀反应，两者亲和性极好。同时，腐蚀区的氧含量有较大幅度增加，这可能是由于腐蚀产物疏松，氧气容易渗入，与铝、镓在较高温度下反应的结果。

表 4-1 6063 铝合金未腐蚀/腐蚀扩散区域主要元素摩尔浓度对比

主要元素摩尔浓度	Al%	Ga%	O%
未腐蚀区域	92.40%	0%	6.46%
腐蚀扩散区域	44.66%	27.53%	27.59%

图 4 - 10 为 T2 铜表面能谱分析结果[1]，其中(a)为腐蚀表面，(b)为未腐蚀表面。从图 4 - 10 可以看出，腐蚀表面存在镓覆盖区(A 区域)和腐蚀产物区(B 区域)。能谱分析显示，图 4 - 10(a)中腐蚀产物区 B 镓元素摩尔浓度为 37.23%，而镓覆盖区 A 镓元素摩尔浓度接近 100%，说明液态镓与生成的腐蚀层具有较好的亲和性，部分液态镓可以紧密结合在腐蚀层上。图 4 - 10(a)(b)图片对比可知，相对未腐蚀的 T2 铜，腐蚀产物 B 区中镓含量大量增加，铜含量大量减少，说明镓对 T2 铜合金发生明显的金属间扩散或腐蚀反应。同时，腐蚀区的氧含量有较大增加，这可能是腐蚀后暴露在外的铜及镓被氧化的结果。

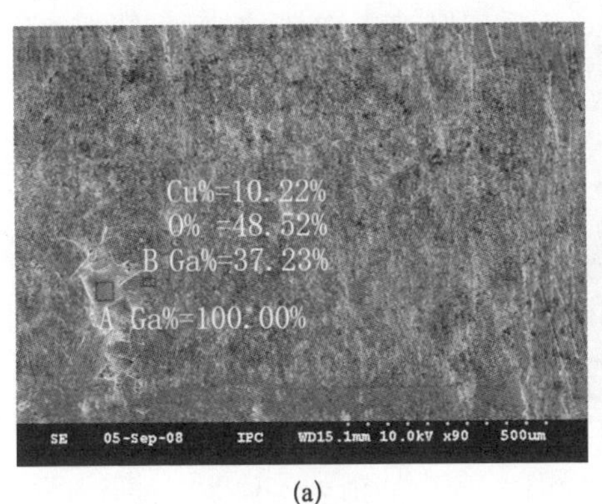

(a)

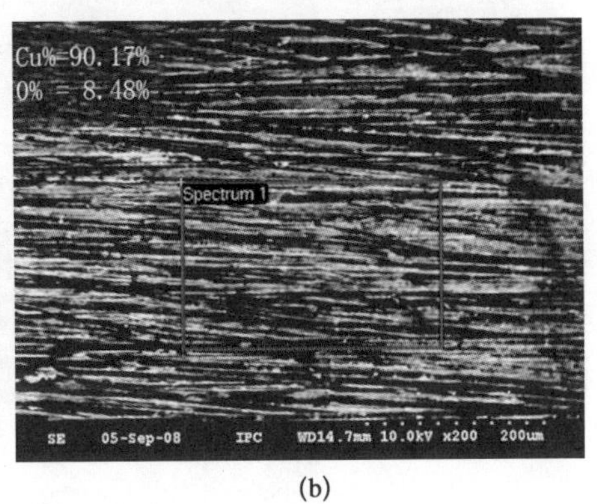

(b)

图 4 - 10　T2 铜表面能谱分析

(a) 腐蚀表面；(b) 未腐蚀表面。

图 4 - 11 为阳极氧化着色处理 6063 铝合金以及 1Cr18Ni9 不锈钢的腐蚀表面能谱分析结果[1]。从中可以看出，阳极氧化着色处理 6063 铝合金与

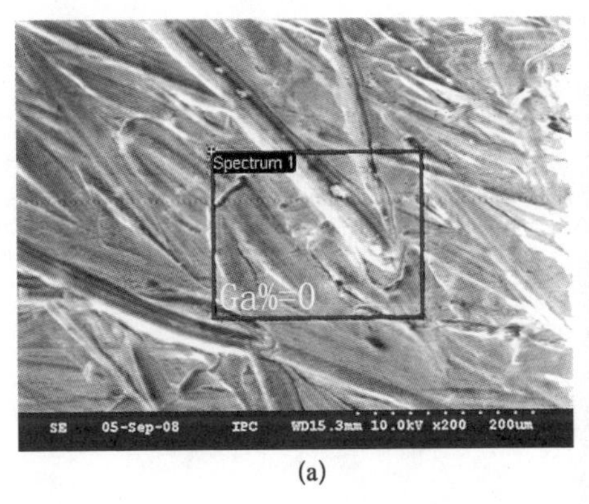

(a)

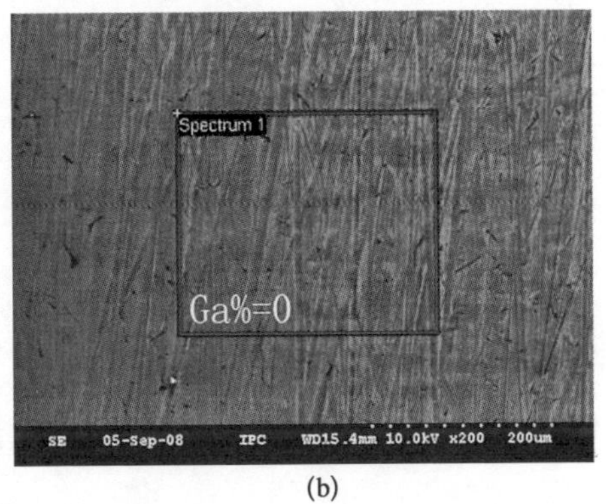

(b)

图 4 - 11　基底材料腐蚀表面能谱分析

(a) 阳极氧化着色处理 6063 铝合金；(b) 1Cr18Ni9 不锈钢。

1Cr18Ni9 不锈钢的腐蚀表面完全没有检测到镓元素的存在。说明尽管在腐蚀结束后，将镓从两种材料上取下时存在少量粘连现象，但经洗涤液除油、清水清洗、干燥后，粘连的镓会从基底脱落，因此在腐蚀表面检测不到镓元素的存在。

3. 腐蚀截面 EDX 分析

图 4－12 为 T2 铜腐蚀截面能谱分析[1]，系腐蚀区断面中镓渗入最深的区域，由能谱分析得，靠近表面的腐蚀区镓元素摩尔浓度为 65%～70%，而腐蚀区以外则检测不到镓元素存在，因此镓仅渗入一薄层到 T2 铜中。考虑腐蚀表面波动情况，镓对 T2 铜合金渗入腐蚀速率可估算为 30～60 μm/月。根据材料的耐蚀性等级划分[19]，其耐蚀性处于 6～7 级之间，属于尚耐蚀等级。此外，图 4－12 中可以在腐蚀区域发现由于腐蚀产物脱落而造成的凹坑。这意味着在实际的散热系统中，流动的液态金属不仅能加快腐蚀，同时可能将松动的腐蚀产物冲刷带走，由此引起更严峻的材料安全性问题。因此，T2 铜能否作为液态金属散热系统的结构材料，必须通过真实的动态实验测试才能获得最终定论。

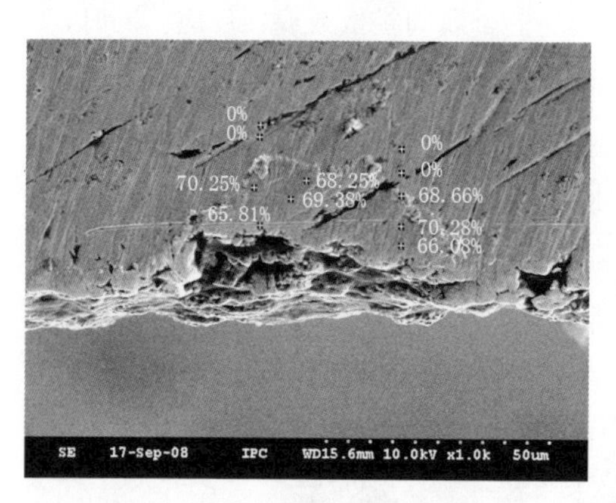

图 4－12 T2 铜腐蚀截面能谱分析

图 4－13 为阳极氧化着色处理 6063 铝合金与 1Cr18Ni9 不锈钢的腐蚀截

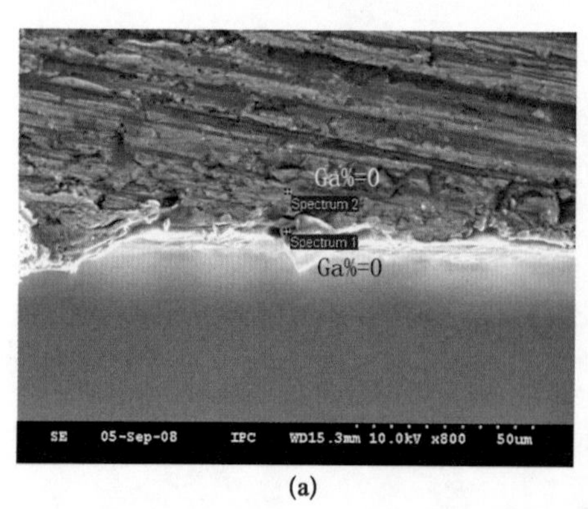

(a)

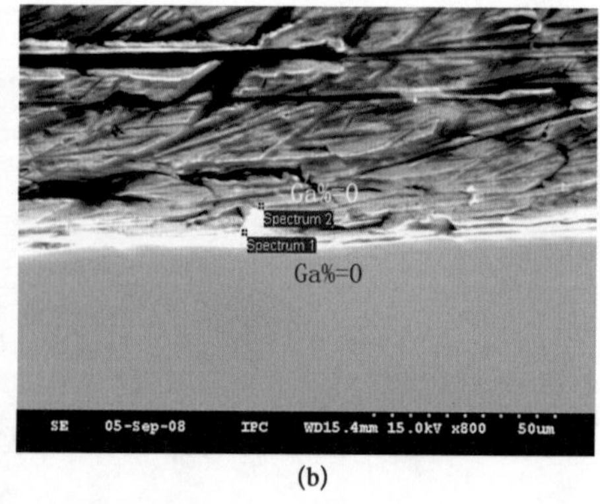

(b)

图 4－13 基底材料腐蚀截面能谱

(a) 阳极氧化着色处理的 6063 铝合金；(b) 1Cr18Ni9 不锈钢。

面能谱图，从中可以看出，阳极氧化着色处理 6063 铝合金与 1Cr18Ni9 不锈钢的腐蚀区域截面没有探测出镓元素，说明无液态镓渗入基底，与前面腐蚀表面能谱分析结果一致。

4.5.4　结果讨论

如图 4-14，液态镓与 6063 铝合金静态接触的典型腐蚀曲线可以划分为以下 4 部分[1]：预腐蚀段、缓慢腐蚀段、剧烈腐蚀段及腐蚀结束段。

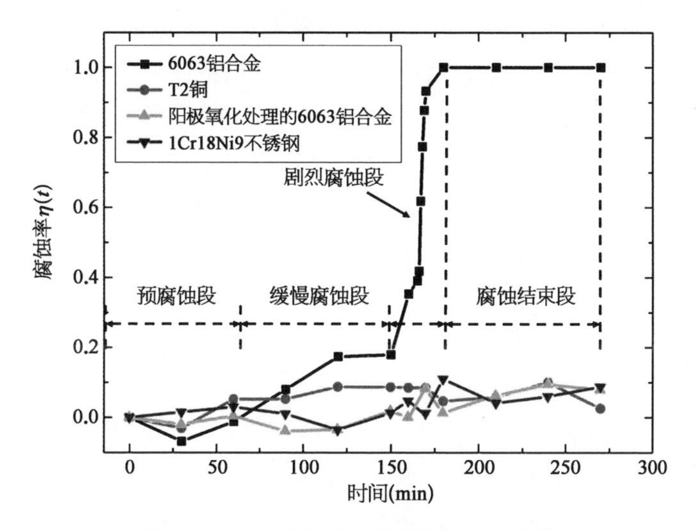

图 4-14　6063 铝合金典型腐蚀曲线分段

由于经打磨、清洗、干燥处理后的铝板表面会形成一层薄氧化层，因此预腐蚀段主要是铝氧化物在镓中的溶解以及两者之间的化学反应，使液态镓能够接触内部的铝材质。这段时间长短不定，与铝板的表面处理情况相关，若处理后表面与空气接触时间长，预腐蚀段时间可达数天甚至更长。在缓慢腐蚀段，随表面氧化物的溶解和反应，液态镓开始与铝接触形成腐蚀产物。但因为氧化层并未完全溶解，且液态镓表面张力较大，只与基底表面突起接触，直接腐蚀面积有限，因此腐蚀速率较小。随后在剧烈腐蚀段，由于表面氧化物及突起溶解反应殆尽，接触面积大，且镓与铝合金生成的腐蚀产物疏松，促进了镓与铝的进一步扩散接触，腐蚀速率大幅度提升，直至镓球完全浸入铝基底。最后的腐蚀结束段，腐蚀区内各处镓浓度趋向一致，表面的腐蚀阴影逐渐均匀。从中可以看出，镓对铝合金的腐蚀是典型的反应扩散过程。

图 4-14 中液态镓对 6063 铝合金的总腐蚀时间可定义为[1]：

$$t_{total}=t_{pre}+t_{slow}+t_{rapid}+t_{end} \tag{4-12}$$

其中，t_{total} 为腐蚀总时间，t_{pre} 为预腐蚀段时间，t_{slow} 为缓慢腐蚀段时间，t_{rapid} 为剧烈腐蚀段时间，t_{end} 为腐蚀结束段时间。要使材料不被蚀穿，必须满足：

$$t_{pre}+t_{slow}+t_{rapid}>t_{InUse} \tag{4-13}$$

其中，t_{InUse} 为设计使用年限。易知，t_{pre} 与表面处理情况相关，变化幅度较大；t_{slow} 一般较难改变；而 t_{rapid} 与合金组成元素相关。要满足(4-3)式，最经济有效的方法在于提高 t_{pre}。因此，表面处理为铝材质抗蚀处理方法首选。

截面能谱分析显示，液态镓对 T2 铜表面存在均匀腐蚀过程，其耐蚀等级为 6～7 级之间，属于尚耐蚀等级。因此，在温度不太高，且不考虑腐蚀产物对镓的污染的情况下，T2 铜可以作为静态镓容器。但是，对于液态金属散热系统，流动的镓液一方面会强化腐蚀，另一方面会将松动的腐蚀产物冲刷带走，甚至还有可能因为脱落的腐蚀产物而堵塞流道。因此，T2 铜并不适合作为液态金属芯片散热系统的结构材料。

对于经阳极氧化表面着色处理的 6063 铝合金，尽管在腐蚀结束后，将镓从基底上取下时存在少量粘连现象，但经洗涤液除油、清水清洗、干燥后，电镜观察无明显腐蚀迹象，能谱分析腐蚀表面及截面均检测不到镓元素的存在。说明经阳极氧化表面着色处理的铝表面具有相当强的抗腐蚀能力。但在流动的液态金属散热系统中，必须考虑密度很大的液态金属对表面氧化层的冲刷作用，且氧化层不能被划伤，以免镓从划伤处渗入。因此，在好的表面处理工艺，如：增加表面氧化层的厚度及强度，防止氧化层的局部破坏等的条件下，经阳极氧化表面着色处理的 6063 铝合金可以作为液态金属芯片散热系统的结构材料。同样，合适的表面处理方式，如表面镀层，喷漆等工艺，也可应用于 T2 铜，从而使 T2 铜也适用于液态金属芯片散热领域。

1Cr18Ni9 不锈钢的腐蚀情况与阳极氧化表面着色处理 6063Al 铝合金相似，均检测不到腐蚀迹象。但 1Cr18Ni9 不锈钢体现为整体耐蚀性，不用担心表面被划伤或破坏。同时，其表面强度高，液态金属对其冲刷作用小，唯一缺点在于其导热性能稍逊一筹。综合考虑经济性和实用性，1Cr18Ni9 不锈钢是实验中液态金属芯片散热系统的最耐蚀结构材料。

当然，关于各种特定液态金属与对应基底的腐蚀特性，取决于匹配材料之间的相容性，对此方面机理的深入认识和试验评估，是发展对应的抗腐蚀材料和技术乃至研制实用化液态金属散热系统的前提,进一步的知识也可参阅近期文献[20,21]。

4.6 本章小结

本章针对液态金属与典型散热结构材料的相容性问题,介绍了其中的腐蚀机理,分析了典型基底结构材料的腐蚀趋势和速率,讨论了合适的液态金属散热系统结构材料的试验问题。结论如下[1,11]:

(1) 液态金属对纯金属的腐蚀机理主要包括两方面过程:固态金属在液态金属中的溶解,以及液态金属原子到固态金属晶格中的扩散。其中,后者在镓与典型的散热结构材料(铜、镍、铁)的腐蚀过程中占主导地位。

(2) 通过分析液体镓球逐渐渗入基底材料的过程,不仅可以方便地获得各种耐蚀材料的腐蚀趋势和腐蚀速率,同时可以极大地节省腐蚀实验时间和材料,具有优秀的实际应用价值。

(3) 液态镓对 6063 铝合金具有强烈的腐蚀作用,形成的腐蚀产物较疏松,促进镓在腐蚀产物中渗入,形成镓含量较均匀的腐蚀扩散区,且疏松的腐蚀产物强度低。因此,6063 铝合金不能用作液态金属芯片散热系统的结构材料。其典型腐蚀曲线可以划分为 4 部分:预腐蚀段、缓慢腐蚀段、剧烈腐蚀段及腐蚀结束段。

(4) 液态镓对 T2 铜表面存在均匀腐蚀过程,液态镓与生成的腐蚀层具有较好的亲和性,可以在腐蚀表面形成镓覆盖区。静态腐蚀情况下,液态镓对 T2 铜的腐蚀等级为 6～7 级之间,属于尚耐蚀等级。但在散热系统中,液态金属的动态腐蚀过程对 T2 铜表面有着较大的破坏作用。因此,纯粹的 T2 铜不合适作为液态金属芯片散热系统的结构材料。

(5) 经阳极氧化表面着色处理的铝表面具有相当强的抗腐蚀能力。但在流动的液态金属散热系统中,必须考虑密度很大的液态金属对表面氧化层的冲刷作用,且氧化层不能被划伤,以免镓从划伤处渗入。因此,在好的表面处理工艺条件下,经阳极氧化表面着色处理的 6063 铝合金可以作为液态金属芯片散热系统的结构材料。同样的,合适的表面处理方式,如表面镀层,喷漆等工艺,也可应用于 T2 铜,从而使 T2 铜也适用于液态金属芯片散热领域。

(6) 1Cr18Ni9 不锈钢体现为整体耐蚀性,表面强度高,抗冲刷作用强,但导热性能稍弱,综合考虑经济性和实用性,1Cr18Ni9 不锈钢是实验中液态金属芯片散热系统的最耐蚀结构材料。

参考文献

[1] Deng Y G, Liu J. Corrosion development between liquid gallium and four typical metal substrates used in chip cooling device. Applied Physics A Materials Science & Processing, 2009, 95: 907~915.

[2] Park J J, Butt D P, Beard C A. Review of liquid metal corrosion issues for potential containment materials for liquid lead and lead-bismuth eutectic spallation targets as a neutron source. Nuclear Engineering and Design, 2000, 3: 315~325.

[3] Zhang J S, Li N. Analysis on liquid metal corrosion-oxidation interactions. Corrosion Science, 2007, 11: 4154~4184.

[4] Kondo M, Takahashi M, Suzuki T, et al. Metallurgical study on erosion and corrosion behaviors of steels exposed to liquid lead-bismuth flow. Journal of Nuclear Materials, 2005, 343(1-3): 349~359.

[5] Huang Q Y, Zhang M L, Zhu Z Q, et al. Corrosion experiment in the first liquid metal LiPb loop of China. Fusion Engineering and Design, 2007, 82(15-24): 2655~2659.

[6] Zherebtsov S, Naoe T, Futakawa M, et al. Erosion damage of laser alloyed stainless steel in mercury. Surface & Coatings Technology, 2007, 201(12): 6035~6043.

[7] Sapundjiev D, Van Dyck S, Bogaerts W. Liquid metal corrosion of T91 and A316L materials in Pb-Bi eutectic at temperatures 400-600 degrees C. Corrosion Science, 2006, 48(3): 577~594.

[8] Ilincev G. Research results on the corrosion effects of liquid heavy metals Pb, Bi and Pb-Bi on structural materials with and without corrosion inhibitors. Nuclear Engineering and Design, 2002, 217(1-2): 167~177.

[9] Luebbers P R, Chopra O K. Compatibility of ITER candidate materials with static gallium. 16th IEEE/NPSS Symposium on Fusion Engineering, 1995, 232~235.

[10] Narh K A, Dwivedi V P, Grow J M, et al. The effect of liquid gallium on the strengths of stainless steel and thermoplastics. Journal of Materials Science, 1998, 33(2): 329~337.

[11] 邓月光.高性能液态金属 CPU 散热器的理论与实验研究(博士学位论文).北京:中国科学院研究生院,中国科学院理化技术研究所,2012.

[12] Liquid metal thermal material destroys aluminum heatsink. http://www.nokytech.net/liquide_thermique_+_alu_=_gros-4805-a.html.

[13] Berry W E. Corrosion in nuclear applications. New York: John Wiley & Sons, 1971.

[14] 刘树勋,李培杰,曾大本.液态金属腐蚀的研究进展.腐蚀科学与防护技术,2001,5:

275～278.

[15] 曾大新，苏俊义，陈勉已.固体金属在液态金属中的熔化和溶解.铸造技术，2000，1：33～36.

[16] 黄希祜.钢铁冶金过程理论.北京：冶金工业出版社，1993.

[17] Luebbers P R, Michaud W F, Chopra O K. Compatibility of ITER candidate structural materials with static gallium. Energy Research Report of Argonne National Laboratory, 1993.

[18] 许维钧，马春来，沙仁礼.核工业中的腐蚀与防护.北京：化学工业出版社，1993.

[19] 白新德.材料腐蚀与控制.北京：清华大学出版社，2005.

[20] Cui Y, Ding Y, Xu S, et al. Study on heat transfer and corrosion resistance of anodized aluminum alloy in gallium-based liquid metal. ASME Journal of Electronic Packaging, 2019, 141(1): 011001.

[21] Cui Y, Ding Y, Xu S, et al. Liquid metal corrosion effects on conventional metallic alloys exposed to eutectic gallium-indium alloy under various temperature states. International Journal of Thermophysics, 2018, 39(10): 113.

第5章 液态金属热界面材料

5.1 引言

当前,电子产品集成度越来越高,往往需要在高功能、高传输速率下工作,最终导致各种电子元件与整机的发热功率越来越大。对于发热功率较小的传统电子元件,主要依靠外加散热片或风扇来降低发热元件的温度,且常常忽略发热电子元件与散热设备之间的接触热阻和扩散热阻对散热带来的影响。但是随着电子元件整机功能及功率的提高,对热管理的要求也日益苛刻。在电子产品散热的过程中,除了要求发热元件本身应具备低热阻特性及使用高效率的散热器件的同时,还需要降低发热元件与散热设备之间的接触热阻。而热界面材料(thermal interface material, TIM)就是一种填充在电子产品的发热元件与散热设备接触面间隙的热传递性能很高的材料,是决定电子产品散热功率高低的关键材料。

目前,商业化的热界面材料有很多种类,如导热膏、导热片、导热垫、相变材料、导热胶、导热凝胶、低熔点钎焊料以及碳基材料等,可根据其具体性质应用在不同领域。然而,现有商业化热界面材料的热导率最高也大多只有 5 W/(m·K)左右,远远满足不了 5G 时代快速增长的散热需求,而且以往市面所使用的热界面材料,基本上都是基于硅脂类的复合材料。这种材料最大的弊端在于,当器件工作温度较高时,硅脂极易挥发和变性,在真空环境包括太空应用中更是如此,这会显著增大接触热阻,影响散热,因此寻求具有更高热导率、更小接触热阻的热界面材料尤为重要。高云霞等基于所发现的微量氧化方法和机理[1],首次制备出具有良好浸润特性的镓基液态金属热界面材料,为液态金属热界面材料的实用化开辟了一条新途径。本章对热界面材料技术概况、接触热阻测试方法、液态金属热界面材料的性能评估等内容进行介绍,以期为相关研究及应用提供参考。

5.2 热界面材料技术概况及分类

热界面材料又称为导热界面材料或者界面导热材料，是一种普遍用于 IC 封装和电子散热的材料[2]。热界面材料可以填补两个固体表面接触时产生的微孔隙以及表面凹凸不平产生的空洞，从而增加固体表面间的接触面积，由此提高电子器件的散热性能。热流通过界面的难易程度(界面热阻 R_{TIM})是评价热界面材料最为关键的因素，可以由界面间温度差(ΔT)来计算，由满足傅立叶导热定律可得：

$$\Delta T = R_{TIM} \times Q \tag{5-1}$$

其中 Q 为热流密度。从公式可以看出，在热流密度一定的条件，界面热阻的大小与传热温差正相关。因此，发展热界面材料的目标就是为了降低界面热阻 R_{TIM}。界面接触总热阻定义为 $R_{TIM} = R_e + R_{bulk} + R_c$（其中，$R_e$为上端基板与 TIM 形成的界面热阻，$R_c$为下端基板与 TIM 形成的界面热阻，$R_{bulk}$为 TIM 本身热阻)。图 5-1 即为界面热阻的示意。

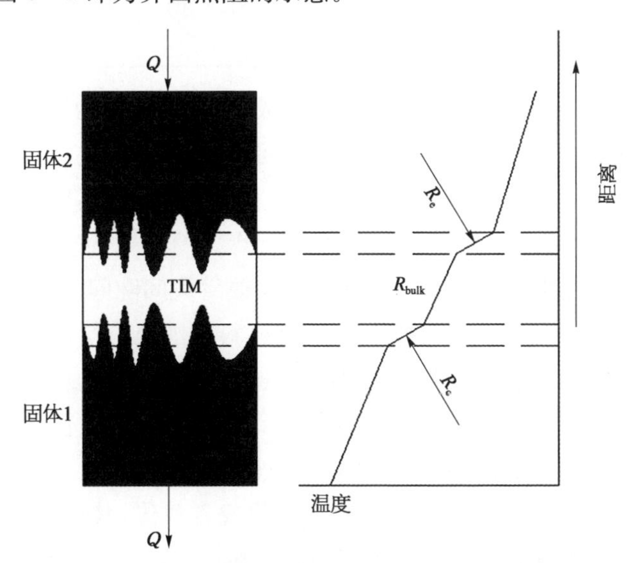

图 5-1　界面热阻示意

理想的热界面材料应具有以下特性[2]：① 高导热性，可以减少 TIM 本身的热阻；② 高柔韧性，可以保证 TIM 在较低的安装压力条件下填充满两固体接触表面间的空隙；③ 绝缘性，避免电子器件短路；④ 安装简便并具可拆性；⑤ 适用性广，既能被用来填充小空隙，也能填充大缝隙。

热界面材料在电子工业中有着很长的应用历史，主要组成为基体材料和高导热填料。热界面材料的分类方法多种多样[2]。按导电类型可分为导电型和绝缘型。按成分又可分为有机、无机和金属型。按组成可分为单组分、双组分、多组分等。按照热界面材料的历史发展和特点可分为：导热胶（thermal conductive adhesives）、导热膏（thermal grease）、相变材料（phase change materials，PCMs）、导热带（thermal tapes）、弹性导热垫（elastomeric pads）、导热凝胶（thermal gel）以及金属钎焊料（metalic solders）等。表 5-1 列出了目前一些商业化的热界面材料及其特性。

表 5-1　典型热界面材料及其特性[3,4]

类　型	导热系数/[W/(m·K)]	黏结线厚度/μm	界面热阻/(10^{-6} m^2·K/W)	可重用性	替换能力
导热膏	0.4～4	20～150	10～200	差	中等
导热垫	0.8～3	200～1 000	100～300	好	很好
相变材料	0.7～1.5	20～150	30～70	差	中等
导热凝胶	2～5	75～250	40～80	差	中等
导热胶	1～2	50～200	15～100	差	很差
钎焊料	20～80	25～200	<5	差	很差

导热膏主要由高分子聚合物和填料组成，一般以硅油为基体，可以看作是固体颗粒在液体介质中的悬浮液。导热膏是应用最为广泛的热界面材料，其黏结线厚度小，附着压力较小，可拆性较好。但导热膏在热冲击条件下，有机组分易发生挥发和变性，使得 TIM 的热阻提高。

导热垫通过在接触表面建立导热路径来改善大间隙间的散热。导热垫一般在聚合物基体中添加高导热材料。填充材料范围很广泛，可以是陶瓷或氮化硼等，以改变热性能。同时导热垫便于清理，不会像导热膏一样具有“泵出”和“干涸”的情况而影响其热性能。导热垫具有比较好的柔性和弹性，便于吸收公差，因此可以比较好地覆盖在非常不平整的表面。

相变材料一般是填充导热材料的聚合物或者载体，其在特殊的温度条件下可以从固态转变成高黏度液态或半固态。相变材料融合了导热膏和导热垫的双重优点。在相变温度以下时，相变材料和导热垫类似，具有比较好的柔性和弹性，装配起来比较容易，而且不容易溢出。但相变材料在由液态转变成固态时容易产生残余热应力，从而影响导热性能。

导热凝胶的基体材料为聚合物,并且大部分是硅树脂。导热凝胶与导热膏相比,其长期稳定性更好一些,但容易污染电子器件,难以清理,而且多余的凝胶也容易流出。

钎焊料可以在比较低的温度下熔化,与金属连接时具有很大的黏合力,并且本身具有较低的热阻。比如,铟、锡-铅、锡-银-铜、锡-锑以及铟-锡合金等已被用于热界面材料。其主要问题是在焊料的回流时期内要抽真空,虽然大多数焊料的性能很好,但焊料使用的成本和复杂性比较高。

表 5 - 2 归纳整理了上述 5 种热界面材料的优缺点[2]。

表 5 - 2　5 种常用热界面材料的优缺点[2]

热界面材料	优　　点	缺　　点
导热膏	① 导热性较好 ② 压层薄,热阻较小 ③ 成本低 ④ 不易分层	① 厚度难控制 ② 容易污染设备,难清理 ③ 长时间时易挥发、变性 ④ 多余的膏体易流出
相变材料	① 黏性较高,无溢出问题 ② 处理上较导热膏容易 ③ 相变可吸热	① 热导率一般较导热膏低 ② 接触热阻较导热膏高 ③ 扣合压力大,应力增加
导热垫	① 高可压缩性、柔性、弹性 ② 导热性能较好 ③ 不会污染设备	① 界面热阻大 ② 制备时厚度要求高 ③ 表面光滑度要求高
导热凝胶	① 界面填充性能好 ② 导热系数适中 ③ 不会有溢出及流动问题 ④ 稳定性高	① 厚度难控制 ② 容易污染设备,难清理 ③ 长时间时易变干 ④ 多余的膏体易流出
钎焊料	① 导热性能好 ② 界面热阻低 ③ 界面厚度小	① 应力大,稳定性差 ② 操作复杂 ③ 成本高

5.3　接触热阻的测试方法

接触热阻是一个受到材料特性、表面粗糙程度、接触压力、间隙材料、环境温度、机械性质等较多因素所影响的参数,因此会对接触热阻的实验测量方法提出较为严格的要求。依据实验中热流是否稳定,接触热阻的测量方法一般分为稳态测量法和瞬态测量法。

5.3.1　稳态测量法

稳态测量法是测量界面接触热阻最常用的方法。具体步骤为:两个接触

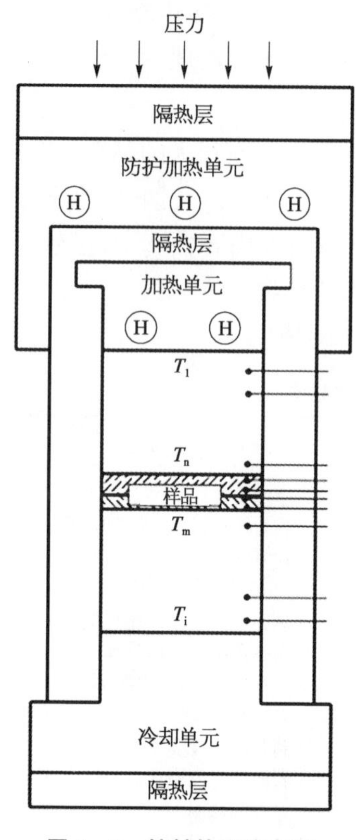

图 5-2 接触热阻稳态测量法原理[5]

的样品分别在其端部上被加热或冷却，通过试件内的温度传感器(通常采用热电偶)记录两个样品轴向上温度的数值，再由式(5-1)计算接触热阻。稳态实验测量接触热阻的设备一般引用美国国家标准 ASTM D5470-06[5]，其原理如图 5-2 所示。

为保证热流不向外界散失，全都经由样品传导，需要在设备周围加上绝热材料，最好再进行抽真空处理。相应设备还需配备可控热源，在测试中，通过保证程控的加热源温度恒定，来确保设备测量的精度[6]。

稳态实验测量法测试精度高，但也有几个缺点，首先，由于抽真空处理和达到稳态都需要很长的时间，所以测量时间可能会长达 8 h 以上；其次，热电偶嵌入试件的邻近区域内会改变试件本身所产生的温度场分布，从而可能影响测量结果。由于样品及热界面材料的热导率与温度有关，测试过程还会造成热量向周围环境的散失，这也会带来一定误差。

5.3.2 瞬态测量法

接触热阻的瞬态测量法主要包括瞬态热线法、闪光法和瞬态平面源法[7]。瞬态测量法比稳态测量法所需时间要少很多，但瞬态测量法的准确率要低一些。例如瞬态闪光法又被称作激光光热测量法，图 5-3 即为激光光热测量法示意。由激光产生的短热脉冲施加在材料的一侧，另一侧记录其温度响应。根据归一化的脉冲响应和温度数据的偏微分方程的解析解，就可以把界面接触热阻作为其中一个参数进行求解[8]。

对于稳态测量法而言，设备构造相对简单，可靠性也较高，但其测量时间很长且对样品尺寸的要求也很高。而对各种瞬态测量法，虽然测量速度快而且也可以测量小到纳米级别的薄膜材料，但在测试过程中容易受到各种环境因素的影响，且计算公式不易推导，测量精确度较低。

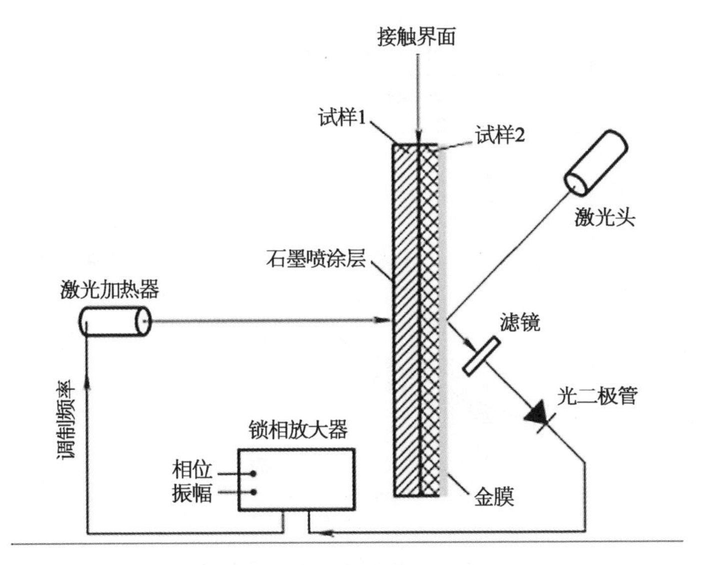

图 5-3　激光光热测量方法[8]

5.4　液态金属热界面材料

众所周知，金属的热导率远远高于非金属材料，如果能将低熔点金属或其合金作为热界面材料，其导热性能将远优于常规的热界面材料。Hamdan 等人将汞的微液滴沉积在硅衬底上制备金属热界面材料，其界面热阻仅为 0.235 $mm^2 \cdot K/W$，远低于传统的热界面材料[9]。相对于汞，液态金属镓及其合金除了具有类似汞的低熔点、高导热率以及流动性好等优点，更重要的是无毒，使用更加安全可靠。因此，基于低熔点液体金属或合金的芯片散热技术得以应运而生[10]。在此基础上，笔者实验室还首次提出了纳米金属流体的概念[11,12]，这实际上建立了研制自然界导热率最高的液体工质或热界面材料的工程学途径，此类工质不仅有别于传统的纳米流体或导热膏，同时相对于纯金属流体或常规热界面材料具有更优良的导热特性（图 5-4），理论热导率可达 60～80 W/(m·K)[12]，远高出常规热界面材料如硅油或其添加高导热纳米颗粒材料时的 1 个量级，是一种十分理想的热界面材料和终极冷却剂。

IBM 公司曾利用镓及其低熔点合金研制成一种新型的液态金属热界面材料[13]。尽管如此，液态金属较差的润湿性能严重束缚了液态金属作为热界面材料的应用与发展，所以该公司产品迄今少见于市场。液态金属用于热界面

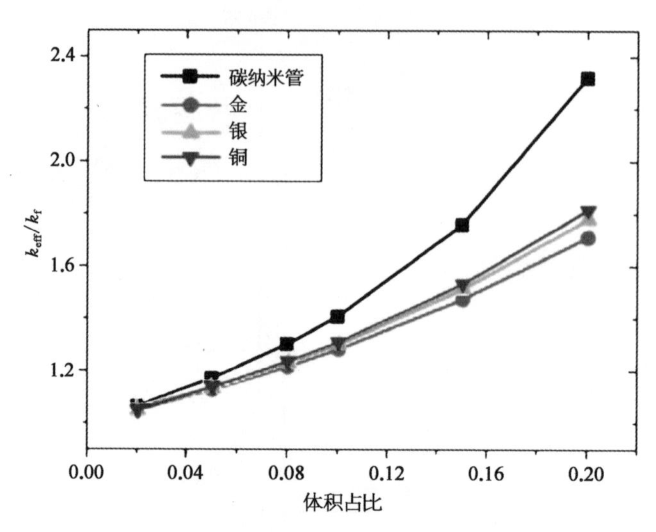

图 5-4 理论预测的典型纳米颗粒加入液态镓中引起导热率变化情况[12]

材料需要解决的关键问题在于,低熔点液态金属由于自身较大的表面张力,会导致其与各种材料的润湿性不够理想。一方面,将这种材料填充于界面后容易溢出,且仍会有部分接触面存在一定空隙,从而影响其导热性能;另一方面,液态金属较差的润湿性,使得高导热纳米颗粒的添加困难重重。受这些条件约束,自然界导热率最高的液态金属热界面材料的制备并不易实现。为此,如何有效提高液态金属与不同基底材料的润湿性,成为液态金属用作热界面材料的一大挑战。

高云霞等[1]首次提出微量氧化法用于制备液态金属热界面材料,有效克服了常规液态金属因表面张力大而引起的界面润湿性差的问题,显著提高了其与各种材料的润湿性能,使其可以像导热硅脂一样,均匀地涂抹于芯片与散热系统之间,填充更加有效方便,界面热阻大大减小,较之常规硅油基热界面材料其导热性能有了大幅提高。

为实现不同领域或条件下的散热需求,液态金属热界面材料可以制作成具有不同形态的产品形式,如热界面材料垫、管式封装热界面材料等[1]。如图 5-5 所示,(a)和(b)为镓基或镓合金基热界面材料垫,使用时可按照实际需求将其裁剪成不同的形状;(c)和(d)为采用管式封装的镓基或镓合金基热界面材料,其使用方法与一般的导热硅脂无差别,使用时可按照实际需求将其均匀涂抹于发热芯片上即可。

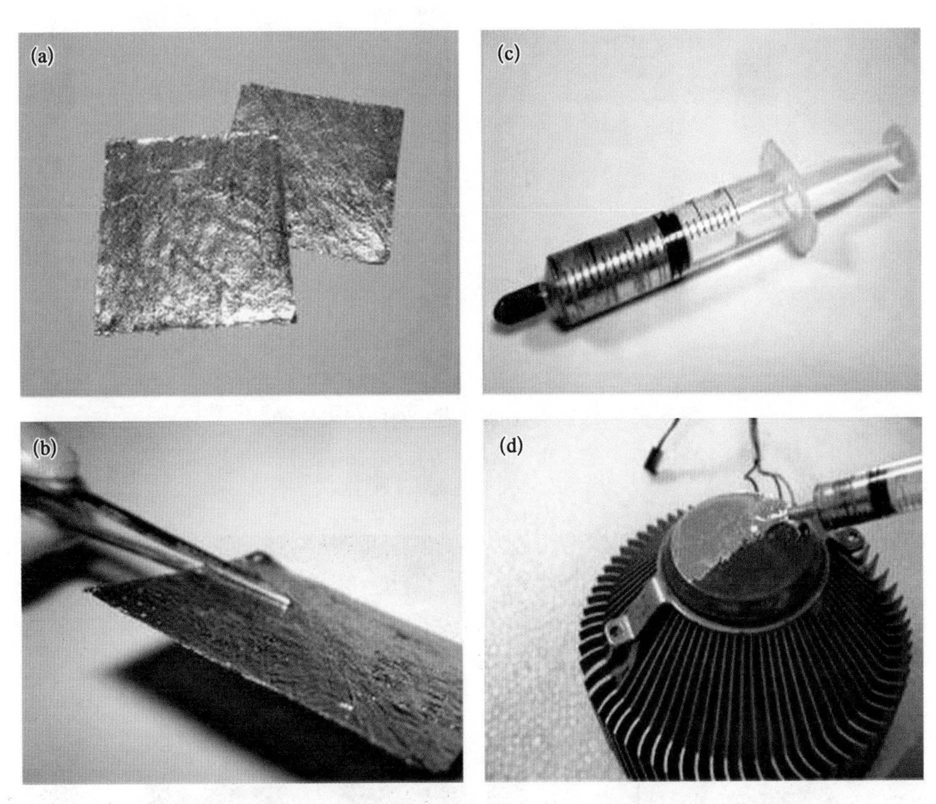

图 5-5　镓基液态金属热界面材料产品形式

(a)、(b)为镓基或镓合金基金属热界面材料垫;(c)、(d)为管式封装液态金属热界面材料。

在上述工作基础上,目前已有企业开发了系列液态金属热界面材料产品,如液态金属导热膏(以镓基液态金属为主,熔点约 8℃)、液态金属导热片(以铋基合金为主,熔点约 60℃),并将其推广应用到 CPU、IGBT、LED 等光电芯片的散热领域。图 5-6 为目前市场上液态金属热界面材料的代表性产品。

由于液态金属热界面材料优良的导热性能以及润湿性能,在芯片及光电器件的散热方面已发挥重要作用。图 5-7 为液态金属导热片产品应用于 LED 路灯产品,功率为 200 W,使用液态金属热界面材料后,由于界面热阻小,稳定工作状态基底对环境温升约 35℃,比传统导热硅脂降低约 5℃,且性能更为稳定。

低熔点液态金属作为一种新型的热界面材料,其热物理性质与传统热界面材料有着非常显著的差异,无论在计算机芯片以及各种大功率军民用电子

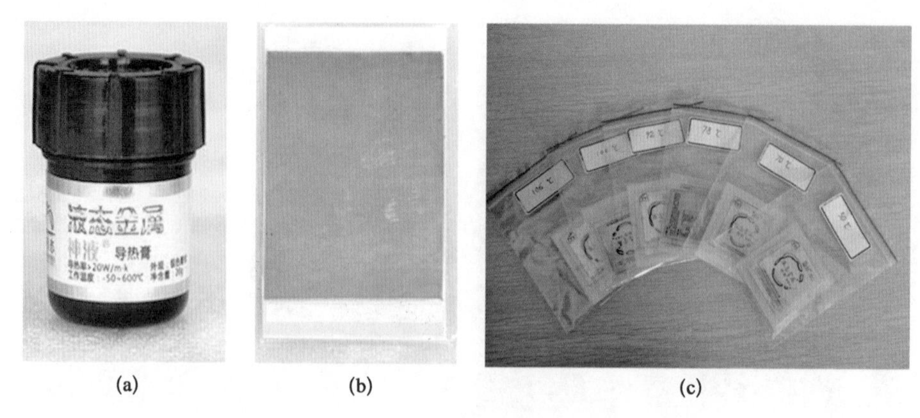

(a) (b) (c)

图 5-6 液态金属热界面材料的代表性产品

(a)为液态金属导热膏(熔点约 8℃);(b)为液态金属导热片(熔点约 60℃);
(c)为系列化不同熔点液态金属导热片。

图 5-7 液态金属热界面材料用于 LED 路灯产品

设备、光电器件以及近年来发展迅速的微纳电子机械系统等先进设备中,都将显示其独特高效的散热能效,有效地保证电子元器件稳定而可靠的工作。此外,液态金属还可与其他热界面材料进行复合,例如传统导热硅脂等[14],包括发展出高导热性但电学绝缘的热界面材料[15],此类材料在电子封装领域十分有用。

5.5 液态金属导热片热阻测试

与液态金属导热膏不同,液态金属导热片使用过程中不需涂覆,操作非常简便,便于工程大批量应用,但由于与散热器及芯片基底材料的接触不如导热膏充分,使用过程中会造成接触热阻的增大。为方便读者及终端用户查阅,这里给出了液态金属导热片的代表性测试结果。

所测试的导热片分为平面型铋基合金导热片和网纹型铋基合金导热片(图 5－8)。与这两种不同类型的铋基合金导热片相对比的测试产品为市售美国道康宁 5021 导热硅脂。具体测试材料如表 5－3 所示。

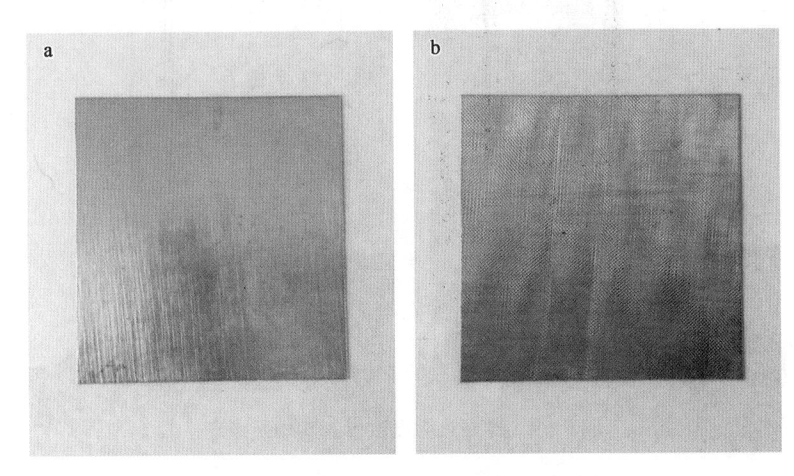

图 5－8　测试所采用的铋基合金导热片

(a) 平面型；(b) 网纹型。

表 5－3　测试所采用材料明细

测 试 材 料	规格(mm^2)	类　型
铋基合金导热片	42 * 42	平面型
铋基合金导热片	42 * 42	网纹型
道康宁 5021 导热硅脂	/	膏　状

图 5－9 为测试所采用的 DRL－Ⅲ型界面热阻测试仪的实物及原理图，该设备采用稳态测量法，采用美国国家标准 ASTM D5470－06。

图 5－10 给出了表 5－3 所列 3 种热界面材料的接触热阻随热面温度变化的曲线。可以看出在不同热面温度条件下，液态金属导热片的接触热阻值均显著低于道康宁 5021 导热硅脂(其可以代表目前市场上性能最好的硅脂基热界面材料)的热阻值。导热片的接触热阻基本上随热面温度升高而减小，这是因为工作温度升高后导热片受热熔化，与基底接触更为充分。尽管导热片所使用的铋基合金材料熔点在 60℃左右，但测试中观察到热面温度达到 75℃左右时导热片才开始熔化，这是因为图 5－10 中热面温度代表热源温度，该温度会高于热界面材料与测试仪器接触面的温度。从图 5－10 中还可以看出，热面

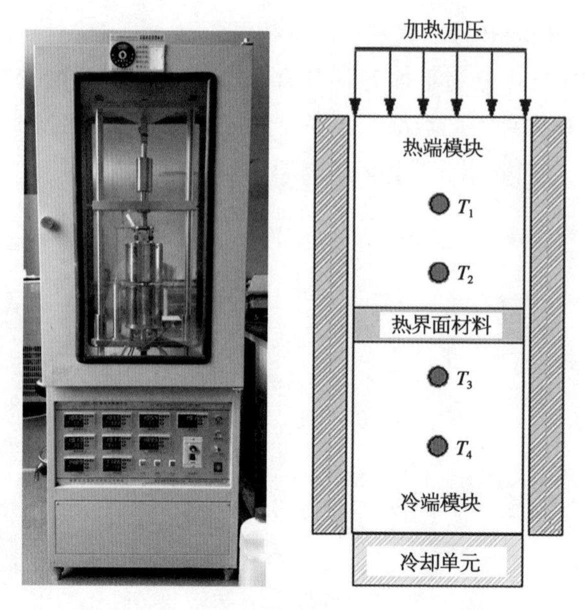

图 5-9　界面热阻测试仪的实物及原理

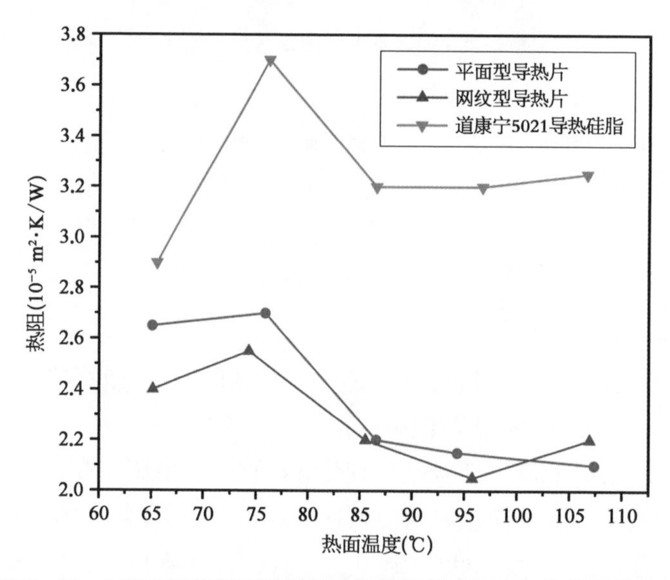

图 5-10　3 种不同热界面材料接触热阻随热面温度变化的测试曲线

温度继续上升到 95℃后，网纹型导热片的接触热阻值有所增大，这可能与导热片的网纹型结构有关，当导热片完全熔化后，网纹结构被破坏，导致接触不如平面型充分。而在较低工作温度的情况下，导热片与基底之间大部分为固固接触，导热片的细小网纹型结构在受到一定压力后，可以与基底之间接触更为充分，因此，其接触热阻显著低于平面型导热片。

上述导热片厚度约为 0.07 mm，所采用铋基合金材料的热导率经测试为 37.83 W/(m·K)，其自身材料所产生的热阻值可通过下式进行计算

$$R=\frac{d}{k} \tag{5-2}$$

式中：R，热阻值，$m^2 \cdot K/W$；d，铋基合金导热片的厚度，m；k，热导率，W/(m·K)。

将数据代入式(5-2)求得铋基合金导热片自身的材料热阻值约为 $1.85\times10^{-6}\ m^2 \cdot K/W$。通过热阻测试仪测试的网纹型及平面型铋基合金导热片稳定后的热阻值大致在 $2.2\times10^{-5}\ m^2 \cdot K/W$ 左右，比铋基合金导热片的材料热阻大了一个数量级，这表明铋基合金导热片的接触热阻后续还有较大的改进空间。

考虑到导热片与基底之间大部分为固固接触，其接触热阻将受所施加压力的影响，这里还给出了平面型铋基合金导热片及网纹型铋基合金导热片的接触热阻与所施加压力的测试结果，如图 5-11 所示。通过分析接触热阻随压力的变化关系可以看出，增大所施加压力可以显著降低导热片的接触热阻，在实际使用中可以根据情况选择合适的压力。

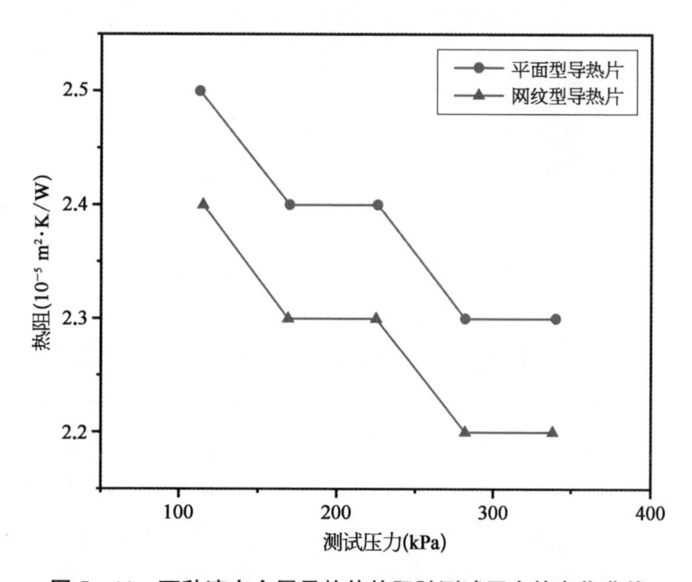

图 5-11 两种液态金属导热片热阻随测试压力的变化曲线

5.6 液态金属基高导热电绝缘界面及封装材料

如前所述,低熔点液态金属由于导电率高、导热性能优良,比较适合制作成高导热热界面材料。然而,液态金属对某些基底如铝合金结构材料会造成腐蚀,因此,相应热界面材料须予以一定改性,以满足更多需求;同时,在某些电子器件应用场合,热界面或封装材料需做到电学绝缘,以避免器件发生短路危险。笔者实验室为此发展了对应的高导热电绝缘液态金属材料[15]。图 5-12 为一种典型的液态金属填充型导热硅脂制备工艺,其中,采用液态金属镓基合金 $Ga_{67}In_{20.5}Sn_{12.5}$ 作为导热填料,201-甲基硅油作为基体介质,可制备出相应的液态金属填充型复合导热硅脂。事实上,这一基本原理有普遍适用性。沿此基本思路,可借助更多的匹配材料和制备工艺,设计出满足各种需求的液态金属复合界面与封装材料,这实际上成为近年来国际上后续研发液态金属新型复合材料的基本途径[16]。

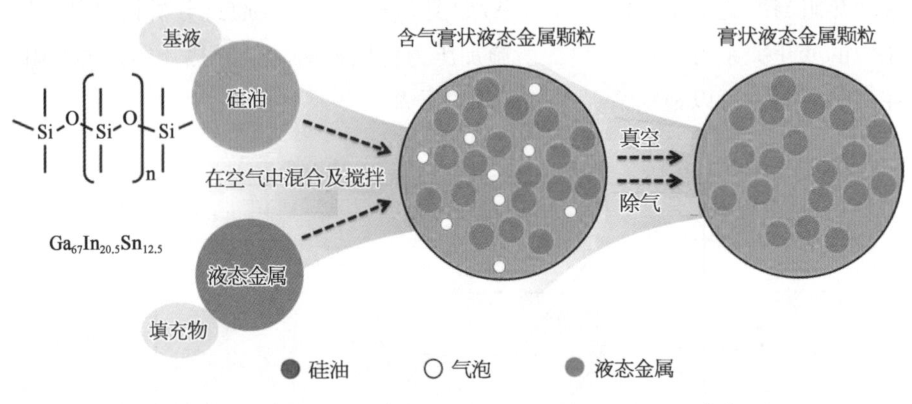

图 5-12 液态金属填充型复合导热硅脂的制备工艺[15]

图 5-13(c)~(f)分别反映 4 种不同液态金属体积分数的复合导热硅脂的微观形貌[15]。从中可见,液态金属微型液滴可以均匀分布于硅油基体之中,形成复合二元体系。根据需要及特定制备工艺,液态金属微液滴在硅油基体之中可确保既定的分散度,而不发生相互接触,由此可实现材料的绝缘性。随着液态金属填充量的增加,复合体系中液态金属微型液滴的聚集程度越来越高,相应复合导热硅脂的有效热导率增高、电阻值降低。

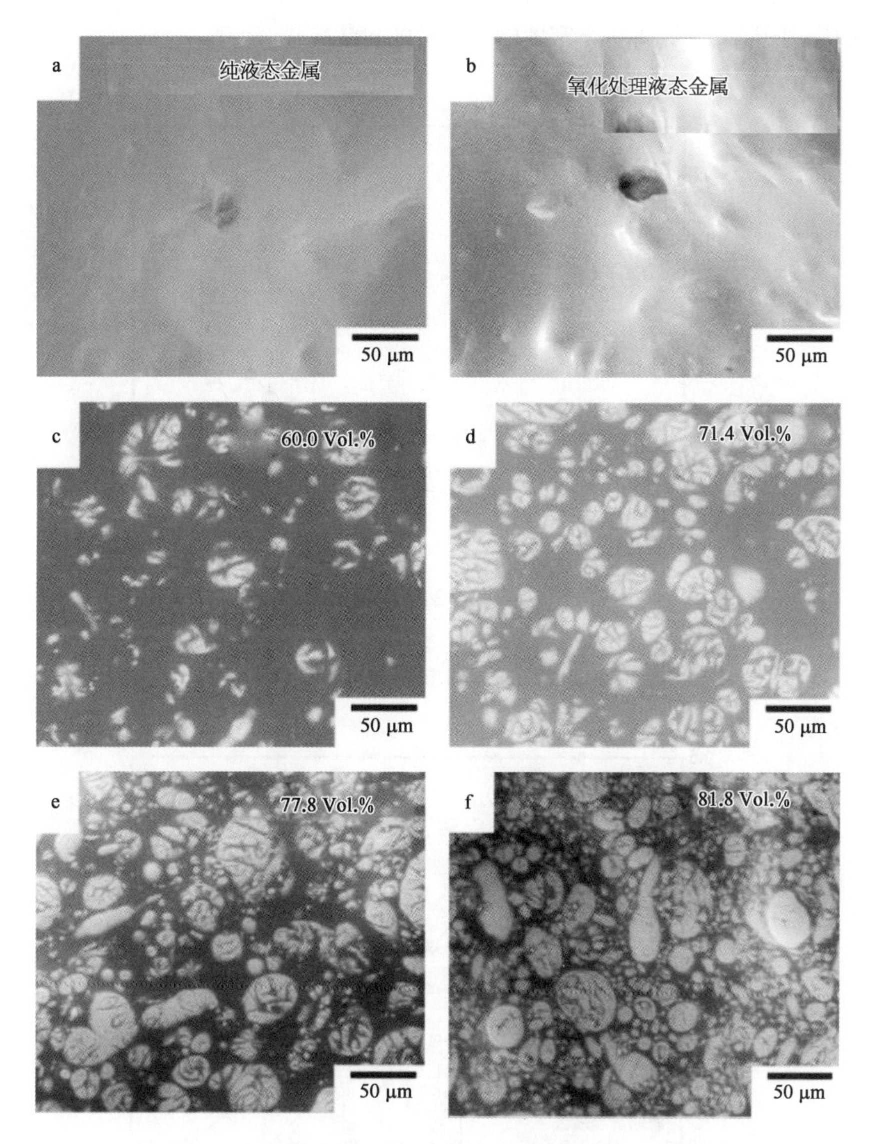

图 5-13　纯液态金属、经氧化后的液态金属以及 4 种配比的液态金属填充型复合导热硅脂的微观形貌[15]

研究表明[15],液态金属填充型导热硅脂作为新型热界面材料,其界面导热性能远高于市售的大部分导热硅脂(图 5 - 14)。相对于无掺杂的液态金属而言,其高电阻抗的特性(图 5 - 15)大大降低了电子设备发生电路短路的风险,有望应用于 LED 等高功率密度电子设备的封装应用。

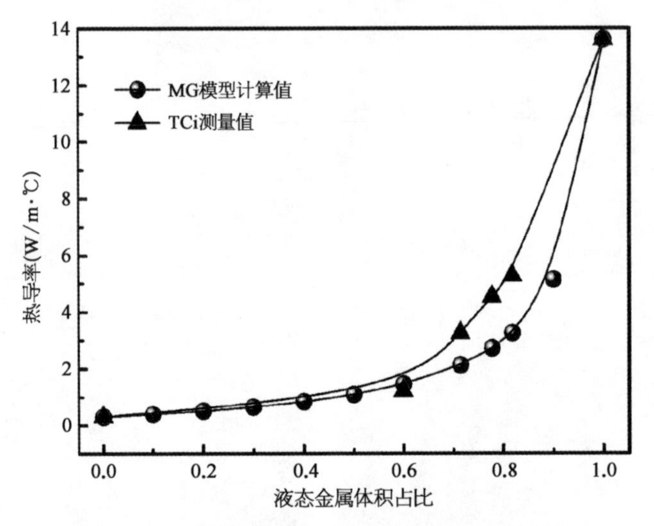

图 5 - 14　液态金属填充型复合导热硅脂的热导率随液态金属体积分数的变化[15]

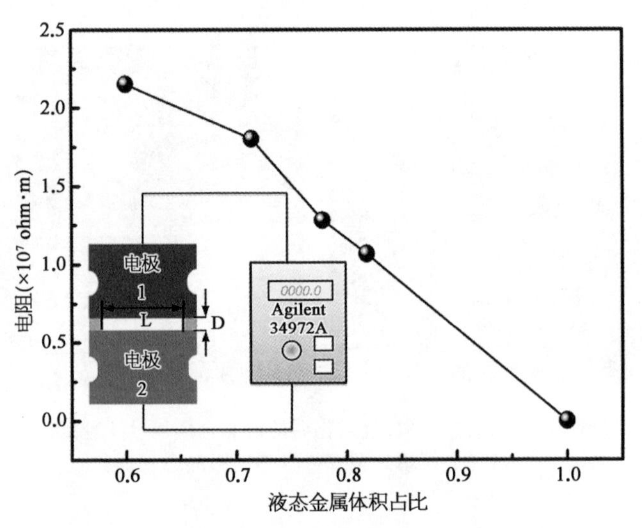

图 5 - 15　液态金属填充型复合导热硅脂的电阻率随着液态金属体积比的变化[15]

5.7　本章小结

液态金属由于拥有高导热特性，作为热界面材料用于芯片及光电器件的热管理相比传统材料具有显著的优势，主要表现在：① 高导热性，可以减少热界面材料自身的热阻，液态金属材料自身热阻在实际使用中可忽略；② 无定形或高柔韧性，可以保证其在较低的安装压力条件下尽可能填充满固体接触表面间的空隙；③ 安装简便并具较好的可拆性；④ 适用性广，可用于填充不同尺寸的缝隙，还可作为配料与其他材料进行复合。这一领域的发展方兴未艾。

参 考 文 献

[1] Gao Y X，Liu J. Gallium-based thermal interface material with high compliance and wettability. Appl Phys A，2012，107(3)：701～708.

[2] 何鹏，耿慧远.先进热管理材料研究进展.材料工程，2018，46(4)：1～11.

[3] Hansson J，Zanden C，Ye L，et al. Review of current progress of thermal interface materials for electronics thermal management applications. 2016 IEEE 16th International Conference on Nanotechnology（IEEE-NANO）. Sendai，Japan，2016，371～374.

[4] Prasher R. Thermal interface materials：historical perspective，status，and future directions. Proceedings of the IEEE，2006，94(8)：1571～1586.

[5] ASTM. Astm D5470－06：standard test method for thermal transmission properties of thermally conductive electrical insulation materials. America：ASTM International，2006.

[6] 张平，宣益民，李强.界面接触热阻的研究进展.化工学报，2012，63(2)：335～349.

[7] 常国，段佳良，王鲁华，等.新一代高导热金属基复合导热界面材料研究进展.材料导报，2017，31(7)：72～78，87.

[8] Fieberg C，Kneer R. Determination of thermal contact resistance from transient temperature measurements. ASME Journal of Heat Transfer，2008，51：1017～1023.

[9] Hamdan A，McLanahan A，Richards R，et al. Characterization of a liquid-metal microdroplet thermal interface material. Experimental Thermal and Fluid Science. 2011，35：1250～1254.

[10] 刘静，周一欣.以低熔点金属或其合金作流动工质的芯片散热用散热装置.中国发明专利，021314195，2002.

[11] 马坤全，刘静.具有高传热性能的纳米金属流体.中国发明专利，2005101146213，2005.

[12] Ma K Q，Liu J. Nano liquid-metal fluid as ultimate coolant. Physics Letters A，2007，361：252～256.

[13] Booth R B，Grube G W，Gruber P A，et al. Liquid metal matrix thermal paste. US Patent，5198189，1992.

[14] 梅生福.高功率密度 LED 液态金属强化散热方法研究(硕士学位论文).北京：中国科学院大学，中国科学院理化技术研究所，2014.

[15] Mei S F，Gao Y X，Deng Z S，et al. Thermally conductive and highly electrically resistive grease through homogeneously dispersing liquid metal droplets inside methyl silicone oil. ASME Journal of Electronic Packaging，2014，136(1)：011009.

[16] Chen S，Wang H Z，Zhao R Q，et al. Liquid metal composites. Matter，online 2020.

第 6 章 液态金属相变热控技术

6.1 引言

众所周知,相变材料在固态与液态之间的相转变过程中,会发生对应的吸热/放热效应,这个过程能够确保材料的温度维持恒定,从而可由此达到控制温度的目的。图 6-1 描述了相变材料从初始温度经过加热段、冷却段之后恢复到初始温度过程的温度变化情况。根据这一特性,可将相变材料灵活用于解决各种间歇式热控问题[1]。相变材料借助相变发生时吸收与释放潜热来控制温度,具有储能密度高、温度控制恒定、相变温度选择范围宽等优点。而且,整个过程无须外界干预,笔者实验室为此曾将基于此方法的芯片冷却称为智慧冷却方法。

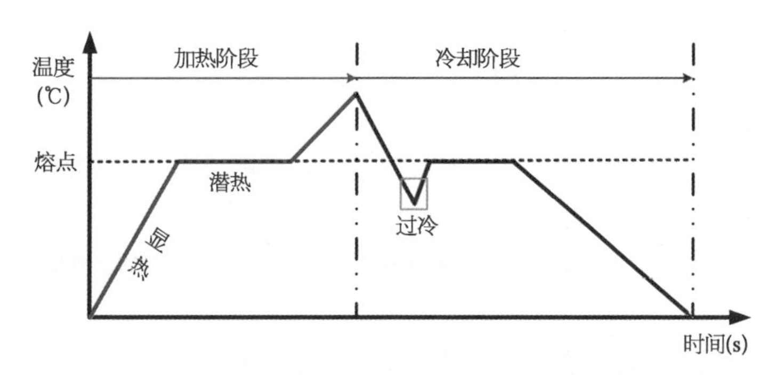

图 6-1 相变材料的热控原理

为解决大功率间歇工作电子器件的热管理问题,以及提高电子器件抗热冲击能力,本章介绍液态金属(低熔点金属及合金)作为相变材料,引入到电子器件热管理领域的应用情况,并与传统相变材料的热管理性能进行对比评估,同时对低熔点金属及合金相变材料在应用过程出现的新问题开展讨论并给出解决方案。此外，本章还依据金属材料相变机理和传热学理论，从理论分析和数值模拟角度对基于低熔点金属及合金的相变热管理方案进行对比。最后，简介低熔点金属及合金相变热管理技术在电子器件短暂性温度控制，以及电脑芯片抗热冲击等多方面的应用。

6.2 相变材料的分类

近年来，相变材料已被广泛用于电子器件的冷却和温控，例如航天和航空电子设备的热控制、个人计算设备、电力电子设备和便携式电话等周期性，或者短暂性热源的被动热管理方案。适宜于电子设备热管理的相变材料，一般应具备如下基本特征[2,3]：

(1) 高储能密度：相变材料应具有较高的单位体积、单位质量的潜热和较大的比热容；

(2) 相变温度：熔点范围满足应用场合的要求，低于电子产品的极限温度，而高于环境温度；

(3) 相变过程：相变过程应完全可逆，并只与温度有关；

(4) 热导率：较大的热导率有利于系统传热，并加快系统的热响应；

(5) 稳定性：经过长时间多次反复的熔化和凝固之后，储能密度、热物性等不发生衰减；

(6) 密度：相变材料的密度应尽量大，这样能降低容器体积；

(7) 蒸汽压力：相变材料工作温度下对应的蒸汽压力应尽量高，保证在工作条件下不发生蒸发；

(8) 化学性能：应具有稳定的化学性能，对外壳容器物无腐蚀，对人体无毒无害，不易燃，对环境友好；

(9) 体积变化：相变过程的体积膨胀和收缩应尽量小，增加系统的稳定性；

(10) 过冷度：应具有较小的过冷度以保证相变材料快速凝固。

到目前为止，已被研究过的相变材料非常之多，根据不同归类方式，可将已有的相变材料分成不同种类。例如按照熔点温度，可将相变材料分成高温、中温、低温相变材料，其中高温主要应用在太阳能储能，中温则用于工业余热回收，低温主要应用于建筑节能和电子设备的热管理[2,4]。按照化学物种类，可分成无机相变材料和有机相变材料。根据转变前后相态不同，相变材料可分成固固、固液、液气、固气等类型。图6-2是按照化学物种类、相变温度以及相变前后的相态3种情况进行的相变材料分类[2]。

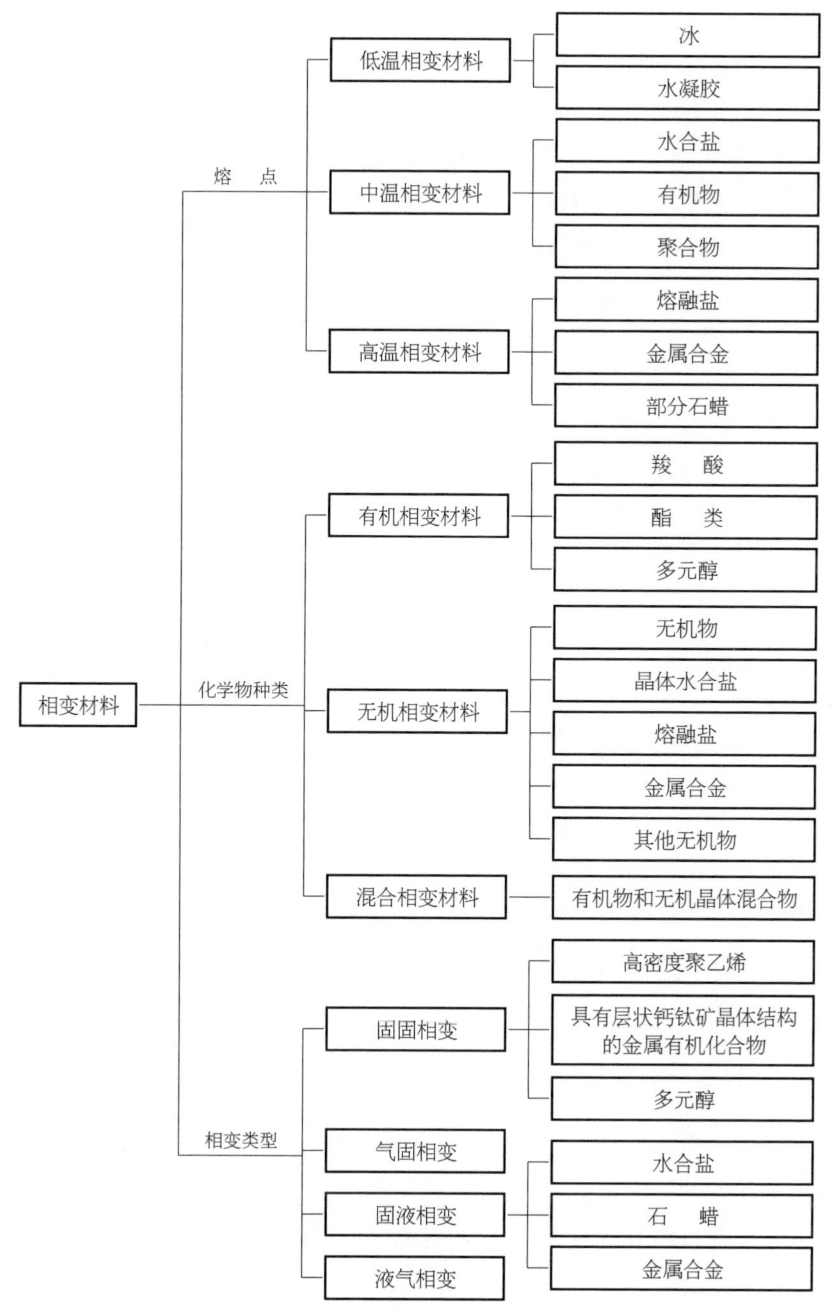

图6-2 相变材料的分类[2]

6.2.1 固固相变材料

固固相变储能材料是相转变前后均为固态，只是通过晶格结构改变来吸收和释放热量的一类相变材料。发生相变前后材料的密度变化小，即整个固固相变系统的体积变化率小，根据这一特性，固固相变材料在实际应用时无须外壳容器，因此固固相变装置的结构较紧凑。目前研究较多的固固相变材料主要有无机盐类、多元醇类和交联高密度聚乙烯等。表 6-1 列出了已经商业化的固固相变材料及其热物性参数：

表 6-1 已经商业化的固固相变材料[1]

固固相变材料名称	相变温度(℃)	相变潜热(J/kg)
二氨基季戊四醇	341	184
2-氨基-2-甲基-1,3-丙二醇	351	264
2-硝基-2-甲基-1,3-丙二醇	352	201
1,1,1-三(羟甲基)乙烷	354	192
2-羟甲基-2-甲基-1,3-丙二醇	354	192
单氨基季戊四醇	359	192
三羟甲基乙酸	397	205
三羟甲基氨基甲烷	404	285
二羟甲基丙酸	425	289
季戊四醇	457	301

无机盐类：此类相变材料主要利用固体状态下晶体类型的转变进行吸热和放热，通常相变温度较高，适合于高温范围内的储能和控温，目前得到实际应用的主要有层状钙钛矿、Li_2SO_4、KHF_2等物质[5]。

多元醇类：通过其内部氢键断裂与重构达到吸收和释放能量，主要有二氨基季戊四醇、2-氨基-2-甲基-1,3-丙二醇、三羟甲基乙烷、三羟甲基氨基甲烷等，此类材料的相变温度较高(40～200℃)，适合于中、高温的储能应用[6]。

6.2.2 固液相变材料

实际应用中大部分相变材料都属于固液相变，因此类相变兼有较大的蓄热能力和较方便的生产工艺，其工作过程的体积膨胀和收缩也在可控范围内。常用固液相变材料有链烃、脂肪酸类有机相变材料和结晶水合盐、高温金属合金类无机相变材料[7]。

链烃类有机相变材料主要有石蜡、烷烃、脂肪酸、醇类、有机盐等。一般说来同系列有机物的相变温度和相变焓随着其碳链的增加而增加，这样可得到具有一系列相变温度的储能材料，但随着碳链的增长，相变温度的增加值会逐渐减小，其熔点最终将趋于一定值。为得到相变温度适当、性能优越的相变材料，常常需要将几种有机相变材料复合，或将有机相变材料和无机相变材料混合形成二元或多元相变材料[8]。

有机类相变材料具有如下优点：在固态时成型较好、一般不易出现过冷和相分离等现象、对容器的腐蚀较小、性能比较稳定、毒性小、成本低廉等。同时该类材料也存在如下缺点：导热率低、密度小、单位体积的储能能力较弱、相变过程体积变化大，并且有机物一般熔点较低、易燃易挥发甚至爆炸，或容易被空气中的氧气缓慢氧化而老化。

无机类相变材料常用的结晶水和盐，通过释放和吸收结晶水而进行储热和放热，用通式 $AB \cdot xH_2O$ 表示结晶水和盐，其相变机理可以表示为：

$$AB \cdot xH_2O \rightarrow AB + xH_2O - Q \tag{6-1}$$

$$AB \cdot xH_2O \rightarrow AB \cdot yH_2O + (x-y)H_2O - Q \tag{6-2}$$

其中，x、y 代表结晶水的个数，Q 表示结晶水合盐的反应热[9]。

结晶水和盐储能材料的优点在于：使用广泛、价格便宜、导热系数相对较大、体积储热密度大。但存在缺点也不少：一是过冷度大，影响热量及时释放；二是出现相分离现象，在逆相变过程，沉降到底部的脱水盐无法和结晶水结合而无法重结晶，导致相变过程部分不可逆，形成相分层，由此造成多次循环之后材料储热能力下降[10]。

6.2.3　液气和固气相变材料

热管是一种典型的利用液气相变实现高效传热的散热器件，其一端为蒸发端，另一端为冷凝端，蒸发端液体受热蒸发汽化并流向冷凝端放热冷凝，液体再在毛细力或者重力的作用下返回蒸发端，如此往复，热量将不断地从蒸发端转移至冷凝端。与传统散热设备相比，热管散热器具有重量轻、结构简单、传热量大、传热速度快、耐用、容易存放保管、自身不耗电等优点。固气相变材料因在相变过程体积变化较大不易操作，在实际中应用较少。

6.3　液态金属相变材料

金属相变材料包括纯金属和合金，其熔点覆盖范围较广，从室温附近到成百上千度高温都有。金属类相变材料最大的特点在于其热导率高，相比有机和无机相变材料高出两个数量级。高的热导率意味着良好的传热性能和高储热效率，正因如此，金属相变材料近年来备受关注[2,11]。在高温应用领域，高熔点金属相变材料具有较高的相变潜热(300～500 kJ/kg)和良好的循环热稳定性，有望取代传统无机相变材料应用于太阳能储热领域。在室温附近的金属也称为低熔点金属或液态金属，其相变潜热一般在 100 kJ/kg 以内，以镓、镓基合金以及铋基合金为主。低熔点金属相变材料因其优异的传热储热能力而成为取代传统有机相变材料用于相变温控的不错选择。

金属类相变材料一般密度较大，这既是一个优势又是一个不足。密度大意味着单位体积的相变潜热大，也就是储能密度大，结构紧凑。但同时，密度大意味着单位体积的重量大，这在一些飞行设备的应用中是不利的。此外，金属相变材料一般价格较高，这在一定程度上限制了其普及应用，特别是在用量较大的场合更是如此。至于在用量较小的芯片温控领域或其他特殊场合，则不必过多考虑这一问题。需要注意的是，作为一类常用的低熔点金属，镓及其合金对常用的结构材料铝具有很强的腐蚀性[12]，因此在实际使用中应尽量避免两者直接接触。作为应对，对铝结构材料表面进行镀层(如镀镍)或着色氧化处理，可以起到较好的腐蚀防护作用[12]。

镓及其合金的熔点在 30℃以下，铋基合金的熔点一般在 60℃以上，熔点在 30～60℃的金属相变材料一般含铅、镉等重金属元素。表 6-2 给出了熔点在 58℃附近的几种代表性铋基合金及其熔点、熔化焓参数。30～60℃无毒低熔点金属相变材料目前研究较少，而这一温区又是电子设备热管理常用温区，因此寻找这一温区的金属材料是当前非常值得深入探索的研究方向[2]。更多的低熔点金属相变材料，可以参见美国 INDIUM 公司产品[13]以及文献[2,14]。表 6-3 列出了部分金属相变材料及其热物性。

表 6-2 熔点在 58℃附近的铋基合金及其热物性

合 金 成 分	熔点(℃)	熔化焓(J/g)
$Bi_{35}In_{48.6}Sn_{15.9}$	60	29.88
$Bi_{49.1}In_{20.9}Sn_{11.6}Pb_{17.9}Cd_{5.3}$	54	27.22
$Bi_{49.1}In_{20.9}Sn_{11.6}Pb_{17.9}Ga_{0.5}$	56℃	28
$Bi_{49}In_{21}Sn_{12}Pb_{18}$	57.6	27.3
$Bi_{35}In_{48.6}Sn_{15.9}Zn_{0.4}$	59.1	28.81

表 6-3　部分金属相变材料及其热物性[11]

金属或合金	熔点 T_m (℃)	潜热 ΔH (kJ/kg)	密度 ρ (kg/m³)	比热 c_p [kJ/(kg·K)]	热导率 k [W/(m·K)]
Hg	−38.87	11.4	13 546(l)	0.139(l)	8.34(l)
Cs	28.65	16.4	1 796(l)	0.236(l)	17.4(l)
Ga	29.78	80.16	5 904(s)/ 6 095(l)	0.372(s)/ 0.398(l)	33.49(s)/ 33.68(l)
Rb	38.85	25.74	1 470	0.363	29.3
$Bi_{44.7}Pb_{22.6}In_{19.1}Sn_{8.3}Cd_{5.3}$	47	36.8	9 160	0.197	15
$Bi_{49}In_{21}Pb_{18}Sn_{12}$	58.2	23.4	9 307(s)	0.213(s)/ 0.211(l)	7.143(s)/ 10.1(l)
$Bi_{31.6}In_{48.8}Sn_{19.6}$	60.2	27.9	8 043	0.270(s)/ 0.297(l)	19.2(s)/ 14.5(l)
K	63.2	59.59	664	0.78	54
$Bi_{50}Pb_{26.7}Sn_{13.3}Cd_{10}$	70	39.8	9 580	0.184	18
$Bi_{52}Pb_{30}Sn_{18}$	96	34.7	9 600	0.167	24
Na	97.83	113.23	926.9(l)	1.38(l)	86.9(l)
$Bi_{58}Sn_{42}$	138	44.8	8 560	0.201	44.8
In	156.8	28.59	7 030	0.23(l)	36.4(l)
Li	186	433.78	515(l)	4.389(l)	41.3
$Sn_{91}Zn_9$	199	32.5	7 270	0.272	61
Sn	232	60.5	7 300(s)	0.221	15.08(s)
Bi	271.4	53.5	9 790	0.122	8.1
$Zn_{52}Mg_{48}$	340	180	—	—	—
$Al_{59}Mg_{35}Zn_6$	443	310	2 380	1.63(s)/ 1.46(l)	—
$Al_{65}Cu_{30}Si_5$	571	422	2 730	1.3(s)/ 1.2(l)	—
$Zn_{49}Cu_{45}Mg_6$	703	176	8 670	0.42(s)	—
$Cu_{80}Si_{20}$	803	197	6 600	0.5(s)	—
$Si_{56}Mg_{44}$	946	757	1 900	0.79(s)	—

s：solid 固相；l：liquid 液相。

6.4　液态金属固液相变传热一般规律

在相变材料的研究和应用中，最核心的问题是固液相变传热过程。揭示相变材料固液相变传热过程的一般规律，对于深刻认识其相变传热特性和推动其实际应用十分重要。针对传统的有机相变材料传热特性，已有大量的研究。然而，对于液态金属相变材料，目前研究还不多。本节介绍利用数值计算方法揭示液态金属固液相变传热过程的一般规律[11,15,16]。

6.4.1 固液相变传热问题数学模型

根据尺度的不同，对输运过程（主要包括传热传质过程）的描述和模拟计算主要有 3 种方法[11]：

(1) 微观尺度的分子动力学模型，追踪每一个分子的运动状态，并通过系综平均获得宏观物理量。由于需要辨析分子尺度空间和捕捉分子碰撞时间内的运动，其计算量往往非常巨大，通常只能对小空间短时间内的过程进行模拟计算。

(2) 介观尺度的格子玻尔兹曼方程，它并不需要知道每一个分子的状态，而只需了解一个分子集群的统计学行为；通过模拟介观尺度分子集群之间的迁移和碰撞过程来反映宏观尺度的扩散过程，包括质量扩散、动量扩散和能量扩散等；格子玻尔兹曼方法（LBM）是沟通微观与宏观尺度之间的桥梁[15]。

(3) 宏观尺度的连续性方程，也就是我们熟知的纳维-斯托克斯（Navier - Stokes，N - S）流动方程、质量和能量守恒方程等，它是基于连续介质假设并以微元体为分析对象而建立的控制方程，是目前宏观尺度问题分析和模拟计算的主要方法。

目前，后两种方法是研究宏观尺度固液相变传热问题的主要方法[11]。在连续介质假设下，固液相变传热问题的数值计算模型可以分为两大类：基于温度的控制方程模型和基于总焓的控制方程模型。焓法将固液两相方程完美统一，可以用固定网格求解固液相变问题，并自动捕捉固液界面。该方法自提出以来，便广受认可和使用，目前已成为计算固液相变问题的主流方法。如下对这一模型的控制方程做一简要介绍。这里，忽略固液相的体积变化，并采用 Boussinesq 假设来考虑自然对流的影响。连续性方程：

$$\frac{\partial u_i}{\partial x_i}=0 \tag{6-3}$$

动量方程：

$$\frac{\partial(\rho u_i)}{\partial t}+\frac{\partial(\rho u_i u_j)}{\partial x_j}=-\frac{\partial p}{\partial x_i}+\frac{\partial}{\partial x_j}\left(\mu\frac{\partial u_i}{\partial x_j}\right)-\rho\beta g_i(T-T_{\mathrm{ref}})+Au_i \tag{6-4}$$

能量方程：

$$\frac{\partial(\rho H)}{\partial t}+\frac{\partial(\rho H u_i)}{\partial x_i}=\frac{\partial}{\partial x_i}\left(k\,\frac{\partial T}{\partial x_i}\right) \tag{6-5}$$

其中,在动量方程中,Au_i为动量耗散源项,用来抑制糊状区(固液共存区)和固相的速度,参照达西定律,A 定义为如下形式[11]:

$$A=-\frac{C(1-f_1)^2}{f_1^2+\varepsilon} \tag{6-6}$$

f_1为局部液相体积分数,用来表示局部多孔度σ;C 为一个较大的数(比如 10^5)以产生足够大的动量抑制效果;ε 是一个很小的量(比如 0.001)以防止式中分母为 0;$-\rho\beta g_i(T-T_{ref})$ 为 Boussinesq 假设下的浮升力源项,其中 T_{ref}为设定的一个参考温度。

在能量方程(6-5)中,H 表示总焓,它包含显热焓 H_s和潜热焓 H_l两部分,即

$$H=H_s+H_l \tag{6-7}$$

显热焓 H_s和潜热焓 H_l可以用下式计算:

$$H_s=H_{ref}+\int_{T_{ref}}^{T} c_p\,\mathrm{d}T \tag{6-8}$$

$$H_l=f_l\Delta H \tag{6-9}$$

其中,H_{ref}是参考温度 T_{ref}对应的参考焓值。利用式(6-7)、(6-8)、(6-9),即可在每一步计算中获得总焓的情况下推算得到相应的温度分布。f_l可以表示为温度的线性函数,即:

$$f_l(T)=\begin{cases}0, & T<T_s\\ \dfrac{T-T_s}{T_l-T_s}, & T_s\leqslant T\leqslant T_l\\ 1, & T>T_l\end{cases} \tag{6-10}$$

其中,T_s和 T_l分别为相变材料熔化开始和结束时的温度。

可以看到,在液相区域,$f_l=1$,方程(6-4)中的动量耗散源项 Au_i的大小为 0,此时方程就是常见的液相区域动量方程。在糊状区域,特别是接近固相区域,f_l趋近于 0,此时 Au_i将会是一个较大的值,相比而言,方程(6-4)中的各个速度偏微分项以及浮力源项都可以忽略,方程退化为:

$$\frac{\partial p}{\partial x_i}=Au_i \tag{6-11}$$

式(6-11)即为多孔介质流中达西定律的一种表达形式,这也就是为何这种方法也被称为“多孔度法”的原因。

6.4.2 腔体内低熔点金属相变传热一般规律

由于低熔点金属相变材料的热物性质与传统的有机类相变材料存在很大不同,因此其固液相变传热过程也会有自身的特点。实际应用中,相变材料往往需要封装在腔体内。为此,如下对矩形腔体内的低熔点金属熔化过程进行讨论[11,15,16]。

6.4.2.1 数值计算模型的验证

在6.4.1小节中介绍了焓-多孔度方法的数学模型。基于这一模型,可以利用商用软件 Ansys Fluent 来对低熔点金属的熔化过程进行分析。在参数化研究之前,需先对数值计算模型的可靠性和精确性进行验证。Beckermann 和 Viskanta[17] 曾对腔体内金属镓的熔化过程进行过定量实验测试研究。实验中,采用的腔体的长和宽均为 47.6 mm,深度为 38.1 mm。腔体左侧施加一个高于镓熔点(29.78℃)的恒定温度 T_H,腔体右侧则施加一个低于其熔点的恒定温度 T_C;其余 4 个面做绝热处理。初始时刻,用低温 T_C冷却整个相变材料区域,使其处于固态并且处于均匀的温度 T_C。当在左侧面施加高温 T_H后,左侧的镓开始熔化,液固界面逐渐向右移动并最终达到稳态,形成一个稳定的界面。实验中研究了 5 种不同的工况,见表 6-4。

表 6-4 方腔内镓熔化实验工况[17]

工 况	T_H(℃)	T_C(℃)	$Ra(\times10^5)$	$Ste(\times10^{-2})$
#1	40	25	3.275	5.074
#2	40	20	3.275	5.074
#3	40	10	3.275	5.074
#4	35	15	1.673	2.592
#5	45	15	4.877	7.557

这里,将实验对应的问题简化为一个二维方腔(47.6 mm×47.6 mm)内的熔化问题,左右边界均为恒壁温条件。利用 Boussinesq 假设来激活液相区域的自然对流。由于所分析问题的 Ra 数低于自然对流的层流/湍流转变临界值 10^9[11],因此采用层流流动模型。图 6-3 展示了对 #1 的数值计算结果,并与

相应的实验数据做了对比。这里，选取时间为50 min时的结果，此时整个传热过程已经达到稳态。可以看到，在液态金属液相区域，温度分布呈现水平分布，这是典型的自然对流下的温度分布。在实验测试中，监测了3条水平线上的温度。将数值模拟得到的结果中的对应位置的温度分布与实验结果对比，如图6-3(b)，可以看到，两者吻合较好。同时，也对另外4组实验工况进行了模拟计算，并获得其稳态时的固液界面位置，与实验结果对比，见图6-4。可以看到，两者也吻合较好，说明数值计算模型可以很好地预测低熔点金属的对流型熔化过程。

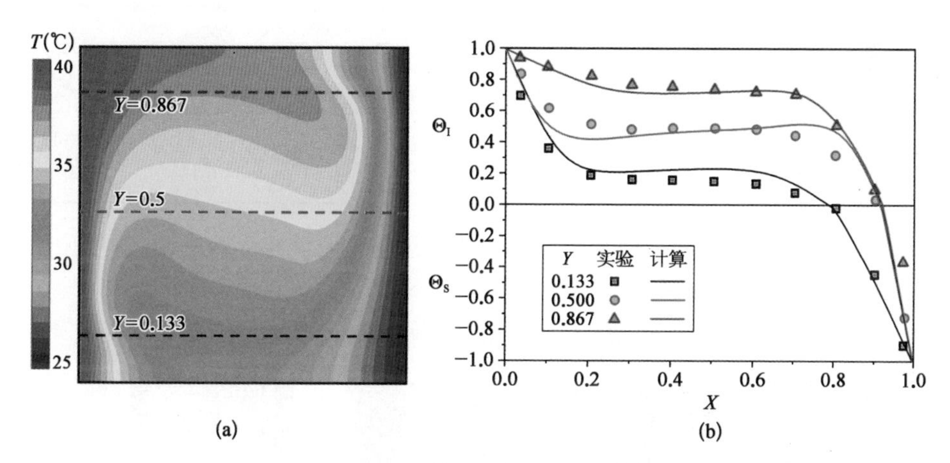

图6-3 数值计算结果与实验数据[17]对比

(a) 温度云图，#1，$t=50$ min；(b) 3条水平线上的温度分布。

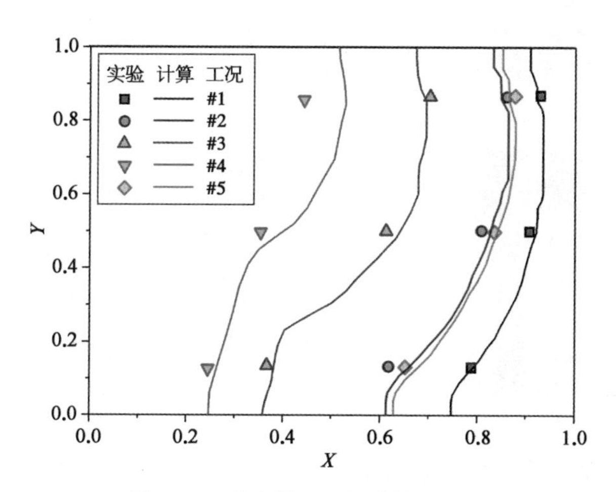

图6-4 稳态情况下固液界面位置

6.4.2.2 低熔点金属与有机相变材料熔化过程对比

为直观说明低熔点金属与传统有机相变材料固液相变传热过程的差别，选取典型的低熔点金属镓和典型的有机相变材料二十烷，两者的主要热物性数据对比见表 6-5。假定有一个竖直腔体(5 mm×20 mm)，初始时刻整个腔体和相变材料均处于熔点温度 T_m，腔体左侧突然施加一个恒定的高温热源 T_H($T_H = T_m + 15$℃)，熔化过程开始。

表 6-5 镓和二十烷主要热物性对比

相变材料	熔点(℃)	潜热(kJ/kg)	液相密度(kg/m³)	液相比热[J/(kg·K)]	黏度[×10⁻³ kg/(m·s)]	热导率[W/(m·K)]	热膨胀率(1/K)
镓	29.8	80.16	6 094.7	397.6	1.75	33.68	0.000 12
二十烷	36	247	785	2 460	$e^{(1\,790/T-4.25)}$	0.15	0.001

图 6-5 直观展示了两种相变材料熔化过程中的液相分数云图、温度云图和速度矢量图，这里主要选取了熔化分数分别为 0.3、0.6 和 0.9 的 3 个时刻。其中，在液相分数云图中还插入了液相区域自然对流的流线。对于二十烷，固

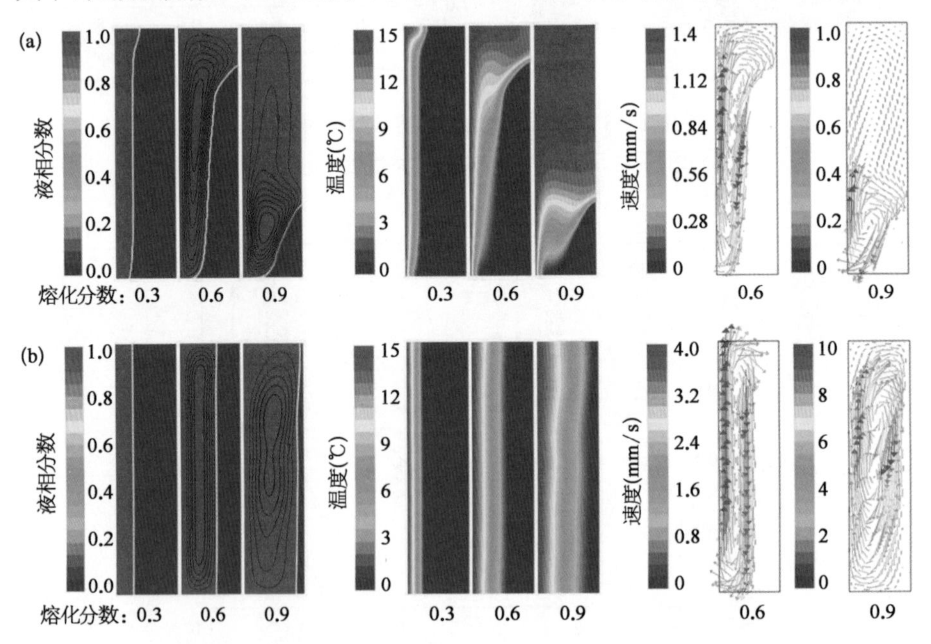

图 6-5 熔化过程液相分数云图、温度云图、速度矢量图

(a) 二十烷；(b) 镓。

液界面线为倾斜向上，温度分布呈现水平分层，这是典型的自然对流传热的特征。而对于镓，固液界面保持竖直方向向右推进，温度分布呈现竖直分层，这是典型的热传导的特征。从液相速度分布矢量图可以看到，液相镓中的自然对流速度是二十烷的3倍左右，这主要是因为镓的黏度比较小。

尽管液相镓中的自然对流流动比较强，但其传热过程是热传导主导型的，也就是说自然对流传热可以忽略。在液相二十烷中，尽管自然对流流动相对微弱，但是由此带来的传热强化相对于其热传导而言是不可忽略的，甚至是最主要的。造成这一差异的主要原因在于两种相变材料热导率之间巨大的差异。从表6-5可以看到，镓的热导率是二十烷的225倍。高的热导率赋予了镓良好的导热性能，而二十烷低的热导率则严重阻碍了其内部的热量传递，需要依靠自然对流过程来强化其传热储热过程。

图6-6定量对比了镓和二十烷的熔化过程，包括熔化分数、从壁面流入相变材料的热流量以及相应的无量纲换热系数等参数随时间的变化关系。这里分别给出了高温边界的相对温度（$T_H - T_m$）为5℃、15℃和25℃的情形。在熔化开始，存在一个很大的热流，随后在贴壁面处形成熔化液膜。液膜的存

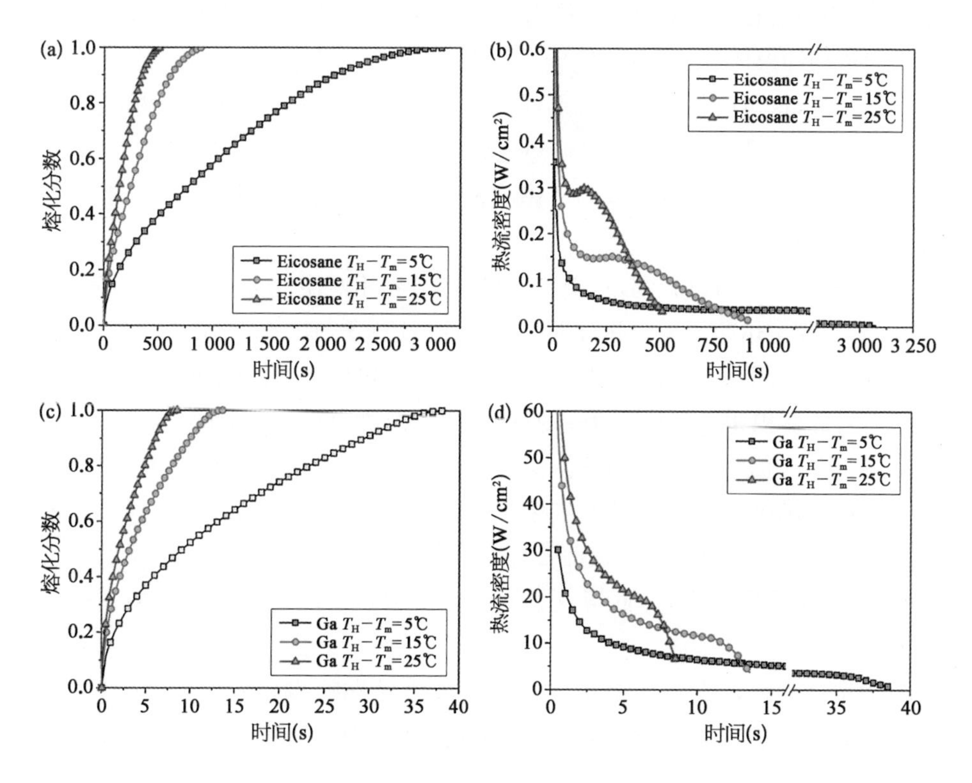

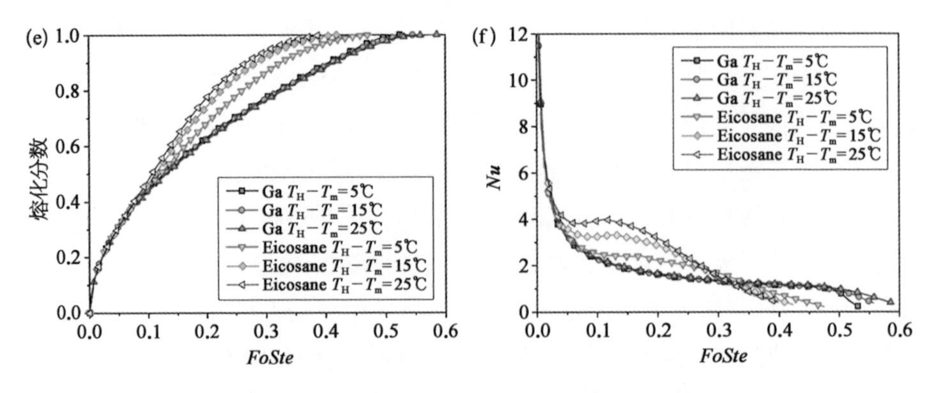

图 6-6 镓与二十烷(Eicosane)熔化过程对比

(a) 十二烷熔化分数;(b) 十二烷热流量随时间的变化;(c) 镓熔化分数;(d) 镓热流量随时间的变化;(e) 镓和十二烷的熔化分数;(f) 镓和十二烷的 Nu 数随无量纲时间 $Fo \cdot Ste$ 的变化。

在实际上充当了壁面和固相之间的一个传热热阻,因此,随着时间的推移,液膜越来越厚,热阻越来越大,相应的热流密度不断降低,熔化分数曲线的增长速率也逐渐下降。

随着液相区域的不断扩大,其内部的自然对流也逐渐发展起来。在某一临界时刻,当液相区域的温度不均匀性带来的浮升力足以克服其环流阻力时,自然对流随即形成。从图 6-6(b)可以看到,对于二十烷,其热流会在某一时刻突然升高,这也就是自然对流形成的时刻。自然对流强化了其液相区域内的热量传递,因此有效增加了其储热速率。而对于镓而言,其热流一直保持下降趋势,自然对流的形成并未明显影响其储热速率,这与前面图 6-5 中得到的结论是一致的。

从图 6-6 也可以看到,对于二十烷,在边界相对温度分别为 5℃、15℃和 25℃时,其完全熔化所需时间分别为 3 080 s、515 s 和 910 s。而对于镓而言,完全熔化所需时间则大大减小,分别为 38 s、13.5 s 和 8.5 s,大概是前者的1/100。对比两者的体积相变潜热可以发现,镓的体积潜热为 489 MJ/m^3,二十烷的为 194 MJ/m^3。也就是说,在同等体积下,熔化镓所需的潜热量是二十烷的 2.5 倍。从储热热流量来看,二十烷在熔化中的热流量基本保持在 10^{-1} W/cm^2 量级,而镓则高达 10^1 W/cm^2,比前者高出两个数量级。从这一系列定量的对比可以看到,就热性能而言,低熔点金属的相变吸热性能远高于传统的石蜡类材料。

为更清晰地认识两类相变材料相变传热过程的本质差别,这里给出无量纲分析。一般常用 Fo 数来表征无量纲时间,而对于固液相变问题而言,考虑到相变过程的影响，常用 Fo 数与 Ste 数的乘积来表征无量纲时间，也就是：

$$\tau = Ste \cdot Fo = \frac{\alpha t}{W^2} \frac{c_p(T_H - T_m)}{\Delta H} \tag{6-12}$$

其中，W 是竖直腔体的水平宽度，这里作为这一问题的特征长度。

熔化分数 φ 和换热强度 Nu 是熔化过程中最关心的两个主要无量纲参数。熔化分数是指相变材料的熔化体积的百分比，可以用下式计算得到：

$$\varphi = \frac{1}{V} \iiint f_l dV \tag{6-13}$$

Nu 数可用下式计算得到：

$$Nu = \frac{q''(t)W}{k(T_H - T_m)} \tag{6-14}$$

其中，$q''(t)$ 为从恒温壁面流入相变材料的实时热流密度。

图 6-6(e~f)展示了这两种相变材料的熔化分数和 Nu 数随无量纲时间 τ 的变化规律。可以看到，对于镓，在这 3 种参数条件下，其无量纲曲线几乎是完全重合的。而对于二十烷，在不同的加热条件下其熔化过程曲线不一样，边界壁面温度越高，其 Nu 数越大，相应的熔化速度越快，总熔化时间越短。造成这种差异的本质原因实际上是自然对流的影响。Ra 数是表征自然对流换热强度的无量纲数，其定义如下：

$$Ra = \frac{g\beta c_p(T_H - T_m)\rho^2 W^3}{\mu k} \tag{6-15}$$

从物理意义上来讲，它也可以理解为是对流换热与热传导的比值(再乘以一定的比例因子)。当 Ra 数小于某一临界值时，热传导占主导地位；当 Ra 数较大时，对流换热开始起作用甚至占据主导地位。对于这里研究的问题，当壁面相对温度为 15℃时，镓的 Ra 数为 552，远小于二十烷的 45 659。这也解释了为什么在无量纲尺度下，镓的熔化曲线基本重合，而二十烷的会有所变化。这是因为，对于镓而言，这里研究的几种情况下的 Ra 较小，自然对流不会影响其传热过程。而对于二十烷，Ra 较大，自然对流传热也相对较强，因而熔化过程也得到加速。

可以看到，由于热物性上的巨大差异，低熔点金属相变材料与传统有机相变材料的相变传热过程实际上存在很大差异。为进一步弄清楚其相变传热的一般规律，下面给出参数化的数值计算结果，分别针对恒定壁温和恒定热流两种情况进行分析。

6.4.2.3 恒定壁温边界条件熔化过程

这里，针对在实际热控应用中可能遇到的几种尺寸和温度情形进行数值计算，具体参数列于表 6－6。图 6－7 展示了 8 种不同情况下的熔化过程。在图中图例部分，HaWb 表示腔体的高度(H)和宽度(W)分别为 a mm 和 b mm；5 K 表示给定壁面温度为熔点以上 5℃。

表 6－6 腔体内相变过程模拟工况参数列表

工　况	宽(*W*)(mm)	高(*H*)(mm)	恒定壁温边界条件：相对熔点温度 $T_H - T_m$(K)	恒定壁温边界条件：*Ra* 数	恒定热流边界条件：热流密度 q''(W/cm^2)	恒定热流边界条件：*Ra* 数
#1	3	10	15	119	5	35
#2	5	10	15	552	5	273
#3/4/5	5	20	5/15/25	184/552/921	3/5/10	164/273/547
#6	5	40	15	552	5	273
#7	8	30	15	2 263	5	1 792
#8	10	20	15	4 420	5	4 376

对比#2、4、6 可以发现，三者的熔化过程曲线是完全重合的，也就表明在该条件下，腔体高度对熔化过程没有明显影响。#3、4、5 之间唯一的不同是壁面温度大小，不难理解，温度越高，熔化过程越快。对于壁面温度相同的几组，如#1、2、4、6—8，其热流密度大小与时间的关系遵循同一条变化规律曲线。

通过无量纲化，可以很容易发现其中的规律。图 6－7(b)和(d)是熔化分数和 *Nu* 数随无量纲时间 *FoSte* 的变化曲线。可以看到，在无量纲尺度下，镓的熔化过程表现出很好的规律性，研究的几种情形的结果完全重合。通过拟合，可以给出如下表征恒壁温下低熔点金属熔化过程一般规律的无量纲关系式：

$$\varphi = 1.4(Ste \cdot Fo)^{0.5} \tag{6-16}$$

$$Nu = 0.727(Ste \cdot Fo)^{-0.5} \tag{6-17}$$

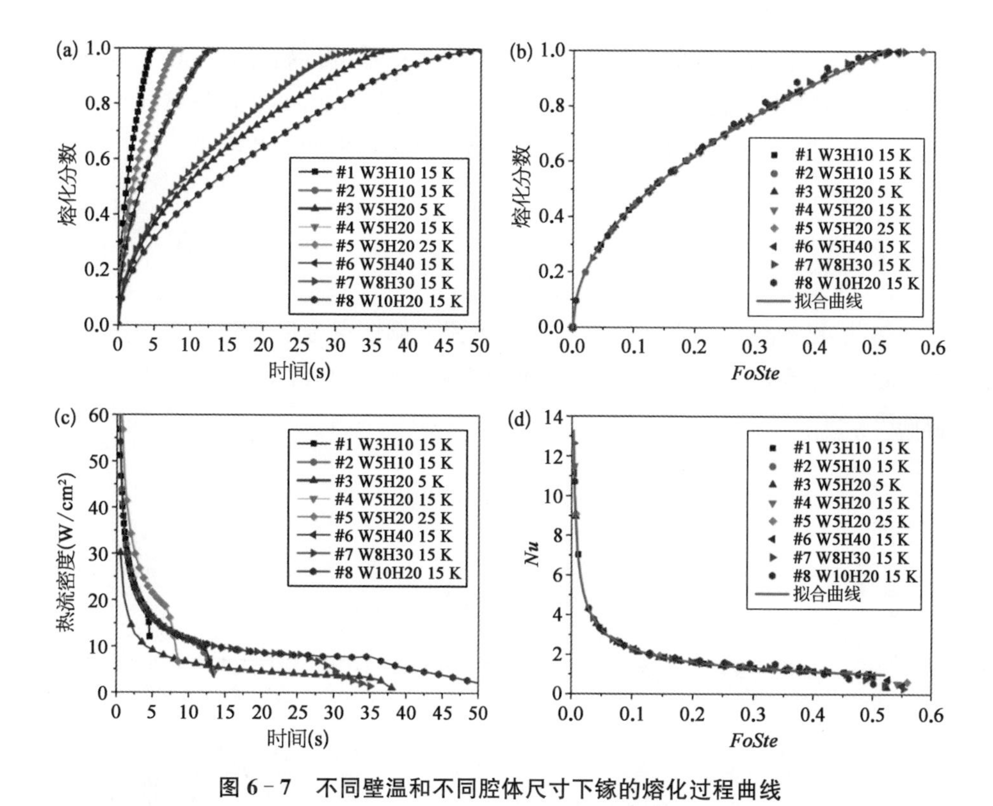

图 6-7　不同壁温和不同腔体尺寸下镓的熔化过程曲线

(a) 熔化分数随时间的变化；(b) 熔化分数随无量纲时间 *FoSte* 的变化；(c) 热流密度随时间的变化；(d) *Nu* 随 *FoSte* 的变化。

6.4.2.4　恒定热流边界条件熔化过程

类似地，这里也给出了恒定热流边界条件下的情形，相应的参数列于表 6-6。在恒热流边界条件下，部分无量纲参数的定义中涉及特征温度($\Delta T_c = T_H - T_m$)的部分需要做一定的修改，因为此时壁面温度 T_H是未知的随时间变化的量。可以用已知的边界热流密度 q''来重新定义特征温度：$\Delta T_c = q''W/k$。基于这一定义，其他的无量纲变量可以重新定义为：

$$\tau = Ste \cdot Fo = \frac{q''t}{\Delta H \rho W} \tag{6-18}$$

$$Ra = \frac{g\beta c_p q'' \rho^2 W^4}{\mu k^2} \tag{6-19}$$

$$Nu = \frac{q''W}{k[T_H(t) - T_m]} \tag{6-20}$$

图 6-8 总结了针对 8 种不同情形的计算结果，可以看到，熔化分数随时间几乎线性增加。此外，壁面温度也会随时间线性增加，并在最终熔化快要结束时急剧上升。通过对无量纲曲线进行拟合可以给出如下关系式：

$$\varphi = 0.985 Ste \cdot Fo \tag{6-21}$$

$$Nu = 1.08(Ste \cdot Fo)^{-0.958} \tag{6-22}$$

至此，已经得到了表征恒壁温和恒热流下低熔点金属熔化过程一般规律的无量纲关系式。而对恒定壁温边界条件，其一维斯蒂芬问题有如下精确解[11]：

$$\varphi = S(Fo) = 2\lambda Fo^{0.5} \tag{6-23}$$

$$Nu = \frac{1}{\sqrt{\pi}\, erf(\lambda)\sqrt{Fo}} \tag{6-24}$$

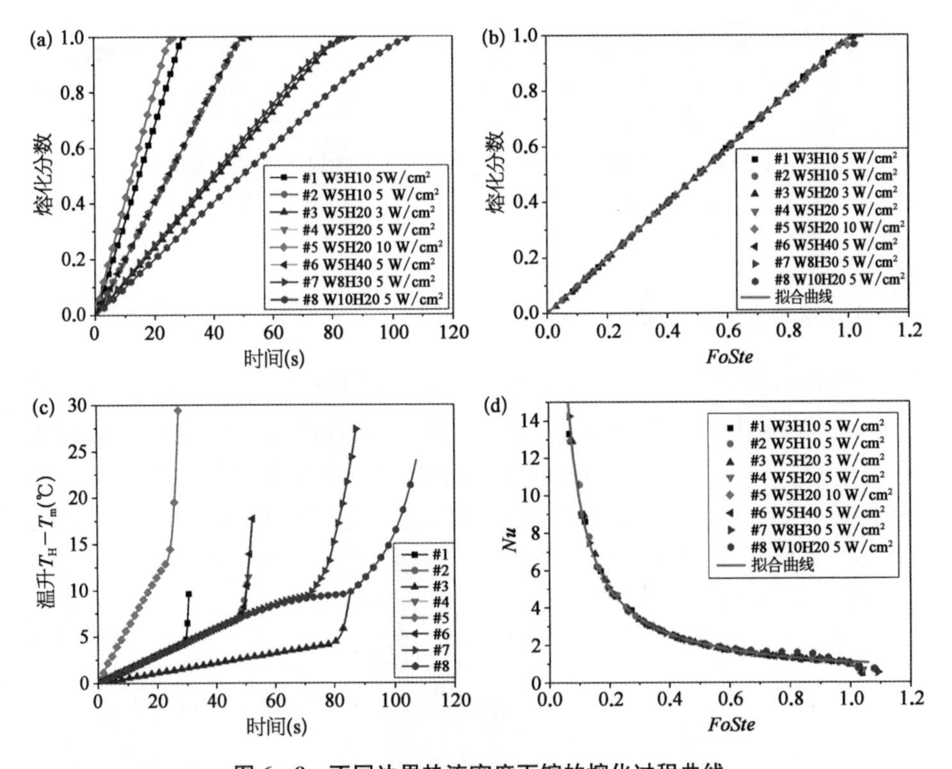

图 6-8　不同边界热流密度下镓的熔化过程曲线

(a) 熔化分数随时间的变化；(b) 熔化分数随无量纲时间 $FoSte$ 的变化；(c) 壁面温度随时间的变化；(d) Nu 随 $FoSte$ 的变化。

在小 Ste 数($Ste<0.2$)下，有如下近似[11]：

$$erf(\lambda) \approx \frac{2}{\sqrt{\pi}}\lambda \tag{6-25}$$

$$\lambda \approx \left(\frac{Ste}{2}\right)^{0.5} \tag{6-26}$$

于是，熔化分数和 Nu 数可以近似表达为：

$$\varphi = S(Fo) = 1.414(Ste \cdot Fo)^{0.5} \tag{6-27}$$

$$Nu = 0.707(Ste \cdot Fo)^{-0.5} \tag{6-28}$$

可以看到，这与式(6-16)和式(6-17)非常接近，也就是说，低熔点金属的对流型固液相变传热问题与不考虑对流的传导型相变问题的结果是一样的，这说明其中的自然对流传热实际上是可以忽略的。

同样，针对恒热流情形，杨小虎等[11]给出了一种近似解：

$$\varphi = S(Fo) = Ste \cdot Fo \tag{6-29}$$

$$Nu = (Ste \cdot Fo)^{-1} \tag{6-30}$$

这里得到的式(6-21)和式(6-22)也十分相近。两者的差别在于，在近似解中，忽略了显热吸热的影响，因此式(6-29)中的常数系数比式(6-21)略大一点。

这里所分析问题的 Ra 数均较小，因此热传导占据主要地位。从表 6-6 可以看到，针对恒壁温和恒热流，这里研究的 Ra 数的最大值分别为 4 420 和 4 376，且在这一 Ra 数时，相应的无量纲曲线已经开始小幅度地偏离拟合曲线。因此可以认为，对于低熔点金属，Ra 数小于 4 000 时，可以忽略其自然对流的影响，只考虑其热传导过程即可。

6.4.3　水平圆柱外低熔点金属相变传热一般规律

在相变材料的应用中，除了腔体封装之外，另一个常见的情形是内插圆柱体式结构。例如，在储热系统中，加热棒或者输运载热流体的管道埋在相变材料内部，对相变材料进行加热以实现储热；在相变热控模块中，利用热管插入相变材料内部以强化其传热。这里存在的一个共性基本问题，即低熔点金属

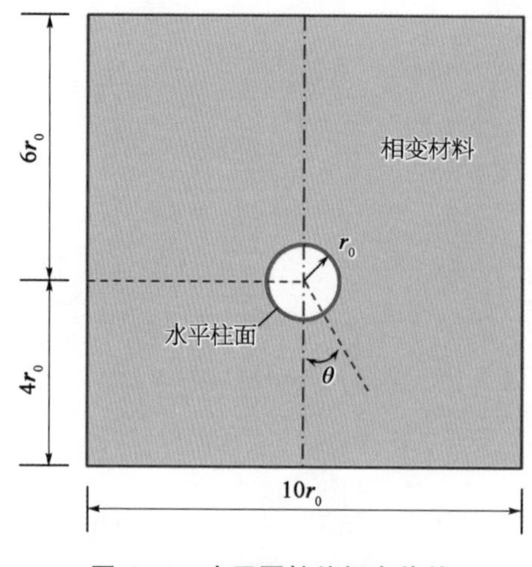

图 6-9 水平圆柱外相变传热问题几何模型

相变材料在圆柱体外的相变传热规律[11,16]。

这里，将针对水平圆柱外低熔点金属的熔化过程进行数值分析，并给出一般规律。图 6-9 为所分析问题的几何模型，采用二维模型加以计算。水平放置的圆柱半径为 r_0，外面包裹有低熔点金属相变材料镓。相变材料区域尽可能大，这里为 $10r_0 \times 10r_0$ 的方形区域。为方便后面的分析，这里首先针对这一具体问题列出其主要无量纲参数：

$$R = \frac{r}{r_0},\ Fo = \frac{\alpha t}{r_0^2},\ S = \frac{s(t)}{r_0},\ \Theta = \frac{T(r,\ t) - T_m}{\Delta T_c} \tag{6-31}$$

此外，关系到相变过程的无量纲参数定义如下：

$$Ste = \frac{c_p \Delta T_c}{\Delta H},\ Ra = \frac{g\beta c_p \Delta T_c \rho^2 r_0^3}{\mu k} \tag{6-32}$$

其中，特征温差 ΔT_c在不同边界条件下定义不同。给定恒定壁温 T_H时，

$$\Delta T_c = T_H - T_m \tag{6-33}$$

给定边界热流密度 q''时，

$$\Delta T_c = \frac{q'' r_0}{k} \tag{6-34}$$

杨小虎等[11]给出了不考虑自然对流时圆柱体外一维单相斯蒂芬问题的准稳态近似解。在给定壁温条件下：

$$\Theta = \frac{\ln(R/S)}{\ln(1/S)} \tag{6-35}$$

其中，界面函数 S 由下面的超越方程决定：

$$2S^2\ln(S)-S^2+1=4Ste\cdot Fo \tag{6-36}$$

在恒定热流条件下：

$$\Theta=\ln(S/R) \tag{6-37}$$

其中，界面函数 S 由下面的方程决定，

$$S^2-1=2Ste\cdot Fo \tag{6-38}$$

相变材料的熔化体积以及水平圆柱壁面与相变材料之间的换热强度是实际应用中最关心的两个变量。这里定义无量纲的熔化体积 V_m 为

$$V_m=\frac{\pi(s^2-r_0^2)}{\pi r_0^2}=S^2-1 \tag{6-39}$$

换热强度 Nu 定义为

$$Nu=\frac{r_0 q''}{k(T_H-T_m)} \tag{6-40}$$

在准稳态近似下，由傅立叶导热定律，有如下关系式：

$$q''=k\frac{T_H-T_m}{r_0\ln[s(t)/r_0]} \tag{6-41}$$

将式(6-41)代入式(6-40)，不难得到，无论是恒壁温还是恒热流边界条件，Nu 数均可表述为如下形式：

$$Nu=\frac{1}{\ln(S)} \tag{6-42}$$

由上述分析可以看到，V_m 和 Nu 均是 S 的函数，且无论对于恒壁温还是恒热流边界条件，S 均是 $Ste\cdot Fo$ 的函数，因此可以绘制 $V_m(Ste\cdot Fo)$ 和 $Nu(Ste\cdot Fo)$ 曲线以表征其相变过程一般规律。下面将分别给出恒壁温和恒热流边界条件下的参数化数值模拟结果。这里，选取 r_0 为 3.5 mm 的圆管进行分析，相应的边界条件列于表 6-7。其中，壁面温度用相对于镓的熔点温度的相对值表示。

表 6-7 水平圆柱外相变过程模拟工况参数列表(r_0=3.5 mm)

序号	恒定壁温边界条件			恒定热流边界条件		
	ΔT_c(℃)	Ste	Ra	q''(W/m²)	Ste	Ra
#1	5	0.024 8	63	50 000	0.025 8	66
#2	10	0.049 6	126	100 000	0.051 5	131
#3	15	0.074 4	190	150 000	0.077 3	197
#4	20	0.099 2	253	200 000	0.103 1	263
#5	25	0.124	316	250 000	0.128 9	328

6.4.3.1 恒定壁温边界条件

图 6-10 直观地展示了 $\Delta T_c=15$℃ 时的熔化过程。其中,左半边为温度云图,右半边是液相分数云图,闭合曲线为液相区域自然对流的流线。对应地,图 6-11 定量地展示了熔化过程中 Nu 和 V_m 随无量纲时间 $SteFo$ 的变化曲线。可以看到,整个熔化过程可以划分为 3 个阶段:① $SteFo<1$ 时[图 6-10(a~b)],传热过程以热传导为主,相变材料温度分布呈现径向同心分布,固液界面也是规则的同心圆;此时虽然也存在自然对流,但是自然对流对传热的影响较小,Nu 和 V_m 曲线与不考虑自然对流时的近似解曲线基本重合;② $1<SteFo<3$ 时[图 6-10(c~d)],为过渡区域,自然对流逐渐加强,并开始影响温度分布,Nu 开始偏离(高于)基准理论解,V_m 的增长速度也开始加快;③ $SteFo>3$ 之后[图 6-10(e~f)],进入自然对流主导的熔化阶段;液相区域强烈的自然对流是热量从管壁传向相变材料的主要方式,此时的温度分布也呈现出典型的自然对流传热特征;Nu 数保持一个较高的比较稳定的值,且 Ra 数越大,自然对流传热越强,Nu 的值也就越大。

为得到低熔点金属自然对流熔化过程的一般规律,这里借鉴纯粹的单相自然对流换热关系式来进行分析。在水平圆柱外稳态单相自然对流传热中,Nu 数与 Ra 数之间存在定量关系[18]:$Nu=C\cdot Ra^n$。类似地,对于这里的瞬态相变问题,可以假设存在如下无量纲关系:

$$Nu=Ra^n\cdot f(Ste\cdot Fo) \tag{6-43}$$

对于这里研究的自然对流熔化过程,当 $n=0.2$ 时,各个无量纲曲线在熔化过程第三阶段(自然对流传热主导阶段)展现出很好的一致性,如图 6-11(b)所示。类似地,对于熔化体积 V_m,$n=0.1$ 时,各个曲线可以很好地重合。

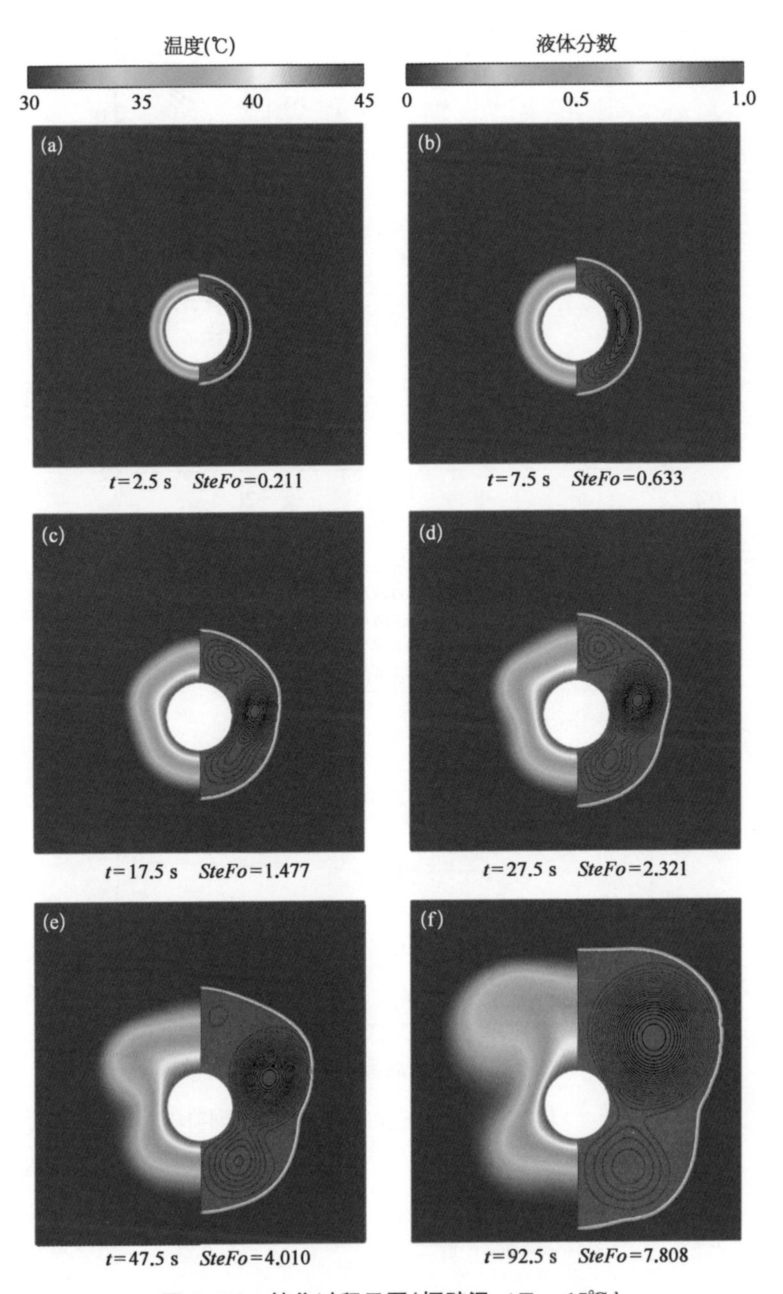

图 6-10　熔化过程云图(恒壁温，$\Delta T_c = 15$℃)

(a) 2.5 s；(b) 7.5 s；(c) 17.5 s；(d) 27.5 s；(e) 47.5 s；(f) 92.5 s。

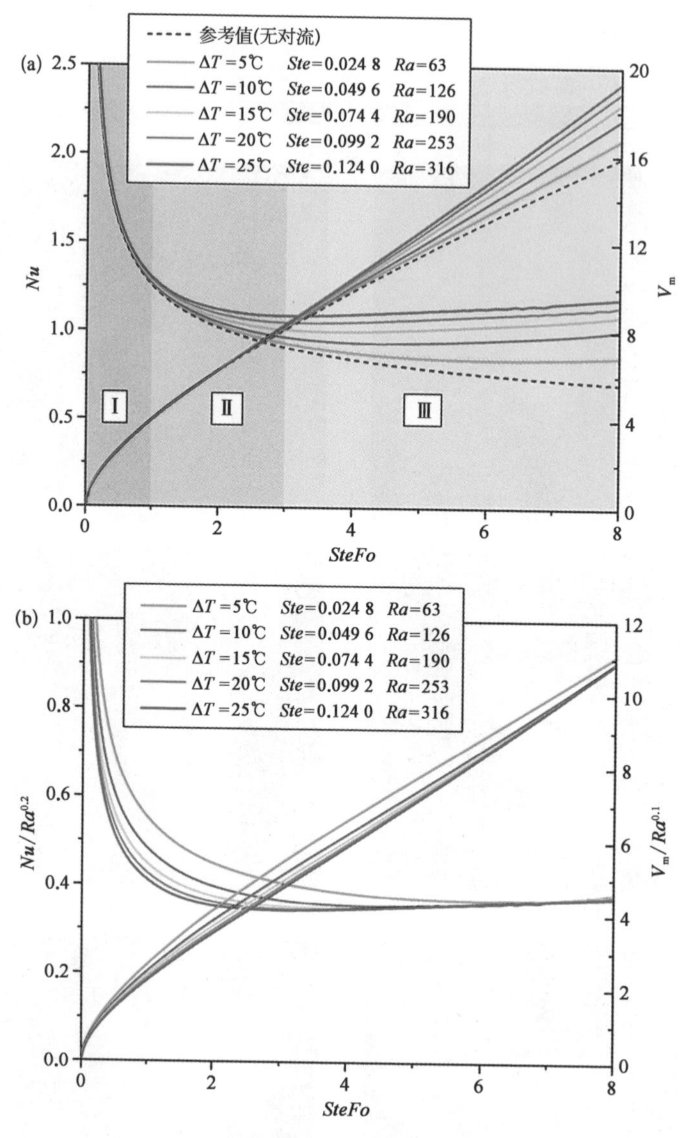

图 6-11 恒壁温条件下熔化过程无量纲曲线

(a) Nu, V_m随 $SteFo$ 的变化;(b) $Nu/Ra^{0.2}$, $V_m/Ra^{0.1}$随 $SteFo$ 的变化。

6.4.3.2 恒定热流边界条件

恒定热流条件下低熔点金属的熔化过程与上面恒定壁温时的十分相似,图 6-12 对其进行了定量的总结。类似地,其熔化过程也可以划分 3 个阶段:① $SteFo < 2$ 时的热传导主导阶段;② $2 < SteFo < 3.5$ 时的过渡阶段;

③ $SteFo > 3.5$ 时的自然对流传热主导阶段。通过对不同 Ra 数下的无量纲曲线进行总结分析可以发现，当 $n = 0.155$ 时，Nu/Ra^n 曲线随 $SteFo$ 的变化展现出很好的规律性。而对于熔化体积 V_m，始终有 $V_m \approx 2SteFo$ 的近似关系，这可以通过能量守恒定律容易得到。

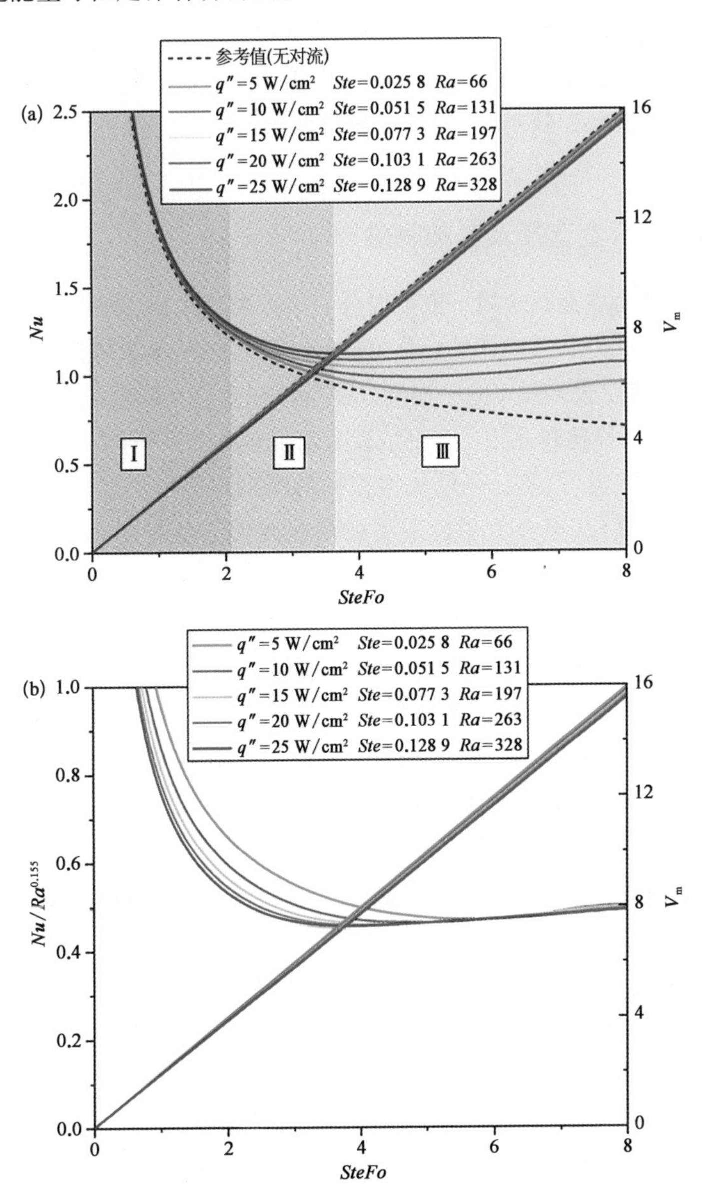

图 6-12 恒热流条件下熔化过程无量纲曲线

(a) Nu, V_m 随 $SteFo$ 的变化；(b) $Nu/Ra^{0.155}$, V_m 随 $SteFo$ 的变化。

6.5 应对极端热冲击的液态金属相变热控技术

光电器件或功率设备的相变热控技术是低熔点金属相变材料的一个重要应用领域，特别是针对传统相变材料难以应对的极端热冲击情形，液态金属（低熔点合金）有望发挥不可替代的关键作用[11,19]。本节对低熔点金属应对极端热冲击的相变热控技术进行介绍，并给出一些典型情况下的实验和数值研究结果。

6.5.1 合金选择及其热物性

常用的低熔点液态金属一般可以分为两大类：① 镓及镓基合金；② 铋基合金。镓的熔点为 29.78℃，其合金（典型的镓铟合金、镓铟锡合金以及镓铟锡锌合金等）的熔点大多低于这一温度。镓及镓基合金在较低温度场合（如环境温度低于 20℃时）比较适用。当环境温度略低于其熔点时，虽然金属相变材料可以熔化吸收热量，但此后热量从相变材料排出到环境中的过程会由于温差较小而比较缓慢，甚至会由于过冷度的存在而无法及时凝固，导致无法循环工作。

铋基合金（典型的铋锡合金、铋铟锡合金、铋铟锡铅合金等）的熔点温度一般比镓基合金要高一些，比如，$Bi_{44.7}Pb_{22.6}In_{19.1}Sn_{8.3}Cd_{5.3}$ 的熔点为 47℃，$Bi_{49}In_{21}Pb_{18}Sn_{12}$ 的熔点为 58.2℃。考虑到这两种合金中含有有毒重金属元素镉和铅，其实际应用可能会有所限制。这里，选择铋铟锡合金作为相变热控材料。对于合金而言，其共晶点合金的熔点是最低的，铋铟锡共晶合金的配比为 $Bi_{31.6}In_{48.8}Sn_{19.6}$（EBiInSn），其熔点约为 60℃，适合作为常规电子器件的相变温控材料。在其他配比下，铋铟锡合金的熔点会更高，可能难以起到对器件的热保护作用。

表 6-8 给出了相变材料 EBiInSn、十八醇和结构材料的主要热物性参数。可以看出，相变材料 EBiInSn 和十八醇之间存在非常明显的差别。密度方面，前者高达 8 043 kg/m^3，是后者的 9 倍。熔化潜热方面，EBiInSn 的质量潜热为 27.9 kJ/kg，远小于十八醇的 239.7 kJ/kg。但从体积潜热值来看，EBiInSn 的为 224.6 MJ/m^3，略高于十八醇的 214.3 MJ/m^3。比热方面，EBiInSn 的比热明显偏低，固液相比热分别为 0.270 kJ/(kg · K)和 0.297 kJ/(kg · K)，而十八醇的分别为 2.053 kJ/(kg · K)和 2.732 kJ/(kg · K)。热导率方面，EBiInSn 的

优势则十分明显，其固液相的热导率分别为 19.2 W/(m·K)(25℃)和 14.5 W/(m·K)(80℃)；而十八醇的则分别为 0.273 W/(m·K)和 0.175 W/(m·K)，比 EBiInSn 低两个数量级。

表 6-8　相变材料和结构材料主要热物性[11]

材料	密度 ρ (kg/m³)	熔点 T_m (℃)	潜热 ΔH (kJ/kg)	体积潜热 (MJ/m³)	比热 c_p [kJ/(kg·K)]		热导率 k [W/(m·K)]	
					固相	液相	固相	液相
EBiInSn	8 043±39	60.2±0.1	27.9±0.1	224.6	0.270±0.015	0.297±0.003	19.2±1.1[(a)]	14.5±0.5[(b)]
十八醇	894	55.6	239.7	214.3	2.053	2.732	0.273	0.175
铝	2 719	—	—	—	0.871	—	202.4	—
铜	8 978	—	—	—	0.381	—	387.6	—

[(a)]：at 25℃；[(b)]：at 80℃。

6.5.2　EBiInSn 热沉实验测试

6.5.2.1　实验测试装置

图 6-13 为 EBiInSn 热沉的热性能测试平台示意[11]。热沉模块结构材料采用 6063 铝(T6)，其外围尺寸为 80 mm×80 mm×30 mm，内部腔体尺寸为 72 mm×72 mm×25 mm。为了说明内部翅片对热沉性能的影响，这里设计了 3 种热沉结构，也就是图 6-13 所示的无翅片结构(♯1)、1×1 交叉翅片结构(♯2)和 2×2 交叉翅片结构(♯3)。翅片结构中，翅片的厚度均为 2 mm。插有 4 根加热棒的铜块(60×60×20)用作模拟热源，加热棒(6×60)的标称功率为 100 W(标称电压：220 V AC)，其实际加热功率可以用变压器进行调节。在实验中，通过测量串接电阻(R=0.10 Ω)两端的电压 $V_{1\text{-}2}$ 和加热棒两端的电压 $V_{2\text{-}3}$ 即可获得加热棒的加热功率。

热沉模块放置于加热块上方，两者之间涂抹导热膏以减小接触热阻。模拟热源周围用海绵进行包覆以隔热。在热沉底部用线切割方式加工有截面为 0.5 mm×0.5 mm 的槽口，并布置有 3 个 T 型热电偶，这里取三者的平均值作为热沉底部温度来进行分析。温度信号和电压信号均通过数据采集仪进行采集，其采样频率设置为 0.25 Hz。最终，所有采集到的数据信号均输入电脑以进行储存和后处理。

这里，有 3 种不同的热沉结构(♯1，♯2，♯3)；对每种结构，有 3 种填充方式：

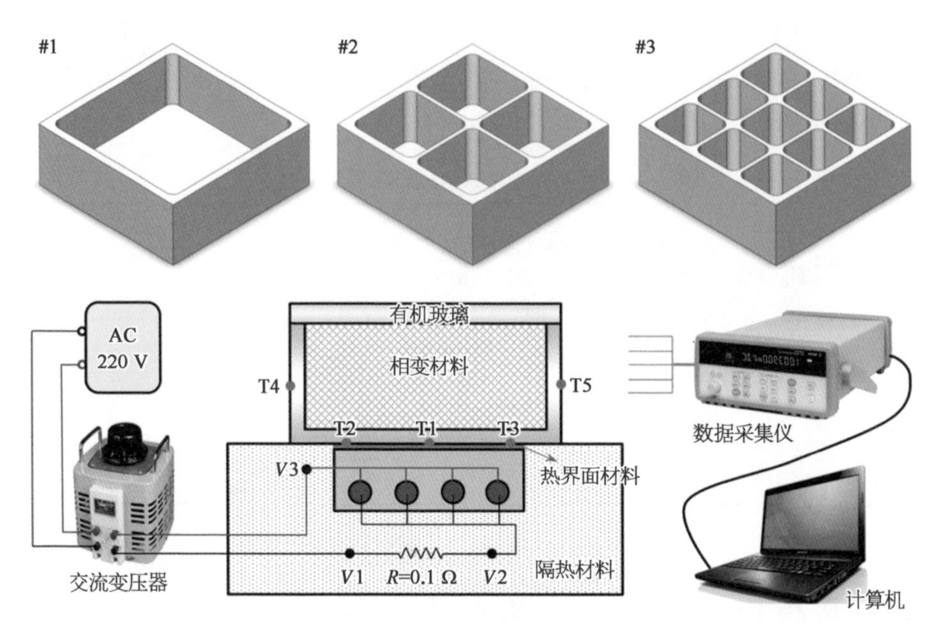

图 6-13 相变热沉热测试平台示意

① 无填充;② 填充十八烷作为相变材料;③ 填充 EBiInSn 作为相变材料。为了对比十八烷和 EBiInSn 的热控性能差别,在不同的结构中,两者的填充量保持相等,均为 100 mL(液相)。对于每种热沉结构和填充方式,对其测试 3 种热功率下的热响应曲线,测试功率分别为 80 W、200 W、320 W。也就是说,在这里一共要测试 27 组数据进行对比分析。在所有测试中,环境温度基本保持稳定,为 24±1℃。

6.5.2.2 实验测试结果

热沉底部温度是反映热沉热控性能的重要评价指标,这里有 3 个热电偶(T1、T2、T3)对其进行监测,其平均值作为热沉底部温度值。图 6-14 展示了 3 种热沉结构在 3 种填充方式和 3 种热功率下的实时温度响应曲线,为了对整个热过程有一个全局的认识,这里一直监测到温度达到 140℃时停止测试。

在图 6-14(a)中,加载的是较小的热功率(80 W)。对于没有相变材料的热沉,其温度随时间快速上升。添加内部翅片可以略微降低其温升速率,这主要是因为热沉质量增加,导致其显热热容增加。当使用相变材料热沉时,底部温升会在相变点后明显减慢。EBiInSn 的温度抑制效果明显优于十八醇,且内部翅片越多,抑制效果越好。两者的抑制作用持续的时间相近,这主要是因为它们的体积潜热相近,因而在相同体积下总储热量接近。

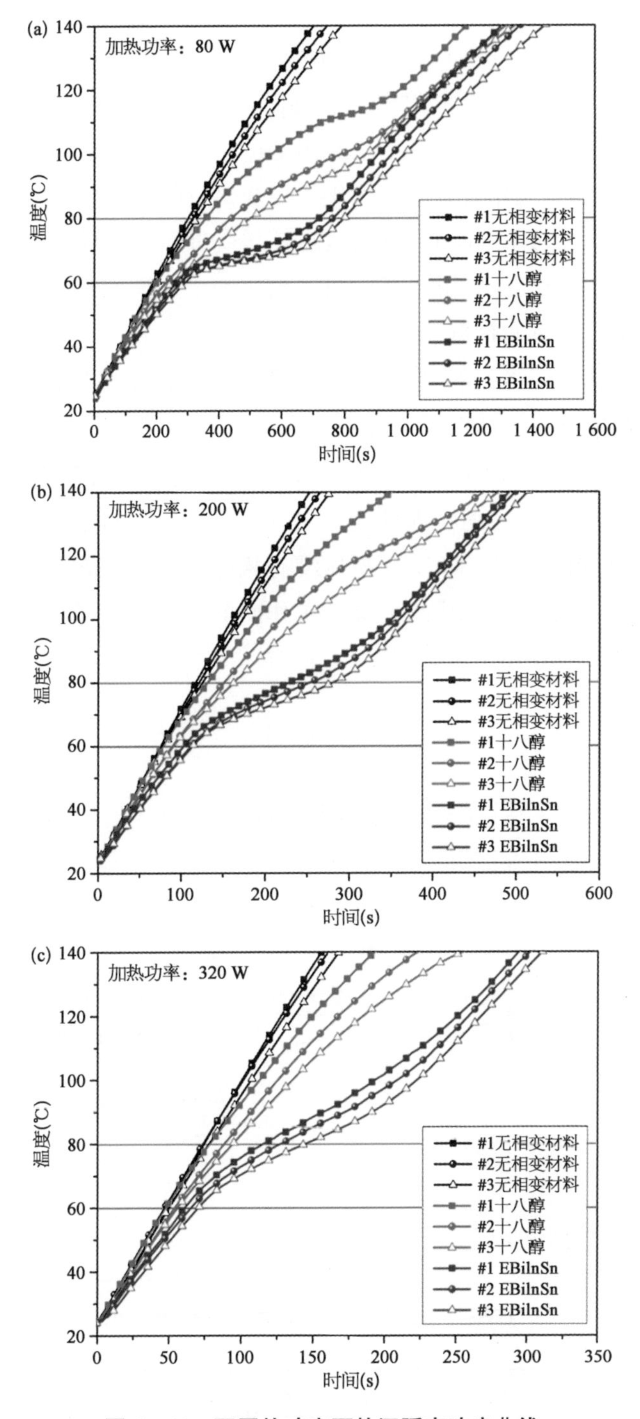

图 6-14　不同热功率下热沉瞬态响应曲线

(a) 80 W;(b) 200 W;(c) 320 W。

当热功率增加到 200 W 和 320 W 时，9 种热沉配置的热过程与 80 W 时十分相似。可以看到，对于十八醇相变热沉而言，即使在其相变过程中，仍然很难抑制热沉的温升。此外，随着十八醇相变过程的进行，热沉温升速率会逐渐地减小，这是因为其液相自然对流强化了相变材料内部的传热过程，从而实现更好的温控效果。对于 EBiInSn 而言，在其相变过程中，热沉温度几乎保持线性增加，且热功率越大，增加速率越快。相比于十八醇而言，EBiInSn 热沉在其相变过程中可以有效抑制热源温升。

为定量评价相变材料的热控性能，这里定义了相变材料工作时间 t_w。t_w 是指相变材料能够维持热沉温度在某一临界温度以下的时间，这里将临界温度设定为 80℃。此外，在循环工作中，热沉的温度通常保持在略低于相变材料凝固点和临界温度点之间。为此定义相变材料工作时间 t_w 为热沉温度在 60℃到 80℃之间的时间。将没有翅片没有相变材料的热沉的工作时间设为 t_0，并以此为基准参考值。其他热沉的工作时间与 t_0 的比值记为热沉的性能强化因子(enhancement factor, EF)：

$$EF = \frac{t_w}{t_0} \tag{6-44}$$

图 6-15 展示了这里测试的几种热沉的性能强化因子。十八醇相变热沉的强化因子在 1.2 到 2.3 之间，而 EBiInSn 的强化因子在 2.1 到 4.5 之间，是十八醇的 2 倍左右。热功率越小时，强化因子越大。内部翅片的使用可以增加

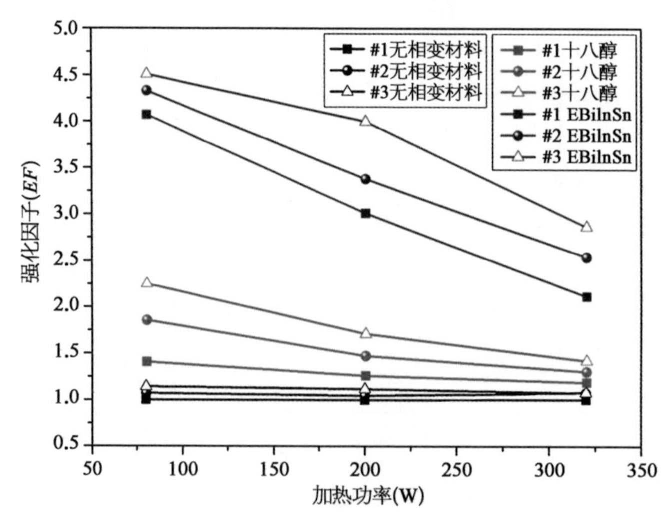

图 6-15 热沉性能强化因子

热沉的强化因子。比如,对于十八醇,在 80 W 加热功率下,♯2 和♯3 热沉的强化因子相比于♯1 分别增加了 32%和 60%。而对于 EBiInSn 而言,在 80 W 加热功率下,内部翅片的使用对强化因子的提升并不是很大,♯2 和♯3 热沉相对于♯1 分别增加了 6.4%和 10.8%。而当加热功率增加时,内部翅片的作用更加明显。在 320 W 时,♯2 和♯3EBiInSn 热沉的强化因子相对于♯1 分别增加 20%和 35%。

图 6-16 展示了♯3 热沉在 200 W 加热功率下的温升和之后的自然冷却过程,没有相变材料的热沉冷却过程会更快,这主要是因为其在加热过程中吸收的热量更少。对于十八醇和 EBiInSn 做相变材料的热沉,两者的自然冷却时间比较接近,其最大的不同发生在相变材料凝固阶段。对十八醇而言,在其凝固过程中,热沉温度仍会继续下降。而对于 EBiInSn 热沉,在其凝固过程中,整个热沉温度几乎保持在 60℃附近不变,这主要是由于 EBiInSn 热导率较高(热扩散系数较高),可以有效地将整个热沉的温度扯平。

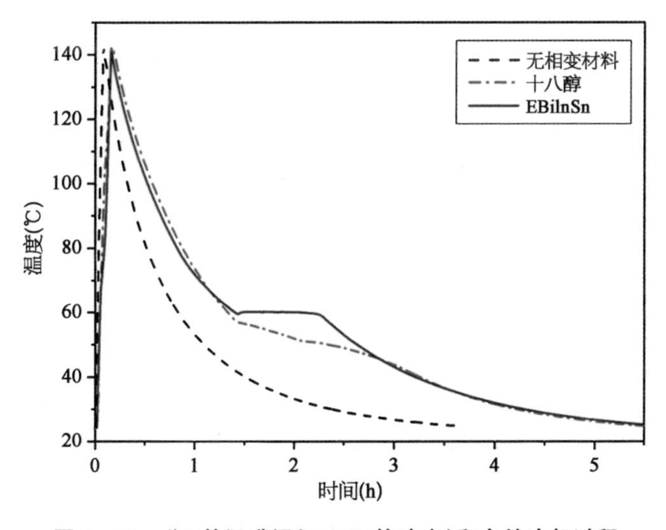

图 6-16　♯3 热沉升温(200 W 热冲击)和自然冷却过程

此外,值得一提的是,在 EBiInSn 凝固过程中,出现了轻微的过冷度(约 1℃)。所谓过冷度,是指相变材料在温度降到低于其凝固点时仍然不发生凝固的现象。过冷度的存在对于相变材料的应用显然是非常不利的,这有可能导致其在冷却阶段无法凝固而失去抵抗下一次热冲击的能力。因此,在实际使用中,应尽量减小或避免相变材料的过冷度。这里,EBiInSn 出现 1℃左右的过冷度是比较小的,也是完全可以接受的。

实际使用中，相变热沉往往会面临循环热冲击。这里，对＃3 EBiInSn 热沉在 200 W 循环热冲击下的热性能进行了测试。实验中，先对热沉加热到 60℃，然后采取 2 min 加热 10.5 min 冷却的循环热冲击模式。在冷却过程中，为了加速冷凝过程，使用风扇强制对流空冷。共进行了 6 次热冲击测试，结果如图 6－17 所示。可以看到，在 200 W 循环热冲击下，＃3 EBiInSn 可以有效将热沉温度控制在 80℃以下。并且在其冷却凝固过程中，没有出现明显的过冷现象，这是因为在加热过程中 EBiInSn 并没有完全熔化，剩余的固相 EBiInSn 可以在冷凝过程中有效促进液相 EBiInSn 的成核和结晶。消除过冷现象显然是有利于保证相变材料循环热控效果的，因此，在实际使用中，可以适当增加相变材料的用量以保证其在热冲击过程中不完全熔化，从而促进其凝固的发生以消除过冷度带来的不利影响。

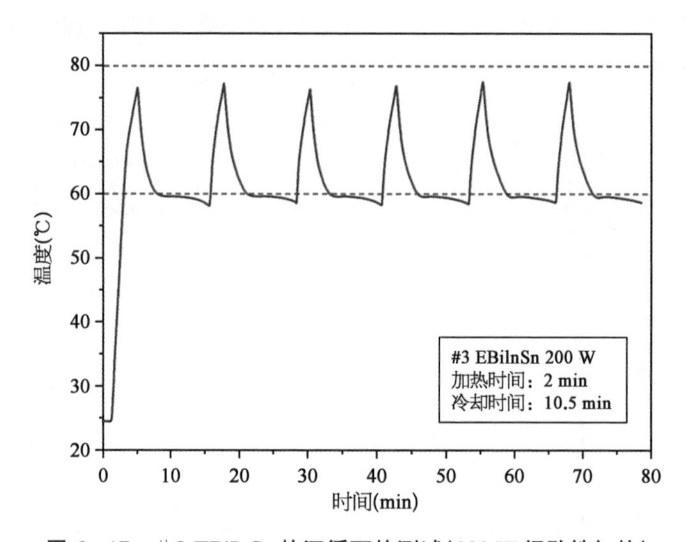

图 6－17　＃3 EBiInSn 热沉循环热测试(200 W 间歇性加热)

6.5.3　低熔点金属热沉模块数值传热模型[11]

6.5.3.1　简化数值模型

数值模拟是指导热沉设计和优化的重要工具，建立低熔点金属相变热沉数值传热模型对于促进其应用十分重要。对于传统的有机类相变热沉，自然对流往往对强化相变材料内部的热量传递起着关键作用，因此在建模时需要将液相自然对流传热考虑进来。然而，对流的引入会极大地增加数值计算的计算量，特别是在三维模拟情形，可能导致计算耗时巨大。

如前所述，对于低熔点金属相变传热过程，其 Ra 数一般较小，热传导占主导地位，而自然对流传热可以忽略。因此，可以给出一种简化的数值计算模型来描述低熔点金属相变热沉的相变传热过程[11,15,16]。在简化模型中，忽略液相金属区域的自然对流及相应的自然对流传热，将整个相变材料区域视为静止的热传导区域来看待，这样一来便可以消除因求解非线性流动方程带来的困难。

这里，针对上一小节的 EBiInSn 热沉建立其简化三维传热模型。鉴于热沉模型的对称性，计算时只取其 1/4 进行模拟。图 6－18 是＃1 EBiInSn 热沉的数值计算模型，＃2 和＃3 是类似的。模型包含 3 个部分：模拟热源、热沉结构、相变材料。为方便建模，这里将加热棒等效为热源底部的恒定热流。由于实验监测的是热沉底部的温度，而不是热源的温度，因此热源与热沉之间接触热阻可以不考虑，对结果影响不大。如果要考虑界面热阻的话，导热膏的热导率约为 1 W/(m・K)，厚度假定为 0.1 mm，因此界面热阻可以设定为 0.1×10^{-3} m^2・K/W。热沉的外侧与周围空气之间存在自然对流传热和热辐射，等效对流传热系数假定为 10 W/(m^2・K)，环境温度为 24℃，模拟热源周围视为绝热。

整个计算区域可以用下面的能量方程来描述：

$$\frac{\partial(\rho H)}{\partial t}=\frac{\partial}{\partial x_i}\left(k\,\frac{\partial T}{\partial x_i}\right)+\boldsymbol{q} \tag{6-45}$$

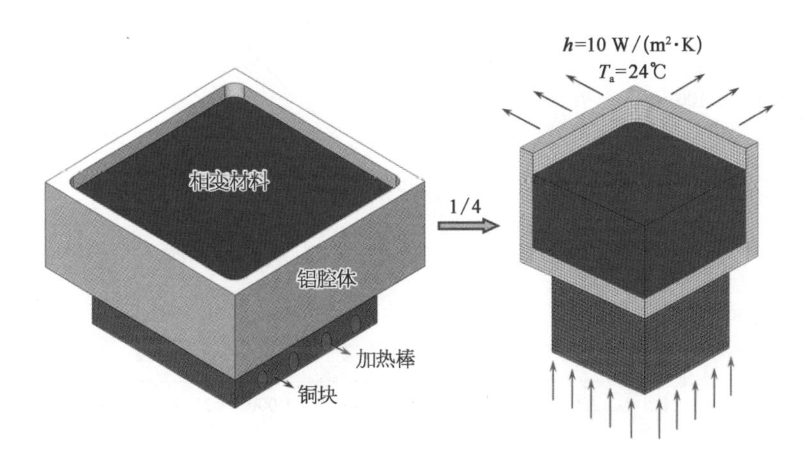

图 6－18　＃1 EBiInSn 热沉数值计算模型与网格划分

其中，H 表示总焓，它包含显热焓 H_s 和潜热焓 H_l 两部分。这里，潜热焓 H_l 仅对 EBiInSn 区域有意义，对于模拟热源和铝腔体结构区域，其潜热焓始终为 0。$\boldsymbol{q}$ 为体积热源，在这里设为 0。

6.5.3.2 数值模型的验证

基于上述简化数值传热模型，采用 ANSYS Fluent 来进行数值计算。在正式计算之前，先进行了网格和时间步长无关性验证。以 #1 EBiInSn 热沉为例，在 80 W 加热功率下，不同网格大小和时间步长下其有效工作时间计算结果如表 6-9 所示。可以看到，网格大小为 13 022，时间步长为 1 s 时对于这一问题已足够精确。

表 6-9 网格大小和时间步长无关性验证(#1 EBiInSn，80 W)

网格大小	时间步长(s)			
	5	2	1	0.5
	工作时间(s)			
7 018	447.2	473.0	472.3	472.2
13 022	480.4	467.2	467.1	467.1
25 342	473.5	467.1	467.0	467.0
79 112	479.3	467.0	467.0	467.0

这里，给出了 #1、#2、#3 号 EBiInSn 热沉在 80 W、200 W、320 W 功率下的瞬态热性能计算结果，并对热沉底部平均温度进行了统计，如图 6-19 所

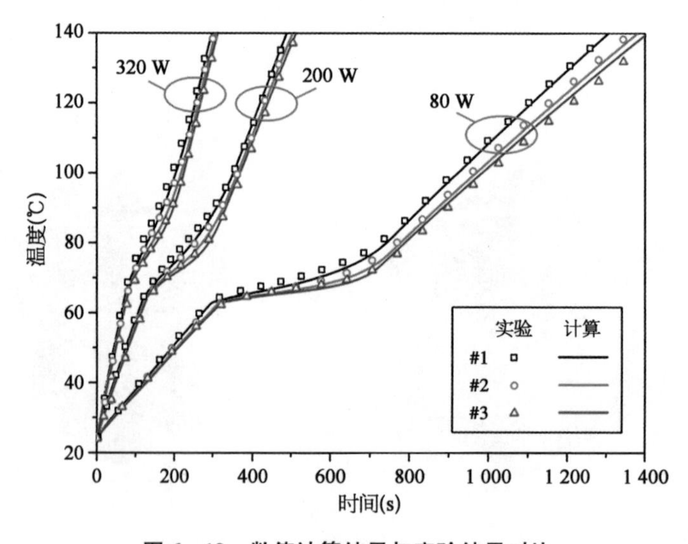

图 6-19 数值计算结果与实验结果对比

示。可以看到，对于这 9 种工况，数值计算结果均与实验结果很好地吻合，这表明简化的数值传热模型可以很好地预测低熔点金属相变热控模块的传热过程。图 6-20 直观地展示了 #1 EBiInSn 热沉在相变过程中的温度云图和液相分数云图。固相 EBiInSn 就像一个巨大的冷池，持续从热源吸热，而其温度始终保持在熔点值附近，直到完全熔化。液相 EBiInSn 内部的温度梯度是热沉底部温升的主要原因。基于这里给出的简化数值计算模型，也可以对其他结构形式和热边界条件情形进行快速的热性能模拟计算。

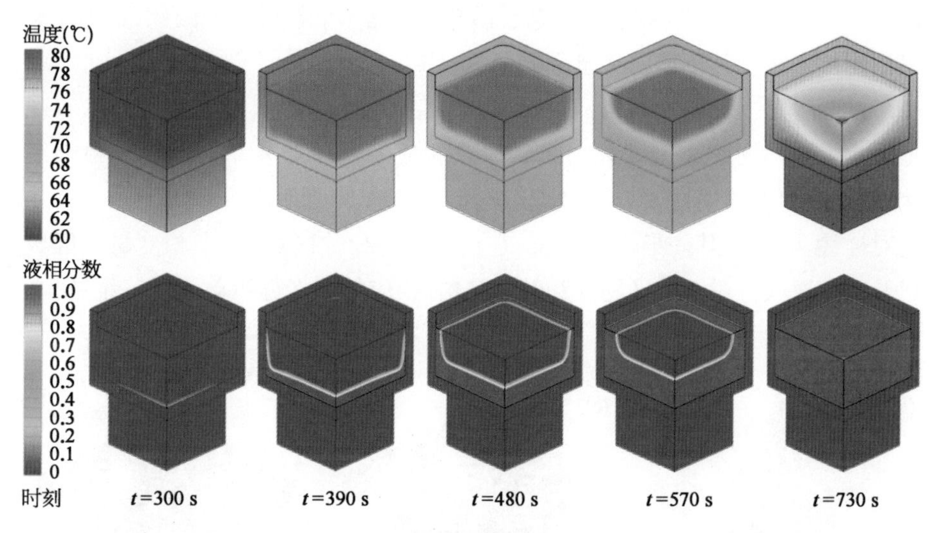

图 6-20　#1 EBiInSn 热沉温度云图与液相分数云图(80 W 热冲击)

6.5.4　内部翅片强化的低熔点金属相变热沉：应对极端高热流冲击

针对传统的有机类相变材料，利用内部翅片强化其相变热控性能已经有很多的研究工作[19]。然而，在这些研究中，面向的散热功率和热流密度均较小。低熔点液态金属固有的高传热和储热能力，使得其应对极端高热流冲击成为可能。传统的有机相变热沉受限于相变材料较低的传热能力，一般只能用于热流密度小于 10^0 W/cm^{2}的情形。这里将主要介绍 10^2 W/cm^{2}量级的极端热脉冲情形，以揭示低熔点金属相变材料的热控能力极限。

从前面相变材料优值系数的定义可以看出，镓是目前已知的相变材料中优值系数最大的，因此，这里采用镓作为相变材料来应对这一极端热脉冲。对于这里分析的问题，其最大 Ra 数为 2 100，小于前面给出的临界 Ra 数，因此，在下面的分析中，将采用前述简化数值计算模型来对低熔点金属相变热沉进行快速分析。

6.5.4.1 问题描述

首先,考虑一个极端热脉冲情形。假定有一个发热元件,初始温度 25℃,间歇性发热功率 q 为 10 000 W,持续时间为 1 s。热源的尺寸为 $W \times L = 10 \times 10\ \mathrm{cm}^2$,也就是说热流密度为 100 W/cm²。根据前面的理论分析,可以估算出在没有翅片强化传热的情况下,热沉底部温度会在 1 s 后升高 61℃(相对于镓的熔点),达到 91℃,这对于一些电子器件而言是不能接受的。因此,这里考虑采用翅片来强化其传热以尽量降低热源温度。

以下考虑 3 种翅片结构:① 板翅;② 交叉翅片;③ 针翅。图 6-21 直观地展示了 3 种翅片类型的几何结构以及相应的基本分析单元。对于板翅结构,基于模型的周期性,只需要分析一个二维的基本翅片单元。鉴于基本单元的对称性,只需对其一半进行分析,它包括半个翅片区域、半个相变材料区域以及基底区域。对于交叉翅片和针翅结构,相应的基本分析单元为三维结构,如图 6-21 所示。

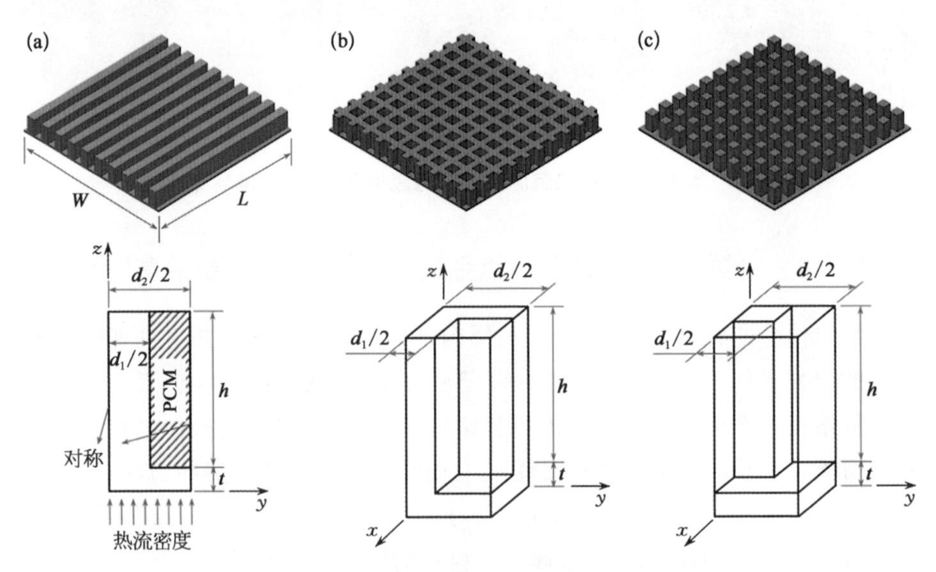

图 6-21 3 种翅片结构及其基本分析单元

(a) 板翅;(b) 交叉翅片;(c) 针翅。

假定板翅结构中有 n 个翅片,那么可将整个热沉等分为 n 个相同的基本单元,其宽度为

$$d_2=\frac{W}{n} \tag{6-46}$$

类似地，对于交叉翅片和针翅结构，假定翅片为 $n\times n$ 个，其基本单元宽度同样可以采用上述定义。这里，翅片的厚度记为 d_1，为方便后面的讨论，定义翅片的厚度占比：

$$\alpha=\frac{d_1}{d_2} \tag{6-47}$$

翅片的结构和尺寸直接影响到相变热沉的性能，除了上面提到的翅片类型、翅片个数和翅片厚度外，翅片的高度 H_f 以及基板厚度 t_b 也是需要考虑的因素。其中，翅片的高度主要由相变材料的用量决定，在给定热功率下，只要相变材料在热脉冲时间内不完全熔化即可满足设计要求。对于这里讨论的热脉冲情形，$H_f=10$ mm 已经完全足够。因此，在下面的讨论中，H_f 将取常数 10 mm，而其他的几个几何变量的影响将进行参数化分析。

6.5.4.2　翅片密度的影响

翅片密度，或者说单位宽度内的翅片个数是影响热沉性能的一个重要参数。这里将重点探究翅片个数的影响。设定其他几何参数保持不变：热脉冲为 100 W/cm^2(1 s)，结构材料采用高热导率的铜材，基板厚度 t_b 取 1 mm，翅片宽度占比 α 为 0.5。由于 3 种翅片结构的结果十分相似，为简明起见，这里仅针对板翅结构进行详细的说明，另外两种结构只给出最后的结论性结果。

图 6－22 给出了不同翅片个数下板翅式相变热沉结构的温控效果。其中，图(a)和(c)直观展示了 1 s 热脉冲之后相变材料的液相分数云图和热沉温度云图；(b)为 1 s 时刻热沉底部温度及相变材料熔化分数随翅片个数的变化；(d)为沿着翅片高度方向(z 方向)的温度分布。这里对热沉底部的最高温度 T_{max} 和平均温度 T_{ave} 进行了监测，并以此来评价热沉的热控性能。由图 6－22(b)可以看到，随着翅片个数的增加，热沉底部的最高温度逐渐下降，这也就是说翅片个数增加可以提升热沉性能。当然，这种提升存在一个极限，当翅片个数大于 80 时，热沉底部温度不再下降，而是趋于一个极限值，将其记为 T_{lim}。这里，T_{lim} 为 46℃。此外，随着翅片个数的增加，热沉底部的温度均匀性越来越好。当 n 大于 40 时，热沉底部的最高温度 T_{max} 和平均温度 T_{ave} 几乎相等，说明热沉底部温度几乎均匀一致。由图 6－22(b)还可以看到，随着翅片个数的

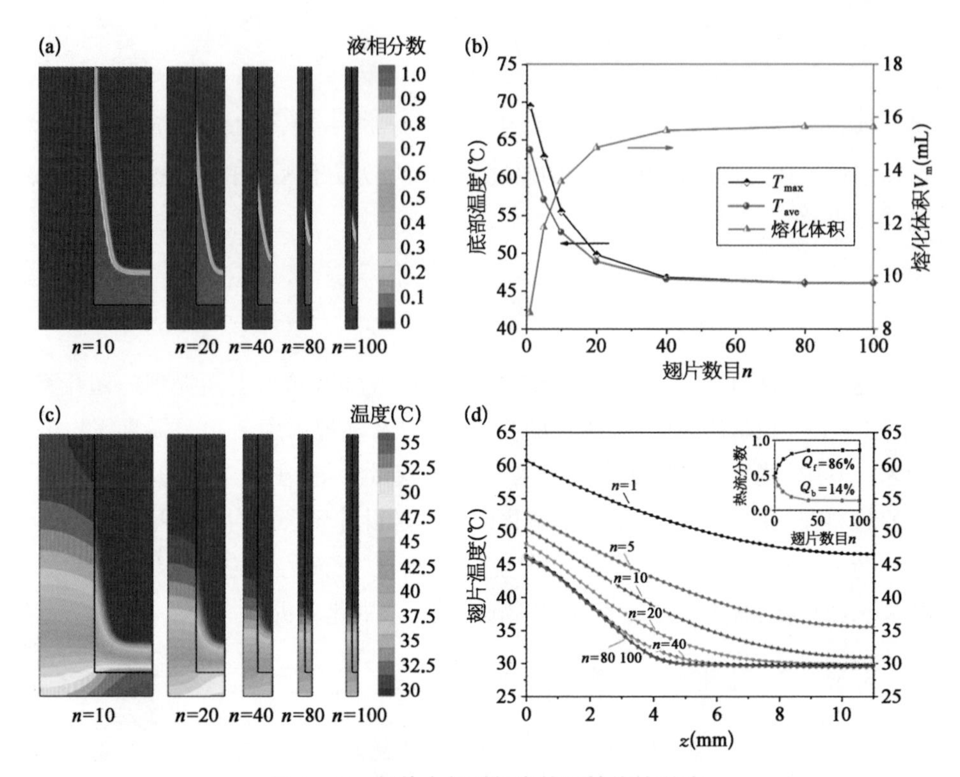

图 6-22 翅片个数对相变热沉性能的影响

(a) 液相分数云图;(b) 热沉底部温度以及相变材料熔化量随翅片个数的变化;(c) 温度分布云图;(d) 沿翅片高度方向温度分布。

增加,相变材料最终熔化量V_m也在增加,并趋于极限值。V_m越大,说明以潜热的形式被吸收的热量越多,相应显热吸热越少,这显然是有利于降低热源温升的。不难看到,V_m的上升趋势与T_{max}的下降趋势实际上是一致的。

由图 6-22(d)可以看出,当n较小时,翅片温度较高,且沿着翅片高度方向的温度分布比较平坦。增加n,翅片温度降低,同时沿高度方向温度分布更加陡峭。温度梯度实际上是热流量的度量,n越大时,经过翅片传输的热量越多。图 6-22(d)中的插图展示的是不同翅片个数下流经翅片的热量Q_f和直接从热沉基板流向相变材料的热量Q_b,其变化趋势很好地解释了上面的结论。当n为 1 时,Q_f和Q_b各占 50%;当n大于 80 时,Q_f达到极限值 86%,也就是说绝大部分的热量是通过翅片传递的,这也就说明了翅片的有益作用。

总体而言,翅片个数的增加有助于提升热沉的热控性能。当翅片个数足够大,比如 100,或者说每毫米 1 个翅片时,热沉性能达到极限最好值,热沉底部

温度降低到极限值 $T_{\lim}$。此外，对于另外两种翅片结构，也就是交叉翅片和针翅，可以得到同样的结论。在后面对其他参数的研究中，为了排除翅片个数的干扰，直接将 n 设定为 100，也就是说在最佳翅片个数下研究其他变量的影响。

前面展示的仅仅是热沉在热脉冲结束后(1 s 时刻)的状态，为了对热沉的热响应过程有一个全局的认识，这里以板翅为例给出了其瞬态温度曲线(图 6 - 23)。假定整个热周期为 1 min，其中，热脉冲持续时间为 1 s，剩下的 59 s 为去脉冲时间。在去脉冲阶段，假定有一个二级热沉对相变热沉模块进行冷却，二级热沉与环境之间的等效换热系数为 6 000 W/(m^2 • ℃)。可以看到，在去脉冲阶段，相变热沉温度可以完全恢复至环境温度，且翅片个数越多，其恢复速度也越快。值得一提的是，如果这里不采用相变热缓冲模块，而是直接用主动冷却方式进行冷却，要想实现同样的热控效果(热源温度低于 50℃)，主动冷却方案的等效换热系数要求达到 40 000 W/(m^2 • ℃)，远大于这里使用相变热缓冲模块后的 6 000 W/(m^2 • ℃)，这必然会导致热设计难度增加、冷却系统体积增大、功耗增加等问题。因此，相变热缓冲模块的使用对于这类情形无疑是很好的选择。

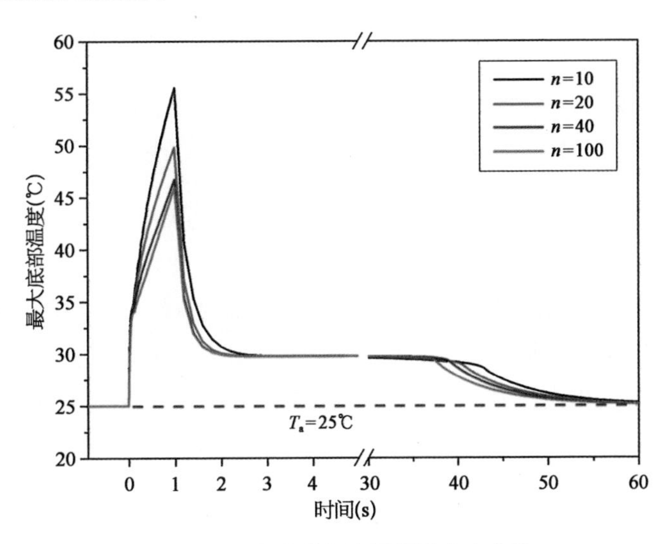

图 6 - 23　相变热沉全周期热响应曲线

6.5.4.3　翅片相对厚度的影响

前面针对翅片相对厚度 α 为 0.5 的情形，讨论了翅片个数的影响。实际上，在不同的 α 下，会得到相似的变化规律和结论，如图 6 - 24 所示。可以看到，对于不同的 α 值，热沉底部温度都会在翅片个数为 100 左右时趋近一个极限值，且这个极限值随着 α 的增加会先减小后增加。这是因为，在 α 较小时，翅片厚度较薄，其传热能力会有所限制；而当 α 较大时，翅片厚度较大，相应的相变材料的量会减少，导致热沉的吸热能力下降。因此，存在一个 α 的最优值，在这个最优值时，相变热沉的温度可以达到最低水平。这里，对于板翅，α 的最优值为 0.5。

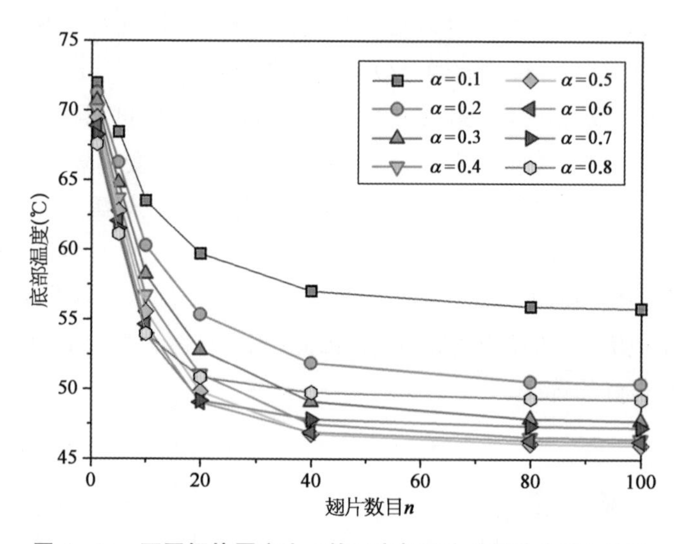

图 6-24 不同翅片厚度比下热沉底部温度随翅片个数的变化

针对交叉翅片和针翅，类似地，当 n 为 100 时，热沉到达极限最低温度。图 6-25 展示了 3 种类型的翅片结构的性能随 α 的变化。可以看到，对于交叉翅片结构，最优的 α 值在 0.3 左右。而对于针翅结构，最优的 α 值在 0.7 左右。

为了获得更加普适的一般性结论，下面从翅片面积占比的角度来分析这一问题。翅片面积占比 β 定义为翅片根部的横截面积 A_f 与热沉基板的面积 A_b 之比：

$$\beta=\frac{A_f}{A_b} \tag{6-48}$$

对于板翅结构基本单元，$A_f=d_1L$，$A_b=d_2L$，$\beta=(d_1L)/(d_2L)=\alpha$；对于交叉翅片结构，$\beta=2\alpha-\alpha^2$；对于针翅结构，$\beta=\alpha^2$。

以 β 为变量重新绘制图 6-25 可以得到图 6-26。可以看到，此时，3 种翅片结构的性能实际上遵循同一条变化曲线。也就是说，翅片类型实际上并不是影响其性能的根本因素，起决定性作用的实际上是翅片面积占比。对于不同翅片结构，当翅片面积占比为 0.5 时，相变热沉可以获得最好性能。

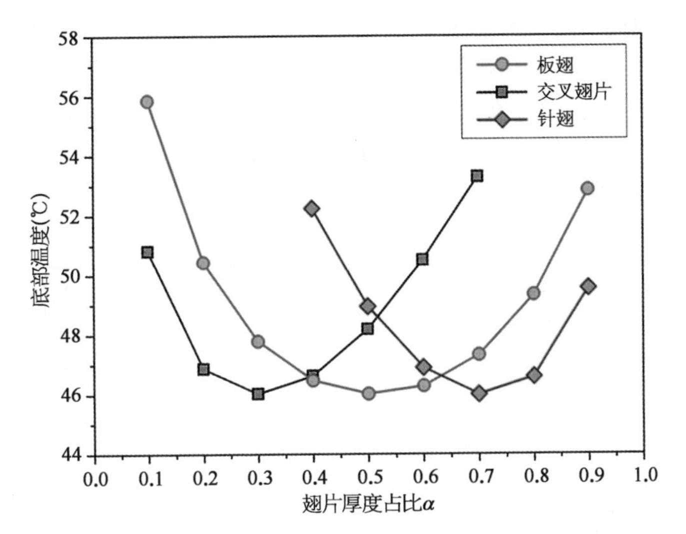

图 6-25　不同翅片结构热沉底部极限温度 T_{lim} 随翅片厚度占比 α 的变化

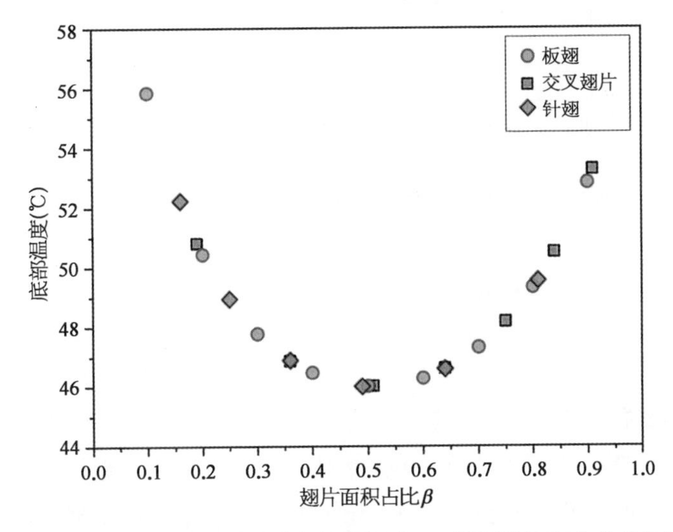

图 6-26　不同翅片结构热沉底部极限温度 T_{lim} 随翅片面积占比 β 的变化

6.5.4.4　底板厚度和结构材料的影响

在前面的参数化研究中，热沉结构材料采用的是铜，热沉底板厚度 t_b 始终保持 1 mm。下面来讨论这两者的变化对热沉性能的影响。基于前面的分析，采用板翅结构热沉，翅片个数取 100，β 取 0.5。图 6 - 27 展示了铜质和铝质热沉结构的热控性能随热沉底板厚度 t_b 的变化。很明显，T_{lim} 随着 t_b 线性增加。对于铜质结构，其斜率为 0.5℃/mm；对于铝质结构，斜率为 1℃/mm。这种线性变化关系实际上就是热沉底板自身的传导热阻随其厚度的变化。尽管铜和铝均是高导热材料，但是在这种极端高热流密度下，两者热性能的差别是十分明显的。例如，在 t_b 为 1 mm 时，铜结构热沉底部温度为 46℃，而铝结构热沉的则会达到 59.1℃，比前者高了 13.1℃。

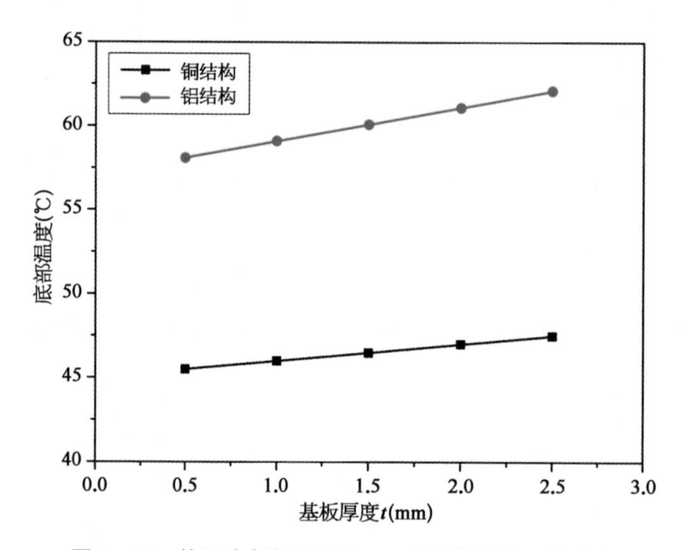

图 6 - 27 热沉底部极限温度 T_{lim} 随基板厚度 t_b 的变化

6.5.4.5 热冲击条件的影响

前面给出了热流密度 q'' 为 100 W/cm^2，热脉冲时间 t 为 1 s 的情形。在这种情况下，最优的翅片面积占比值 β_{opt} 为 0.5。那么在热冲击条件变化时，β_{opt} 是否也会不同呢？为了弄清这一点，针对不同的热冲击情形进行了参数化研究，热流密度从 50 W/cm^2 到 200 W/cm^2，热脉冲时间从 0.6 s 到 3 s。对于所有研究的情形，相变材料的量均是足够的，翅片个数取 100，铜底板厚度保持 1 mm。

图 6 - 28 展示了不同热冲击条件下热沉性能随 β 的变化，其中，实心数据点是热沉性能最优的点。可以看到，热流密度或者热冲击持续时间越大，相应的 β_{opt} 越大。为了获得 β_{opt} 与热冲击条件之间的关系，绘制了 β_{opt} 随 $q''^2 t$ 之间

的关系图，如图 6－29 所示。这里之所以选择 q''^2t 作为因变量，是基于前面给出的温度与热冲击条件之间的关系式。可以看到，β_{opt} 随 q''^2t 线性增加。

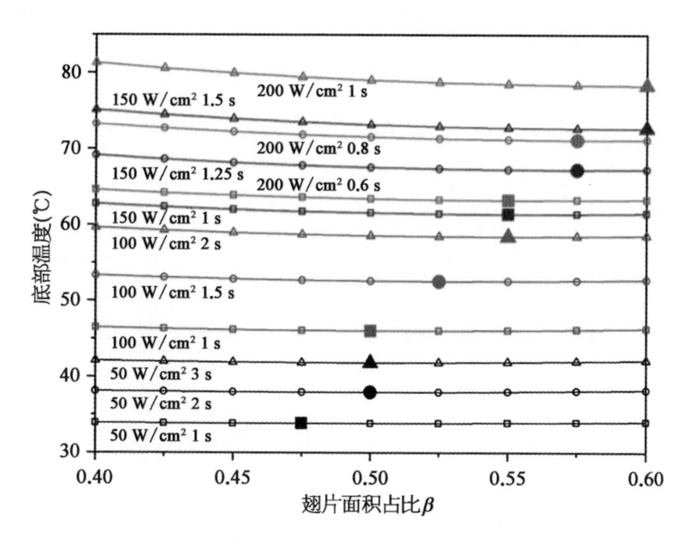

图 6－28　不同热冲击条件下热沉性能随翅片面积占比的变化

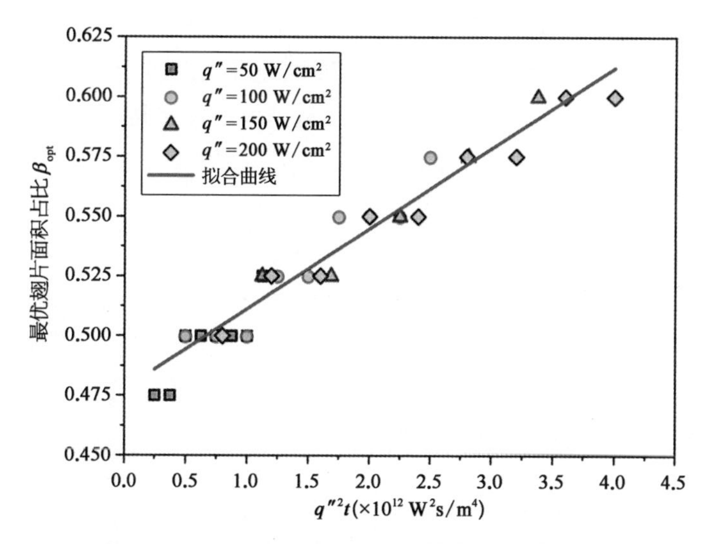

图 6－29　不同热冲击条件下的最优翅片面积占比

此外，为了快速预测最优参数下相变热沉的热控性能，这里总结了最优热沉温度 T_{opt} 与相应的热冲击条件 q''^2t 之间的关系曲线，如图 6－30 所示。据此，可以在给定热冲击条件下，设计翅片密度为每毫米一个基本单元，并根据图 6－29 选择最优的 β_{opt}。在此基础上，即可根据图 6－30 预测此最优热沉的极限热控温度。

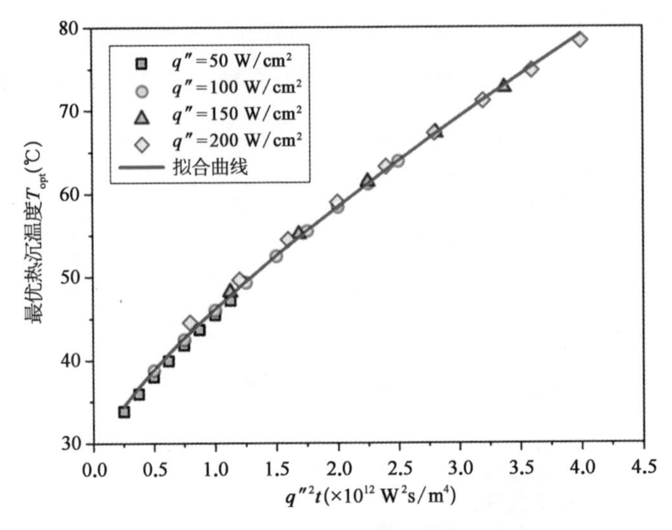

图 6-30　不同热冲击条件下热沉最优性能

6.5.5　低熔点金属/热管复合相变热沉：应对极端高功率热冲击

前述重点关注了低熔点金属应对大热流瞬时热脉冲的情形。在实际应用中，还存在另外一种极端情况：高功率长时间热冲击。对于这种情形，所需的相变材料的体量往往较大，这时，如何将热量高效地传递到相变材料内部便成了需要解决的关键问题。相比于前面探讨的翅片，以及与之类似的泡沫金属、金属丝网等，热管具有更高的等效热导率和更好的热量传输能力，因而在强化相变材料传热方面备受关注。利用热管来强化低熔点金属相变材料内部的热量传递，以应对极端高功率长时间热冲击情形的技术将是本小节讨论的重点。

本节介绍针对 10^2～10^3 W(持续时间 10^0～10^2 min)级别极端高热量冲击情形，发展相应的低熔点金属相变材料/热管复合热沉[19]。EBiInSn 作为相变材料，热管及其外部翅片作为传热强化结构。

6.5.5.1　低熔点金属/热管复合相变热沉结构

图 6-31 展示了低熔点金属/翅片热管复合热沉结构图，并标注了主要尺寸(x×y×z，单位：mm)。该复合热沉主要包括 5 个部分：冷板、热管、翅片、相变材料、相变材料容器。为方便后续实验测试，这里设计了一个模拟热源结构，它由 10 根加热棒(标称功率：220 V AC，200 W)插入铜板(100×100×12 mm^3)组合而成，其实际热功率可以用调压器调节。冷板(紫铜，100×

$100\times24\ mm^3$)放置于模拟热源上方,其中交叉加工有两排圆孔,用于插入热管。20 根水/铜粉烧结热管($\Phi8\times160$)分别插入冷板两端,每端各 10 个。热管外面布置有板式翅片结构(紫铜,$1\times132\times34\ mm^3$),每端 15 个翅片,翅片间隔约 7 mm。相变材料容器由铝材加工而成,EBiInSn 填充于其中。为方便显示,图 6-31 中采用的是分离视图,实际使用时,冷板应与热源相互贴合,翅片热管结构应放置于相变材料容器内部。

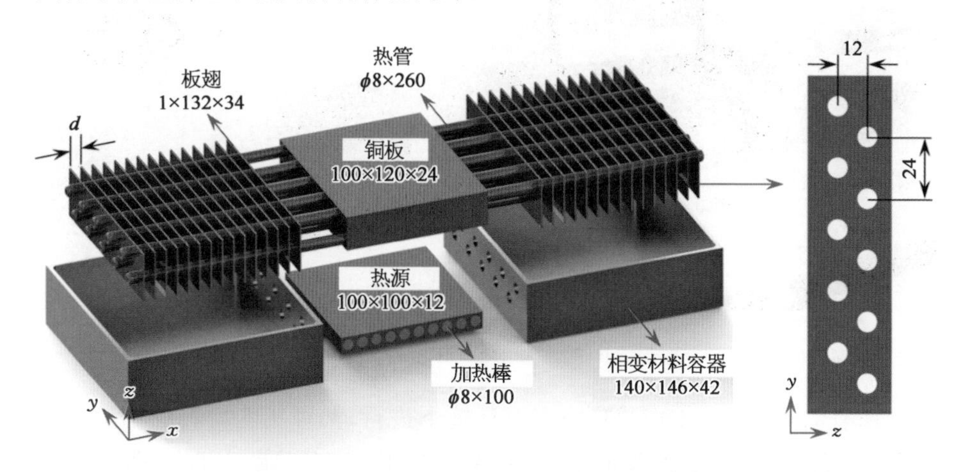

图 6-31　低熔点金属/翅片热管复合热沉模块

该复合热沉的工作原理如下：热源产生的热量传递给冷板,热管从冷板吸收热量并将热量高效地传递到相变材料区域;一方面,热量可以通过热管表面直接进入相变材料,另一方面,热量通过热管周围的翅片结构进入相变材料内部。在图 6-31 中,为方便显示,没有填充相变材料。在后面的实验中,会测试 3 种不同情况的热响应曲线：① 无相变材料热沉作为基准参考;② 十八醇作为相变材料以代表有机相变热沉;③ 低熔点金属 EBiInSn 作为相变材料。十八醇、EBiInSn、铜、铝的主要热物性参数见表 6-8。

6.5.5.2　实验测试与结果分析

1. 实验装置与实验过程

图 6-32 所示为实验测量装置实物图,主要包括：① 相变材料/翅片热管储热模块;② 调压器,用于调节加热棒的发热功率,其实时功率采用四线制方法进行测量;③ 数据采集仪,用于采集电压和温度信号,这里采样频率设定为 0.2 Hz;④ 电脑,用于实时显示和存储采集的信号。冷板与模拟热源之间涂抹

导热膏以减小接触热阻。冷板底部中心开有 0.5×0.5 mm^2 的线槽用于布置热电偶，这里使用两个 T 型热电偶进行温度测量，并用其平均值代表热沉底部温度，记为 T_b。

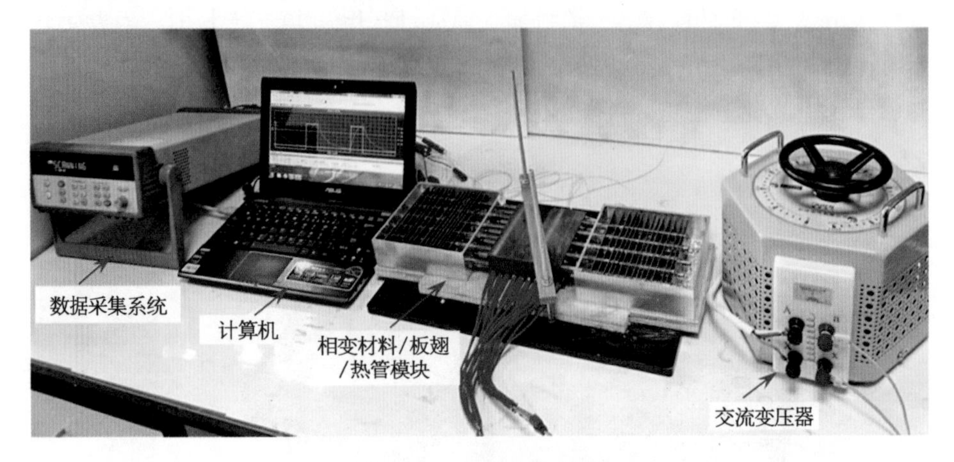

图 6-32 实验测量装置

所有的测试均在 20±2℃的室温环境下进行，两种相变材料的用量均为 1.23 L。首先，针对复合热沉测试其在单个热冲击下的热响应曲线，加热功率从 200 W 到 1 000 W。在测试中，从 $t=1$ min 时刻开始加热，当 T_b 到达 100℃时停止测试。之后，基于上述测试结果对热沉进行分析，并就其主要热阻环节进行适当的改进，以提升其整体性能。最后，基于改进后的热沉系统，测试其在 1000 W(10 min 加热，15 min 间歇)循环热冲击下的循环热性能。

2. 单次热冲击测试

图 6-33 展示了复合热沉在 200 W 热冲击下的温度响应过程以及随后的自然冷却过程。对于没有相变材料的参照热沉结构，热沉底部温度 T_b 在 22.8 min 内迅速上升到 100℃。当有相变材料时，整个热过程可以划分为 3 个阶段：熔化前阶段、熔化阶段、熔化后阶段。在熔化前阶段，热量主要被热沉模块以显热的形式吸收，因此 T_b 上升速度较快。当相变材料温度上升到其熔点温度时，熔化过程开始，大部分的热量以潜热的形式被相变材料吸收，因此这一过程中 T_b 上升速度明显变缓。在熔化过程中，T_b 几乎保持线性增长(速率记为 r)。当整个相变材料区域快要完全熔化时，T_b 增长速率开始缓慢增加并最终过渡到熔化后阶段，此后，T_b 由于显热加热而快速上升。

这里，将相变材料熔化过程开始时的热沉底部温度记为 T_{st}，相应的时刻

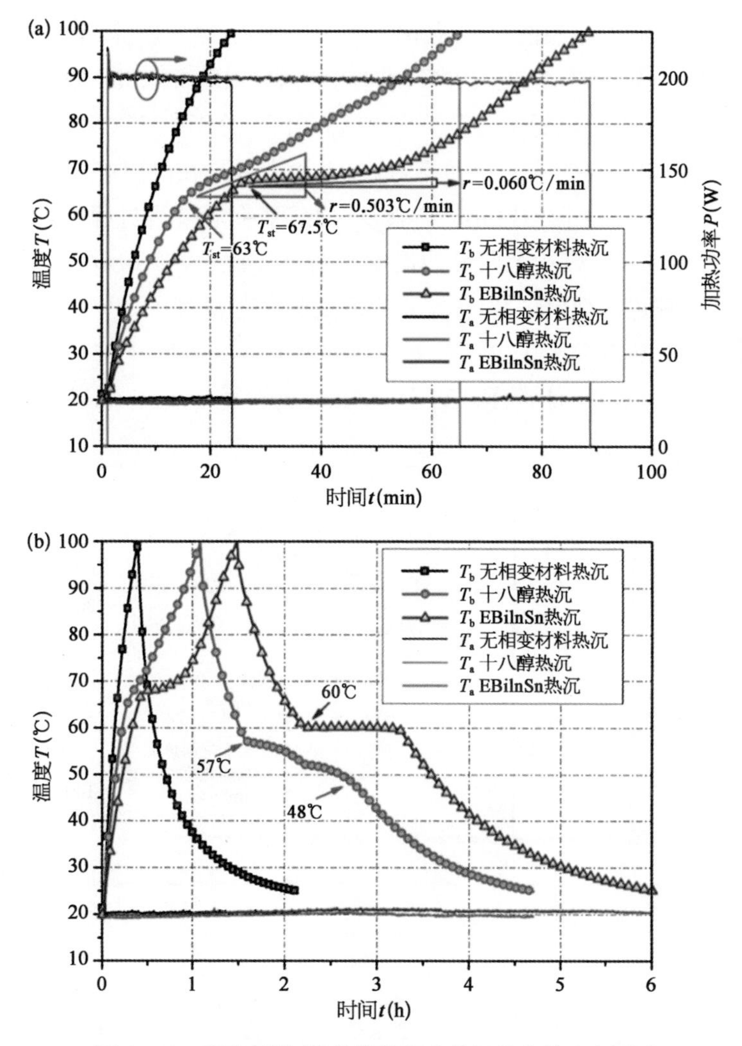

图 6-33　相变材料/翅片热管复合热沉单次热冲击测试

(a) 200 W 加热过程热响应曲线；(b) 自然冷却过程曲线。

为 t_{st}。对于 200 W 加热条件下的十八醇/热管复合热沉，T_{st} 为 63℃，t_{st} 为 14.8 min，熔化过程中的温度上升速率 r 为 0.503℃/min。在 64.9 min 时，十八醇/热管复合热沉底部温度 T_b 到达 100℃。对于 EBiInSn/热管复合热沉，T_{st} 为 67.5℃，t_{st} 为 26.8 min，r 为 0.060℃/min。不难看出，在熔化过程中，EBiInSn 可以很好地抑制热源温升，其温升速率仅仅是十八醇的 12%。最终，在 88.8 min 时，EBiInSn/热管复合热沉底部温度上升到 100℃。

为了对整个热过程有一个全局的认识，这里监测了热沉在 200 W 加热停止后的自然冷却过程，如图 6-33(b)。对于无相变材料热沉，十八醇热沉和 EBiInSn 热沉，从 100℃冷却到 25℃的时间分别为 1.74 h、3.63 h 和 4.55 h。对十八醇/热管复合热沉，凝固过程开始和结束时 T_b分别为 57℃和 48℃。其凝固过程曲线在 52℃左右有一个拐点，这是因为十八醇在凝固过程中实际上存在两次相变过程。对于 EBiInSn/热管复合热沉，在其凝固过程中，T_b几乎稳定地保持在 60℃，形成一个明显的温度平台期。此外，在 EBiInSn 冷却过程中，并没有出现过冷现象，这对于实际应用是非常有利的。

类似地，对热沉模块在 400 W、600 W、800 W、1 000 W 下的热性能也进行了测试，结果如图 6-34 所示。对于十八醇/热管复合热沉，难以承受如此高

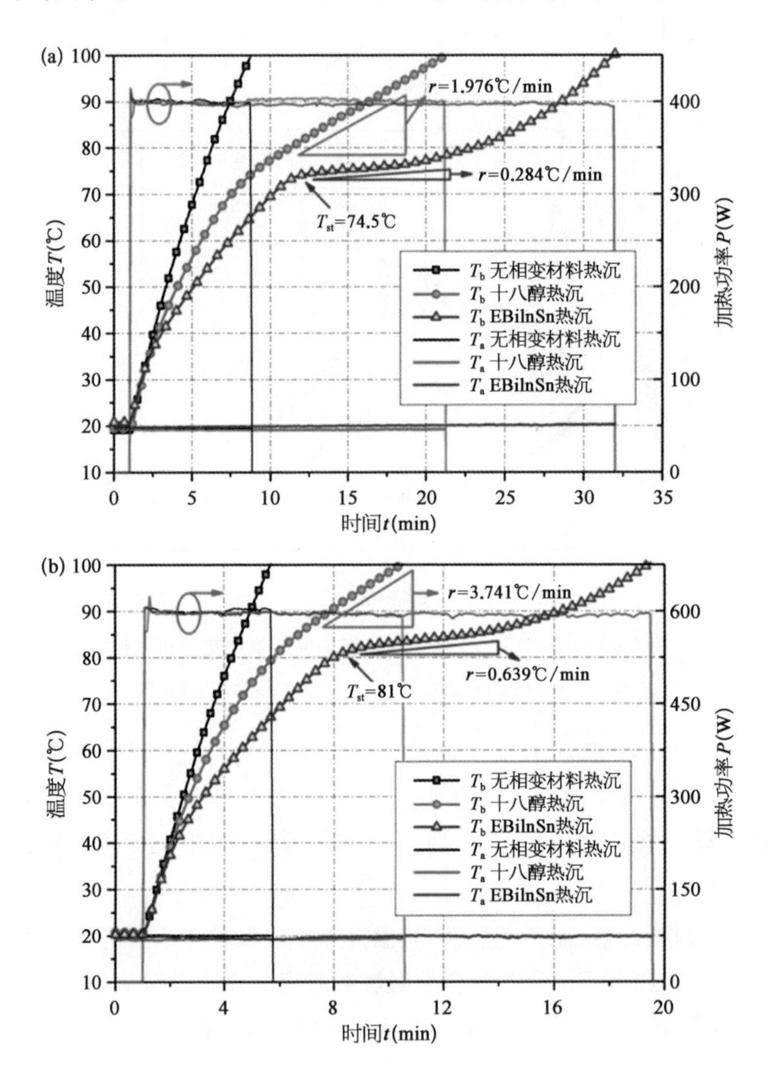

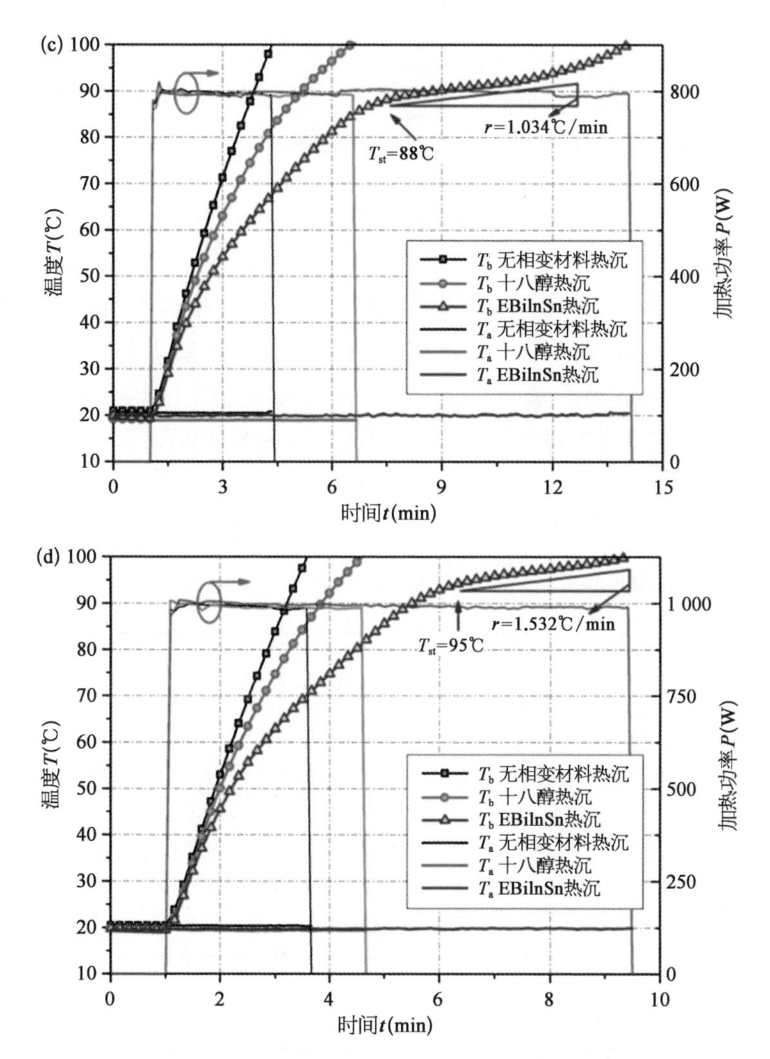

图 6-34　不同热冲击功率下相变材料/翅片热管复合热沉热响应曲线

(a) 400 W;(b) 600 W;(c) 800 W;(d) 1 000 W。

的热冲击，即使在熔化过程中，T_b仍然以较大的速率增长，在熔化过程还未完全结束时，T_b已经到达 100℃。对 EBiInSn/热管复合热沉，随着加热功率的增加，T_{st}几乎线性增加，从 400 W 时的 74.5℃到 1 000 W 时的 95℃，后面会详细讨论这一点。EBiInSn 熔化过程中可以很好地抑制热源温升，对于 400 W、600 W、800 W、1 000 W 加热功率，熔化过程温升速率 r 分别为 0.284℃/min、0.639℃/min、1.034℃/min、1.532℃/min，比同等条件下的十八醇热沉低 6 倍左右。

这里，定义 T_b到达 100℃时对应的时间为热沉有效工作时间，记为 t_w。没有相变材料的热沉的工作时间为参考值 t_0。相变材料的有效度 η 定义为填充相变材料后的有效工作时间与参考时间的比值：

$$\eta = \frac{t_w}{t_0} \tag{6-49}$$

图 6－35 展示了不同功率下相变材料的有效度。十八醇的有效度随着功率增加逐渐减小，从 400 W 时的 2.8 减小到 1 000 W 时的 1.4。这主要是因为对于高功率情形，十八醇来不及完全熔化时温度就已经上升到 100℃，也就是说相变材料没有完全发挥作用。对于 EBiInSn，在 800 W 以下，其有效度一直保持在 3.9 左右；在 1 000 W 时下降到 3.3，这同样是由于此时相变材料来不及完全熔化。总的来讲，EBiInSn 的有效度是十八醇的 1.4～2.4 倍，充分说明了其相变热控性能优势。

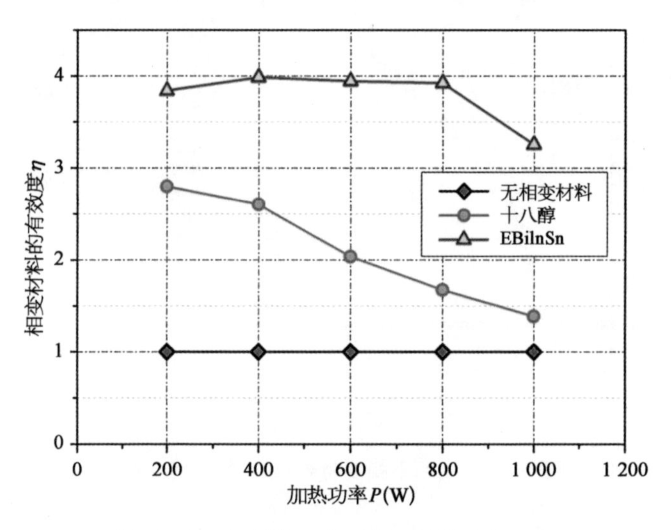

图 6－35　不同热功率下相变材料的有效度

3. 复合热沉模块性能改进

从以上对比测试可以看出，这里搭建的 EBiInSn/热管复合热沉在 1 000 W极端热冲击下可以保持 T_b在 100℃的工作时间达到 8.4 min，而十八醇仅仅能维持 3.6 min。尽管如此，EBiInSn/热管复合热沉仍有很大的提升空间，主要包括降低起始熔化温度 T_{st}和降低熔化过程温升速率 r。

为了指导热沉改进工作，先来了解其主要热阻分布。图 6－36 中白色箭头展示了复合热沉的传热路径。从热源到相变材料的热阻主要可以分为 5 个部分：① 热源到冷板的接触热阻 R_{hs-cp}；② 冷板自身的传导热阻 R_{cp}；③ 冷板到热管的接触热阻 R_{cp-hp}；④ 热管自身的传热热阻 R_{hp}；⑤ 热管(包括翅片结构)到相变材料的热阻 R_{hp-PCM}。其中，接触热阻 R_{hs-cp} 和 R_{cp-hp} 可以通过使用高导热界面材料来改善；冷板自身热阻 R_{cp} 可以通过使用高导热材料和优化冷板结构改善；热管传热热阻 R_{hp} 由热管的性能决定；R_{hp-PCM} 可以通过增加翅片数及优化翅片结构进行改善。

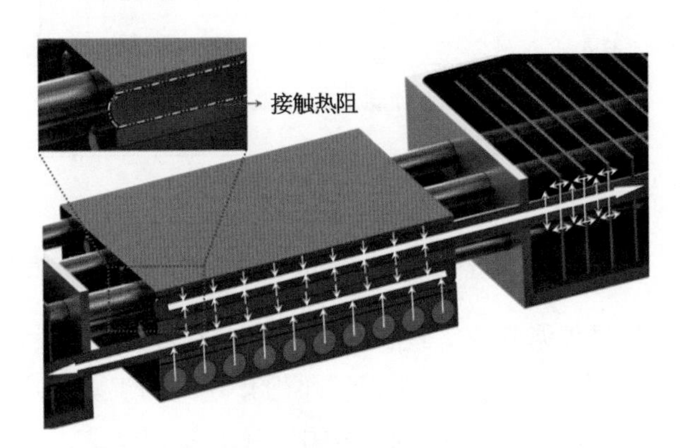

图 6-36　相变材料/翅片热管复合热沉传热路径

这里，将重点放在对接触热阻和翅片结构的改善上。在之前的初期测试中，插入冷板的热管与插孔之间用的是 705 胶水进行填充。由于接触界面是在插孔内部，难以像平面那样保证界面材料完美填充，其间可能存在一些空气间隙导致界面热阻较大。为了改善这一情况，向插孔中滴入浸润性良好的液体石蜡[热导率约为 0.3 W/(m·K)]，液体石蜡可以很容易地渗入插孔界面以消除里面的空气间隙。

此外，也采取了另外一项措施来减小 R_{cp-hp}。采用纳米颗粒强化的高导热硅脂[标称热导率为 4.8 W/(m·K)]作为界面材料。在插入热管之前，先向冷板插孔里灌注导热硅脂，将热管表面也涂抹导热硅脂，然后将热管插入。这样一来，导热硅脂可以较好地填充接触界面，同时由于其热导率较高，可以大大减小界面热阻。

图 6-37 中的黑、红、蓝 3 条曲线分别展示了以 705 胶、705 胶加液体石蜡、高导热硅脂作为热界面材料时，EBiInSn/热管复合相变热沉在 1 000 W 热冲击下的热响应曲线。可以看到，界面热阻的改善可以明显地提升热沉性能，特别是可以有效降低 T_{st}。当使用高导热硅脂时，T_{st} 从之前的 95℃降低到

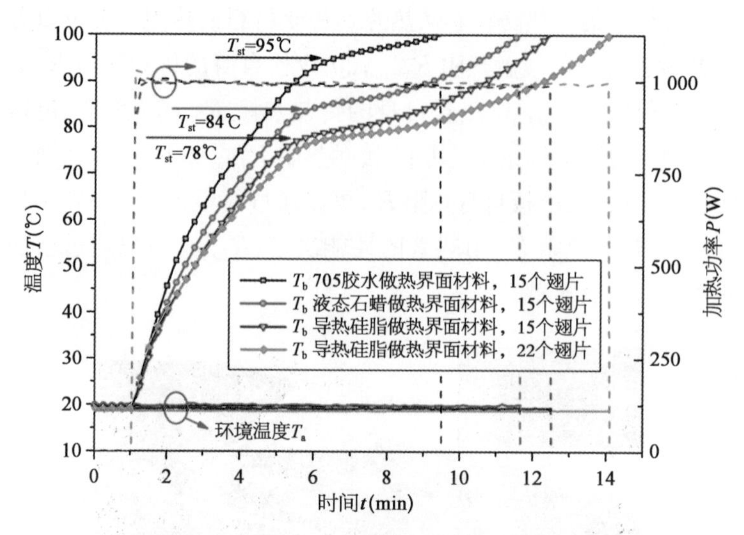

图 6-37　1 000 W 热冲击下改进的 EBiInSn/翅片热管复合热沉热响应曲线

78℃。同时，熔化过程温升速率 r 依然保持不变，有待进一步改善。

强化热管到相变材料的传热可以减小熔化期间的温升速率。这里，我们考虑增加翅片的个数。在之前的结构中，每端使用了 15 个翅片，间隔约 7 mm。这里，我们将翅片个数增加到每端 22 个，其间隔减小到约 6 mm。同时，为方便对比，相变材料的用量依然保持跟之前一样(1.23 L)。图 6-37 中的绿色曲线显示的就是增加翅片个数后的温度响应曲线。可以看到，温升速率 r 相较于之前有了明显改善，从之前的 1.532℃/min 减小到 0.956℃/min。

至此，得到了改进后的 EBiInSn/热管复合相变热沉，它使用填充良好的高导热硅脂作为热界面材料，采用 22 个翅片强化相变材料内部传热。对此改进型热沉进行系统的测试(从 200 W 到 1 000 W)，获得其主要性能指标，并与之前的初步结构进行对比，结果如图 6-38 所示。这里，用熔化起始温度 T_{st} 与 EBiInSn 熔点温度 T_m 之间的差值($T_{st}-T_m$)来作为热沉性能的主要评价指标之一。从图 6-38 可以看到，($T_{st}-T_m$)随着热功率 P 的增加呈线性增加，其斜率实际上就是热沉底部到相变材料的热阻：

$$R_{\text{bottom-PCM}}=\frac{T_{st}-T_m}{P} \tag{6-50}$$

对于改善之前的热沉结构，$R_{\text{bottom-PCM}}$ 为 0.035℃/W。而改善之后，$R_{\text{bottom-PCM}}$ 降低到 0.018℃/W，约是之前的一半。

熔化过程温升速率 r 与功率 P 之间成二次方关系，可以用下面的公式来拟合：

$$r = aP^2 \tag{6-51}$$

图6-38表明，对于未改进的EBiInSn/热管复合相变热沉，a 值为 1.58×10^{-6}℃/(min·W²)。改进之后，a 值下降到 0.97×10^{-6}℃/(min·W²)，是之前的61%。

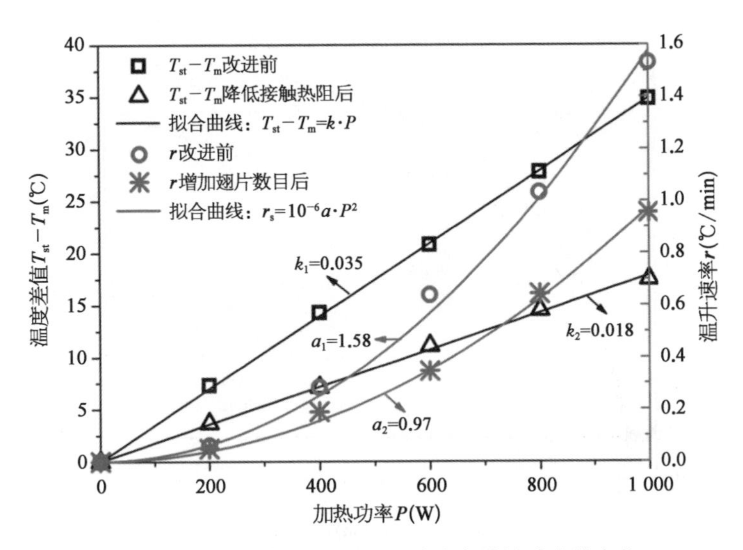

图6-38　熔化起始温度和温升速率随热功率的变化

4. 复合热沉循环热冲击测试

在实际应用中，热沉模块往往处于循环工作状态，因此，这里有必要对EBiInSn/热管复合热沉进行循环热冲击测试。从图6-33(b)可以看出，在自然冷却状态下，热沉温度从100℃下降到25℃需要4.55 h，在一些情况下会显得过于缓慢。这里，为加速冷却过程，配置了一个强制风冷热管散热器，如图6-39所示。散热器放置于冷板上方，其额定功率为6 W(12 V直流电)。

图6-39　风冷热管散热器辅助的EBiInSn/翅片热管复合热沉

在实验测试中，风冷热管散热器始终保持开启状态。散热器不仅会加速热脉冲之后的冷却过程，也会缓解复合热沉在热脉冲阶段的温升。为了定量说明复合热沉在添加散热器之后的热控性能，这里进行了一个对比测试。图 6－40 是 1 000 W 热功率下热沉的温度响应曲线，可以看到，即使添加了风扇，在没有相变材料或使用十八醇作为相变材料的情况下，热源温度仍会迅速上升。

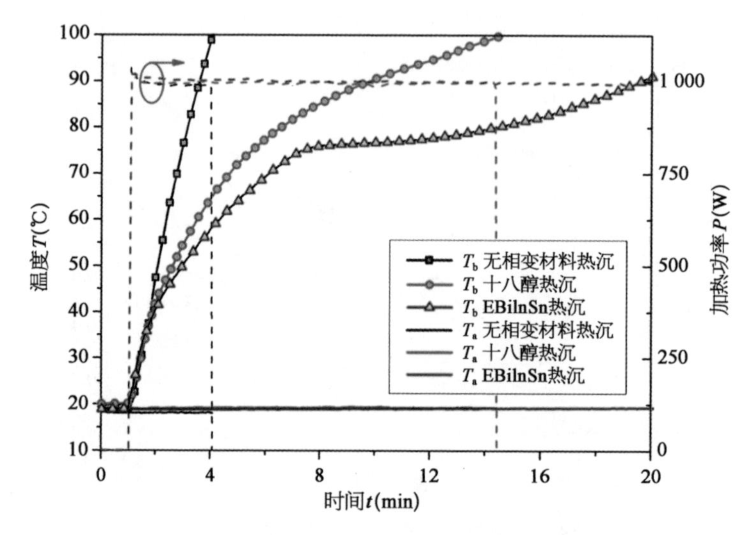

图 6－40　风冷辅助的复合热沉热冲击对比测试

图 6－41 展示了风冷辅助的 EBiInSn/热管复合热沉在 1 000 W 循环热冲击下的热性能曲线。热冲击持续时间为 10 min，间歇时间为 15 min。作为对比，同时测试了没有相变材料而只有风冷/热管散热时的温度曲线。可以看到，没有相变材料时，T_b 在 10 min 的加热时间内迅速上升到 168℃。当使用 EBiInSn 时，T_b 可以被有效控制在 85℃以下，并最终稳定在 50℃到 85℃之间。在每个循环周期中，存在两个明显的热平台期，一个是加热熔化过程，T_b 稳定在 78℃左右；另一个是冷却凝固过程，T_b 稳定在 59℃左右。风冷散热器的引入可以有效加速去脉冲阶段的冷却过程，保证在 15 min 内将 EBiInSn 储存的潜热全部释放，从而可以应对下一次热冲击。而传统的有机相变材料在面对如此大的热冲击时往往无能为力，这也就体现了液态金属相变材料在应对极端热流冲击情形的优越性和不可替代性。

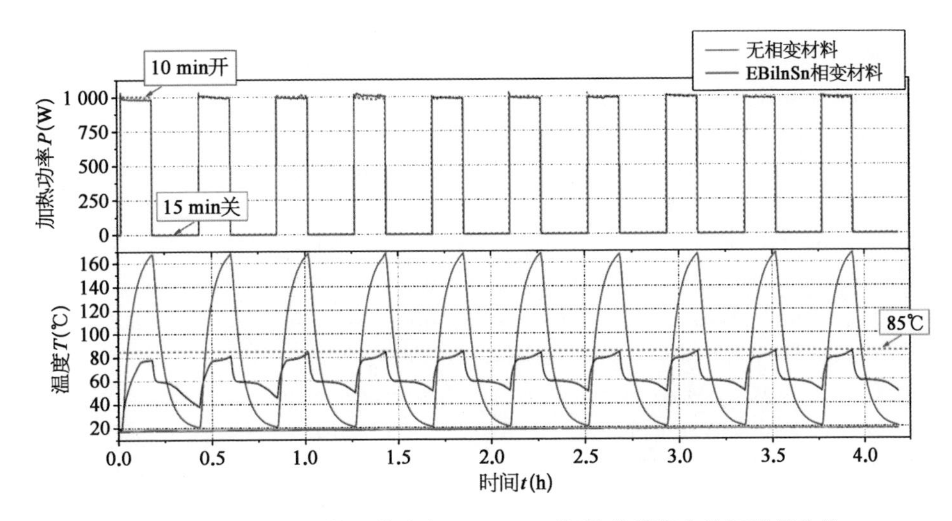

图 6－41　1 000 W 循环热冲击下 EBiInSn/翅片热管复合热沉性能曲线

6.6　本章小结

基于低熔点液态金属固有的热物性属性，其作为相变材料用于电子器件的热管理方面能够发挥出其得天独厚的优势，主要表现在：低熔点金属合金的热导率较传统相变材料高出 2 个数量级，超高的热导率可以显著降低系统响应时间和内部温度差，从而增强系统的热控能力；相变过程表现出较低的体积变化率，传统相变材料因其在固态和液态时密度差别大，相变过程表现出很大的体积变化。总的来说，与传统相变材料相比，低熔点液态金属作为相变热控材料具有显著的性能优势。

参考文献

[1] 葛浩山.低熔点金属相变传热方法的研究与应用(硕士学位论文).北京：中国科学院大学，中国科学院理化技术研究所，2014.

[2] Ge H S, Li H Y, Mei S F, et al. Low melting point liquid metal as a new class of phase change material: An emerging frontier in energy area. Renewable and Sustainable Energy Reviews, 2013, 21: 331～346.

[3] Kandasamy R, Wang X Q, Mujunidar A S. Application of phase change materials in thermal management of electronics. Applied Thermal Engineering, 2007, 27:

2822～2832.
[4] Ge H S, Liu J. Keeping smartphones cool with gallium phase change material. ASME Journal of Heat Transfer, 2013, 135(5): 054503.
[5] Regin A F, Solanki S C, Saini J S. Heat transfer characteristics of thermal energy storage system using PCM capsules: A review. Renewable & Sustainable Energy Reviews, 2008, 12: 2438～2458.
[6] Nomura T, Okinaka N, Akiyama T. Technology of latent heat storage for high temperature application: A review. ISIJ International, 2010, 50: 1229～1239.
[7] Maruoka N, Akiyama T. Exergy recovery from steelmaking off-gas by latent heat storage for methanol production. Energy, 2006, 31: 1632～1642.
[8] Kumar R, Misra M K, Kumar R, et al. Phase change materials: Technology status and potential defence applications. Defence Science Journal, 2011, 61: 576～582.
[9] Khudhair A M, Farid M M. A review on energy conservation in building applications with thermal storage by latent heat using phase change materials. Energy Conversion and Management, 2004, 45: 263～275.
[10] Mondal S. Phase change materials for smart textiles — An overview. Applied Thermal Engineering, 2008, 28: 1536～1550.
[11] 杨小虎.低熔点金属相变材料传热特性研究及其应用(博士学位论文).北京：中国科学院大学,中国科学院理化技术研究所,2019.
[12] Deng Y G, Liu J. Corrosion development between liquid gallium and four typical metal substrates used in chip cooling device. Applied Physics A, 2009, 95(3): 907～915.
[13] America I C O. Physical property data for indalloy alloys. http://wwwindiumcom/products/fusiblealloysphp, Corporate WebSite, 2003.
[14] 李元元,程晓敏.低熔点合金传热储热材料的研究与应用.储能科学与技术,2013,2(3): 189～198.
[15] Yang X H, Liu J. Probing the Rayleigh-Benard convection phase change mechanism of low melting point metal via Lattice Boltzmann method. Numerical Heat Transfer: Part A, 2018, 73(1): 34～54.
[16] Yang X H, Tan S C, Liu J. Numerical investigation of the phase change process of low melting point metal. International Journal of Heat and Mass Transfer, 2016, 100: 899～907.
[17] Beckermann C, Viskanta R. Effect of solid subcooling on natural convection melting of a pure metal. Journal of Heat Transfer, 1989, 111(2): 416～424.
[18] Morgan V T. The overall convective heat transfer from smooth circular cylinders. Advances in Heat Transfer, 1975, 11: 199～264.
[19] Yang X H, Tan S C, He Z Z, et al. Finned heat pipe assisted low melting point metal PCM heat sink against extremely high power thermal shock. Energy Conversion and Management, 2018, 160: 467～476.

第7章 液态金属流体驱动方法

7.1 引言

液态金属芯片散热方法的提出，对电子器件热管理技术的发展产生了深刻影响。在这种先进散热技术中，流通于流道内的工质并非常规所用的水、有机溶液或其他功能流体，而是在室温附近即可熔化的低熔点金属或合金。液态金属芯片散热作为液冷的变革性方法，如何高效便捷地驱动将决定该技术的快速应用和未来发展[1]。本章将对该领域的代表性技术进行介绍，考虑到电磁驱动的诸多优势和良好的适应性，本章还对液态金属电磁驱动的相关理论进行了重点剖析。

7.2 液态金属流体典型驱动方法

围绕常温液态金属流体冷却芯片散热方法，笔者实验室就如何驱动液态金属流动这一问题，进行了一系列的研究及尝试。此方面总结起来，具备潜在实际价值的驱动方式主要可以分为：机械泵驱动[2]、电磁泵驱动[3]、旋转磁场驱动、热虹吸自驱动[4]、双流体驱动[5]等，且应用范畴不仅限于冷却主题，也涉及热量捕获与发电利用[6,7]，相应主题上发展出一系列此后用于实际的芯片散热系统[8-10]。

7.2.1 机械泵驱动

一般而言，机械泵的种类较为繁多，可大致分为容积式机械泵和叶片式机械泵。在实验室中，蠕动泵是最常见的一种容积式机械泵[2]。蠕动泵的原理较为简单，即蠕动泵的泵管被卡在转轮与定子之间，在蠕动泵工作时，泵管被压轮压紧并产生位移，随着压轮的位移，未被转轮压紧的泵管会自然回弹，这种蠕动过程不断将泵管内的物质向前推移，由此产生泵送液体的效果。图 7-1 为一个典型的蠕动泵驱动的液态金属散热系统[11]。相比于其他泵体，蠕动泵的驱动压头较高、液体恒流驱动，且液态金属的流量可非常方便地调节，重复性强。然而，蠕动的使用还仅局限于论证性实验研究，并不适用于实际功率器件的散热系统之中。原因在于：蠕动泵具有运动部件，运动过程中泵管不断产生的磨损，会使其运行寿命较短。此外，蠕动泵的泵送压头为一周期性的脉冲，在工作过程中压轮不断地交替释放，在释放瞬间会产生一个液体回吸的效果，导致排出的液体突然减少，由此形成周期性压头，不利于电子器件的热稳定性。

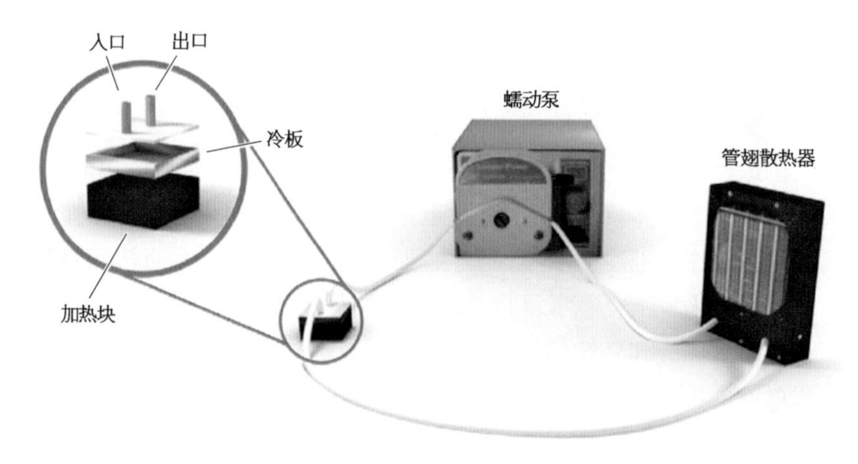

图 7-1　蠕动泵驱动的液态金属散热系统[2]

7.2.2　电磁泵驱动

由于液态金属的高导电性和良好的流动性，在实际的液态金属散热器之中，一般可采用无运动部件的电磁泵进行驱动。图 7-2 为笔者实验室研发的一款典型的电磁泵结构及电磁泵驱动的芯片散热器[12]。由于电磁泵仅仅利用了导电流体在磁场下的安培力，电磁泵并不含有任何的运动部件，可靠性高、无噪声、驱动压头稳定。由于采用高磁场强度的磁铁，一般需要导磁环进行磁屏蔽。

电磁泵是一种驱动导电流体的泵，具有结构紧凑，输出压力高，无泄漏，体积小，价格相对低廉，适合小的输出流量应用场合。图 7-3 为直流传导式电磁泵工作原理示意，其利用安培力 $F=BIL\sin\theta$ 使液态金属流动，其中，B、I、L、θ 分别为磁场强度、电流强度、液态金属有效宽度、电场与磁场的夹角。为取得最大安培力，应使电场和磁场保持垂直。

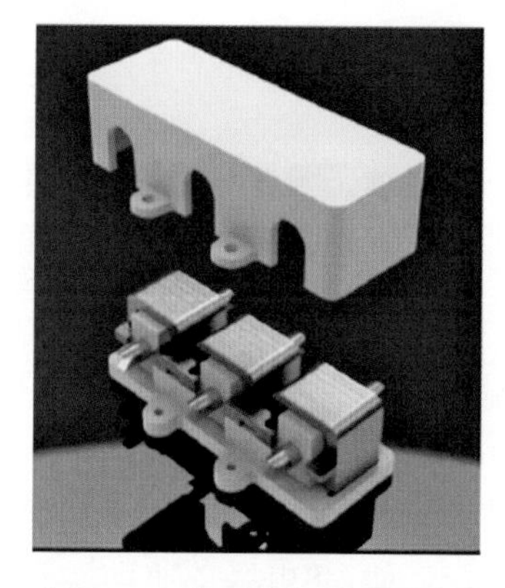

图 7－2　典型的电磁泵结构及电磁泵驱动的芯片散热器[12]

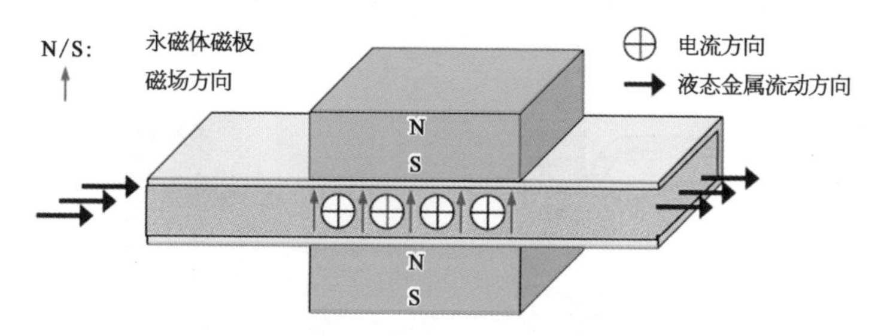

图 7－3　直流传导式电磁泵工作原理示意

在芯片散热技术中，使用电磁泵驱动液态金属的优点包括：① 无运动部件，性能可靠，使用寿命长；② 噪声低，流动过程没有运动部件产生的噪声；③ 功耗低，某些情况下使用芯片运行产生的废热发电甚至可以驱动金属流体的运行[13,14]，如图 7－4 所示。

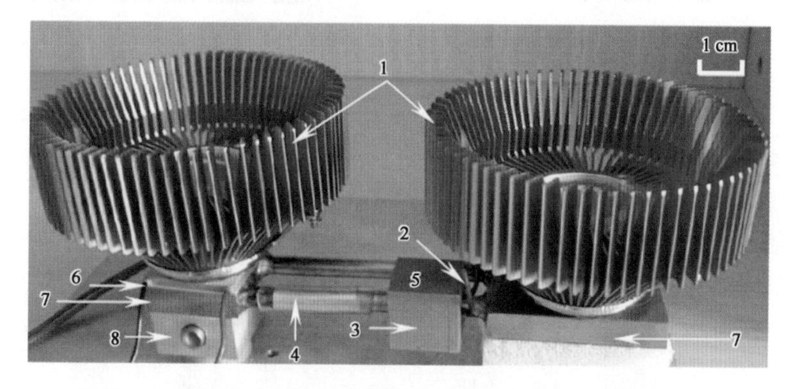

图 7－4　芯片自身产热发电驱动的液态金属芯片散热器原型[13]

1. 肋片散热器；2. 半导体温差发电器电极；3. 磁力泵；4. 液态金属；5. 永磁体；6. 半导体温差发电器；7. 流道基底；8. 模拟芯片。

7.2.3 热虹吸效应驱动

考虑到某些应用场合不方便供电，并且所需流速较低，笔者实验室发展出一种无泵驱动常温液态金属传热的方法[15-17]：热虹吸效应驱动常温液态金属。图 7-5 所示为利用两种翅片结构的热虹吸效应驱动的液态金属散热系统。热虹吸效应基于流体内部自然对流的一种被动式的传热现象，利用流体自身因吸收热量而发生的密度变化而产生的浮升力来驱动流体。对于液态金属散热系统，采用电子器件产生的热量来驱动散热环路，这一方法无须外界能量的输入，系统稳定性高且简单无噪声。然而，热虹吸的驱动压头受到热流密度、高度差以及管道尺寸的影响，而且这一被动式的驱动方式的驱动能力也有一定的局限性。

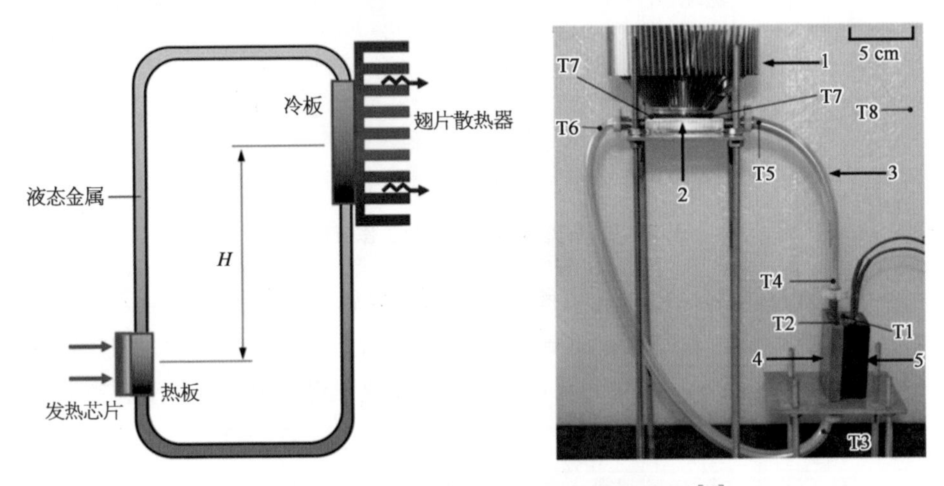

图 7-5 热虹吸效应驱动的液态金属散热系统[17]

T1—T8 为测温点；1. 翅片散热器；2. 冷头；3. 传输管；4. 热沉；5. 模拟器。

7.2.4 旋转磁场驱动

旋转磁场驱动原理与电磁泵驱动类似。不同之处在于，液态金属内的电场由旋转磁场感应产生[18]。旋转磁场的基本定义为：磁感应矢量在空间以固定频率旋转的一种磁场，其是电能和转动机械能之间相互转换的基本条件，广泛用于交流电机、测量仪表等仪器及装置之中。其基本原理如图 7-6 所示，三相电流为一时变电流，其周期为 2π。旋转磁场驱动液态金属流动的工作原理与普通异步电动机一样。产生旋转磁场的机构相当于电机定子，容器中的液态金属相当于转子。多对线圈通电时产生移动磁场。该磁场在液态金属之中感生出感应电流，旋转磁场的分量与感应电流相互作用，使得液态金属在安培力的作用下，沿着旋转磁场的转动方向流动。旋转磁场也可以通过机械方式旋转永磁体(组)而产生。

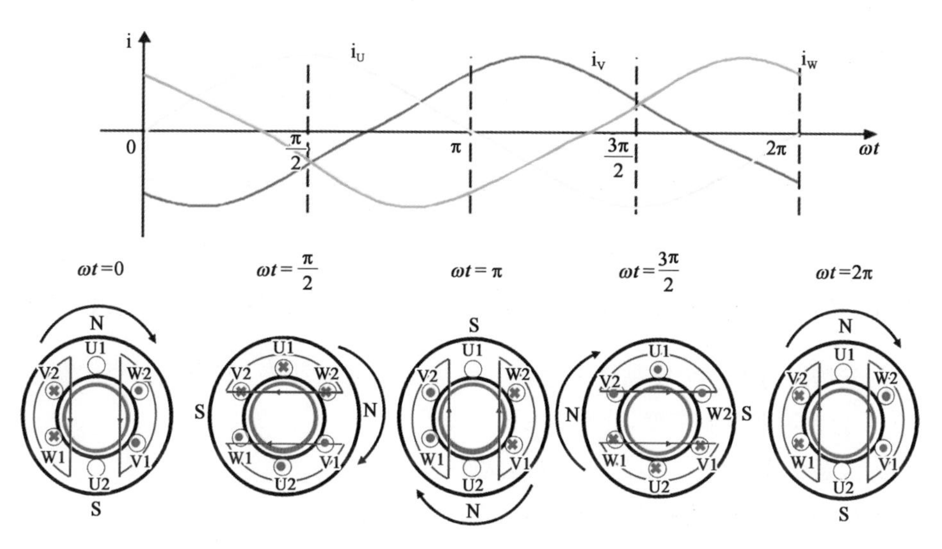

图 7-6　三相对称电流的波形图以及三相(两极)绕组旋转磁场的形成[18]

目前，国内外科研人员对于液态金属在旋转磁场下的旋转流动进行了大量的实验和数值模拟研究，但其应用领域主要限于冶金、铸造、晶体生长等领域，研究的对象也大部分针对高温的金属，如铝硅合金、铅铋合金、钢水等液态金属[18]。针对旋转磁场中液态金属流动状态可做如下理论分析：首先，假定含有液态金属的容器(如图 7-7 所示)的高度为 H，长宽皆为 $2L$。该方形容器内的液态金属受到一个旋转磁场的驱动，其磁场强度为 $\vec{B}$，旋转角速度为 ω。

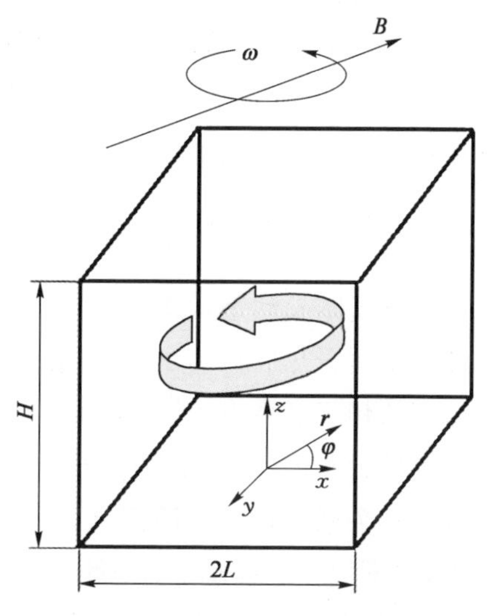

图 7-7　旋转磁场驱动液态金属旋转示意[18]

对于液态金属这一类不可压缩黏性流体，其 N-S 流动方程可表示为：

$$\frac{\partial \vec{u}}{\partial t}+\nabla \cdot \vec{u}\vec{u}=-\nabla p+\nabla^{2}\vec{u}+\vec{f} \tag{7-1}$$

$$\nabla \cdot \vec{u}=0 \tag{7-2}$$

其中,速度 $\vec{u}$ 和时间 t 分别经 υ/L 和 L^2/υ 无量纲化,压强 p 和体积力 $\vec{f}$ 分别经 $\rho\upsilon^2/L^2$ 和 $\rho\upsilon^2/L^3$ 无量纲化。

旋转磁场下液态金属受到的体积力 $\vec{f}$ 可以表示为:

$$\vec{f}=2Ta(\vec{j}\times\vec{B})=2Ta\left[\left(-\nabla\Phi-\frac{\partial\vec{A}}{\partial t}+\vec{u}\times\vec{B}\right)\right]\times\vec{B} \tag{7-3}$$

其中,Ta 为磁场的泰勒数,$Ta=\dfrac{\sigma\omega B_0^2L^4}{2\rho\upsilon^2}$,泰勒数可以认为是由旋转磁场产生的安培力与液态金属黏性力之比。Φ 为无量纲电动势,A 为无量纲矢量磁位,j 为无量纲电流密度,分别经 ωB_0L^2, B_0L, $\sigma\omega B_0L$ 无量纲化。ρ、σ、υ 分别为液态金属的密度、电导率以及运动粘度系数。

$\vec{B}$ 为无量纲磁场强度,经过 B_0 无量纲化,可得:

$$\vec{B}=[\cos\omega t\ \vec{e}_y-\sin\omega t\ \vec{e}_x] \tag{7-4}$$

研究表明:在低 Ta 数流动情况下,液态金属在旋转磁场下的切向速度正比于 Ta;在高 Ta 数下,液态金属的切向速度正比于 $Ta^{2/3}$。因此,当液态金属材质确定时,液态金属在旋转磁场下的切向速度与初始磁场强度 B_0 以及磁场转速 ω 呈正相关[19]。

7.2.5 双流体驱动

双流体驱动是指将液态金属在循环回路中与低沸点工质混合,利用低沸点工质受热后产生的压差来获得驱动力,从而驱动液态金属流动[5]。该原理依赖于低沸点工质蒸汽压与温度的饱和关系,利用工质的温度梯度来产生压力梯度[20]。从工作原理可以得出,随温度明显变化的蒸汽压——温度饱和关系是运行工质需具备的必要条件。双流体驱动依靠蒸汽产生驱动力,并不依赖于运动部件,因此特别适合液体工质的驱动。图 7-8 为采用异戊烷(化学式为 C_5H_{12},沸点为 27.8℃)作为工作介质的液态金属双流体驱动装置原型。

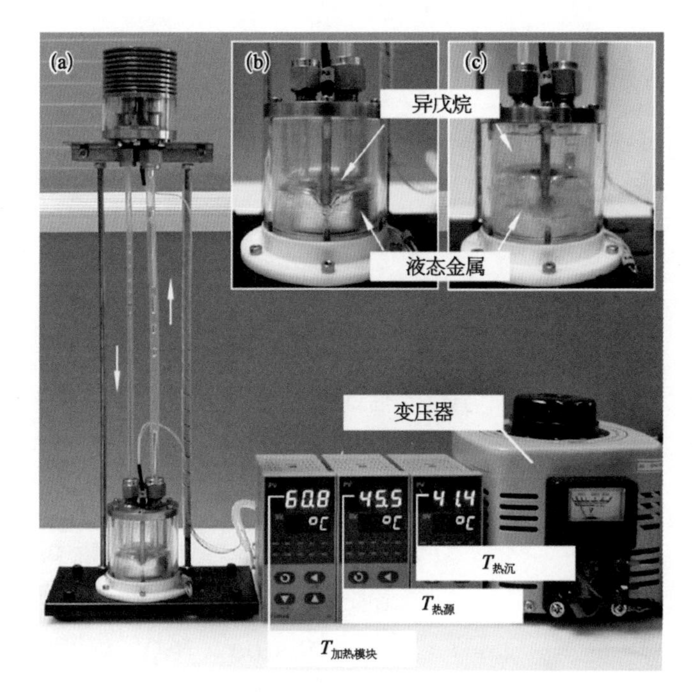

图7-8　液态金属双流体驱动装置原型[5]

7.3　液态金属电磁泵特性分析

上一节介绍了几种典型的液态金属驱动方法，考虑到电磁驱动的诸多优势和良好的适应性，在实用化的液态金属散热系统中具有不可替代性，这里针对电磁泵的工作原理与特性做进一步分析介绍[14]。

本章图7-3给出了典型的直流传导式电磁泵工作原理示意，在内含有液态金属的流道上下安装永磁铁，在流道两侧设置电极，低电压、大电流的直流电通过电极流入液态金属，再从另一侧电极处流出。液态金属内的电流与磁场发生作用，即可产生推动液态金属的安培力，从而驱动液态金属在管道内流动，安培力的方向由磁场和电流方向决定(由左手定则判定)。

7.3.1　电磁泵物理模型

电磁泵中，液态金属从两块磁体之间的空间流过，通电的液态金属受到安培力的作用产生运动[3,14]，同时，此作用力也是整个液态金属循环克服摩擦阻力的动力。取磁体间的流体为研究对象，连续性方程为：

$$\frac{\partial \rho}{\partial t}+\nabla(\rho \cdot \boldsymbol{U})=0 \tag{7-5}$$

引入安培力后修正的 N－S 方程为：

$$\rho \frac{D\boldsymbol{U}}{Dt}=\rho g-\boldsymbol{J}\times\boldsymbol{B}-\nabla p+\mu\nabla^{2}\boldsymbol{U} \tag{7-6}$$

由动量守恒知 $\rho\frac{\mathrm{d}\vec{U}}{\mathrm{d}t}=F_{\mathrm{g}}+F_{\mathrm{m}}+F_{\mathrm{p}}+F_{\eta}$，右边各项分别为重力、电磁力、压力梯度、黏性力。其中前两项为体力，后两项为表面力。而式中的安培力 F_{m} 可表示为：

$$F_{\mathrm{m}}=\vec{j}\times\vec{B}=\sigma(\vec{E}+\vec{U}\times\vec{B})\times\vec{B} \tag{7-7}$$

或

$$F_{\mathrm{m}}=\vec{j}\times\vec{B}=\frac{1}{\mu}(\nabla\times\vec{B})\times\vec{B} \tag{7-8}$$

而黏性力 F_{η} 的通常写法为

$$F_{\eta}=\mu_{f}\nabla^{2}\vec{U}+\frac{1}{3}\mu_{f}\nabla(\nabla\cdot\vec{U}) \tag{7-9}$$

对不可压缩的液态金属简化为 $F_{\eta}=\mu_{f}\nabla^{2}\vec{U}$。

上述 N－S 方程可进一步表示为：

$$\rho\left[\frac{\partial\vec{U}}{\partial t}+(\vec{U}\cdot\nabla)\vec{U}\right]=-\nabla p^{*}+\frac{1}{\mu}(\vec{B}\cdot\nabla)\vec{B}+\mu_{f}\nabla^{2}\vec{U} \tag{7-10}$$

p^{*} 是总压，由流体压力，重力和电磁压力组成，$p^{*}=p+\frac{1}{2\mu}B^{2}+\rho gz$。由于液态金属的不可压缩性，连续性方程退化为 $\nabla\cdot\vec{U}=0$。

电磁泵中的液态金属除了受连续性方程及 N－S 方程约束外，其特别之处还在于受到麦克斯韦方程组的约束。麦克斯韦方程组包括：

高斯定律：

$$\nabla\cdot\vec{B}=0 \tag{7-11}$$

库仑定律：

$$\nabla \cdot \vec{D} = q \tag{7-12}$$

其中，q 为电荷密度，对液态金属等良导体，电荷密度可以忽略，即认为 $q=0$。

法拉第定律：

$$\nabla \times \vec{E} = -\frac{\partial \vec{B}}{\partial t} \tag{7-13}$$

安培定律：

$$\nabla \times \vec{H} = \vec{j} + \frac{\partial \vec{D}}{\partial t} \tag{7-14}$$

本构方程组为：

$$\vec{H} = \frac{1}{\mu}\vec{B} \tag{7-15}$$

$$\vec{D} = \varepsilon \vec{E} \tag{7-16}$$

欧姆定律

$$\vec{j} = \sigma(\vec{E} + \vec{U} \times \vec{B}) \tag{7-17}$$

由上面各式联立，可得

$$\vec{j} = \sigma(\vec{E} + \vec{U} \times \vec{B}) = \frac{1}{\mu}(\nabla \times \vec{B}) \tag{7-18}$$

与方程(7-13)结合，可得

$$\frac{\partial \vec{B}}{\partial t} = -\nabla \times \vec{E} = -\nabla \times \left[\frac{1}{\mu\sigma}(\nabla \times \vec{B})\right] + \nabla \times (\vec{U} \times \vec{B}) \tag{7-19}$$

进行矢量展开：

$$\nabla \times (\nabla \times \vec{B}) = \nabla(\nabla \cdot \vec{B}) - \nabla^2 \vec{B} \tag{7-20}$$

$$\nabla \times (\vec{U} \times \vec{B}) = (\vec{B} \cdot \nabla)\vec{U} - (\vec{U} \cdot \nabla)\vec{B} - \vec{B}(\nabla \cdot \vec{U}) + \vec{U}(\nabla \cdot \vec{B}) \tag{7-21}$$

注意到 $\nabla \cdot \vec{B} = 0$，$\nabla \cdot \vec{U} = 0$，定义 $\eta = \frac{1}{\mu\sigma}$，可得磁扩散方程

$$\frac{\partial \vec{B}}{\partial t} = \eta \nabla^2 \vec{B} + \vec{B} \cdot \nabla \vec{U} - \vec{U} \cdot \nabla \vec{B} \tag{7-22}$$

由式(7-10)和式(7-22)联立,可得电磁泵内液态金属流速与所加电场和磁场之间的关系。

7.3.2 电磁泵启动特性分析

图7-9为液态金属电磁泵启动前受力示意[14]。由受力平衡关系可得:

$$F+P_1A=P_2A+mg\sin\theta+F_{max} \tag{7-23}$$

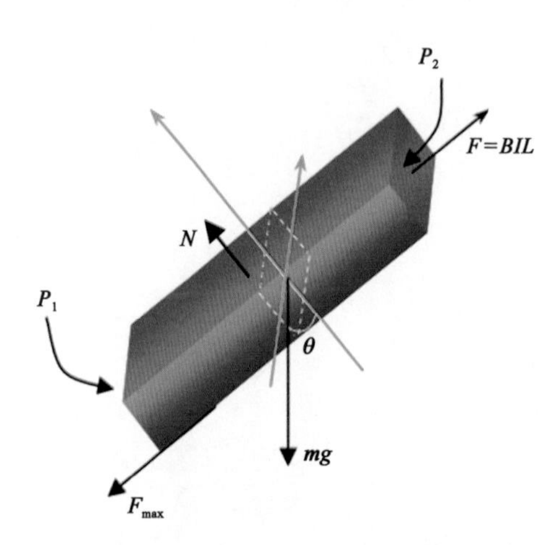

图7-9 电磁泵启动前受力情况

其中,$F=BIL$ 为安培力,P_1 和 P_2 分别为入口压力和出口压力。垂直于运动方向有:

$$N=mg\cos\theta \tag{7-24}$$

F_{max} 与垂直于流动方向的压力呈线性关系[14],即

$$F_{max}=\mu N \tag{7-25}$$

其中,μ 为静摩擦系数。

泵的效率定义为

$$\eta=\frac{\Delta p(\dot{m}/\rho)}{W} \tag{7-26}$$

其中,W 为输入功率。在通常情况下,电磁泵的效率在7%~12%[4],其压力增加为

$$\Delta p=\eta W\rho/\dot{m} \tag{7-27}$$

而 $\dot{m}$ 与流速密切相关

$$\dot{m}=u\rho A \tag{7-28}$$

在电磁泵中,液态金属是由流体的压力驱动的,所以可以当作泊肃叶流动,此时,对于哈特曼流动的二维直通道内定常流动方程组,可以证明,$\frac{\partial p}{\partial z}$ 为常数。从物理角度考虑,可简便地求得Hatmann流动的一般解。

$$\nabla p=\vec{j}\times\vec{B}+\mu_f\nabla^2\vec{U}=\left(\mu_f\frac{\partial^2U_x}{\partial z^2}+j_yB_z\right)\boldsymbol{i}-j_yB_x\boldsymbol{k} \tag{7-29}$$

一维耦合较简单，故直接将欧姆方程代入N-S方程，原方程组简化为

$$\frac{\partial p}{\partial x}=-\sigma B_0 E_z-\sigma B_0^2 U_x+\mu_f \frac{\mathrm{d}^2 U_x}{\mathrm{d}y^2} \tag{7-30}$$

$$-\frac{\partial p}{\partial y}+j_z B_x=0 \tag{7-31}$$

及边界条件$U_x\Big|_{y=y_0}=0$，$U_x\Big|_{y=-y_0}=0$

采用流体相似分析，定义以y_0为特征长度的哈特曼数为$H=B_0 y_0\sqrt{\frac{\sigma}{\mu_f}}$，则将方程(7-30)变换为

$$\frac{\mathrm{d}^2 U_x}{\mathrm{d}y^2}-\frac{H^2}{y_0^2}U_x=\frac{1}{\mu_f}\frac{\partial p}{\partial x}+\frac{H}{y_0}E_z \tag{7-32}$$

其解为

$$U_x=U^*+C_1 \mathrm{e}^{\frac{Hx}{y_0}}+C_2 \mathrm{e}^{-\frac{Hx}{y_0}} \tag{7-33}$$

代入速度边界条件求得通解系数C_1、C_2后，将解代入非齐次方程求得特解U^*，最后求得的速度可写为

$$U_x=\left(\frac{y_0^2}{H^2}\frac{1}{\mu_f}\frac{\partial p}{\partial x}+\frac{H}{y_0}\sqrt{\frac{\sigma}{\mu_f}}E_z\right)\left(\frac{ch\frac{Hy}{y_0}}{chH}-1\right) \tag{7-34}$$

再由欧姆定律

$$j_z=\sigma(E_z+U_x B_y)=\sigma E_z\frac{ch\frac{Hy}{y_0}}{chH}+\frac{y_0}{H}\sqrt{\frac{\sigma}{\mu_f}}\frac{\partial p}{\partial x}\left(\frac{ch\frac{Hy}{y_0}}{chH}-1\right) \tag{7-35}$$

可求得沿流道x方向的单位长度电流

$$I=\int_{-y_0}^{y_0} j_z \mathrm{d}y=\frac{2\sigma y_0 E_z}{H}thH+2\frac{y_0^2}{H}\sqrt{\frac{\sigma}{\mu_f}}\frac{\partial p}{\partial x}\left(\frac{thH}{H}-1\right) \tag{7-36}$$

在液态金属循环热端和冷端，当液态金属经过的流道突然变化时，由于惯

性的作用，在流道变化处与流束之间形成旋涡，旋涡靠主流速带动着旋转，主流速将能量传递给旋涡，旋涡又把能量消耗在旋转运动中，变成耗散的热量。液态金属在弯管处的流动损失主要包括 3 部分[14]：一部分是由切应力产生的沿程损失，特别是在流动方向改变，流速分布变化中产生的这种损失；另一部分是产生漩涡所产生的损失，第三部分是由二次流形成的双螺旋流动所产生的损失。当流体流过弯管时，弯管外侧速度变小压力增加，内侧速度增加压力降低，所以从直管进入弯管，外侧速度降低压力增高，内侧速度增加压力降低，从弯管进入直管时，内侧压力增高，外侧压力降低。在增压过程中，都有可能因边界层能量被黏滞力消耗而出现边界层分离，形成漩涡，从而造成流动损失。

7.3.3 电磁泵驱动模拟仿真

7.3.3.1 计算物理模型

直流电磁泵的结构相对简单，图 7－10 是两种具有不同结构流道的电磁泵的示意图[21]。根据电磁泵的工作原理，在磁场作用区域内电磁泵的截面形状需做成扁平状[3]，磁铁间隙可设为 1 mm。为了同外管路的连接，在电磁泵的进出口设置了圆形的引接管。在电磁泵 1 中，液态金属流体受到扁平工作段的电磁力推动作用后直接从圆形的引接管流出；而在电磁泵 2 中还包括了位于工作段和引接管之间的过渡段，此段将工作段的扁平截面平滑地过渡到引接管的圆形截面。

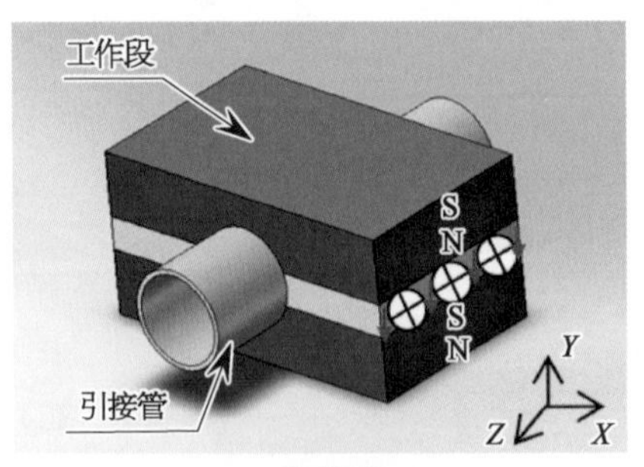

电磁泵1

电磁泵2

图 7－10　两种不同流道结构的电磁泵示意

考虑到液态金属电磁泵流道的高度相比其长度和宽度要小，因此对于直流电磁泵驱动下的液态金属可作二维流场简化处理，如图 7－11 所示。在电磁泵的入口设置速度边界条件，出口为压力边界条件，电极壁面设为电压的边界条件，剩余壁面均设置成无滑移的绝缘壁面边界条件。

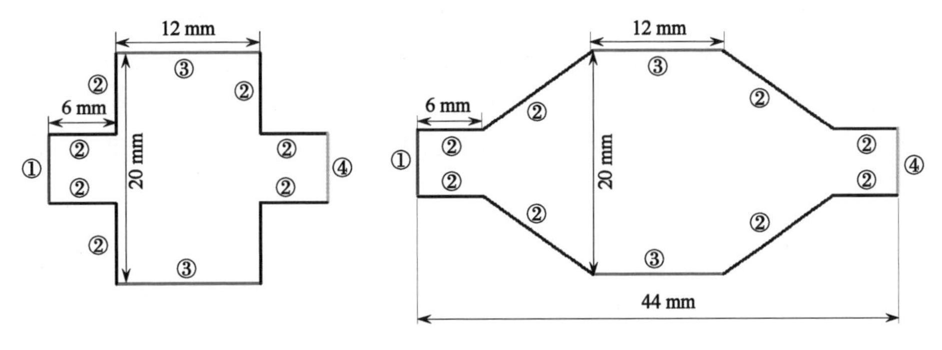

图 7 - 11　计算区域及边界条件

① 速度入口边界条件；② 绝缘壁面边界条件；③ 电压边界条件；④ 压力出口边界条件。

表 7 - 1 给出了电磁泵仿真计算过程中的参数取值。在计算中，忽略永磁体的边界效应，假设永磁体所产生的磁场均匀地分布在电磁泵的工作段。数值求解采用压力校正算法，先假设一个压力场，然后通过求解不可缩流动的 N - S 方程得到速度场，这些速度不需要满足泊松型连续方程，所以对压力场的修正也带来了速度场的修正，最终满足质量守恒。求解速度场的同时计算电势场的方程，得到安培力，然后将其反馈回 N - S 方程并作为体积力处理，连续耦合安培力和速度场，直到牛顿迭代收敛。

表 7 - 1　计算参数取值表[14]

液态金属	密度 ρ (kg/m^3)	运动黏度 υ (m^2/s)	电导 σ ($\Omega^{-1}m^{-1}$)	哈曼特数 Ha	作用参数 N
Ga	6 093	3.1E - 7	3.85E6	22.57	0.316
$GaIn_{20}Sn_{12}$	6 363	4.0E - 7	3.31E6	18.02	0.260
NaK_{78}	1 699	5.5E - 7	2.88E6	39.19	1.699

7.3.3.2　仿真结果

如下介绍以镓为流动工质，在入口速度为 0.1 m/s，分别在没有外加电磁场和施加了 1T 磁场、20 mV 电压的条件下，对上述两种流道结构的电磁泵的速度矢量进行仿真计算的结果[21]。从图 7 - 12 可以看出，在无外加电磁场的情况下，电磁泵 1 和 2 中靠近管壁的流体质点的流速均比较小；但当在流道外加了电磁场，流体在进入电磁泵的工作段后，速度分布发生了扭曲(图 7 - 13)，在靠近电极壁面附近的流体速度要比其他区域都明显要大，在电磁泵 1 中甚至还出现较为明显的漩涡。图 7－14 给出了电磁泵流道的电流矢量分布，电流密度矢量由两部分组成，一部分是由电极静电场产生，另一部分是由感应电动势场 $\vec{U}\times\vec{B}$ 产生。从图 7－14 可以看出，电流从高电势壁面往流场区域里扩散，最终又汇集到低电势壁面，在两电极壁面附近的电流最大。由交叉电流密度 $\vec{J}$ 和磁场强度 $\vec{B}$ 产生的安培力在靠近电极的地方最强，使得这里比其他

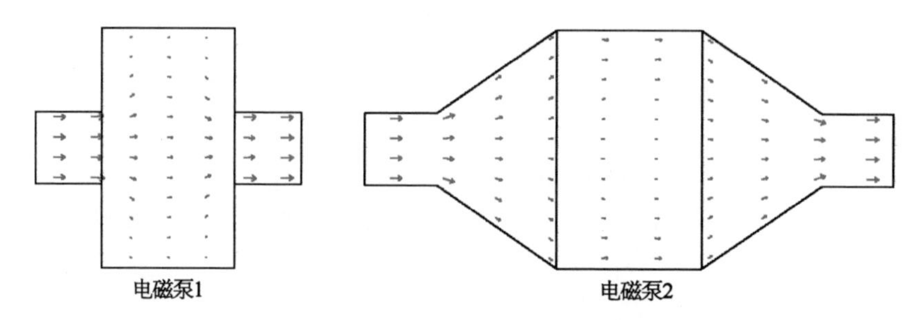

图 7－12　无外加电磁场的电磁泵流道速度矢量

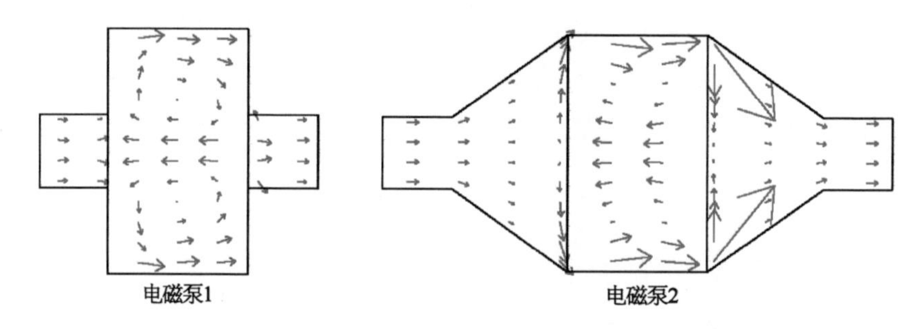

图 7－13　1 T 磁场、20 mV 电压下的电磁泵流道的速度矢量

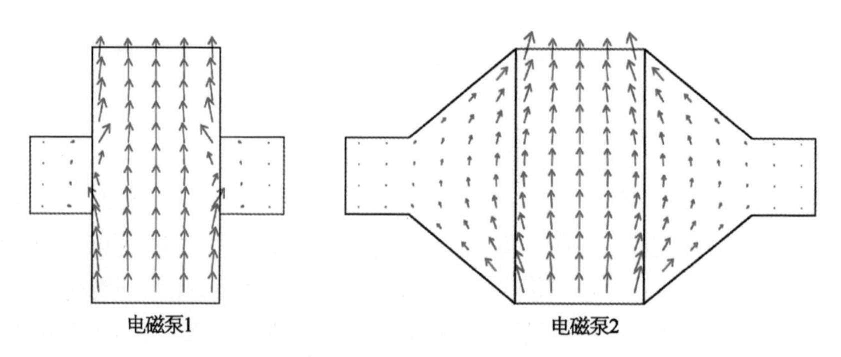

图 7－14　电磁泵流道的电流分布

区域的轴线速度阻力更小，所以才产生了如图 7－13 的速度矢量分布。图 7－15 是电磁泵 1 和 2 进出口压差的对比图。从图中可以得到在相同入口速度和电磁场作用下，电磁泵 1 的进出口压差要比电磁泵 2 小。这是因为在电磁泵 1 中，液态金属经扁平状的工作段区直接流到圆形引接管，在边壁突变的地方，容易出现主流与边壁脱离的现象形成漩涡区，造成较大的阻力损失。

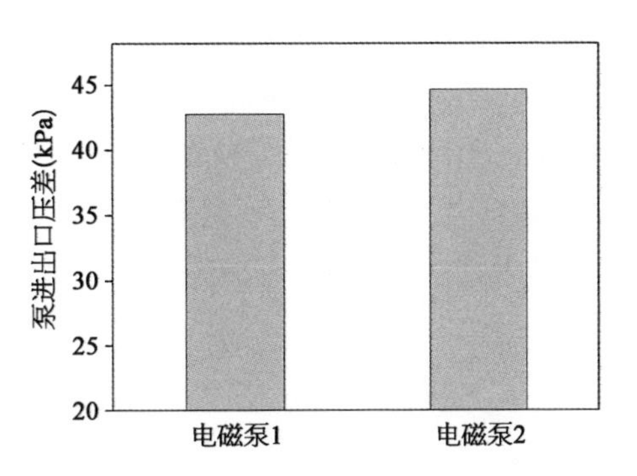

图 7－15　不同流道结构的电磁泵的进出口压差

液态金属镓或其合金由于价格会使其利用受到一些限制，共晶合金 $NaK_{77.8}$ 的熔点可以达到－12.65℃，其导热系数为 21.8 W/(m·K)，加上碱金属材料的易得性，考虑到芯片冷却的载冷工质是预先密封在管路里的，若能把共晶钠钾合金作为芯片散热的冷却工质，则不仅会有良好的散热性能，同时其成本又极为低廉[21]。为此，这里以电磁泵 2 为例，分别对用镓、镓铟锡和钠钾合金作为流动工质的电磁泵性能进行了数值仿真。图 7－16 是 3 种工质在入口速度为 0.1 m/s 和施加了 1 T 磁场、20 mV 电压的条件下的电磁泵的轴线压力图。从图中可以看出流体从入口进入电磁泵的工作区域，轴线压力得到逐步的提升。在这 3 种工质的对比中，液态金属镓的电磁泵出口处压力值最大，这是因为液态金属镓的大电导值使得其在相同的输入电压下，能产生比较高的电流和电磁力，进而获得较大的出口压力。

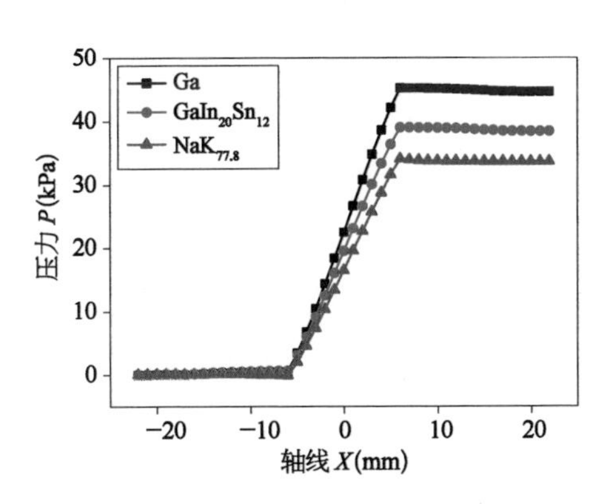

图 7－16　不同流动工质的泵的轴线压力分布

当电磁泵流量 $\dot{m}=0$ 的情况下，电磁泵的压头与电磁场有着如下关系[4]：

$$\Delta P\bigg|_{\dot{m}=0}=\int_0^L J_x B_y \mathrm{d}z \cong IB/h=UB\sigma L/W \qquad (7-37)$$

式中，J_x 为电流密度，B_y 为磁场强度，L 为处于磁隙间的液态金属的长度，h 为电极的宽度，W 为电磁泵流道的宽度，σ 为液态金属的电导，U 为电极壁面的输入电压。基于上述理论公式，这里给出了以镓为工质，外输电压为 4 mV 的电磁泵 2 的静压头同外加磁场的变化关系，以及外加 1 T 磁场的电磁泵 2 的静压头同外加电压的变化关系，结果如图 7 - 17 和 7 - 18 所示。从图中可以看出，仿真值与解析解几乎完全重合，进一步表明液态金属电磁泵的进出口压差同磁感应强度和外加电压呈线性变化关系。

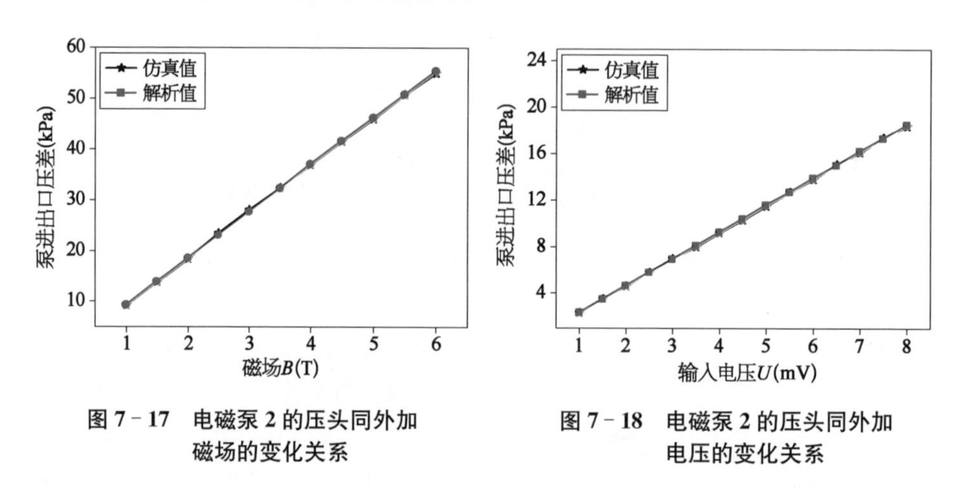

图 7 - 17　电磁泵 2 的压头同外加磁场的变化关系

图 7 - 18　电磁泵 2 的压头同外加电压的变化关系

7.3.3.3　实验对比

为验证仿真计算结果的准确性，考虑到电磁泵 2 具有较为合理的流道结构，笔者实验室采用浇注的办法制作了电磁泵 2 并进行了相应的实验测量[21]。首先用石蜡等熔点较低的材料固化定型成预先设计好的流道形状，此流道应包含具有扁平截面的工作段，将上述定型后的流道置于模具内部，并将圆形引接管接入到上述流道的两端。电极材料由导电性能良好的铜板制成，厚度为 1 mm，电极从两侧嵌入到流道的扁平状部分。在浇注过程中，使用环氧树脂作为材料，将用于形成泵体的液态浇注材料送入到模具内，待其填满后置于烘箱进行固化。浇注材料固化后，将模具和石蜡清除，在工作段区域安装永磁铁布置磁场。为了更为有效地利用永磁铁所产生的磁场，采用防漏磁材料 2Cr13 制作成导磁环，将电磁泵安放在导磁环内，可起到很好的防漏磁效果。

泵的进出口静态压差是电磁泵的主要性能指标之一，反映电磁泵对液态金属的驱动能力。图 7 - 19 给出了电磁泵静压实验的系统示意图。为便于观察和计量，使用透明的塑料软管同电磁泵连接形成 U 型管路。通过观察 U 型管左右两管内液面的高度差来感知泵进出口压强的大小，高度差越大，说明泵

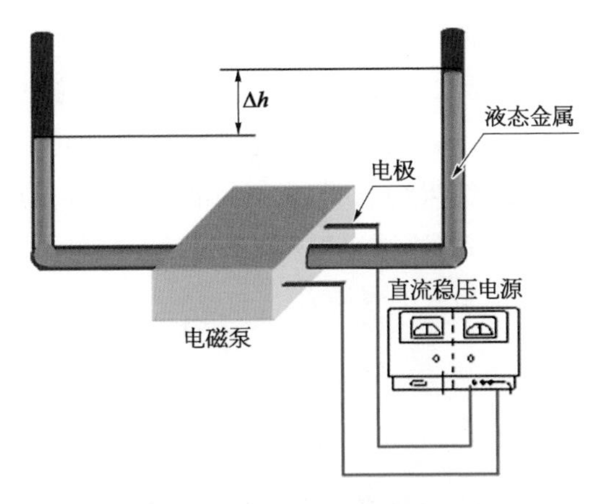

图 7-19　电磁泵静压实验系统

的进出口压差越大。

U 型管左右两边的高度差与电磁泵产生的静压头的关系式为：

$$\Delta P_{静压} = \rho g \Delta h \tag{7-38}$$

式中，Δh 是泵高，单位是 m；$\Delta P_{静压}$ 是电磁泵产生的静压头，单位 Pa；ρ 是液态金属的密度，单位是 kg/m^3。

以 $GaIn_{20}Sn_{12}$ 为流动工质，通过直流稳压电源给电磁泵的电极输入任意固定电流 I，测量 U 型管的进出口高度差，拟合出电磁泵的静态压差与输入电流的变化关系，并与仿真计算结果比较。图 7-20 是在不同输入电流下，电磁泵

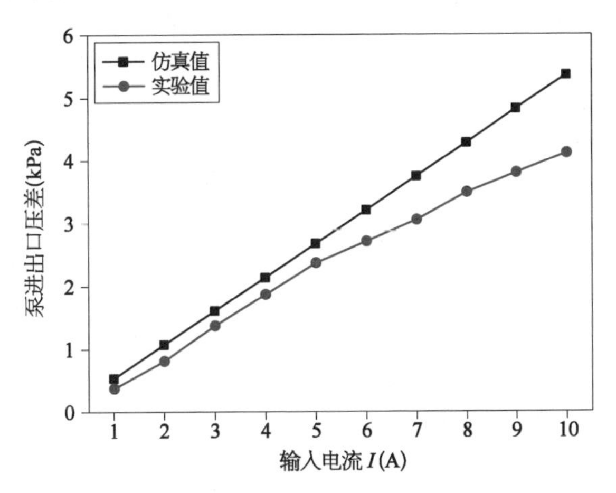

图 7-20　不同输入电流下电磁泵静压随输入电流变化的实验值与仿真值

2 的静压随输入电流变化的实验值与仿真值。从中可以看出，实验值与仿真值吻合得比较好，但实验值要比仿真值小，这是因为在电磁泵的实际工作过程中还存在更多客观影响因素[21]，如：电枢效应、漫流损失等可能消耗电磁力产生的部分压头。实验和仿真结果均表明，上述两种流道结构的电磁泵在磁感应强度不变的情况下，静压头与通过液态金属的电流呈线性关系，因此可以通过调节电流的大小来改变电磁泵的驱动力。

7.4 本章小结

液态金属流体的高效驱动技术对发展相关散热系统至关重要，而在不同的应用场合对驱动技术又存在着特定需求。本章首先对液态金属的典型驱动技术进行了介绍，考虑到在应用需求非常广泛的芯片散热系统中，电磁泵的诸多优势和良好的适应性，还就液态金属电磁驱动特性的理论基础进行了阐述，并剖析了数值仿真和实验结果。在某些受限空间应用场合下如笔记本电脑、便携通信设备，所研制的液态金属驱动泵还必须满足紧凑、适形的特点，此方面问题今后可在本章介绍的理论基础上进一步展开。

参考文献

[1] Liu J, Deng Y G, Deng Z S. Recent advancement on liquid metal cooling for thermal management of computer chip. Proceedings of the ASME 2010 International Mechanical Engineering Congress & Exposition, November 12 - 18, 2010, Vancouver, British Columbia, Canada.

[2] Li T, Lv Y G, Liu J, et al. A powerful way of cooling computer chip using liquid metal with low melting point as the cooling fluid. Forschung im Ingenieurwesen, 2006, 70: 243～251.

[3] Liu J, Zhou Y X, Lv Y G, et al. Liquid metal based miniaturized chip-cooling device driven by electromagnetic pump. 2005 ASME International Mechanical Engineering Congress and RD&D Expo, November 5 - 11, 2005, Orlando, Florida.

[4] Li P, Liu J. Self-driven electronic cooling based on thermosyphon effect of room temperature liquid metal. ASME Journal of Electronic Packaging, 2011, 133: 041009.

[5] Tang J, Wang J, Liu J, et al. A volatile fluid assisted thermo-pneumatic liquid metal energy harvester. Applied Physics Letters, 2016, 108: 023903 - 1 - 4.

[6] Li P, Liu J. Harvesting low grade heat to generate electricity with thermosyphon effect of room temperature liquid metal. Applied Physics Letters, 2011, 99: 094106.
[7] Dai D, Zhou Y, Liu J. Liquid metal based thermoelectric generation system for waste heat recovery. Renewable Energy, 2011, 36: 3530～3536.
[8] Deng Y, Liu J. Optimization and evaluation of a high performance liquid metal CPU cooling product. IEEE Transactions on Components, Packaging and Manufacturing Technology, 2013, 3(7): 1171～1177.
[9] Deng Y, Liu J. Heat spreader based on room-temperature liquid metal. ASME Journal of Thermal Science and Engineering Applications, 2012, 4: 024501.
[10] Deng Y, Liu J. Design of a practical liquid metal cooling device for heat dissipation of high performance CPUs. ASME Journal of Electronic Packaging, 2010, 132(3): 31009～31014.
[11] Deng Y, Liu J. A liquid metal cooling system for the thermal management of high power LEDs. International Communications in Heat and Mass Transfer, 2010, 37(7): 788～791.
[12] 邓月光.高性能液态金属 CPU 散热器的理论与实验研究(博士学位论文).北京：中国科学院研究生院,中国科学院理化技术研究所,2012.
[13] Ma K Q, Liu J. Heat-driven liquid metal cooling device for the thermal management of a computer chip. J. Phys. D: Appl. Phys., 2007, 40: 4722～4729.
[14] 马坤全.液态金属芯片散热方法的研究(博士学位论文).北京：中国科学院研究生院,中国科学院理化技术研究所,2008.
[15] Li P P, Liu J, Zhou Y X. Design of a self-driven liquid metal cooling device for heat dissipation of hot chips in a closed cabinet. Journal of Thermal Science and Engineering Applications, 2014, 6: 011009.
[16] 李培培,高云霞,杨阳,等.基于室温液态金属热虹吸效应的自驱动热量传递方法的数值模拟.工程热物理学报,2014,35(1): 179～182.
[17] 李培培.热驱动室温液态金属强化传热方法的研究与应用(硕士学位论文).北京：中国科学院研究生院,中国科学院理化技术研究所,2012.
[18] 梅生福.高功率密度 LED 液态金属强化散热方法研究(硕士学位论文).北京：中国科学院大学,中国科学院理化技术研究所,2014.
[19] Fraňa K., Stiller J. A numerical study of flows driven by a rotating magnetic field in a square container. European Journal of Mechanics - B/Fluids, 2008, 27(4): 491～500.
[20] 汤剑波.镓基液态金属流动控制和运动激励研究(博士学位论文).北京：中国科学院大学,中国科学院理化技术研究所,2016.
[21] 谢开旺.计算机热管理中的液体金属散热方法研究(硕士学位论文).北京：中国科学院研究生院,中国科学院理化技术研究所,2009.

第8章 液态金属流体散热技术

8.1 引言

将常温液态金属作为流体散热工质引入到芯片及光电器件冷却[1]，这是近年来芯片热管理领域中的全新尝试。随着研究的持续推进，常温液态金属流体散热技术在国内外引起了强烈反响，成为领域内较具应用前景的新兴方向之一。近期，NASA 还将液态金属冷却列为散热领域未来重点发展方向[2]。液态金属芯片冷却在技术理念上显著区别于传统的风冷、水冷及热管等散热技术，突破了发展了数十年的芯片热管理领域的既有思路，由于其超高热流密度散热及低功耗特性，在应对尖端散热需求上展示出重大价值。

液态金属之所以可作为散热流体用于芯片热管理领域，重要原因之一就在于其具有优异的换热性能[3]。在这种先进散热技术中，流通于流道内的工质系在室温附近即可熔化的低熔点金属，如镓或更低熔点的合金如镓铟等，因而整套装置可做成具有对流冷却功能的纯金属型散热器。由于液体金属具有远高于水、空气及许多非金属介质的热导率(如镓导热率约为水的 60 倍，高出空气 1 000 多倍)，且具有流动性，沸点高达 2 300℃以上，因而可承受极端的热负荷，实现快速高效的热量输运能力，这相对于已有的常规流体如水、油散热技术而言是一个实质性的拓展。这种低熔点液体金属以远高于传统流动工质的热传输能力，最大限度地解决了高密度能流的散热难题。特别是，由于采用了液体金属，散热器可作得很小且易于通过功耗极低的电磁泵驱动，由此可实现整体集成化的微型散热器。可以预计，作为一种同时兼有高效导热和对流散热特性的技术，液态金属散热有望成为新一代理想的超高功率密度热传输技术之一。而且，随着今后各类高功率芯片发热密度的持续攀升，传统散热技术趋近极限时，此类措施越能发挥其优势。本章从液态金属流体散热的特点、换热规律以及性能评估等方面对这一方法进行介绍。

8.2　液态金属流体散热技术的特点

以液态金属作为流体介质的芯片散热技术的典型特点包括[3]：① 液体金属具有远高于水、空气及许多非金属介质的热导率，因此液态金属芯片散热器相对传统水冷可实现更加高效的热量输运及极限散热能力；② 液态金属的高电导属性使其可采用无任何运动部件的电磁泵驱动，驱动效率高，能耗低，而且没有任何噪声；③ 液态金属不易蒸发，不易泄漏，安全无毒，物化性质稳定，极易回收，是一种非常安全的流动工质，可以保证散热系统的高效、长期、稳定运行。

事实上，液态金属流体散热技术的优势归根结底取决于液体工质的热物理性质。目前，镓基合金因为出色的热物性而成为液态金属散热技术的首选，其物性参数是决定液态金属散热系统传热性能的关键。如下为镓基液态金属应用于热管理领域系列关键的热物理性质：

(1) 熔点。纯镓的熔点为 29.8℃，略高于室温，和其他金属形成合金是降低其熔点最行之有效的方法。目前诸多文献对镓基合金熔点的陈述比较分散，甚至存在明显出入。笔者实验室系统研究了各种可能的低熔点镓基合金配比规律，并对其进行了实验验证[4]，部分典型低熔点镓基合金熔点总结如表 8-1。

表 8-1　典型低熔点镓基合金

镓　基　合　金	熔点(℃)
$Ga_{66}In_{20.5}Sn_{13.5}$	10
$Ga_{61}In_{25}Sn_{13}Zn_{1}$	8
$Ga_{66.4}In_{20.9}Sn_{9.7}Zn_{3}$	8.5
$Ga_{68}In_{21}Sn_{9.5}Bi_{1.5}$	11
$Ga_{68}In_{21}Sn_{9.5}Bi_{0.75}Zn_{0.75}$	9

从表 8-1 可以看出，已知的镓基低熔点合金熔点最低为 8℃。其中，$Ga_{66}In_{20.5}Sn_{13.5}$(Galinstan)在部分文献中描述其熔点为－20℃[5]，但多次实测其熔化曲线，证实其熔点实为 10℃。值得一提的是，镓基合金一般存在较大的过冷度。这意味着降温过程中即使温度低于其熔点(比如－15℃)，液态金属

可能仍然不会凝固。因此,液态金属散热系统自身存在一定的抗低温能力。

(2) 密度、热导率及热容。液态金属的传热性能主要取决于其密度、热导率和热容。马坤全[4]曾对典型镓铟合金的热导率和热容进行了较为系统的测量。这里对 $Ga_{80}In_{20}$、纯镓及水的热物理性质进行了整理对比,如表 8-2 所示。

表 8-2 镓基合金热物性对比

热 物 性	Ga[6]	$Ga_{80}In_{20}$[4]	水[7]
熔点(℃)	29.8	16	0
密度(kg/m^3)	6 093^a	6 335^c	998.2^c
热导率[W/(m·K)]	29.28^b	26.58^c	0.599^c
热容[J/(kg·K)]	409.9^b	403.5^c	4 183^c

注:^{a}32.4℃;^{b}29.8℃;^{c}20℃。

从表 8-2 可以看出,镓基液态金属最大的优势在于其热导率高,为水的近 40 倍。虽然其质量热容较小,但其密度大,体积热容约为水的 0.6 倍,综合性能优秀。

(3) 饱和蒸汽压及表面张力。镓基合金的饱和蒸汽压非常小,在 20℃时几乎为零,因此镓基合金不易蒸发[8]。30℃时,镓的表面张力系数为 707 mN/m,约为水的 10 倍[9]。对于典型的小孔泄露问题,表面张力平衡方程为[10]:

$$P_f - P_0 = \frac{2\sigma}{R} \tag{8-1}$$

其中,P_f 为流体压强,P_0 为大气压强,σ 为表面张力系数,R 为球面的曲率半径。易知,同样的小孔缺陷情况下,镓基合金的泄露要比水需要更高的压强而困难得多,这对安全运行十分有利。

(4) 化学性质。镓基合金在空气中会形成微量的氧化层。与水不互溶,不易反应,性质稳定。典型的塑料,包括聚乙烯、聚氯乙烯等均不与镓基合金反应。镓在高温下会与铜发生微弱腐蚀反应,但与铝反应较明显,需要一定的镀层防护。镓基合金与大部分物质均不互溶,迅速分层,因此回收容易。总的来说,镓基合金在 0~100℃情况下,不易与环境介质和主要结构材料发生化学反应,适合应用在芯片散热领域。

(5) 毒性。目前尚未有镓基合金对人体造成毒性伤害的文献案例,医学领域也未发现过相关案例。Wolff 等[11]曾对小鼠进行了实验,结果表明,一定浓度的氧化镓环境会对动物的呼吸系统造成损伤。然而,在大部分情况下,镓氧化物会在液体表面形成一层膜，不易散布到空气中。因此，在进行适当的防护后（手套及口罩），镓基合金对人体并没有明显危险性[12]。

总的来说，液态金属散热技术的优势可总结如下[3,13]：① 工质工作温区广，镓基合金最低熔点可达 8℃，最高沸点接近 2 400℃，可广泛应用于各种传热领域；② 液态金属热物理性质优异，对流换热系数高，耐极限热流密度能力强，可承受极端高热流应用；③ 电磁泵驱动方式无机械运动部件，效率高，功耗低，无噪声，系统运行稳定可靠；④ 液态金属性质稳定，无毒，不易蒸发泄漏，系统安全可靠；⑤ 工质易于回收，不污染环境。

8.3 圆管内液态金属流体换热理论[4,14]

圆形管道内液态金属流动过程满足的控制方程为：

$$\frac{\partial T}{\partial t}+u\frac{\partial T}{\partial x}=\frac{1}{r}\frac{\partial}{\partial r}\left(a_r r\frac{\partial T}{\partial r}\right)+\frac{\partial}{\partial x}\left(a_x\frac{\partial T}{\partial x}\right) \tag{8-2}$$

此处，a_r，a_x 分别为液态金属径向和轴向的热扩散系数，为简便起见，可以假设：

$$a_r=a_x=a=\lambda/(\rho c) \tag{8-3}$$

边界条件可以设定为

$$\left.\frac{\partial T}{\partial r}\right|_{r=0}=0 \tag{8-4}$$

$$T\,|_{r=R}=T_{\mathrm{w}} \tag{8-5}$$

$$T\,|_{x=0}=T_0 \tag{8-6}$$

稳态时，则式(8-2)变为：

$$u\frac{\partial T}{\partial x}=a\left(\frac{\partial^2 T}{\partial r^2}+\frac{1}{r}\frac{\partial T}{\partial r}+\frac{\partial^2 T}{\partial x^2}\right) \tag{8-7}$$

变换为无量纲形式为：

$$\frac{uR^2}{aL}\frac{\partial T'}{\partial x'}=\frac{\partial^2 T'}{\partial r'^2}+\frac{1}{r'}\frac{\partial T'}{\partial r'}+\frac{R^2}{L^2}\frac{\partial^2 T'}{\partial x'^2} \tag{8-8}$$

式中，$T'=\dfrac{T-T_w}{T_0-T_w}$。由分离变量法，可得到方程(8-8)的稳态解。为简化起见，在下列分析中，略去无量纲方程(8-8)中的上标$'$。

假定无量纲温度可表示为 $T(r,\ x)=R(r)X(x)$，则方程(3-7)变为：

$$\frac{uR^2}{aL}\frac{1}{X(x)}\frac{\mathrm{d}X(x)}{\mathrm{d}x}-\frac{R^2}{X(x)L^2}\frac{\mathrm{d}^2X}{\mathrm{d}x^2}=\frac{1}{R(r)}\frac{\mathrm{d}^2R(r)}{\mathrm{d}r^2}+\frac{1}{rR(r)}\frac{\mathrm{d}(R)}{\mathrm{d}r} \tag{8-9}$$

方程(8-9)中，等号左边为 x 的函数，右边为 r 的函数。要使两边相等，其值必须为一个常数。在方程(8-9)中，只有这个常数小于零才有非零解，因而设这个常数为 $-\beta^2$，则方程(8-9)分解为：

$$\frac{\mathrm{d}^2X(x)}{\mathrm{d}x^2}-\frac{uL}{a}\frac{\mathrm{d}X(x)}{\mathrm{d}x}-\frac{\beta^2L^2}{R^2}X(x)=0 \tag{8-10}$$

$$\frac{\mathrm{d}^2R(r)}{\mathrm{d}r^2}+\frac{1}{r}\frac{\mathrm{d}(R)}{\mathrm{d}r}+\beta^2R(r)=0 \tag{8-11}$$

考虑物理条件，可以得到方程(8-10)的特征值为：

$$\lambda=\frac{uL}{2a}-\frac{1}{2}\sqrt{\left(\frac{uL}{a}\right)^2+\frac{4\beta^2L^2}{R^2}} \tag{8-12}$$

方程(8-11)为贝塞尔方程，其根为：

$$R(r)=J_0(\beta_m r) \tag{8-13}$$

式中，β_m 由边界条件决定，对第一类边界条件 $\beta_m=0$，也依然是方程的根。

考虑相同的边界条件式(8-4)～(8-6)，可得到液态金属流动传热过程温度分布的理论解为：

$$\frac{T-T_w}{T_0-T_w}=2\sum_{m=1}^{\infty}\exp\left[\frac{uLx'}{2a}-\frac{x'}{2}\sqrt{\left(\frac{uL}{a}\right)^2+\frac{4\beta^2L^2}{R^2}}\right]\frac{J_0(\beta_m r')}{J_1(\beta_m)\beta_m} \tag{8-14}$$

由 Peclet 数 $Pe=\dfrac{uR}{a}$，式(8-14)可简化为

$$\frac{T-T_w}{T_0-T_w}=2\sum_{m=1}^{\infty}\exp\left\{\frac{Lx'}{R}\left[\frac{Pe}{2}-\frac{Pe}{2}\sqrt{1+\frac{4\beta_m^2}{P_e^2}}\right]\right\}\frac{J_0(\beta_m r')}{J_1(\beta_m)\beta_m} \quad (8-15)$$

边界上能量方程可写为：

$$-k\left.\frac{\partial T}{\partial r}\right|_R=h(T_m-T_w) \quad (8-16)$$

式中，h 为对流换热系数，T_m 为横截面积上流体平均温度，对圆管可表示为

$$T_m=\frac{2\int_0^R Tr\mathrm{d}r}{R^2} \quad (8-17)$$

考虑无量纲参数 $Nu=\frac{2Rh}{\lambda}$ 以及 Bessel 函数关系式，

$$\int_0^R rJ_0(\beta_m r')\mathrm{d}r=\frac{R^2}{\beta_m}J_1(\beta_m) \quad (8-18)$$

可以从方程(8-9)到(8-12)得到局部 Nu 数 Nu_x

$$Nu_x=\frac{\sum_{m=1}^{\infty}\exp\left\{-\frac{Lx'}{R}\left[\frac{Pe}{2}-\frac{Pe}{2}\sqrt{1+\frac{4\beta_m^2}{Pe^2}}\right]\right\}}{\sum_{m=1}^{\infty}\exp\left\{-\frac{Lx'}{R}\left[\frac{Pe}{2}-\frac{Pe}{2}\sqrt{1+\frac{4\beta_m^2}{Pe^2}}\right]\right\}\Big/\beta_m^2} \quad (8-19)$$

如果忽略轴向导热，则方程(8-2)到(8-6)可得解析解为：

$$\frac{T-T_w}{T_0-T_w}=2\sum_{m=1}^{\infty}\exp\left[-\frac{Lx'}{R}\frac{\beta_m^2}{Pe}\right]\frac{J_0(\beta_m r')}{J_1(\beta_m)\beta_m} \quad (8-20)$$

$$Nu_x=\frac{\sum_{m=1}^{\infty}\exp\left[-\frac{Lx'}{R}\frac{\beta_m^2}{Pe}\right]}{\sum_{m=1}^{\infty}\exp\left[-\frac{Lx'}{R}\frac{\beta_m^2}{Pe}\right]\Big/\beta_m^2} \quad (8-21)$$

由局部 Nu 数在流道长度上积分，可得到流道的平均 Nu 数，即：

$$Nu = \int_0^1 Nu_x \mathrm{d}x \tag{8-22}$$

由式(8-19)和(8-21)可知，Pe 数对液态金属的换热起着重要作用，这与之前的研究是一致的[4]。显然

$$\lim_{Pe \to \infty} \left(\frac{Pe}{2} - \frac{Pe}{2} \sqrt{1 + \frac{4\beta_m^2}{Pe^2}} \right) = -\frac{\beta_m^2}{Pe} \tag{8-23}$$

因此，当 Pe 数足够大时，轴向导热可以忽略，对分析结果造成的影响不大，而当 Pe 数很小时，忽略轴向导热将带来较大误差。图 8-1 到图 8-5 分别给出了考虑轴向导热和忽略轴向导热时，管道 R/L，x/L，Pe 数对无量纲分布，以及局部 Nu 数的影响。

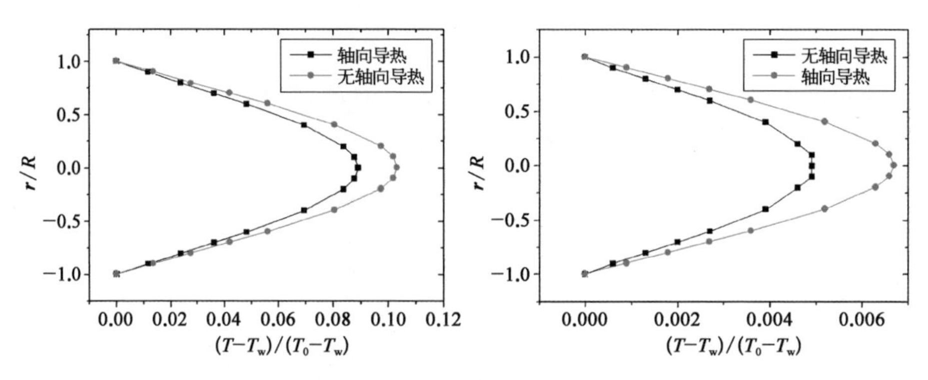

图 8-1　考虑轴向导热与忽略轴向导热时的无量纲温度分布

(a) $x=0.05$，$Pe=10$；(b) $x=0.1$，$Pe=10$。

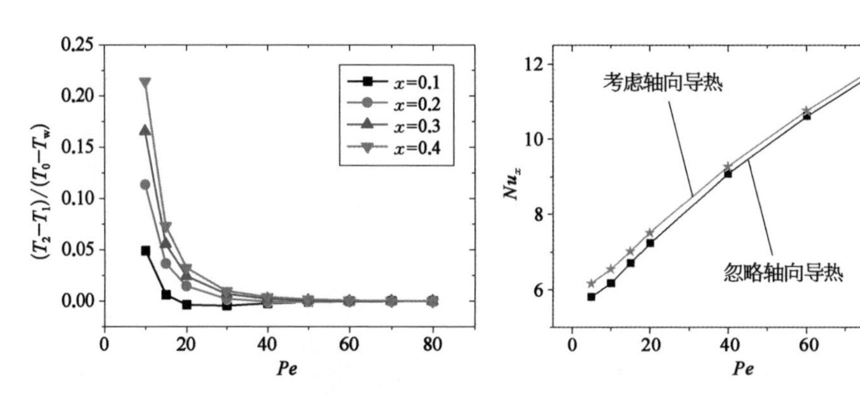

图 8-2　$R/L=0.05$ 时不同位置时的相对误差与 Pe 数的关系

图 8-3　当 $R/L=0.01$，$x/L=0.01$ 时 Nu 数与 Pe 数的关系

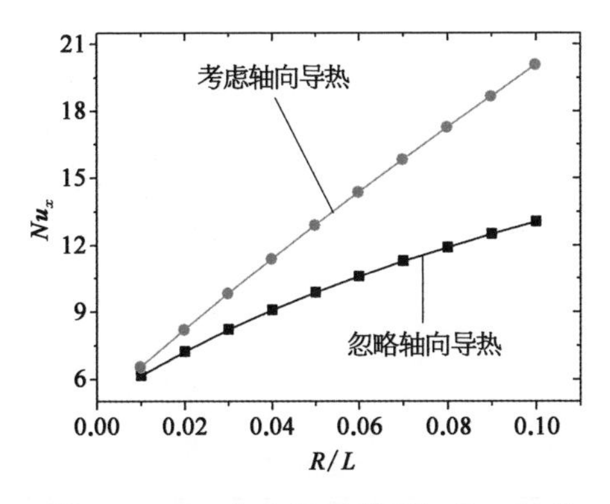

图 8-4　Nu_x 与 R/L 的关系($x/L=0.01$)

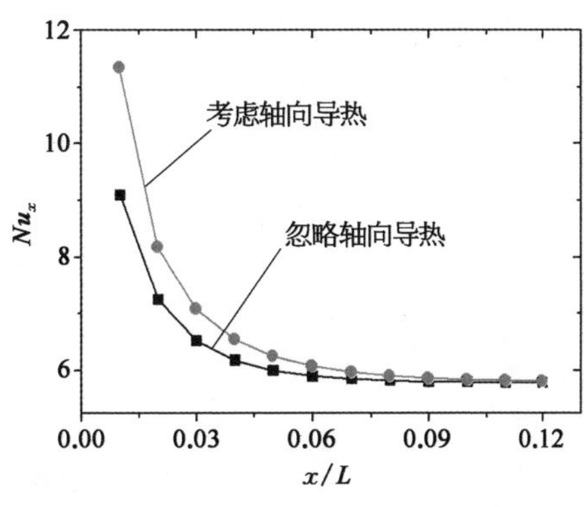

图 8-5　Nu_x 与 x/L 的关系($R/L=0.04$)

8.4　液态金属流体的换热系数

如下比较相同条件下液态金属与普通流动工质(以水为例)的换热性能。基于这样的目的,可对比液态金属和水在水力充分发展段的对流换热系数,至于其他换热介质,也可采用类似方法加以分析。

在恒热流密度条件下,对圆形截面,液态金属流动的无量纲换热系数可表示为[4]:

$$Nu_d = 7 + 0.025Pe^{0.8} \tag{8-24}$$

式中,Pe 为贝克利数,它是雷诺数 Re 和普朗特数 Pr 的乘积,即 $Pe = RePr$。该公式相对简单,但精度在可接受范围内。对不同的截面,表 8-3 列出了液态金属的 Nu 典型表达式。D_2、D_1 分别为圆环的外径和内径。

在热管理中,评价一种换热介质的换热能力强弱,通常用对流换热系数 h 来评价。对流换热系数 h 是单位时间单位面积温差为 1℃时的换热量,其与 Nu 的关系为:

$$h = \frac{\lambda Nu}{d} \tag{8-25}$$

此处,λ 为流体导热系数,d 为流道的当量直径。对圆管的换热,即为管道的直径。为比较液态金属和水在相同条件下的对流换热系数,可由式(8-25)得

$$\frac{h_{\rm lm}}{h_{\rm water}} = \frac{\lambda_{\rm lm}}{\lambda_{\rm water}} \frac{Nu_{\rm lm}}{Nu_{\rm water}} \tag{8-26}$$

此处，h_{lm}，λ_{lm}，Nu_{lm} 表示液态金属的对流换热系数，导热系数和 Nu 数。h_{water}，λ_{water}，Nu_{water} 为水的对应参数。

在恒热流边界条件下，对水来说 $Nu_{water}=4.36$ [3]；恒温边界条件下，$Nu_{water}=3.66$ [3]。因此，恒热流边界条件下，圆管中液态金属与水的换热系数之比为

$$\frac{h_{lm}}{h_{water}}=\frac{\lambda_{lm}}{\lambda_{water}}\frac{7+0.025Pe^{0.8}}{4.36} \tag{8-27}$$

表 8-3 文献中不同横截面积液态金属流动 Nu 关系式[4]

截 面	传 热 关 系 式	应用条件
圆 形	$Nu_d=7+0.025Pe^{0.8}$ or $Nu_d=6.3+0.0167Re_d^{0.85}Pr^{0.93}$	恒热流
	$Nu_d=5+0.025Pe^{0.8}$	恒壁温
平 板	$Nu=5.8+0.02Pe^{0.8}$	恒热流，侧面绝热
环 管	$Nu=5.25+0.0188Pe^{0.8}\left(\frac{D_2}{D_1}\right)^{0.3}$	恒热流

对恒温边界条件，圆管中

$$\frac{h_{lm}}{h_{water}}=\frac{\lambda_{lm}}{\lambda_{water}}\frac{5+0.025Pe^{0.8}}{3.66} \tag{8-28}$$

考虑到

$$\frac{\lambda_{lm}}{\lambda_{water}}\gg 1, \tag{8-29}$$

$$\frac{7+0.025Pe^{0.8}}{4.36}>1 \tag{8-30}$$

$$\frac{5+0.025Pe^{0.8}}{3.66}>1 \tag{8-31}$$

所以有，

$$\frac{h_{lm}}{h_{water}}\gg 1 \tag{8-32}$$

上式说明，液态金属用作流体换热介质，其对流换热系数远远大于水的换热系

数,考虑到水是常规液体中导热系数很高的流体,不失一般性,可以认为液态金属的流动换热系数大于所有常规换热介质。因此,液态金属用作流体换热介质,有望在芯片冷却方面发挥重要作用。

8.5　液态金属流道壁面温度

充分发展段流体的速度分布为:

$$u = u_0\left(1-\frac{r^2}{R^2}\right) = 2\bar{u}\left(1-\frac{r^2}{R^2}\right) \tag{8-33}$$

能量方程为:

$$\frac{1}{r}k\frac{\partial}{\partial r}\left(r\frac{\partial T_{\mathrm{f}}}{\partial r}\right) = \rho c_{\mathrm{p}} u\frac{\partial T_{\mathrm{f}}}{\partial x} \tag{8-34}$$

对应的边界条件为

$$T_{\mathrm{f}}\Big|_{x=0} = T_0 = C$$

$$\frac{\partial T_{\mathrm{f}}}{\partial r}\Big|_{r=0} = 0$$

$$k\frac{\partial T_{\mathrm{f}}}{\partial r}\Big|_{r=R} = q_w = C \tag{8-35}$$

在充分发展段

$$\frac{\partial T_{\mathrm{f}}}{\partial x} = C \tag{8-36}$$

于是可得到温度分布为

$$\theta = T_{\mathrm{f}} - T_{\mathrm{w}} = \frac{2\rho c_{\mathrm{p}}\bar{u}R^2}{k}\frac{\partial T_{\mathrm{f}}}{\partial x}\left[\frac{1}{4}\left(\frac{r}{R}\right)^2 - \frac{1}{16}\left(\frac{r}{R}\right)^4 - \frac{3}{16}\right] \tag{8-37}$$

由于忽略了轴向导热,所以温度分布与 x 无关,根据换热系数的定义

$$q_w = h(T_{\mathrm{w}} - \overline{T}_{\mathrm{f}}) \tag{8-38}$$

此处,$\overline{T}_{\mathrm{f}}$ 为流体平均温度,可表示为

$$\overline{T}_{\mathrm{f}}=\frac{\int \rho c_{\mathrm{p}} u T_{\mathrm{f}} \mathrm{d}A}{\int \rho c_{\mathrm{p}} u \mathrm{d}A} \tag{8-39}$$

对圆形管道中的常物性流体，上式可简化为

$$\overline{T}_{\mathrm{f}}=\frac{\int_0^R u T_{\mathrm{f}} r \mathrm{d}r}{\int_0^R u r \mathrm{d}r} \tag{8-40}$$

且 Nu 数为

$$Nu_d=hd/k \tag{8-41}$$

对于水介质，有

$$Nu_d=4.36 \tag{8-42}$$

对液态金属工质，则有

$$Nu_d=7+0.025Pe^{0.8} \tag{8-43}$$

在管道进口段，Nu 数随 $\frac{1}{Re_d Pr}\frac{x}{d}$ 增大而线性减小[4]。液态金属的 Pr 数的数量级为 0.01，Re 数的数量级为 1 000，且大约在 $x=d$ 进入充分发展段。对流体而言，其热流表达式可写为

$$P=\rho c_{\mathrm{p}} \bar{u} A(\overline{T}_{\mathrm{f,\,out}}-\overline{T}_{\mathrm{f,\,in}}) \tag{8-44}$$

在管道处，则有

$$P=\pi d q_{\mathrm{w}} L \tag{8-45}$$

如果流体进口处温度已知，则 $x=L/2$ 处，流体温度

$$T_{\mathrm{f},\,x=L/2}=\frac{1}{2}T_{\mathrm{f,\,out}}=\frac{2P}{\rho c_{\mathrm{p}} \bar{u} \pi d^2} \tag{8-46}$$

由式(8-7)，(8-12)～(8-14)，可得到 $x=L/2$ 处管道壁面温度为

$$\overline{T}_{\mathrm{w},\,x=L/2}=\frac{P}{\pi L k Nu_d}+\frac{2P}{\rho c_{\mathrm{p}} \bar{u} \pi d^2}+\overline{T}_{\mathrm{f,\,in}} \tag{8-47}$$

考虑相同几何条件的管道，对水流过的管道，有

$$\overline{T}'_{w,\ x=L/2}=\frac{P}{\pi Lk'Nu'_d}+\frac{2P}{(\rho c_p)'\bar{u}\pi d^2}+\overline{T}_{f,\ in} \tag{8-48}$$

对流过液态金属的管道，则有

$$\overline{T}_{w,\ x=L/2}=\frac{P}{\pi LkNu_d}+\frac{2P}{\rho c_p\bar{u}\pi d^2}+\overline{T}_{f,\ in} \tag{8-49}$$

则在 $x=L/2$ 处，流过水与流过液态金属的壁面温度差为

$$\Delta=\left(\frac{P}{\pi Lk'Nu'_d}+\frac{2P}{\rho' c'_p\bar{u}\pi d^2}\right)-\left(\frac{P}{\pi LkNu_d}+\frac{2P}{\rho c_p\bar{u}\pi d^2}\right) \tag{8-50}$$

当 $\Delta>0$，即水流过的壁面温度高于液态金属流过的壁面温度，说明液态金属的冷却效果优于水冷效果；反之，若 $\Delta<0$，则说明液态金属冷却效果不如水冷效果。在恒热流条件下，在 $x=L/2$ 处管壁与换热介质（液态金属或水）的温差可以表示为[4]：

$$\Delta=\left(\frac{P}{\pi L\lambda'Nu'_d}+\frac{2P}{\rho' c'_p\bar{u}\pi d^2}\right)-\left(\frac{P}{\pi L\lambda Nu_d}+\frac{2P}{\rho c_p\bar{u}\pi d^2}\right) \tag{8-51}$$

其中，A，L 和 d 分别表示截面横截面积、管道长度和管道半径；ρc_p 和 λ 分别表示比热（体积）和流体的导热系数；$\bar{u}$ 为界面平均流速，与管道中心线的流速 u_0 的关系可表示为 $\bar{u}=u_0/2$；P 为芯片的热设计功耗；上标′表示水的参数，否则表示液态金属参数，如 Nu'_d 表示水的 Nu 数，而 Nu_d 表示液态金属的 Nu 数。要最大限度地实现液态金属冷却系统的冷却能力，冷端的散热器要有足够的能力冷却液态金属。在评价之前，先建立一个评价标准；即在式（8-51）中，如果 $\Delta<0$，则液态金属冷却方法优于水冷方法，反之则劣于水冷散热。

由式（8-51），可将其转换为：

$$\Delta=\frac{P}{\pi LNu}\left(\frac{1}{\lambda'}-\frac{1}{\lambda}\right)+\frac{2P}{\pi d^2\bar{u}}\left(\frac{1}{\rho' c'}-\frac{1}{\rho c}\right) \tag{8-52}$$

从式（8-52）容易发现性能优异的换热介质应当具有高的导热系数 λ 和高的体积比热 ρc。水之所以被选为好的换热介质，除了成本低廉这一原因外，最根本的就在于其导热系数和比热超越许多常规液体。然而，总的说来，水的

热导率还是过低，其值仅在 0.6 W/(m·K)附近。在芯片冷却方面，液态金属具有远超水的热导率和较高的体积比热，因而液态金属散热在性能方面比水冷散热更具优势。

由式(8-32)可知，在充分发展段，液态金属换热系数远大于水的换热系数，因此，相同热流密度下管壁与金属流体的温差 $(T_w - \bar{T}_f)$ 将远小于与水之间的温差。如果流道温度 $(T_w - \bar{T}_f)$ 保持不变，则将传递更多的热量；换句话说，传递相同的热量将需要更小的换热面积。这对芯片散热系统的微型化和集成来说具有十分重要的意义。

8.6 液态金属流体散热技术性能的数值评估

如下从数值计算方面对液态金属流体散热技术的性能做进一步评估[4]。与"散热器+风扇"的空气冷却相比，水冷由于其比热大，热导率相对较高，以及经济性好等成为液冷目前的主流，因此这里主要采用液态金属与水进行比较。

8.6.1 冷头数值分析

8.6.1.1 几何模型

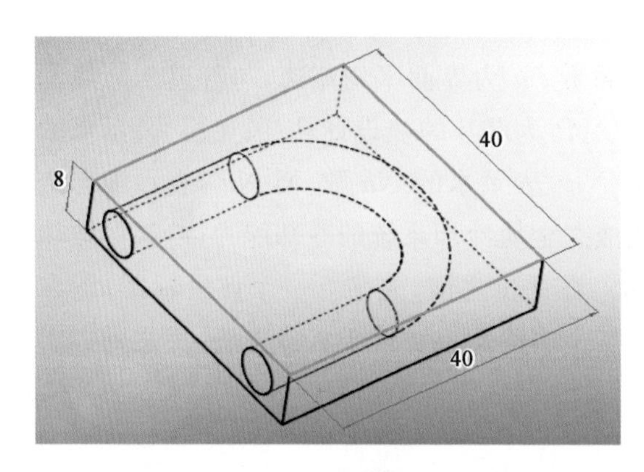

图 8-6 数值分析采用的几何模型

图 8-6 给出了安置在芯片表面的冷头的几何模型。冷头材料采用紫铜。在冷头(尺寸为 40 mm×40 mm×8 mm)内部为一直径为 6 mm 的流道，流道与冷头上下表面距离相等，入口和进口距离为 30 mm，直孔段长度为 20 mm，弯管段半圆环与直孔段相切。忽略冷头和模拟芯片之间的接触热阻。整个几何模型包括固态区域(材料为铜)和液态区域(水或者液态镓)，对固态区域，热传导方程可表示为：

$$\rho c \frac{\partial T(X,\ t)}{\partial t} = \nabla \cdot \lambda \nabla [T(X,\ t)] \tag{8-53}$$

此处，ρ、c、k 分别为液体的密度、比热和导热系数，X 代表直角坐标系。

而流道中流体换热介质的能量方程为

$$\rho c \frac{\partial T(X,\ t)}{\partial t} = \lambda_{\mathrm{f}} \frac{\partial T^2(X,\ t)}{\partial X^2} - \rho c u \frac{\partial T(X,\ t)}{\partial z} \tag{8-54}$$

底面为与芯片表面接触的加热面，其他表面均为自然对流表面，假设自然对流换热系数为 10 W/(m^2 · K)，空气温度为 300 K。固液界面间为导热-对流换热耦合边界条件。

8.6.1.2　数值结果及分析

图 8-7 分别给出了以水作为换热介质和以液态金属镓作为换热介质时的冷头温度分布，入口速度为 0.5 m/s，加热面热流密度为 50 W/cm^2，设自然对流换热系数为 10 W/(m^2 · K)，温度为 300 K。都假定为层流。

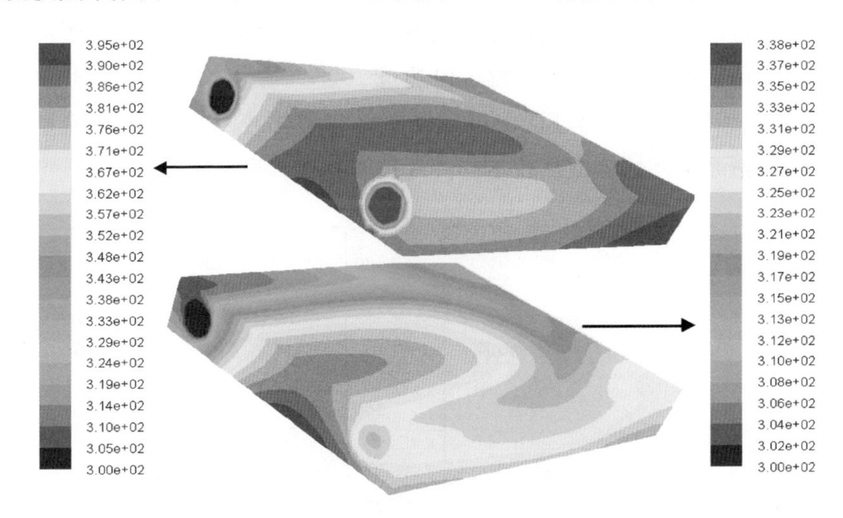

图 8-7　水(上面)和镓(下面)分别作为换热介质时的冷头温度

由图 8-7 可以看出，在相同速度下，液态金属作为工质时模拟芯片温度远低于相应条件下水作为换热介质的情形[4]。如图所示，水冷时换热介质出口温度低于液态金属换热介质出口温度，由稳态条件下能量方程

$$q_0 A_0 = \rho_{\mathrm{f}} A_i u c_{\mathrm{f}} (\overline{T}_{\mathrm{out}} - \overline{T}_{\mathrm{in}}) \tag{8-55}$$

其中，$\overline{T}_{\mathrm{out}}$ 和 $\overline{T}_{\mathrm{in}}$ 分别为流体的出口截面上的平均温度和进口截面上的平均温度。

由于$(\rho c)_{water} > (\rho c)_{gallium}$，因此水的出口平均温度小于液态金属镓的出口平均温度。由能量守恒，有

$$\int_0^L h(x)S[T_W(x) - \overline{T}_f(x)]dx = \rho_f A_i u c_f(\overline{T}_{out} - \overline{T}_{in}) \tag{8-56}$$

其中，L 为流道长度，$h(x)$ 为流道 x 处的对流换热系数，$T_W(x)$ 和 $\overline{T}_f(x)$ 分别为 x 处的壁温和流体温度，假设 $h(x)$ 恒定为 h_0，且 $T_W(x) - \overline{T}_f(x) = \Delta T$，因此，壁温可表示为：

$$T_W(x) = T_f(x) + \rho_f L u c_f(\overline{T}_{out} - \overline{T}_{in})/h \tag{8-57}$$

冷头热面直接接触芯片表面，这里忽略了其与芯片之间的接触热阻，认为冷头热面的温度分布即为芯片表面温度分布[4]。图 8-8 和图 8-9 分别给出了相同条件下液态金属冷却和水冷的冷头最高温度与流体出口温度随时间响应情况。可以看出，在热面同样热流密度和流道内换热介质同样流速时，换热介质为水时，芯片表面温度远高于用镓作换热介质时的情况。并且还可以注意到，水冷情况下芯片表面最高温度已超过 100℃，超出了水的沸腾温度(计算中未考虑两相换热)，实际过程中可能发生传热恶化。因此，在高热流密度工作条件下，液态金属流体散热技术和传统技术相比具有显著优势。

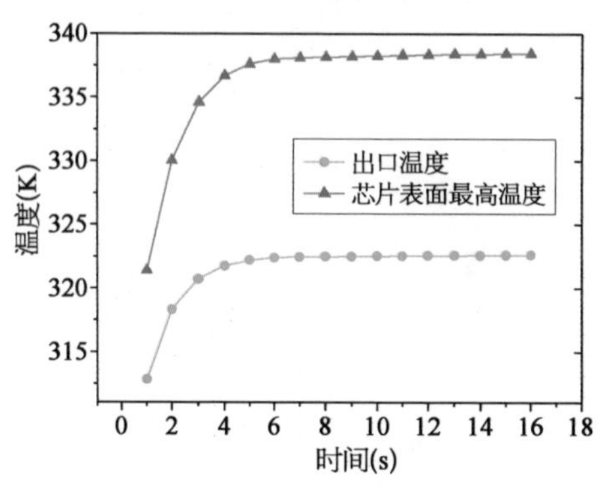

图 8-8 镓为工质时冷头最高温度与流体出口温度($W = 50$ W/cm², $u = 0.5$ m/s)

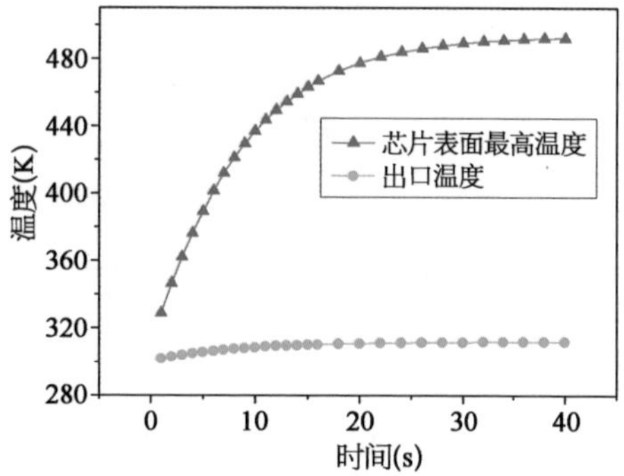

图 8-9 水为工质时冷头最高温度与流体出口温度($W = 50$ W/cm², $u = 0.5$ m/s)

8.7 本章小结

本章从液态金属流体散热的特点、换热规律以及性能评估等方面进行了

讨论。液态金属冷却作为一种较为高效的芯片散热方式，具有比传统水冷散热技术更加优异的散热性能，特别是对流体介质而言，液态金属拥有远高于水、油等传统冷却工质的热导率，因而在相同条件下可以显著提升对应的对流换热系数，从而发挥更好的热量输运能力，是一种可灵活适应极端发热工况的基础散热方法。

参 考 文 献

[1] 刘静，周一欣.以低熔点金属或其合金作流动工质的芯片散热用散热装置.中国发明专利，02131419.5.

[2] 刘静，杨应宝，邓中山.中国液态金属工业发展战略研究报告.云南：云南科技出版社，2018.

[3] Ma K Q，Liu J. Liquid metal cooling in thermal management of computer chip. Frontiers of Energy and Power Engineering in China，2007，1：384～402.

[4] 马坤全.液态金属芯片散热方法的研究(博士学位论文).北京：中国科学院研究生院，中国科学院理化技术研究所，2008.

[5] Knoblauch M，Hibberd J M，Gray J C，et al. A galinstan expansion femtosyringe for microinjection of eukaryotic organelles and prokaryotes. Nature Biotechnology，1999，9：906～909.

[6] 钱增源.低熔点金属的热物性.北京：科学出版社，1985.

[7] 黄敏.热工与流体力学基础.北京：机械工业出版社，2003.

[8] Cadwallader L C. Gallium Safety in the Laboratory. 2003 Annual Meeting of Energy Facility Contractors Group，Safety Analysis Working Group，2003.

[9] Zhao X，Xu S，Liu J. Surface tension of liquid metal：Role，mechanism and application. Frontiers in Energy，2017，11(4)：535～567.

[10] 赵孝保.工程流体力学.南京：东南大学出版社，2008.

[11] Wolff R K，Henderson R F，Eidson A F，et al. Toxicity of gallium oxide particles following a 4-week inhalation exposure. Journal of Applied Toxicology，1988，3：191～199.

[12] Yi L，Liu J. Liquid metal biomaterials：A newly emerging area to tackle modern biomedical challenges. International Materials Reviews，2017，62：415～440.

[13] Li H Y，Liu J. Revolutionizing heat transport enhancement with liquid metals：Proposal of a new industry of water-free heat exchangers. Frontiers in Energy，2011，5：20～42.

[14] Ma K Q，Liu J，Xiang S H，et al. Study of thawing behavior of liquid metal used as computer chip coolant. International Journal of Thermal Sciences，2009，47：964～974.

第9章 液态金属强化传热方法

9.1 引言

如前所述，液态金属的引入使得可以实现更多超越传统水冷、空冷性能的新一代散热方法。但如何最大限度地发挥液态金属的传热和散热能力，还有必要探索其中的强化措施。众所周知，强化传热是近代电子散热领域的关键技术，目的旨在采用先进的设备和方法实现热量从热源到环境的高效传递，以保证温敏部件的安全稳定运行。传统的强化传热技术主要包括扰流装置、肋化表面、电磁场、振动、微通道、微喷、纳米流体，以及相变微胶囊溶液等[1,2]。这些方法不仅大幅度提高了传热效率，同时可带来显著的经济效益。

液态金属作为一种崭新的先进散热技术，其强化传热方法与传统冷却介质存在较大不同，因此开展相应的基础研究并探索新方法十分重要。液态金属强化传热不仅是液态金属流体散热技术的重要组成部分和基础支撑，同时也是提升液态金属流体散热性能并降低运营成本的重要保障，具有重要的理论和应用价值。为此，本章从材料、器件和理论方法三方面对液态金属流体强化传热技术进行介绍和分析，讨论液态金属强化传热方法相对于传统冷却工质的异同和应用特点[1]。

9.2 液态金属两相流强化传热方法

从工质热物性角度考虑，液态金属是目前单相流冷却技术领域最为优异的冷却介质，其最大好处在于出色的稳定性和远高于传统介质的热导率。然而，以镓基合金为代表的液态金属工质热物性仍然存在进一步提升的空间，最典型的途径之一是构造以液态金属为基液的两相流复合式液体工质，以此对纯液态金属物性有针对性地加以优化和提升。马坤全等[3]曾开创性地提出了纳米金属流体的概念，通过在镓基合金中掺混高热导纳米颗粒来实现常温下具有最高热导率的冷却介质，他们的研究发现，在纳米颗粒体积分数为20%的情况下，液态金属的热导率预测能达到两倍的提升。同时，Park等[4-6]采用二氧化硅包覆的方法将铁磁颗粒分散到液态镓中，实现了液态金属磁功能性流体。这些方法不仅从实验上证明了液态金属固液两相流的可行性，更重要的是提供了一种有效的提高颗粒与液态金属相容性的工艺方法。

迄今为止，基于液态金属的两相流工质研究还相对较少。本书作者之一刘静指导的博士生邓月光[1]首次从理论上阐述液态金属两相流的特点、分散颗粒的选择、两相流液体的热物性预测以及传热性能量化等。如下介绍液态金属两相流与传统两相流的异同和特点，并对液态金属两相流的颗粒选择和传热性能进行讨论和分析。

9.2.1　液态金属固液两相流基本参数

为简化起见，考虑处于热力学平衡状态的液态金属固液两相流[1]，即固体颗粒与液态金属间换热效率足够高，两者温度相等（$T_f = T_p$）。同时，假定颗粒在流体中均匀分布，忽略颗粒间相互作用，则液态金属两相流的基本参数定义如下：

1. 固体颗粒的体积分数和质量分数

固体颗粒的体积分数定义为：

$$Z_p = V_p / V \tag{9-1}$$

其中，V_p为颗粒所占体积，V为溶液总体积。

固体颗粒的质量分数定义为：

$$E_p = \frac{Z_p \rho_p}{Z_p \rho_p + (1 - Z_p)\rho_f} \tag{9-2}$$

其中，ρ_p，ρ_f分别为颗粒和液态金属的密度。

2. 液态金属两相流质量热容

根据质量热容定义，液态金属固液两相流质量热容可计算为：

$$C_p = E_p C_{p\_p} + (1 - E_p) C_{p\_f} \tag{9-3}$$

其中，C_{p_p}为固体颗粒质量热容，C_{p_f}为液态金属质量热容。

3. 液态金属两相流热导率

液态金属固液两相流热导率可表述为[7]：

$$k = k_{\mathrm{f}}\left[1 + \frac{Z_{\mathrm{p}}(1 - k_{\mathrm{f}}/k_{\mathrm{p}})}{k_{\mathrm{f}}/k_{\mathrm{p}} + 0.28(1 - Z_{\mathrm{p}})^{0.63(k_{\mathrm{p}}/k_{\mathrm{f}})^{0.18}}}\right] \tag{9-4}$$

其中，k_{f}和k_{p}分别为液态金属和固态颗粒的热导率。

4. 液态金属两相流黏度

液态金属固液两相流黏度可表述为[7]：

$$\mu = \mu_{\mathrm{f}}(1 + 2.5Z_{\mathrm{p}}) \tag{9-5}$$

5. 液态金属两相流工质成本

液态金属两相流工质成本可计算为：

$$C = C_{\mathrm{f}}\rho_{\mathrm{f}}V(1 - Z_{\mathrm{p}}) + C_{\mathrm{p}}\rho_{\mathrm{p}}VZ_{\mathrm{p}} \tag{9-6}$$

其中，C_{f}和C_{p}分别为液态金属和固态颗粒的成本。一般而言，固态颗粒的成本会远低于液态金属的成本，因此式(9-6)中右边第二项可以省略。因此，从式(9-6)中易知，提高固体颗粒的体积分数是降低液态金属两相流工质成本的直接而最有效的手段。

9.2.2 高热导率和高热容颗粒强化传热特性比较

对于水等常规冷却介质，其热容通常较大，但热导率相对较小。因此，掺混高热导纳米颗粒以提升工质整体的有效热导率是较为实用且有效的方法。但对于液态金属而言，掺混颗粒的选择和掺混后冷却介质的传热特征与传统介质存在较大不同[1]，根本原因在于液态金属自身所具有的高热导率和低热容物理特性。为考察不同种类固体颗粒掺混至液态金属中对强化传热的影响，可建立如图9-1所示的冷板换热模型。其中，冷却工质进口温度为T_{in}，出口温度为T_{out}。冷板热导率高，温度恒定为T_{c}。冷却工质流经冷板时吸热，温度T_{f}呈上升趋势。掺混入液态金属中的颗粒可分为两类：高热导率颗粒和高热容颗粒。高导热颗粒包括铜、铝、金刚石、碳纳米管等[典型热导率如铜为400 W/(m·K)]，而高热容

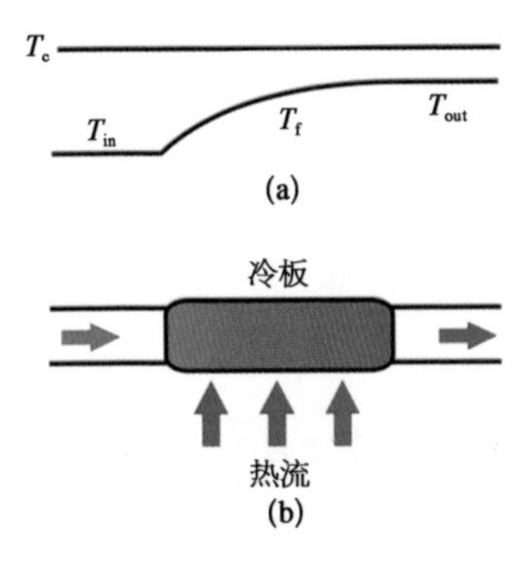

图9-1 冷板换热模型

(a) 温度分布；(b) 换热模型。

颗粒则包括陶瓷、高聚物粉体等[典型热容值为 1 000 J/(kg·℃)]。此外，具有高潜热的相变微胶囊可认为是一种具有高等效比热的高热容颗粒，其理论分析可参阅下节中讨论。

对于图 9-1 中模型的求解，此处不予赘述，只给出结论性关系。冷板内对流换热的平均温差可表示为：

$$\Delta T_{\mathrm{m}}=\frac{1}{L}\int_0^L(T_{\mathrm{c}}-T_{\mathrm{f}})dx=\frac{T_{\mathrm{c}}-T_{\mathrm{in}}}{hAL/MC_{\mathrm{p}}}(1-\mathrm{e}^{-\frac{hAL}{MC_{\mathrm{p}}}}) \tag{9-7}$$

其中，冷板内流道长度为 L，单位长度换热面积为 A，冷却工质质量流量为 M，质量热容为 C_{p}，冷板内对流换热系数为 h。

同时，冷板内对流换热关系式可表示为：

$$Q=hAL\Delta T_{\mathrm{m}} \tag{9-8}$$

联立式(9-7)和式(9-8)，可计算出冷板温度为：

$$T_{\mathrm{c}}=T_{\mathrm{in}}+\frac{Q}{MC_{\mathrm{p}}}\Big/(1-\mathrm{e}^{-\frac{hAL}{MC_{\mathrm{p}}}}) \tag{9-9}$$

考虑某款液态金属流体冷却系统，其基本输入参数如下[1]：热源发热功率 $Q=100$ W；冷却工质进口温度 $T_{\mathrm{in}}=20$℃；冷却工质质量流量 $M=60$ g/s；液态金属对流换热系数 $h\approx 20\,000$ W/(m^2·℃)(层流 $Nu=3.66$)；纯液态金属密度 6.335 g/cm^3，质量热容 $C_{\mathrm{p}}=403.5$ J/(kg·℃)；冷板内的换热面积 $AL=0.003\,768$ m^2。通过式(9-9)可计算出冷板温度 $T_{\mathrm{c}}=24.32$℃，此理论值与液态金属散热器实测值一致，表明上述理论模型及式(9-9)的正确性。下面借助此模型，讨论液态金属中掺混高热导率颗粒或高热容颗粒后冷板传热性能的变化情况。

如果在液态金属中掺混高热导率颗粒，则混合液体的热导率可由式(9-4)计算。由于工质热导率的提升，则冷板内的对流换热系数也会得到相应提升，提升后的对流换热系数可由下式计算：

$$h=\frac{kNu}{d} \tag{9-10}$$

其中，k 为工质热导率，d 为流道当量直径(5 mm)，Nu 为努谢尔数。仍然基于前述的输入参数，且不考虑掺混颗粒对冷却工质热容的影响，结合式(9-4)、

(9－10)以及式(9－9)可考察掺混高热导率颗粒后对冷板传热性能的影响。图 9－2 展示了掺混高热导率颗粒体积分数为 20%时,冷却工质的热导率以及冷板温度随掺混颗粒热导率的变化情况。

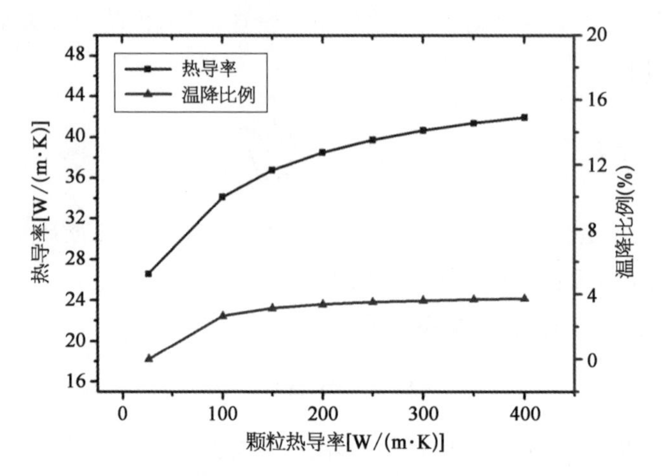

图 9－2 高热导率颗粒掺混后工质热导率及冷板温度的变化情况

这里,冷板温降比例定义为:

$$\eta_{\Delta T} = \frac{T_{c\_f} - T_c}{T_{c\_f} - T_{in}} \tag{9-11}$$

其中,T_{c_f}为纯液态金属冷却情况下的冷板温度,T_c为掺混固体颗粒液态金属冷却情况下的冷板温度。

同时,可定义冷却工质热导率提升比例为:

$$\eta_k = \frac{k - k_f}{k} \tag{9-12}$$

图 9－2 中,液态金属基液热导率为 26.58 W/(m·K)。可以看出,当掺混颗粒热导率从 26.58 W/(m·K)到 400 W/(m·K)变化时,冷却工质的热导率提升明显,最高热导率约 42 W/(m·K),提升比例可达 57%。但冷板温降比例较小,低于 4%,传热强化效果不明显。分析原因,主要是因为液态金属的对流换热系数已经很高,冷板内对流热阻占换热总热阻比例较小的缘故。虽然热导率的提升能强化对流热传输,但并不能解决流体流经冷板自身温升过大的问题,因此传热性能只得到微弱的提升。

如果在液态金属中掺混高热容颗粒,则混合液体的质量热容可由式

(9-2)、(9-3)计算。由于工质热容的提升,液态金属工质流经冷板的温升会得到一定抑制,从而导致冷板温度降低。仍然基于前述的输入参数,且不考虑掺混颗粒对冷却工质热导率的影响,结合式(9-2)、(9-3)及式(9-9),可考察掺混高热容颗粒后对冷板传热性能的影响。图 9-3 展示了掺混高热容颗粒(体积分数 20%,密度 3 g/cm^3)后冷却工质热容以及冷板温度随掺混颗粒热容的变化情况。

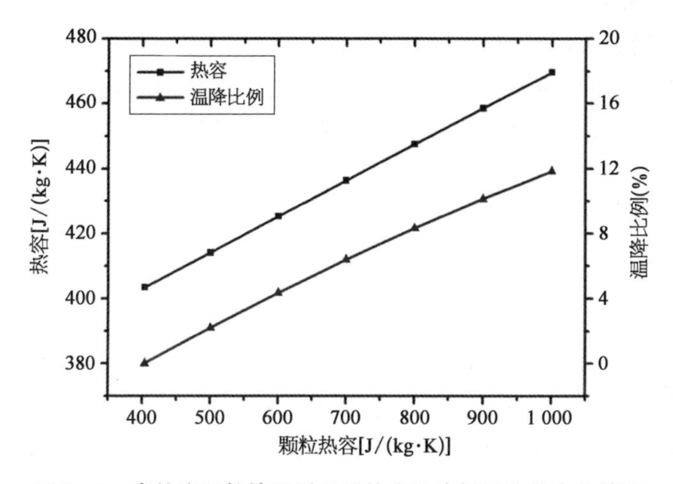

图 9-3　高热容颗粒掺混后工质热容及冷板温度的变化情况

同理,定义冷却工质热容提升比例为:

$$\eta_{C_p} = \frac{C_p - C_{p\_f}}{C_{p\_f}} \tag{9-13}$$

图 9-3 中,液态金属基液热容为 403.5 J/(kg·℃)。可以看出,当掺混颗粒质量热容从 403.5 J/(kg·℃)到 1 000 J/(kg·℃)变化时,冷却工质的质量热容提升较明显,最高热容为 470 J/(kg·℃),提升比例最高为 16%,稍逊于前述热导率提升值。但是,冷板温降更加显著,温降比例可高达 12%,传热强化效果非常明显。对比上述高热导率颗粒和高热容颗粒的分析结果可以发现,在相同的颗粒体积分数情况下,掺混高热容颗粒对于液态金属散热系统而言能够得到更优的效果。虽然由于颗粒物性的局限性,掺混高热容颗粒对工质物性的提升程度略小,但高热容颗粒对液态金属散热系统性能的提升却能起到更加明显和积极的效果[1]。

事实上,若分析纯液态金属的冷板传热过程,可以发现冷板温升由两部分组成，即：

$$T_c - T_{in} = (T_c - \overline{T_f}) + (\overline{T_f} - T_{in}) \tag{9-14}$$

其中，$\overline{T_f}$ 为冷板内冷却工质的平均温度。式(9-14)表示冷板温升可分为对流温升和热容温升两部分。代入相关输入参数，结合式(9-7)、(9-8)，可计算出上述典型纯液态金属冷却系统中对流温升为1.33℃，而热容温升为2.99℃。这说明对于典型的纯液态金属散热系统而言，流体自身温升对系统传热性能的影响更大，而其对流换热效果已经非常理想，一般不会成为传热阻力的主导因素。因此，如果在纯液态金属中针对性地掺混高热容颗粒，将能明显弥补液态金属的物性弱势，达到最优的强化传热效果。

9.2.3 液态金属相变微胶囊强化传热特性

如前所述，提高液态金属的热容量是改进液态金属冷却工质传热性能的重要方法。除了工质显热的提升，具有极高相变潜热的液态金属相变微胶囊复合式液体可作为一种更为有效的强化传热方法[1]。相变微胶囊是将传统石蜡等相变材料微胶囊化而形成的一种微米尺度的颗粒材料。通过将其分散在液态金属基液中，利用其高温熔化吸热效应，可有效降低流体温升，达到强化传热的目的。

仍然考虑图9-1(b)中液态金属相变微胶囊溶液流经冷板时的换热问题。冷却工质进口温度为 T_{in}，冷板温度恒定为 T_c。相变微胶囊与冷却工质等温，相变温度为 $T_m > T_{in}$，相变潜热为 q。热源发热功率为 Q，冷板内流道长度为 L，单位长度换热面积为 A。工质质量流量为 M，质量热容为 C_p。相变微胶囊质量流量为 M_p，冷板内对流换热系数为 h。根据流体温度区间与相变温度的关系，液态金属相变微胶囊溶液流经冷板的温度曲线可分为如下3种情况[1]。

1. 流体出口温度未达到相变温度，如图9-4。此种情况下，需满足如下条件：

$$Q < MC_p(T_m - T_{in}) \tag{9-15}$$

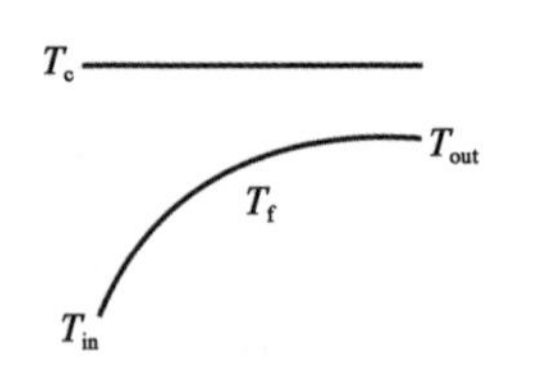

图9-4 流体出口温度未达到相变温度

由于工质温度未达到相变温度，溶液中的相变微胶囊并不发生相变效应。因此，在不考虑相变微胶囊导致流体热导率、热容及流态变化的情况下，相变微胶囊并不能强化液态金属在冷板中的换热过程。这种情况下的工质温度分布以及冷板温度和图9-1中一样，冷板温度计算公式参见式(9-9)。

2. 流体出口温度等于相变温度，如图 9－5。

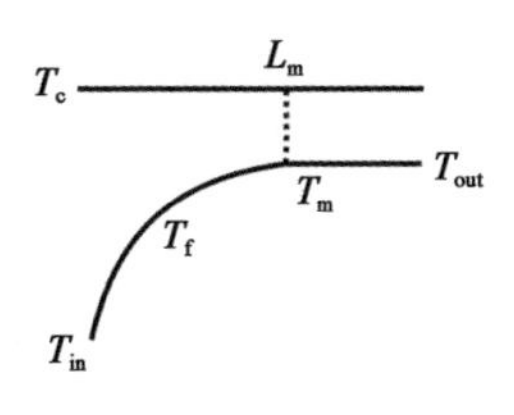

图 9－5　流体出口温度等于相变温度

此种情况下，需满足如下条件：

$$MC_p(T_m - T_{in}) \leqslant Q \leqslant MC_p(T_m - T_{in}) + M_p q \tag{9-16}$$

冷却工质流经冷板时温度达到相变温度，相变微胶囊吸热熔化，工质温度保持为相变温度直至到达出口。液态金属相变微胶囊溶液在冷板中的能量控制方程可表示为：

$$\begin{cases} MC_p \dfrac{dT_f}{dx} = hA(T_c - T_f) & (x \leqslant L_m) \\ T_f = T_m & (x > L_m) \end{cases} \tag{9-17}$$

边界条件：

$$\begin{cases} x = 0,\ T_f = T_{in} \\ x = L_m,\ T_f = T_m \end{cases} \tag{9-18}$$

联立上述两式求得相变起始距离为：

$$L_m = \frac{MC_p}{hA} \ln \frac{T_c - T_{in}}{T_c - T_m} \tag{9-19}$$

则液态金属相变微胶囊溶液在冷板中的平均温差可计算为：

$$\begin{aligned} \Delta T_m &= \frac{1}{L}\int_0^L (T_c - T_f)dx \\ &= \frac{1}{L}\left[\int_0^{L_m} (T_c - T_f)dx + \int_{L_m}^{L} (T_c - T_m)dx\right] \\ &= \frac{1}{L}\left[\frac{T_m - T_{in}}{hA/MC_p} + (T_c - T_m)\left(L - \frac{MC_p}{hA}\ln \frac{T_c - T_{in}}{T_c - T_m}\right)\right] \end{aligned} \tag{9-20}$$

结合式(9－8)，则冷板温度 T_c 为如下超越方程的根：

$$MC_p(T_m - T_{in}) + hA(T_c - T_m)\left(L - \frac{MC_p}{hA}\ln \frac{T_c - T_{in}}{T_c - T_m}\right) = Q \tag{9-21}$$

考虑简化情况，若流体进口温度即为相变温度 $T_{in} = T_m$，则求得冷板温度为：

$$T_c = T_m + \frac{Q}{hAL} \tag{9-22}$$

此时，热源散发热量完全由相变微胶囊潜热吸收，流体流经冷板保持恒温，不存在热容温升，冷板温度达到最低，强化传热效果最优。

3. 流体出口温度高于相变温度，如图 9-6。

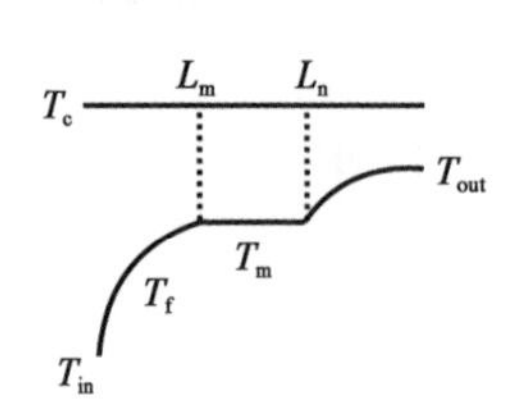

图 9-6　流体出口温度高于相变温度

此种情况下，需满足如下条件：

$$Q > MC_p(T_m - T_{in}) + M_p q \tag{9-23}$$

冷却工质流经冷板时温度达到相变温度，相变微胶囊吸热熔化，但相变过程结束后流体仍未到达出口，随后再次进行吸热升温的过程，直至到达出口。液态金属相变微胶囊溶液在冷板中的能量控制方程可表示为：

$$\begin{cases} MC_p \dfrac{\mathrm{d}T_f}{\mathrm{d}x} = hA(T_c - T_f) & (x \leqslant L_m \parallel x \geqslant L_n) \\ T_f = T_m & (L_m < x < L_n) \end{cases} \tag{9-24}$$

边界条件：

$$\begin{cases} x = 0,\ T_f = T_{in} \\ L_m \leqslant x \leqslant L_n,\ T_f = T_m \end{cases} \tag{9-25}$$

解得相变起始点距离 L_m同式(9-19)，而相变结束点距离 L_n可通过下式计算得到：

$$hA(L_n - L_m)(T_c - T_m) = M_p q \tag{9-26}$$

同理，可求得液态金属相变微胶囊溶液在冷板中的平均温差为：

$$\begin{aligned} \Delta T_m &= \frac{1}{L}\int_0^L (T_c - T_f)\mathrm{d}x \\ &= \frac{1}{L}\left[\int_0^{L_m}(T_c - T_f)\mathrm{d}x + \int_{L_m}^{L_n}(T_c - T_m)\mathrm{d}x + \int_{L_n}^{L}(T_c - T_f)\mathrm{d}x\right] \\ &= \frac{1}{L}\left\{\frac{T_c - T_{in}}{hA/MC_p}\left[1 - \mathrm{e}^{-\frac{hA}{MC_p}\left[L - \frac{M_p q}{hA(T_c - T_m)}\right]}\right] + \frac{M_p q}{hA}\right\} \end{aligned} \tag{9-27}$$

联立式(9-8),则冷板温度 T_c为如下超越方程的根:

$$MC_p(T_c-T_{in})\left[1-e^{-\frac{hA}{MC_p}\left[L-\frac{M_pq}{hA(T_c-T_m)}\right]}\right]=Q-M_pq \tag{9-28}$$

式(9-28)右边表示相变微胶囊的相变吸热效应吸收了一部分热源热量,从而导致冷板温度的有效降低。

实际应用中,选择如下输入条件:热源CPU发热功率 $Q=100$ W;冷却工质进口温度 $T_{in}=20$℃;冷却工质质量流量 $M=20$ g/s;液态金属对流换热系数 $h\approx 20\,000$ W/(m^2·℃)(层流 $Nu=3.66$);纯液态金属密度6.335 g/cm^3,质量热容 $C_p=403.5$ J/(kg·℃);冷板内的换热面积 $AL=0.003\,768$ m^2;相变微胶囊采用石蜡材料,体积分数 $Z_p=20\%$,相变潜热 $q=180$ J/g。结合式(9-2),易知:

$$M_pq=E_pMq=144\text{ W}>Q \tag{9-29}$$

即在进口温度和相变温度之差不太大前提下,即使流量较小,相变过程仍能满足第二种情况[式(9-16)成立]。这充分说明相变微胶囊的吸热现象非常明显,能够显著提升冷却工质的热容量[1]。在相变微胶囊体积分数为20%的情况下,即可保证典型的液态金属散热系统中潜热吸收量大于热源发热量,流体流经冷板温度几乎不变。若假设进口温度等于相变温度,则在上述输入条件下,通过式(9-22)计算得到的冷板温度仅仅为21.33℃,通过式(9-11)计算得到的温降比例可高达69%。因为完全消除了热容温升,仅仅只存在对流温升,系统传热性能得到大幅度强化。因此,具有高相变潜热的相变微胶囊掺混方法是一种针对液态金属的有效的强化传热方法。

值得注意的是,上述相变微胶囊强化传热分析过程仅仅为单独考虑潜热对传热强化的影响,因此忽略了对流换热系数的变化。事实上,相变微胶囊的添加会改变流体热导率、热容,以及液体沿径向的温度分布,同时会因为颗粒运动导致流体流态变化,因此实际冷板内对流换热系数会存在一定改变[1]。但前述分析及实验中已知液态金属的对流换热系数非常之高,其相对变化及对冷板内传热过程的影响较小。因此,为简化模型,在分析过程中,仅单独考虑潜热对传热强化的影响而忽略对流换热系数的改变仍然是合理的。所得到的理论分析结果排除了热导率和热容的影响,对高潜热颗粒对传热性能的影响所作出的结论仍然具有相当的代表性和合理性。

总体而言,掺混固体颗粒形成液态金属两相流液体工质是从材料学角度强化液态金属传热的有效途径。但由于液态金属自身的材料特性，掺混高热导颗粒仅能获得较小的性能提升，掺混高热容颗粒可以获得更优的效果，而掺混具有高潜热的相变微胶囊是提升液态金属传热性能的最优选择[1]。从成本角度来分析，无论掺混何种颗粒，均能有效降低液态金属的成本，成本降低的程度与颗粒体积分数成正比。

9.3 液态金属微通道强化传热方法

微通道是解决极高热流密度电子芯片散热问题的一种高端冷却方法[8]。其内细密的流道结构不仅减薄了传热边界层，同时大幅度增加了对流换热面积，因而可实现紧凑空间内极为高效的换热性能。

当前的微通道研究非常广泛，主要研究方向包括理论机理、数值模拟、结构优化、加工工艺、工业应用及两相流等[8-10]。就微通道性能提升方面，大多数研究者主要从结构优化角度入手，针对冷却工质的改进研究较少。传统的微通道冷却工质主要采用空气、氟利昂、水、酒精和乙二醇等[11-13]。其中，基于乙二醇的微通道器件已经在高端液冷 CPU 散热器中开始应用。除此之外，两相流及纳米流体也获得了广泛的研究和重视[14]。然而，这些传统的冷却工质在力图突破更高极限热流时均面临两个关键的难题：低热导率导致的性能局限以及低沸点导致的稳定性缺陷，此类纳米流体材料可望在更广泛能源领域的应用上发挥作用[15]。邓月光等[16]首次提出了基于液态金属的高性能微通道散热方法，并发展了相应器件。由于液态金属具有极为优异的热物理性能，这种微通道器件体积更小、性能更优，且更加稳定可靠，下面将就此进行介绍。

9.3.1 液态金属微通道实验平台

液态金属冷却介质采用 $GaIn_{20}$。微通道模块结构如图 9-7 所示[16]，其整体由 T2 铜经机械加工而成，通道尺寸 0.5 mm× 0.8 mm× 35 mm，数量 10，间距 1 mm。通道两端设置流体进出口，微通道底部加工矩形槽放置加热块，通道顶部以有机玻璃板覆盖，方便观察流动状况。热源区域 30 mm× 14 mm，在加热功率为 168 W 的

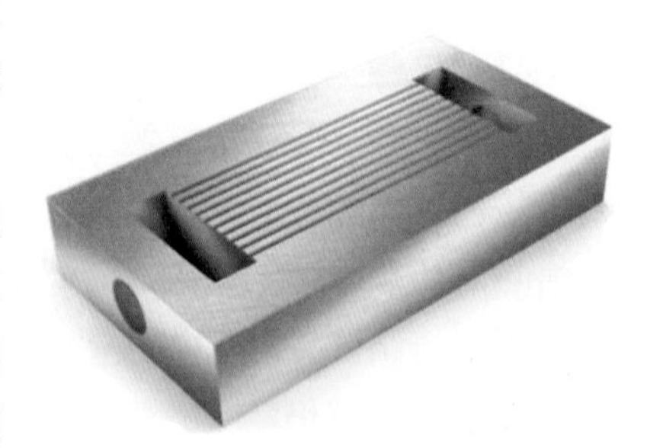

图 9-7 微通道模块结构

情况下，热流密度可达到 40 W/cm²。

整个实验平台由微通道模块、蠕动泵、远端散热器、称重计量系统、压力计、过滤器、集液器以及数据采集系统构成(图 9-8)。在蠕动泵的驱动下，冷却介质依次通过过滤器、微通道测试段、远端散热器，最后经过称重计量系统进行流量计量后进入集液器再次循环。其中，微通道测试段沿流动方向均匀布置 4 个测温孔，采用 T 型热电偶和 Agilent 34970A Data Acquisition/Switch Unit 对微通道底板及进出口流体进行实时温度数据采集。称重计量系统采用电子天平对工质的平均质量流量进行计量，天平精度为 0.1 g，秒表精度为 1 s。微通道进出口的静压由压力计进行测量，进出口压差与压力计高差成正比。

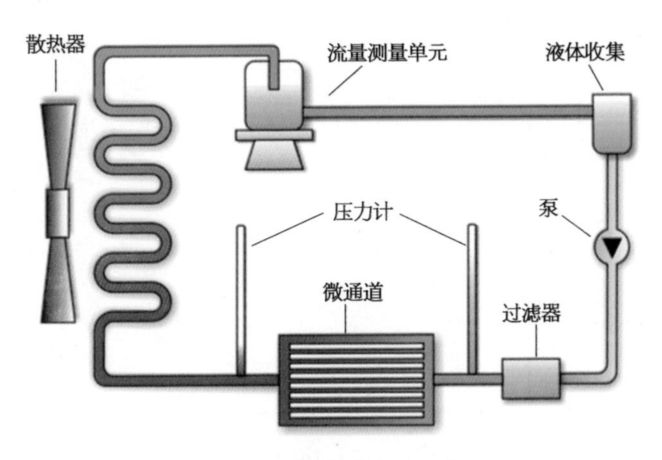

图 9-8　微通道实验平台

9.3.2　液态金属微通道换热实验结果

微通道实验主要为考察液态金属作为冷却介质时，微通道流动特性和换热性质相对传统水微通道的异同。通过物性数据对比可以看出，液态金属具有远高于水的热导率。因此，基于液态金属的微通道器件将具有更加优越的传热能力。但是，液态金属密度约为水的 6 倍，在相同的体积流量下，液态金属微通道冷却系统的流阻更大，消耗的泵功更高。因此，实验中对液态金属微通道散热系统的评估主要从如下 3 方面进行[16]：① 微通道阻力(进出口压差)随冷却介质体积流量的变化关系；② 微通道对流换热系数随冷却介质体积流量的变化关系；③ 微通道对流换热热阻随驱动泵功耗的变化关系。

9.3.2.1 微通道阻力随冷却介质体积流量的变化关系

微通道进出口的压差可以由下式计算：

$$\Delta p = \rho g \Delta H \tag{9-30}$$

其中，ρ 为流体密度，g 取 10 N/kg，ΔH 为微通道进出口压力计高差。图 9-9 展示了液态金属和水流经微通道时进出口压差随流量的变化关系。从中可以看出，对于液态金属和水，微通道进出口压差均随工质体积流量(G)呈几乎线性的增长趋势，且在后期曲线增长斜率略有变大。在相同的体积流量下，液态金属作为冷却介质时微通道进出口压差比水大，约为水的 2.5 倍。

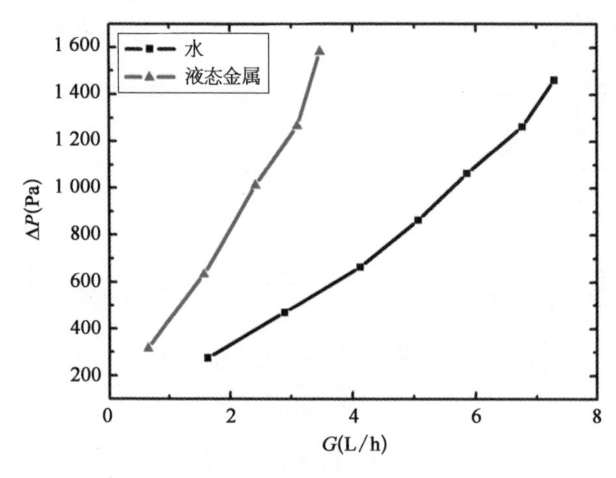

图 9-9 液态金属和水流经微通道时进出口压差随流量的变化关系

根据流动阻力定义式：

$$\Delta p = f\frac{l}{d}\frac{\rho v^2}{2} + \zeta\frac{\rho v^2}{2} \tag{9-31}$$

其中，右边第一项为沿程阻力，第二项为局部阻力。f 为沿程阻力系数，ζ 为局部阻力系数，l 为流动长度，d 为当量直径，ρ 为流体密度，v 为平均流速。易知，在同样的流速和流道几何条件下，流动阻力与冷却介质密度、沿程阻力系数以及局部阻力系数密切相关[16]。液态金属密度约为水密度的 6 倍，但其黏度相对水较低，约为水的 1/3。因此，在低流速层流阶段，沿程阻力系数和局部阻力系数均较水低。综合阻力系数和密度的影响，图 9-9 中曲线前端的低速层流阶段，液态金属作为冷却介质时微通道进出口压差约为水的 2 倍。而在流动后期，因为流速增加，流体微团脉动影响加剧，黏度影响变小，密度因素逐渐占据主导，液态金属作为冷却介质时微通道进出口压差相对水会进一步提高。

9.3.2.2　微通道对流换热系数随冷却介质体积流量的变化关系

冷却介质与微通道壁面间的平均对流传热系数可以由下式计算：

$$h=\frac{Q}{A(T_w-T_f)} \tag{9-32}$$

其中，h 为对流换热系数，Q 为冷却介质带走的总热量，A 为换热面积，T_w 为壁面温度，T_f 为冷却介质平均温度。Q、T_w、T_f 分别由下式得出：

$$Q=mc_p(T_{out}-T_{in}) \tag{9-33}$$

$$T_w=(T_1+T_2+T_3+T_4)/4 \tag{9-34}$$

$$T_f=(T_{out}+T_{in})/2 \tag{9-35}$$

其中，m 为冷却介质的质量流量，c_p 为冷却介质的比热，T_{in}、T_{out} 分别为微通道进出口温度，T_1、T_2、T_3、T_4 分别为微通道底板均匀分布的 4 个测温孔的测点温度。

图 9-10 为液态金属和水流经微通道时对流换热系数随流量的变化关系[16]。从中可以看出，在较高流速区域，液态金属的对流换热系数明显比水高，这主要得益于液态金属更高的热导率。然而，在流速较低的情况下，由于

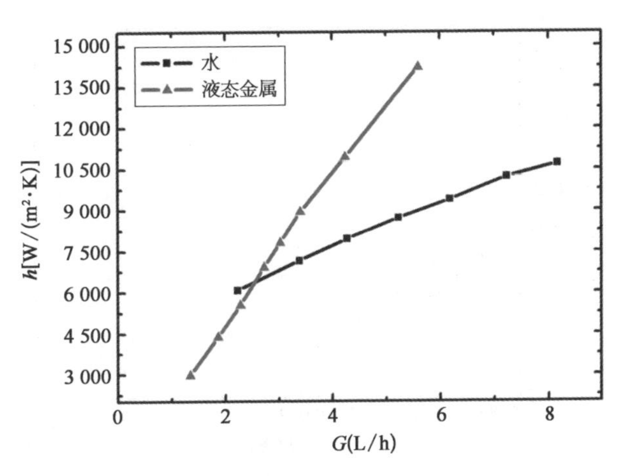

图 9-10　液态金属和水流经微通道时对流换热系数随流量的变化关系

液态金属热容较小，自身温升明显，通过式(9-32)计算的对流换热系数存在较显著的因热容温升而引起的误差，因此计算值有可能低于水在微通道中的对流换热系数。总体而言，基于液态金属的微通道器件在流量合适情况下对流换热能力显著高于常规水系统，但在流量低时会因为流体自身温升显著恶化微通道的传热性能，这在液态金属微通道系统设计时需特别注意。

9.3.2.3 微通道热阻随泵功的变化关系

液态金属具有比水高得多的热导率，其应用在微通道中可以显著提高微通道的散热性能，但是其密度也比水大，在相同的体积流量下经过微通道需要更大的泵功。因此，必须对液态金属微通道的热阻和泵功进行综合评估。微通道对流换热热阻可以定义为：

$$R = \frac{T_w - T_f}{Q} \tag{9-36}$$

同时，冷却介质流经微通道所需要的泵功定义为：

$$P = \Delta p G \tag{9-37}$$

其中，Δp 为微通道进出口压差，G 为冷却介质体积流量。

图9-11为冷却介质分别为液态金属和水时，微通道热阻随驱动泵功耗的变化关系[16]。从中可以看出，随着泵功的增加(冷却介质流量增加)，微通道热阻逐渐降低。在泵功较小时，即流量较小的区域，采用液态金属作为冷却介

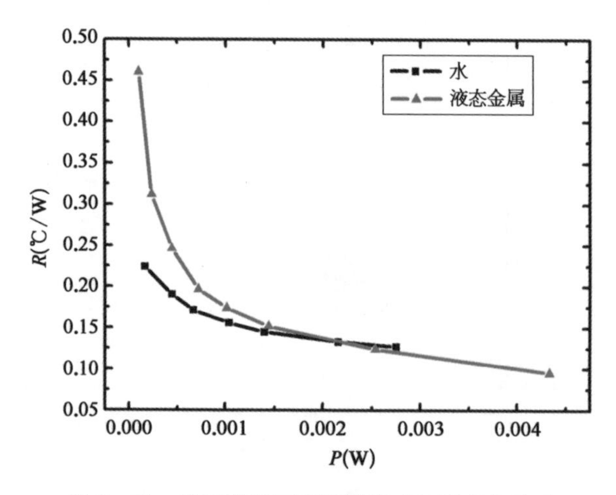

图9-11 微通道热阻随驱动泵功耗的变化关系

质的微通道热阻要比基于水的微通道热阻大，这主要是因为低流量下液态金属自身温升明显，热容温差较大的缘故。但是，在泵功较大时，即流量较大的区域，采用液态金属作为冷却介质的微通道的热阻要比基于水的微通道热阻小。这说明即使在相同的泵功，更小的体积流量情况下，采用液态金属的微通道热阻仍然比基于水的微通道小。除此之外，因为液态金属可以采用无任何运动部件的电磁泵驱动，运行效率高，且无噪声。因此，采用液态金属作为冷却介质，更加紧凑、耗功更少，且散热能力更强的微通道散热器件必将成为可能[16]。

9.3.3 液态金属微通换热结果分析及讨论

目前，由于不同研究者实现的微通道结构形式、加工精度、流体物性等方面均有所不同，因此对于微通道的研究结果也存在较大差异。一部分研究者的实验结果与传统理论非常一致，但另一部分研究者在相同的水力直径下却可能得到相反的结论[17]。除此之外，常温液态金属自身的热物性数据以及流动/传热规律在目前文献中较为稀少。因此，如下根据传统的流动及传热理论来对液态金属微通道进行分析，评价实验中得到的结论与传统理论的一致性。

9.3.3.1 *Re* 数和流动状态

根据 *Re* 数定义：

$$Re = \frac{vd}{\nu} \tag{9-38}$$

其中，v 为平均流速，d 为管径，ν 为运动黏滞系数。矩形微通道的当量直径由下式计算：

$$d_c = \frac{4A_c}{U} \tag{9-39}$$

其中，A_c为槽道截面积，U 为润湿周长。可以假设 $GaIn_{20}$ 的运动黏滞系数为 $0.3\times10^{-6}\ m^2/s$[18]，则计算得到图 9-9 中水和液态金属的最大 *Re* 数分别为 437 和 666。以往文献中对于微通道的临界 *Re* 数数据尚无定论，结构尺寸或加工精度不同均会导致不同的临界 *Re* 数，甚至相似的微通道其临界 *Re* 数也相差较大[17]。从图 9-9 中可以看出，压差流量曲线前部分呈线形上升关系，在后期曲线斜率开始略有上升。因此,根据传统流体力学观点,前面大部分区域仍然属于层流流动,但在后期可能已逐渐向紊流转化。

9.3.3.2 流动阻力分析

液态金属的密度比水高,但在相同温度下其黏度比水小。因此,与水相比,液态金属流经微通道的阻力情况必须综合密度和黏度两方面因素考虑[16]。根据式(9-31),流体流经微通道的流动阻力可表示为:

$$\Delta p = \zeta_{in}\frac{\rho v^2}{2} + f\frac{l}{d}\frac{\rho v^2}{2} + \zeta_{out}\frac{\rho v^2}{2} \tag{9-40}$$

其中,ζ_{in} 和 ζ_{out} 分别为微通道进口和出口的局部阻力系数,其余参数定义同式(9-31)。根据传统流体力学观点,在低流速层流区域,沿程阻力系数具有如下关系式:

$$fRe = C(\gamma) \tag{9-41}$$

其中,常数 $C(\gamma)$ 取决于矩形微通道的宽高比 γ。事实上,在流速较低,流体经过局部阻碍后仍然保持层流的情况下,局部阻力损失也主要由流层之间的黏性切应力决定。此时,局部阻力系数也与 Re 数成反比,即:

$$\zeta Re = B \tag{9-42}$$

其中,常数 B 决定于局部阻碍的形状。将式(9-41)、(9-42)、(9-38)代入式(9-40),可以得到在低流速下:

$$\Delta p \propto \nu\rho \tag{9-43}$$

即在低流速时,流体流经微通道的阻力正比于流体的黏度与密度的乘积。本实验中,在低流速情况下,实测的液态金属与水流经微通道时压差比约为2,与式(9-45)的结论基本符合。随着流速的增加,局部阻碍部分开始产生扰动,式(9-42)不再成立。随后,主流区流动由层流过渡到紊流,即扰动作用加强,黏度影响减弱,密度因素开始占主导。因此,压差比会进一步增加。图9-9中实测的后期压差比增加到3,与此推论基本一致。事实上,如果流动到达旺盛紊流,则流动阻力将主要由流体脉动产生,黏度的影响变得很小。因此,可以进一步推断,在流速持续增加时,液态金属与水流经微通道压差比将逐渐趋近于其密度比。

9.3.3.3　传热过程分析

目前已有文献对微通道换热性质的研究表明[1]，不同结构形式、加工精度及冷却介质的微通道对流换热系数经验关系式差距较大，但最终对流换热系数可以表示为：

$$h = f(K, u, \nu, \lambda, \rho, c_p) \tag{9-44}$$

其中，K 为微通道结构尺寸的函数。一般来说，对流换热系数都是冷却介质热导率 λ、密度 ρ，以及比热 c_p 的增函数。因此，在相同的通道几何尺寸以及流速下，液态金属的高热导率是其传热性能优异的主要原因。但是，液态金属比热较低，密度与比热的乘积 ρc_p 仍然比水低，由此所导致的温升明显是其换热性质的一大弱点。

综合上述因素，在流速较低，工质自身温升在传热温差中占主导因素的情况下，液态金属因为比热低，升温快，基于其的微通道换热性能会比水弱；但在流速较高，工质自身温升不明显，对流换热为传热温差主导因素的情况下，液态金属替代水能达到优异的微通道冷却效果。此时，即使在相同的泵功，更小的体积流量条件下，液态金属仍然可以达到更好的换热效果[16]。如果进一步考虑液态金属可以由无任何运动部件的电磁泵驱动，运行效率更高，同时液态金属性质稳定（沸点＞2 000℃），则可以想象，在高密度电子散热领域，更加紧凑、耗功更少、散热能力更强的液态金属微通道散热器必将具有广阔的市场和前景。

9.3.4　液态金属微强化传热器件的优势

液态金属微通道器件是实现高密度电子器件散热的重要方法，具有很高的应用价值。液态金属相对水密度比较大，但黏度较小。综合两种因素，在相同体积流量下，液态金属流经微通道的阻力会比水大。在较低流速阶段，液态金属流经微通道的阻力约为水的2倍。随流速增加，两者阻力比会继续增加。据流体力学理论推断，最终到达旺盛紊流状态后，两者阻力比会稳定在最大值6（两者密度比）左右。

液态金属相对水热导率高，但是比热较小。流速低时，流体自身温升占主导因素，液态金属换热性能可能比水弱。但在较高流速下，液态金属的高热导率和高对流换热系数优势体现得非常明显。与水相比，可以在更少的泵功，更小的体积流量情况下获得更好的微通道散热效果。

液态金属物化性质稳定，沸点高达 2 300℃，采用液态金属的微通道冷却系统不易发生工质泄露和蒸发问题。同时，液态金属可以采用无任何运动部件的电磁泵驱动，效率更高且稳定可靠。因此液态金属微通道是实现极高热流密度散热的有力手段，在电子芯片热管理领域颇具潜力。

除了液态金属微通道，另一种颇具潜力的强化传热器件为液态金属微喷。单相流微喷最大的特点在于液体高速冲击散热表面极大地减薄了边界层厚度，有效提高了对流换热系数。笔者实验室曾经通过实验对比了水和液态金属的喷射对流换热系数。研究发现[1]，在喷孔直径 1 mm、流速 2.5 m/s 的情况下，水喷射的对流换热系数约 60 000 W/(m^2 · ℃)，而液态金属喷射对流换热系数可高达 200 000 W/(m^2 · ℃)。Silverman 等[19]曾对液态金属喷射系统进行了系列实验和理论研究，其利用镓铟合金在小于 4 m/s 的速度下实现了 2 kW/cm^2 的散热能力，充分展现了液态金属喷射结构极为优异的散热能力。

总的来说，微通道和微喷是实现液态金属微强化传热的两种典型的高效器件，利用其可以实现具有比传统冷却方法优异的散热性能，同时拓展了高端散热领域的热流密度极限，具有重大的理论研究和实际应用价值。

9.4 液态金属强化传热场协同理论分析

液态金属强化传热存在两方面含义：① 液态金属相对传统工质具有更为优异的传热性能；② 针对液态金属对流自身的高效强化传热方法。目前，已有的面向传统工质的强化传热理论及规律对于液态金属并不完全适用，尚缺乏从对流物理机理入手的根本性分析及评估方法。

虽然高热导率时常作为液态金属相对传统工质传热性能更优的直观解释，但热导率仅属于导热的范畴，其对液态金属对流传热的影响从物理意义上并不明确。为此，如下介绍从流换热本质入手，借助场协同理论深入分析了液态金属强化传热的本质特征[1]。

9.4.1 液态金属对流传热的场协同分析

场协同理论从物理机理上阐述了对流对强化传热的影响，其指出提高速度场和温度梯度场的协同程度是强化传热的关键[20]。对于流速不太低的对流传热问题，典型的边界层内场协同方程可写为[21]：

$$\int_0^{\delta_{t,x}} \rho C_p (U \cdot \nabla T) \mathrm{d}y = -k \left. \frac{\partial T}{\partial y} \right|_w = q_w(x) \tag{9-45}$$

其中，ρ 为密度，C_p 为热容，U 为速度矢量，∇T 为温度梯度，k 为热导率，T 为温度，y 为壁面垂直方向，x 为壁面平行方向，$q_w(x)$ 为壁面热流密度。对于水等传统工质而言，热边界层较薄，壁面法向温度梯度分量极大，因此温度梯度方向主要为 y 方向，与速度方向几乎垂直，此时场协同程度较差，传热量较小。但对于液态金属而言，其温度边界层厚度要远高于水等传统冷却工质。同时，其 y 方向上的温度梯度大幅度降低，这也意味着其温度梯度方向会较大幅度偏离 y 方向，与速度方向夹角变小，场协同程度提高。因此，更加优异的温度场和速度场协同性实际上是液态金属具有更高传热性能的直接原因。下面通过数值模拟对液态金属和水对流换热的场协同特征作进一步比较说明[1]。

如图 9－12，考虑典型的冷却介质流经单加热管道的层流对流换热问题，流道尺寸 10 mm×10 mm×100 mm，流道底部施加均匀热源 20 W，入口流速 0.01 m/s，数值模拟过程采用 ICEPAK 软件实现。

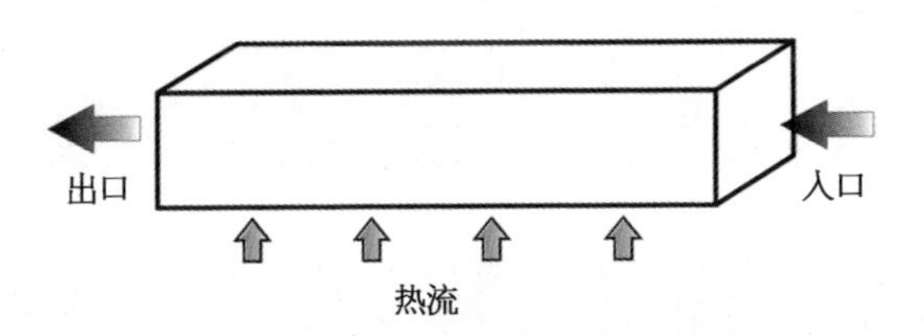

图 9－12　冷却介质流经单加热管道的对流换热模型

图 9－13 和图 9－14 分别展示了水和液态金属 $GaIn_{20}$ 作为冷却介质时，流动截面的速度分布及等温线分布[1]。从中可以看出，在同样的运行状况下，水和液态金属具有极为类似的速度分布，主体速度方向均为管道入口方向。但温度分布存在较大的不同，水系统中温度边界层极薄，温度梯度方向几乎与传热壁面垂直，壁面温度较高。而液态金属中温度边界层很快发展到与流道尺度相仿的程度，因此垂直于传热壁面的温度梯度较小，整体温度梯度方向约与壁面法向呈 45°夹角，壁面温度远低于水系统。比较二者易知，液态金属对流传热的温度梯度与速度方向的夹角相对水系统要小得多，因此场协同性更优，传热能力更强，和前述分析结论一致。

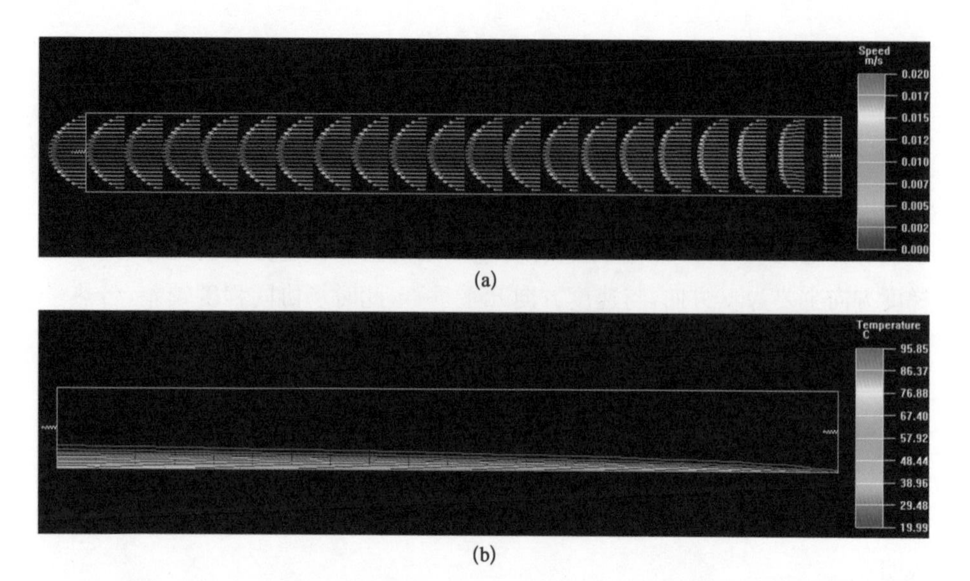

图 9－13　水作为冷却介质时流动截面的速度分布(a)及等温线分布(b)

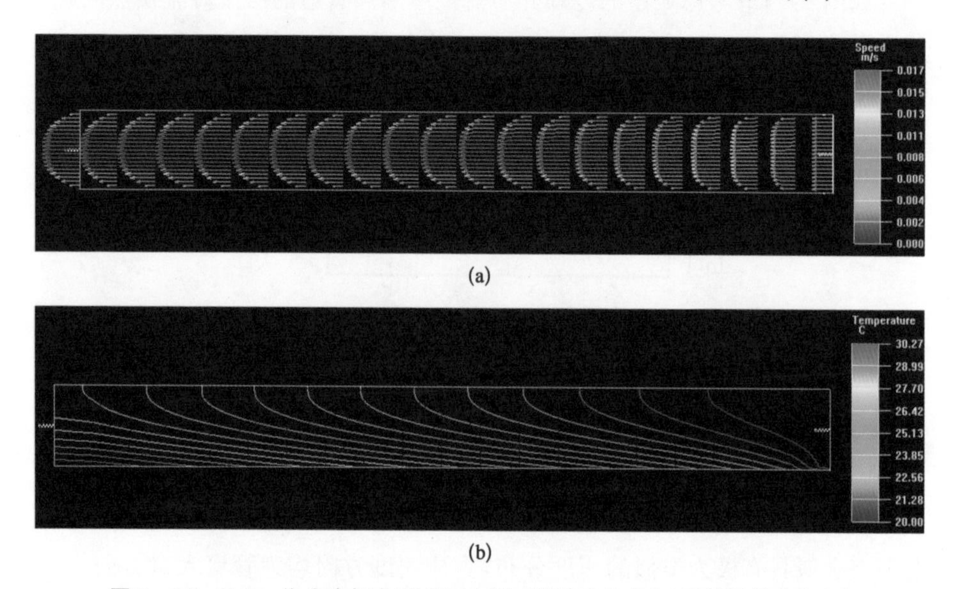

图 9－14　$GaIn_{20}$作为冷却介质时流动截面的速度分布(a)及等温线分布(b)

液态金属传热性能远优于传统工质，其本质原因在于极高的热导率。因为热导率高，导热更快，其温度边界层比水要厚得多。较厚的温度边界层一方面导致了更优的速度场和温度梯度场协同程度，同时使温度梯度场扩大到大流速主流区域，加强了对流对热量输运的影响[1]。因此，可以认为液态金属高效传热性能的本质原因在于其高热导率，但因为高热导率进一步导致的速度场和温度梯度场优异的协同性，则是液态金属高效传热的直接原因。

9.4.2　液态金属扰流的场协同分析

扰流结构（螺旋线圈、凹凸点、扰流柱等）是强化传统工质传热性能的高效途径，但这种普遍应用的强化传热方式对于液态金属并不完全适用。如下利用场协同理论分析常规扰流结构对液态金属传热的强化效果[1]。

对于典型的二维边界层情况，式(9-45)左边也可表示为：

$$\int_0^{\delta_{t,x}} \rho C_p (U \cdot \nabla T) \mathrm{d}y = \int_0^{\delta_{t,x}} \rho C_p \left(u \frac{\partial T}{\partial x} + v \frac{\partial T}{\partial y} \right) \mathrm{d}y \tag{9-46}$$

其中，x、y 分别为平行及垂直于壁面的方向，u、v 分别为平行及垂直于壁面的分速度。对于传统冷却介质，边界层内一般均为 u 较大，v 较小，$\partial T/\partial y$ 较大，$\partial T/\partial x$ 较小，场协同性较差。因此，在流道中设置适当的扰流结构增加流体壁面法向速度 v 提升场协同性是最为直接而有效的方法。

然而，对于液态金属而言，情况有所不同。其原因在于液态金属热边界层中 $\partial T/\partial y$ 已经较小，由于扰动增加的壁面法向速度 v 对热量传递影响并不明显。仍采用数值模拟方法来研究此问题，对图 9-12 中对流传热平台设置扰动结构，如图 9-15。

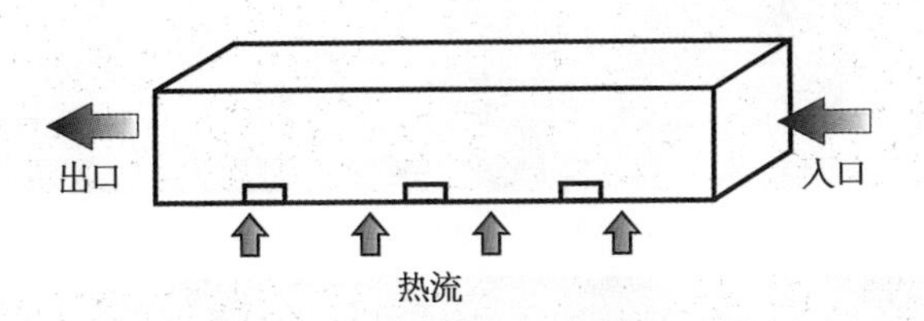

图 9-15　增加扰动对流传热模型

在同样的运行工况下，分别以水和液态金属 $GaIn_{20}$ 作为冷却工质进行数值模拟得到的速度分布和等温线分布如图 9-16 和图 9-17 所示。从图 9-16 中可以看出，以水作为冷却介质，壁面法向温度梯度大，而扰动引起的壁面法向速度增加，在壁面边界层处有力改善了速度场和温度场的协同程度[1]，壁面平均温度由 68.9℃降低到 52.5℃。但对于液态金属而言，壁面法向温度梯度小，增加的垂直壁面速度对场协同性影响不大，壁面平均温度仅从 26.6℃降低到 26.1℃。

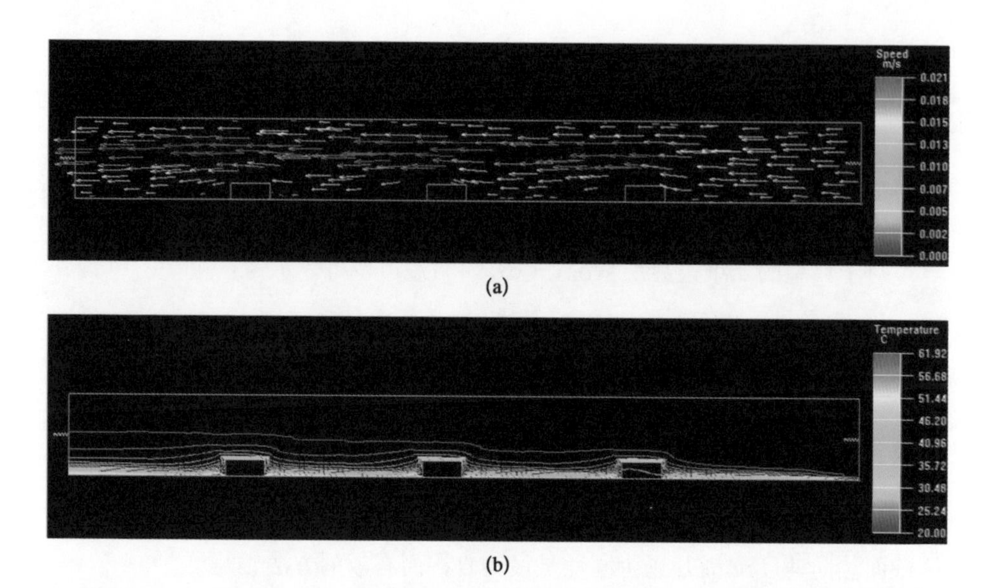

图 9-16　水作为冷却介质扰动情况下流动截面的速度分布(a)及等温线分布(b)

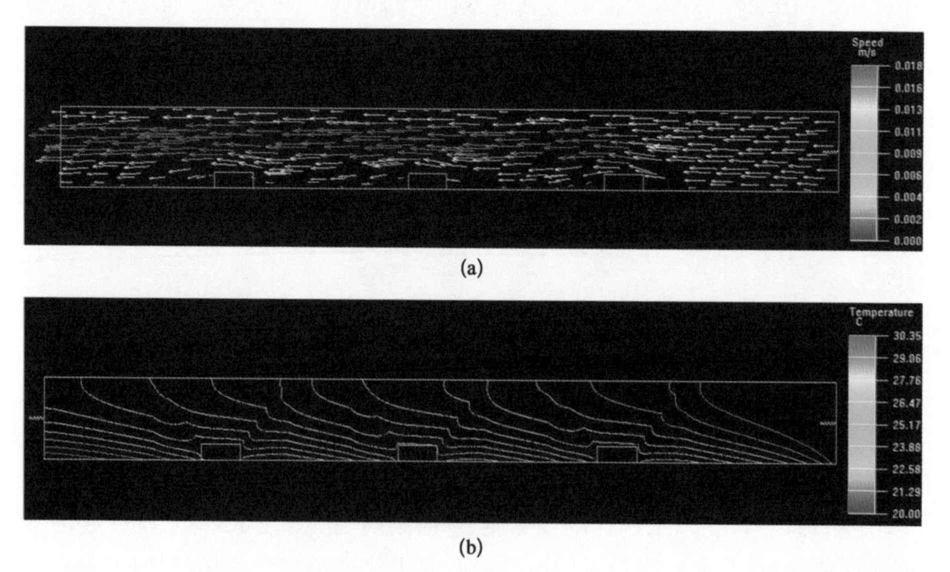

图 9-17　$GaIn_{20}$ 作为冷却介质扰动情况下流动截面的速度分布(a)及等温线分布(b)

因此，传统通用而有效的扰动强化传热方法对于液态金属而言并不完全适用，其根本原因在于液态金属温度场自身的特点导致扰动对速度场和温度梯度场协同性的影响不同。需进一步说明的是，上述扰动数值模拟研究基于低速层流模型，同时结果通过了网格独立性验证。因此，模拟结论具有代表性。

总体而言，场协同理论[20,21]是从对流传热本质上评估液态金属强化传热的一种重要而实用的分析方法。基于场协同理论可得到如下关于液态金属强化传热的重要结论[1]：① 液态金属相对传统冷却介质具有更优传热性能的根本原因在于其极高的热导率，而其直接原因在于高热导率导致的液态金属系统中温度梯度场和速度场的协同性更佳；② 针对液态金属的强化传热方法存在其特殊性，传统的强化传热方法并不完全适用。而场协同理论是分析液态金属强化传热高效而实用的理论方法。

9.5　本章小结

本章就液态金属流体强化传热技术，从材料、器件和理论方法3个方面进行了介绍，讨论了液态金属强化传热方法与传统工质的异同点，可以得出如下结论[1]：

(1) 掺混固体颗粒形成液态金属两相流冷却液体是从材料学角度强化液态金属传热的有效途径。由于液态金属自身的材料特性，掺混高热导颗粒仅能实现较小的性能提升，掺混高热容颗粒可以获得较优的效果，而掺混具有高潜热的相变微胶囊是提升液态金属传热性能的最优选择。从成本角度来分析，无论掺混何种颗粒，均能有效降低液态金属工质成本，成本降低的幅度与溶液中颗粒体积分数成正比。

(2) 微通道和微喷是实现液态金属强化传热的高效器件，其不仅具有比传统冷却方法优异的散热性能，同时极大提升了高端散热领域的热流密度极限，具有重要的理论和应用价值。虽然液态金属微通道的运行阻力较大，但其传热性能比传统水微通道优异。而液态金属微喷能在同样流速下获得比水高得多的喷射对流换热系数。总体而言，液态金属为传统强化传热领域引入了系列高端且实用的强化传热器件。

(3) 场协同理论是从对流传热本质上评估液态金属强化传热的一种重要而实用的分析方法。液态金属相对传统冷却介质具有更优传热性能，根本原因在于其极高的热导率，而直接的原因也在于液态金属系统中温度梯度场和速度场的协同性更佳。针对液态金属的强化传热方法存在其特殊性，传统的强化传热方法并不完全适用，此方面可根据场协同理论予以预先评估。

参考文献

[1] 邓月光.高性能液态金属 CPU 散热器的理论与实验研究(博士学位论文).北京：中国科学院研究生院，中国科学院理化技术研究所，2012.
[2] 顾维藻，神家锐，马重芳，等.强化传热.北京：科学出版社，1990.
[3] Ma K Q, Liu J. Nano liquid-metal fluid as ultimate coolant. Physics Letters A, 2007, 3：252～256.
[4] Park H S, Cao L F, Dodbiba G, et al. Liquid gallium based temperature sensitive functional fluid dispersing chemically synthesized FeMB nanoparticles. Journal of Physics, 2009, 149(1)：1～5.
[5] Fujita T, Park H S, Ono K, et al. Movement of liquid gallium dispersing low concentration of temperature sensitive magnetic particles under magnetic field. Journal of Magnetism and Magnetic Materials, 2011, 10：1207～1210.
[6] Park H S, Dodbiba G, Cao L F, et al. Synthesis of silica-coated ferromagnetic fine powder by heterocoagulation. Journal of Physics, 2008, 20：1～6.
[7] Ku J H, Cho H H, Koo J H, et al. Heat transfer characteristics of liquid-solid suspension flow in a horizontal pipe. Journal of Mechanical Science and Technology, 2000, 10：1159～1167.
[8] 刘静.微米/纳米尺度传热学.北京：科学出版社，2001.
[9] Qu W L, Mudawar I. Analysis of three-dimensional heat transfer in micro-channel heat sinks. International Journal of Heat and Mass Transfer, 2002, 19：3973～3985.
[10] Xue H, Fan Q, Shu C. Prediction of micro-channel flows using direct simulation Monte Carlo. Probabilistic Engineering Mechanics, 2000, 2：213～219.
[11] Hsieh S S, Lin C Y, Huang C F, et al. Liquid flow in a micro-channel. Journal of Micromechanics and Microengineering, 2004, 4：436～445.
[12] Dong T, Yang Z C, Bi Q C, et al. Freon R141b flow boiling in silicon microchannel heat sinks：experimental investigation. Heat and Mass Transfer, 2008, 3：315～324.
[13] Xie Y Q, Yu J Z, Zhao Z H. Experimental investigation of flow and heat transfer for the ethanol-water solution and FC-72 in rectangular microchannels. Heat and Mass Transfer, 2005, 8：695～702.
[14] Chen W L, Twu M C, Pan C. Gas-liquid two-phase flow in micro-channels. International Journal of Multiphase Flow, 2002, 7：1235～1247.
[15] Zhang Q, Liu J. Nano liquid metal as an emerging functional material in energy

management，conversion and storage. Nano Energy，2013，2：863～872.

[16] Deng Y G，Liu J，Zhou Y X. Liquid metal based mini/micro channel cooling device. 7th International Conference on Nanochannels，Microchannels and Minichannels，2009，253～259.

[17] Morini G L. Single-phase convective heat transfer in microchannels：a review of experimental results. International Journal of Thermal Sciences，2004，7：631～651.

[18] 钱增源.低熔点金属的热物性.北京：科学出版社，1985.

[19] Silverman I，Yarin A L，Reznik S N，et al. High heat-flux accelerator targets：Cooling with liquid metal jet impingement. International Journal of Heat and Mass Transfer，2006，49(17-18)：2782～2792.

[20] 过增元，黄素逸.场协同原理与强化传热新技术.北京：中国电力出版社，2004.

[21] 李志信，过增元.对流传热优化的场协同理论.北京：科学出版社，2010.

第10章 液态金属 CPU 散热器设计及性能评估

10.1 引言

液态金属先进冷却方法最重要的应用领域之一是在计算机行业。为此,本章针对高性能 CPU 的散热瓶颈,介绍液态金属流体散热技术,并讨论对应的散热器设计和性能评估。同时,从工业应用角度,考虑到建立系统级的理论优化模型可最大限度地提升器件散热性能[1],并有效指导液态金属 CPU 散热器的结构设计[2-6],本章对于高性能液态金属 CPU 散热器研制过程中的优化问题也将予以讨论。事实上,合理的工艺优化包含很多技术内涵,涉及材料筛选和结构/装配设计等,它们对器件成本及生产效率起着决定性的影响[7-11]。因此,除了基础的液态金属强化传热理论外,对系统级的理论优化和工艺优化在实际散热器研制过程中的作用也必须引起重视。如下从理论模型、工艺优化、器件评估以及技术经济学四方面,系统阐述液态金属 CPU 散热器的设计方法,以期实现液态金属 CPU 散热器的高性能和低成本设计目标。

10.2 液态金属 CPU 散热器的理论优化研究

10.2.1 系统优化模型概述

液态金属 CPU 散热器理论优化的核心目的在于提升散热性能。为达到此目标,理论优化的过程分为系统优化和部件优化两大步骤[1]。系统优化目标在于从系统层面上评估器件的散热性能,发现其散热瓶颈,并研究整体性能随设计变量的变化关系。一旦系统优化结束后,器件的散热瓶颈、核心部件及关键设计变量会被单独剥离出来，作为部件优化步骤的输入量，进而可进行细致的部件级优化过程[3]。这种两级优化模型既可从宏观上把握系统的传热过程、性能及瓶颈，又可对关键部件进行针对性的细节优化。因此对于集成了流动、传热及电磁驱动等诸多技术特征的复杂液态金属散热系统而言，是一种结构清晰、高效且极为实用的理论优化方法。

从结构上讲，由于受充注量和成本的限制，目前的液态金属 CPU 散热器多采用塔式结构，如图 10－1。其中，散热器主体（不包括驱动电源）可宏观划分为电磁泵和翅片散热器两大部分。对于典型的塔式液态金属 CPU 散热系统而言，其优化问题可定义为[3]：

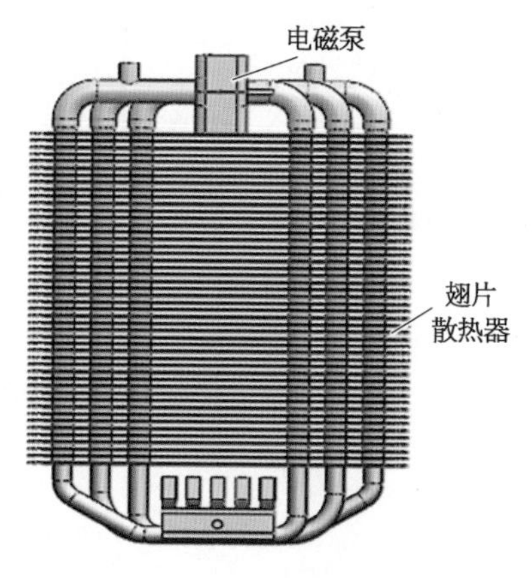

图 10－1　塔式结构液态金属 CPU 散热器

$$
\begin{gathered}
x=[x_1 \quad x_2 \quad \cdots \quad x_N]^{\mathrm{T}} \\
\min f(x) \\
s.t.\ g_u(x) \geqslant 0\ (u=1,\ 2)
\end{gathered} \tag{10-1}
$$

其中，目标函数 $f(x)$ 代表散热器系统热阻，其值越小，散热器性能越优秀。设计变量 x 由核心部件的关键设计参数组成，从系统优化结果中获得。限制条件 $g_u(x) \geqslant 0$ 由设计需求决定，典型条件可写为：① 液态金属充注量不大于 350 g；② 散热翅片总体积不大于 1 400 cm^3。

对系统优化的结果表明，影响液态金属散热器性能的关键因素，在于液态金属流量（热容热阻）及翅片散热能力（空气对流热阻）[1]。因此，散热器部件级优化的核心为在特定的限制条件和预定义参数下，优化电磁泵获得最大流量，同时优化翅片获得最优翅片散热效率[3]。相应的部件优化过程框架如图 10－2 所示。其中，预定义参数包括风扇尺寸、管道尺寸、数量等，其由加工工艺、采购需求、器件体积和成本限制等因素决定。电磁泵各优化变量为独立参数，因此可以逐个进行独立优化。而翅片变量存在明显的耦合关系，必须通过系统级的优化方法，如正交设计对其整体进行优化。

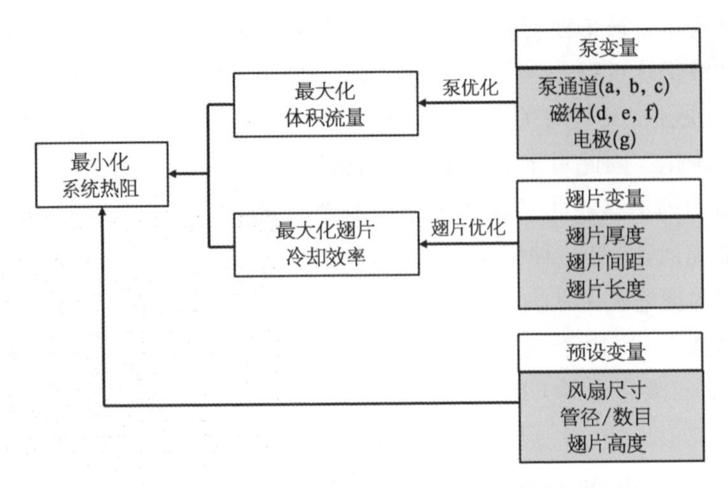

图 10－2　液态金属 CPU 散热器部件优化过程框架

10.2.2　电磁泵优化设计模型

芯片散热用微型电磁泵最关键的两个设计参数为：静压和阻力。静压越高，阻力系数越小，则散热环路的流量越大。因此，优秀的电磁泵设计需要高静压和低阻力[12]。但一般而言，静压越大，阻力越大；静压越小，阻力也越小。因此，必须采用优化设计量化平衡两者关系，使泵整体性能最优。

10.2.2.1　电磁泵结构形式

综合考虑结构复杂性、加工难度、液体润湿性(流道气泡)等因素，如下介绍笔者实验室设计的两款典型的电磁泵结构形式[1]：圆口式(图 10－3)和扁

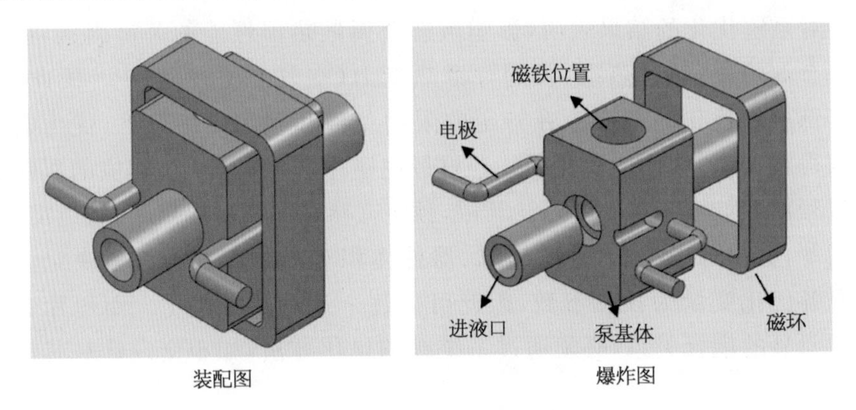

图 10－3　典型圆口泵示意

口式(图 10－4)。其中，圆口式结构最为简单，泵沟与流道结构形式一致，因此泵自身的阻力最小，但驱动静压较低。扁口式是一种改良式的设计，其设计原则为尽量增加电流流经长度(泵沟宽度)，同时减小泵沟截面积(降低泵沟高度)，以此来实现更高驱动静压的目的。然而由于其存在圆截面到矩形截面的过渡，因此阻力较圆口泵更大。

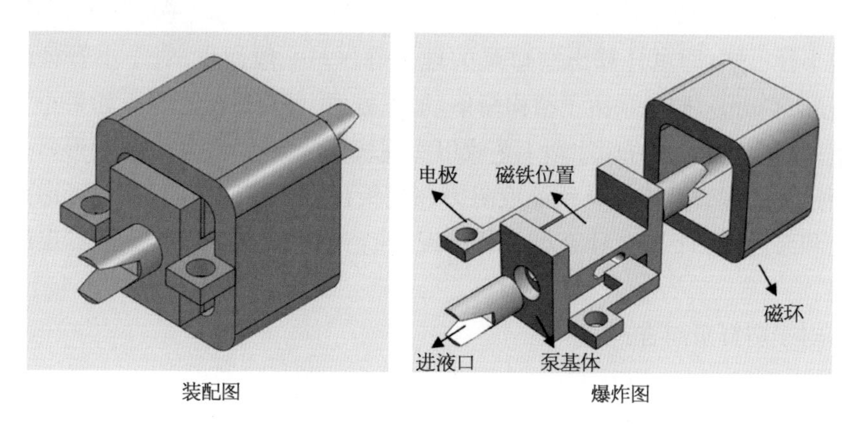

图 10－4　典型扁口泵示意

10.2.2.2　电磁泵选型

电磁泵驱动力(安培力)为作用在流体上的体积力，其大小可表示为[1,3]：

$$F=\iiint(j_Z\mathrm{d}x\mathrm{d}y)B\mathrm{d}z \tag{10-2}$$

其中，j_Z 为电流密度矢量 j 在 Z 方向的分量(此处假定磁场方向为 x 方向，液态金属流动沿 y 方向，电流流向为 Z 方向)。如果磁感应强度在泵沟区域均匀分布，且电流在泵沟长度方向无漫流损失，则驱动力可计算为：

$$F=BIL \tag{10-3}$$

其中，B 为磁感应强度，I 为电流，L 为泵沟宽度。同时，驱动静压可计算为：

$$P=\frac{F}{S} \tag{10-4}$$

其中，S 为泵沟截面积。分别将圆口泵和扁口泵的几何参数代入式(10－3)和(10－4)，可以得到简化的圆口泵和扁口泵的驱动静压表达式，如下。

对于圆口泵而言：

$$F_{cir} = BI(2r) \tag{10-5}$$

$$S_{cir} = \pi r^2 \tag{10-6}$$

$$P_{cir} = \frac{2BI}{\pi r} \tag{10-7}$$

其中，r 为泵沟圆截面半径。从式(10－7)可以看出，一旦磁感应强度、电流及流道半径已知，即可计算出圆口泵的理论静压。一般而言，对于小管径情况(内径<4 mm)，圆口泵由于结构简单，加工方便，可为最佳选择。如果小管径管道采用扁口泵，一方面注塑工艺难以实现较低的流道(模芯受压变形)，另一方面过低的流道结构会导致灌液阻力和电极接触困难。因此，综合考虑加工工艺和泵内阻力因素，对于小管径情况应优先选择结构简单易于实现的圆口泵。

对于扁口泵而言：

$$F_{rect} = BIa \tag{10-8}$$

$$S_{rect} = ab \tag{10-9}$$

$$P_{rect} = \frac{BI}{b} \tag{10-10}$$

其中，a、b 分别为泵沟宽度和高度。从式(10－10)可以看出，泵沟高度越低，驱动静压越高，但同时泵自身阻力系数也越大。

比较圆口泵和扁口泵驱动特性知，在一定的环路流道及相同的泵沟宽度情况下，扁口泵和圆口泵具有相同的驱动力。但因为扁口泵泵沟截面积更小，其驱动静压更大。因此，在流道管径较大(内径≥4 mm)，扁口泵工艺容易，且无灌注和电极接触问题时，应优先选择扁口泵。虽然其自身阻力更大，但综合考虑驱动静压和阻力系数的变化，扁口泵相对圆口泵一般均能获得更大的液态金属流量[3]。

综合上述结论，电磁泵选型可采用如下准则：

(1) 小内径管路情况(内径<4 mm)，采用圆口泵，且泵沟内径与管道内流道完全一致。此种方式结构最为简单，便于加工，同时阻力最小。

(2) 大内径管路情况(内径≥4 mm)，采用扁口泵，驱动力更大，液态金属流量更大，且无工艺困难。泵沟高度应当根据实际的泵驱动静压和阻力进行平衡优化设计。

10.2.2.3　电磁泵结构优化

圆口泵泵沟与环路流道一致，其设计简单，无须优化，在此不单独赘述。对于扁口泵而言，其需要优化的部件包括泵体、磁铁、电极和磁环[3]。图 10-5 展示了扁口泵需优化的部件参数，其中泵体参数包括泵宽 a、泵高 b、泵长 c；磁铁参数包括磁铁高 d、长 e、宽 f；电极优化参数包括电极长度 g；而磁环只需优化磁环厚度。

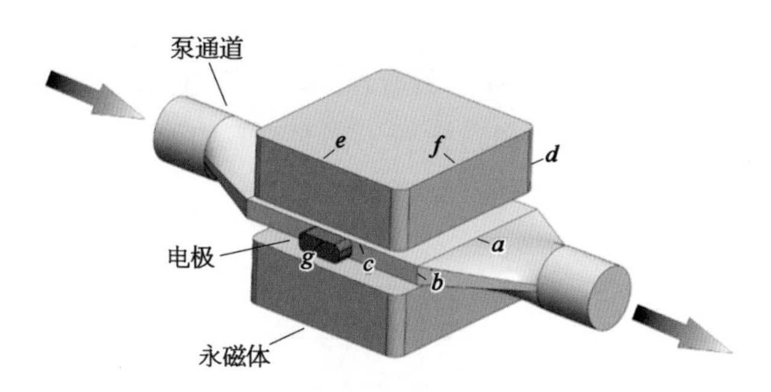

图 10-5　扁口泵需优化的典型部件参数

10.2.2.3.1　泵体优化

泵宽 a 的优化原则如下[3]：根据式(10-10)，扁口泵的驱动静压与泵沟宽度无关。因此，泵沟宽度的设计主要取决于泵沟阻力系数。在一定的泵沟高度前提下，泵沟宽度的设计应当使泵自身阻力系数最小。一般而言，使泵沟宽度和流道内径一致时能够获得最小的局部阻力系数，为最优选择。

这意味着图 10-6 展示的 3 种典型泵沟水平截面结构中，驱动力大小比较为(a)=(b)>(c)，驱动压头大小比较为(a)=(b)=(c)，而阻力系数大小比

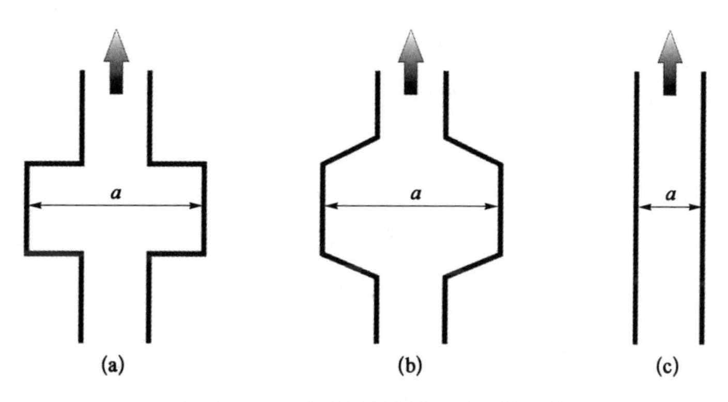

图 10-6　3 种典型的泵沟水平截面图

较为(a)＞(b)＞(c)。在不考虑电极接触问题情况下,应优先选择(c)型泵沟结构(驱动压头大,阻力系数小)。但在实际应用中,为保证电极和液态金属接触良好,一般优先选择(b)结构。此时泵沟宽度略大于流道内径,留出电极浸入流道的距离,以此避免电极接触不良电流断流的情况发生,提高系统稳定性。

泵长 c 的优化较简单。一般而言,只需保证泵长稍大于磁铁长度,充分利用磁场空间即可。一般采用“泵长 c＝磁铁长度＋2～4 mm”,而磁铁长度的优化将在后续部分中介绍。

泵高 b 的优化过程相对复杂。具有相同环路管道的圆口泵和扁口泵垂直截面如图 10－7 所示。在此,通过比较不同泵高扁口泵相对同样环路管道圆口泵的相对优势来量化扁口泵的泵高情况。

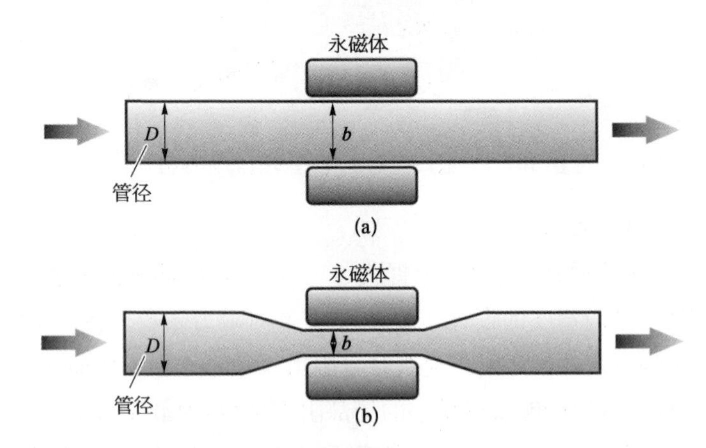

图 10－7　具有相同环路管道的圆口泵(a)和扁口泵(b)垂直截面

根据式(10－10)容易理解,泵高越小,驱动压头越大。然而,泵高越小,同时会导致泵自身局部阻力系数的急剧增大。因此,必须选择一个合适的泵高,使得电磁泵的驱动压头和阻力系数达到一个最优平衡,以产生最大的环路流量而实现最优的散热性能。

对于大多数液态金属 CPU 散热实验系统而言,液态金属在流道中呈层流状态(典型流速 0.1 m/s,管径 5 mm,运动黏度 0.3×10^{-6} m/s^2,Re 数约 1 500)。在此情况下,实验表明散热系统阻力压头与液态金属流量(或流速)成正比。根据伯努利方程[13],有下式成立:

$$P = f_{\text{pump}} + f_{\text{loop}} \tag{10-11}$$

$$f_{\text{pump}} = AQ \tag{10-12}$$

$$f_{\text{loop}} = BQ \tag{10-13}$$

其中，式(10-11)表示“环路驱动压头=泵阻力+环路阻力”，A 表示泵阻力系数，B 表示环路阻力系数，Q 为流量。将式(10-12)、(10-13)代入式(10-11)可得系统驱动压头和流量的关系如下：

$$P = (A + B) \times Q \tag{10-14}$$

根据(10-14)式，可知采用圆口泵的液态金属系统满足下式：

$$P_{\text{cir}} = (A_{\text{cir}} + B) \times Q_{\text{cir}} \tag{10-15}$$

其中，P_{cir} 为圆口泵驱动压头，A_{cir} 为圆口泵局部阻力系数。

采用扁口泵时，泵的驱动力提升，同时泵自身阻力系数提升，但系统流动特性仍满足如下关系式：

$$P_{\text{rect}} = (A_{\text{rect}} + B) \times Q_{\text{rect}} \tag{10-16}$$

其中，P_{rect} 为扁口泵驱动压头，A_{rect} 为扁口泵局部阻力系数。

因此，可定义泵高优化因子为：

$$\alpha = \frac{Q_{\text{rect}}}{Q_{\text{cir}}} = \frac{P_{\text{rect}}}{P_{\text{cir}}} \times \frac{A_{\text{cir}} + B}{A_{\text{rect}} + B} \tag{10-17}$$

上式中，泵高优化因子 α 的物理意义为：在某一泵高情况下，扁口泵驱动压头相对圆口泵提升的倍数除以系统阻力系数相对圆口泵提升的倍数。泵高优化因子等于1，代表扁口泵相对圆口泵驱动压头的提升程度和阻力系数提高的程度一样，最终导致扁口泵系统和相同环路管道的圆口泵驱动效果一样。泵高优化因子大于1，则说明驱动压头提高的程度要大于阻力系数提高的程度，扁口泵优于圆口泵能产生更大的系统流量。同时，泵高优化因子越大，则说明扁口泵系统流量越大，散热性能越强。因此，可以认为，在环路管径一定情况下，泵高优化因子值最大的泵高 a 即为最优的泵高。

下面以环路管径5 mm为例来阐述泵高优化过程。当环路管道内径为5 mm时，圆口泵的内径为5 mm，而扁口泵的典型泵高可为4 mm、3 mm、2 mm和1 mm。根据式(10-4)可计算出在不同泵高情况下驱动压头的提升

程度 P_{rect}/P_{cir}，计算数据如图 10－8 所示。从中可以看出，随着泵高的逐渐降低，泵的驱动压头迅速上升。这主要是因为在电磁驱动力不变的情况下，泵沟截面积逐渐降低的原因所致。

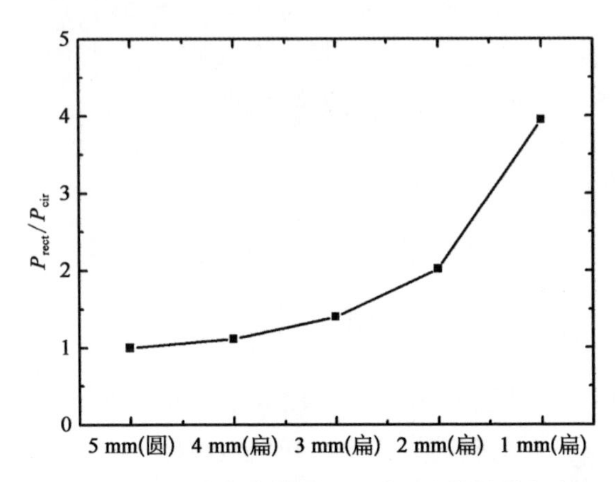

图 10－8　不同泵高情况下驱动压头的提升程度

因为泵及流道中存在大量的局部阻力区域，不同泵高情况下系统阻力系数的提升程度较难通过理论计算获得。但通过数值模拟可以获取较准确的阻力提升数据[1]。本例中，流动数值模拟采用 ProE 4.0 建模，利用 Gambit 2.2 绘制网格，最后采用 Fluent 6.3 进行计算[14]。其中液态金属 $Ga_{65}In_{25}Sn_{10}$ 的热物性参数设定如下：密度 6.41 g/cm^3，热导率 32.32 W/(m・K)，热容 318 J/(Kg・K)，黏度 0.016 9 g/(cm・S)。需计算阻力的几何结构包括环路管道和泵体，如图 10－9。

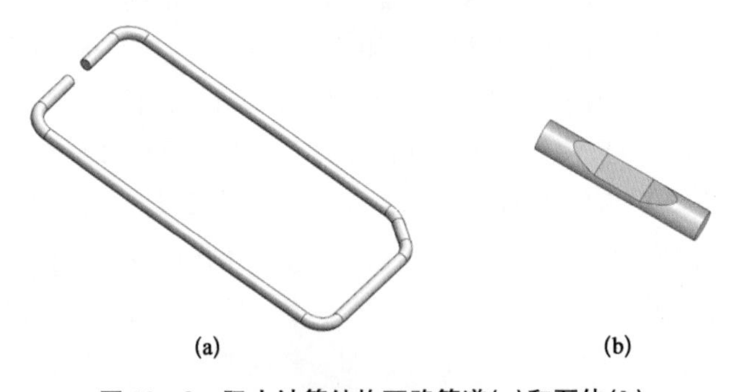

图 10－9　阻力计算结构环路管道(a)和泵体(b)

为保证数值计算的精确性，需考察在不同典型流速(0.06～0.18 m/s)下的阻力情况，然后对阻力系数提高程度取平均值[1]。数值计算得到的不同结构在不同流速下的阻力情况如图 10－10 所示：

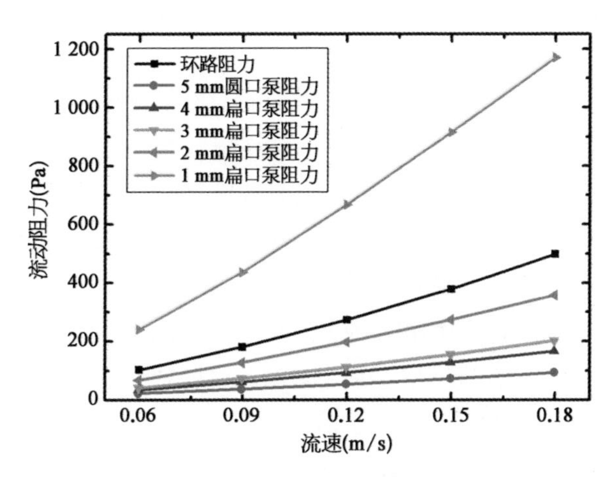

图 10－10　不同结构在不同流速下的阻力

从图 10－10 中可以看出，在考察的流速范围内，环路管道和泵的阻力均对速度呈近似的线性关系，符合式(10－12)、(10－13)中的定义。基于这种线性关系，可以利用下式计算扁口泵系统阻力系数相对圆口泵的提升程度。

$$\frac{A_{\text{rect}}+B}{A_{\text{cir}}+B}=\left(\sum_{n=1}^{n}\frac{A_{\text{rect\_}n}+B_n}{A_{\text{cir\_}n}+B_n}\right)\Big/n \tag{10-18}$$

其中，下标“n”代表在速度区间中均匀采样的速度值数量。计算得到的扁口泵系统阻力系数相对圆口泵提升程度平均值如图 10－11 所示。

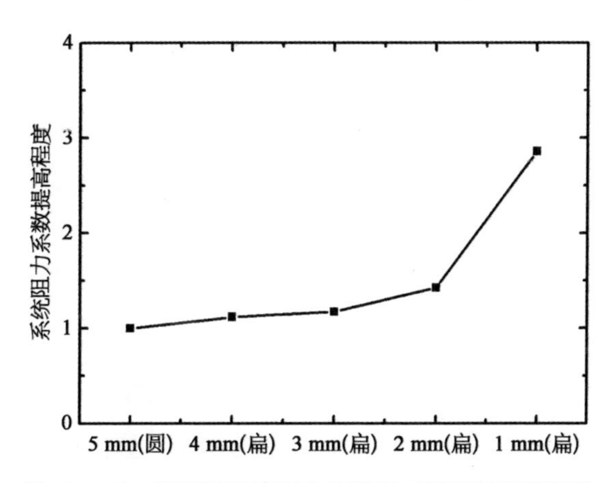

图 10－11　扁口泵系统阻力系数相对圆口泵提升程度

从图 10－11 中可以看出，由圆口泵到扁口泵存在明显的阻力提升，这主要是因为泵内的局部阻力区域所致。而随着扁口泵高度的逐渐缩小，泵内局部阻力迅速升高，系统阻力系数相对圆口泵也越来越大。

综合不同泵高情况下，扁口泵相对圆口泵驱动压头和系统阻力提升程度数据，根据式(10－17)，可以得到不同泵高扁口泵的泵高优化因子[1]，如图 10－12。从中可以看出，泵高为 4 mm 的扁口泵相对于 5 mm 圆口泵泵高优化因子几乎无变化，这说明虽然 4 mm 扁口泵相对于 5 mm 圆口泵驱动压头有所提高，但其阻力也相应提高，最终导致流量提升效果不明显。泵高优化因子最高的是 2 mm 扁口泵(约 1.4)，说明由于泵高的降低其驱动压头提升的程度要比系统阻力系数提高的程度大，最终使得采用 2 mm 扁口泵时系统流量要比圆口泵大 40%左右。而 1 mm 扁口泵虽然其驱动压头是所有泵高中最高的，但是其同时带来了最高的泵内阻力，其综合流量提升效果比不上 2 mm 泵高的驱动效果。

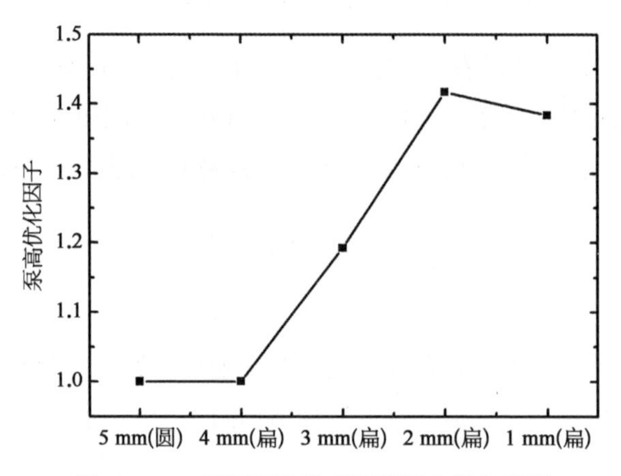

图 10－12　不同泵高情况下的泵高优化因子

事实上，扁口泵泵高对系统流量的影响还必须考虑磁感应强度的变化。因为泵高越小，两块磁铁之间的距离也越小，其间的磁感应强度也越大。为此，需要引入磁场修正系数来对泵高优化因子进行修正。

$$\alpha = \eta \times \frac{P_{\text{rect}}}{P_{\text{cir}}} \times \frac{A_{\text{cir}} + B}{A_{\text{rect}} + B} \tag{10-19}$$

其中，η 代表不同泵高情况下扁口泵泵沟磁感应强度相对圆口泵提升的程度。通过实验可以获得在不同泵高情况下的磁场修正系数，代入式(10－19)得到修正的泵高优化因子如表 10－1 所示。从中可以看出，考虑了磁场强度随泵高降低逐渐增强的因素后，1 mm 的扁口泵具有最高的泵高优化因子，其结构形式可以保证在相同电流情况下液态金属流量可为 5 mm 圆口泵的 2 倍。但是，1 mm 的泵体难以采用注塑方法批量生产(模芯弯曲破坏)，且会带来灌液和电极接触困难。因此，综合考虑加工工艺、系统驱动力和流动阻力的情况，2 mm 泵高为 5 mm 环路管径系统中电磁泵泵高的最优选择。

表 10-1　磁场修正系数及修正后的泵高优化因子

种　类	磁感应强度(mT)	磁场修正系数	修正泵高优化因子
5 mm 圆口泵	438	1	1
4 mm 扁口泵	461	1.052 5	1.052 7
3 mm 扁口泵	480	1.095 9	1.306 7
2 mm 扁口泵	577	1.317 4	1.866 5
1 mm 扁口泵	656	1.497 7	2.071 6

10.2.2.3.2　*磁铁优化*

磁铁的优化需最大化泵内磁感应强度，同时控制磁铁质量和体积。

对于磁铁厚度 d 而言，磁铁越厚，则表明磁越强，泵内磁感应强度越大。因此，其优化原则为[3]：在保证泵内尽可能高的磁感应强度的前提下，磁铁体积和质量应尽可能小。对于应用在液态金属 CPU 散热器中典型磁极截面为 48 mm× 6 mm 的磁铁，可通过实验确定其在不同磁铁高度情况下的泵内磁感应强度，如表 10-2。

表 10-2　不同磁铁高度情况下的泵内磁感应强度

磁铁尺寸(mm)	磁感应强度(mT)		
	位置 1(左)	位置 2(中)	位置 3(右)
(48×6)×4	510	540	510
(48×6)×5	530	570	530
(48×6)×6	530	600	540

从表 10-2 中可以看出，随磁铁厚度增加，泵内磁感应强度增加。为尽可能提升泵内磁感应强度，不考虑厚度 4 mm 以下的磁铁。同时可发现，在磁铁厚度由 5 mm 增加到 6 mm 时，磁感应强度的增量不足 5%，而此时泵的厚度及重量已经接近产品结构和外观的承受极限。因此，综合考虑磁感应强度，电磁泵质量和外观，5 mm 磁铁厚度为最优选择。

磁铁宽 f 的优化原则比较简单，即：尽可能使磁场覆盖所有的电流流经区域,充分利用电流场空间。一般采用“磁铁宽 f=泵宽+2～4 mm”即可。

磁铁长度 e 的优化原则为[1,3]：尽可能使磁场覆盖所有的电流流经区域,减少漫流损失。如图 10－13,电流在泵沟中呈一种扩散型流动,只有在磁场覆盖下的电流才能产生安培力驱动流体前进。因此,需要知道长度为 e 的磁场区域中有效电流的比例,以此来对磁铁长度 e 进行评估。

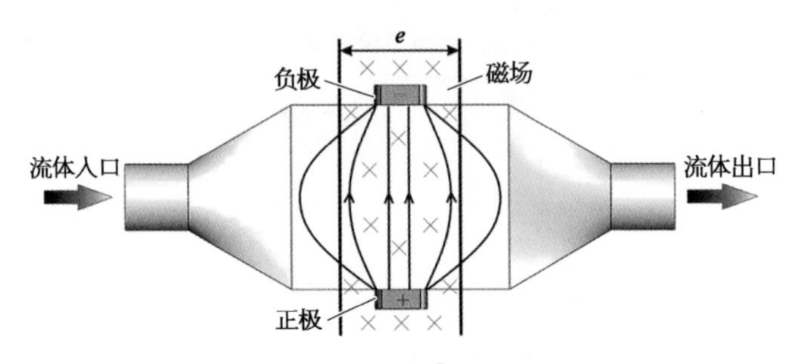

图 10－13 漫流电流示意

将上述问题简化为图 10－14 中模型。其定义为：存在均匀电介质区域,电导率为 σ。其内有一恒稳电流,电流密度为 j。均匀磁场覆盖了 $-\frac{e}{2} \leqslant x \leqslant \frac{e}{2}$ 区域,磁感应强度为 B。求被磁场覆盖区域的有效电流(能产生安培力)占总电流的比例,即可求得电磁泵漫流电流所带来的驱动力损失。

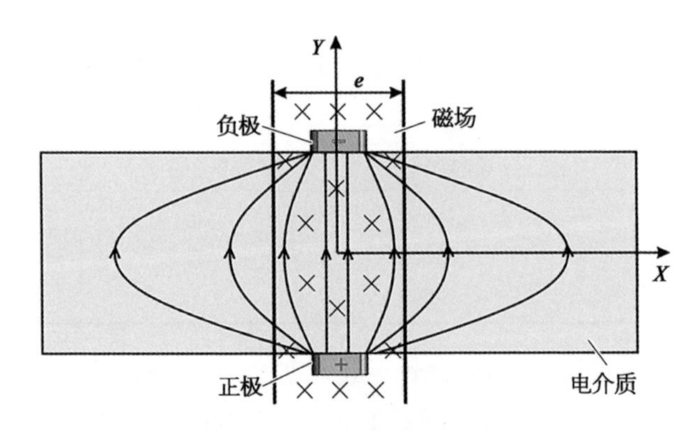

图 10－14 漫流电流损失模型

恒稳电场基本控制方程为：

$$\oint_L E \cdot \mathrm{d}l = 0 \tag{10-20}$$

$$\nabla \cdot j = 0 \tag{10-21}$$

$$j = \sigma E \tag{10-22}$$

其中，E 为电场强度，j 为电流密度，σ 为电导率。式(10－20)为静电场环路定理，式(10－21)为稳恒条件，式(10－22)为欧姆定律。

边界条件为：

入口：$j \cdot n = j_0$

出口：$V = V_0$

其余边界：$j \cdot n = 0$

有效电流比例可定义为：

$$\eta = \frac{\iiint_{-e/2 \leqslant x \leqslant e/2} B j_y \mathrm{d}V}{\iiint_V B j_y \mathrm{d}V} \tag{10-23}$$

易知，漫流电流损失为 $\eta_{\mathrm{loss}} = 1 - \eta$，电磁泵实际驱动力为 $F_{\mathrm{real}} = \eta F_{\mathrm{theo}}$ (F_{theo} 为不考虑漫流损失的理论驱动力)。

对恒稳电场区域进行数值求解，可获得求解域内电场及电流密度分布。随后根据式(10－23)进行子域积分，即可获得长度为 e 的磁场区域中有效电流比例。典型的优化问题如下：研究区域 60 mm×5 mm×2 mm，合金电导率 6.22×10^6 S/m，输入电流 10 A，电极宽度 4 mm。模拟得到的电流线分布如图 10－15。

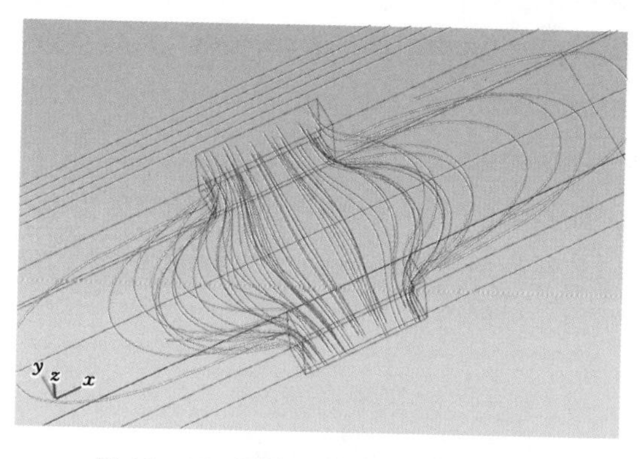

图 10－15　泵沟区域电流线分布模拟

对图 10－15 中求解出的电流场进行磁场区域的子域积分，即可得到不同磁场宽度情况下的有效电流比例，如图 10－16。从中可以看出，在流道宽度 5 mm，流道高度 2 mm，电极长度 4 mm 的情况下，如果磁场长度选择 4 mm，则有效电流比例不足 70%。如果磁场长度选择 6 mm，则有效电流比例接近 85%。如果磁场长度设计为 12 mm，则有效电流比例可超过 95%。但是，随着磁场长度的增加，磁铁和磁环的重量成本都会成比例增加。综合考虑漫流电流损失、重量和成本，磁铁长度选择为 6 mm 比较合适。

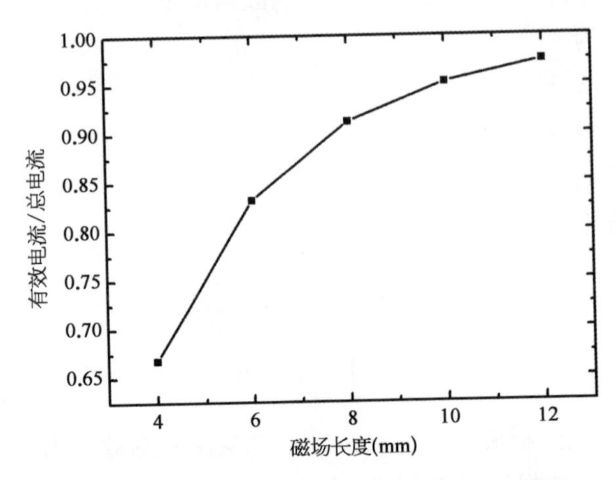

图 10-16　不同磁场长度情况下的有效电流比例

10.2.2.3.3　电极优化

电极长度 g 过小，在液态金属冲刷作用下其抗蚀能力及机械强度较难保证；电极长度过大，则将导致更长的磁铁、磁环以及泵体长度。一般而言，电极对电磁泵性能影响较小。选择电极长度为 4 mm 即比较合理，一方面其体积小，同时强度也比较合适。电极引线可采用国标 1.5 mm^2 铜导线，能承受 10 A 电流。

10.2.2.3.4　磁环优化

磁环作用在于屏蔽磁铁磁场，减小电磁泵磁场对外界电子器件的干扰[15]。磁环材料一般选用具有高饱和磁感应强度的碳钢或不锈钢。为防锈考虑，一般采用 2Cr13 不锈钢。根据磁场高斯定理：

$$\oiint B \cdot dS = 0 \tag{10-24}$$

又因为导磁不锈钢的相对磁导率在 10^3 量级，其磁阻相对空气极小[16]。因此，可忽略和磁环并联的空气磁路中的磁通量，得磁环设计公式为：

$$S_{cross} = \frac{B_{sur} S_{sur}}{B_s} \tag{10-25}$$

其中，S_{cross} 为屏蔽磁环的截面积，B_{sur} 为电磁泵中磁铁表面磁感应强度，S_{sur} 为磁铁磁极面积，B_s 为磁屏蔽环材料的饱和磁感应强度。根据泵基体的外形及可用空间，可以方便地获得磁环的长度和宽度，然后通过式(10-25)即可计算出磁环厚度。一旦式(10-25)得以满足，则可保证磁铁的绝大部分磁通量能经过磁环，空气中的漏磁非常小，可起到很好的磁屏蔽效果。同时，磁环的厚度不至于过厚，降低了电磁泵的质量和成本。

10.2.3　翅片散热器优化设计模型

对于翅片散热器而言，翅片宽度一般由风扇尺寸决定。因此，翅片散热器的优化变量可确定为翅片厚度、间距，以及翅片沿风向的长度。考虑到这些优化变量存在相互耦合关系，某一变量的改变将导致另一变量最优值的变化。为此，可采用正交实验设计方法来对翅片优化变量进行综合分析[1,3]。

正交实验设计是一种针对多因素多水平优化问题快捷而高效的实验方法。其利用正交表“均衡搭配”的特点，能够利用代表性强的少量实验来获得最优的实验参数[17]。根据大量经验数据，拟定翅片散热器设计变量的待选值如表 10-3 所示。

表 10-3　翅片散热器设计变量的待选值

厚度(mm)	间距(mm)	长度(mm)
0.3	1	50
0.5	2	60
0.8	3	70

对于表 10-3 中典型的三因素三水平优化问题，可采用 $L_9(3^3)$正交表来进行实验安排。易知，如果采用全面实验，需 $3^3=27$ 次实验才能获得翅片优化问题的最优解，而采用正交实验设计方法，则只需要 9 次实验即可获得所需结论。优化实验中构造的正交表如表 10-4 所示。其中，第 1 列中数字“1”、“2”、“3”分别代表翅片厚度为 0.3 mm、0.5 mm 及 0.8 mm；第 2 列中数字“1”、“2”、“3”分别代表翅片间距为 1 mm、2 mm 及 3 mm；第 3 列中数字“1”、“2”、“3”分别代表翅片长度为 50 mm、60 mm 及 70 mm。计算获得 9 次实验的热阻数据后，将各水平的热阻指标数据相加填入行 Ⅰ、Ⅱ 和 Ⅲ 中，以此判断各因素最优水平值。最后，将各因素不同水平的极差数据整理至行 R 中，评估各因素对翅片散热效率的影响。从表 10-4 中可以看出，以热阻指标最低为评价标

准，翅片厚度、翅片间距及翅片长度的最优参数分别为 0.5 mm、2 mm 和 70 mm。同时可发现，翅片间距导致的极差最大，意味着翅片间距对热阻指标影响最为显著。对于翅片长度而言，长度由 50 mm 增加到 60 mm，冷却效率能有明显提升，但从 60 mm 增加到 70 mm，冷却效率提升较小。这主要是由于风阻过大，同时翅片效率降低的原因。

表 10－4　翅片散热器参数优化正交表 $L_9(3^3)$

试验号	列号			热阻指标（℃/W）
	1（翅片厚度）	2（翅片间距）	3（翅片长度）	
1	1	1	1	0.147 8
2	1	2	2	0.089 2
3	1	3	3	0.107 7
4	2	1	2	0.096 3
5	2	2	3	0.076 3
6	2	3	1	0.097 8
7	3	1	3	0.099 7
8	3	2	1	0.094 3
9	3	3	2	0.098 3
Ⅰ	0.345	0.344	0.341 2	$T=0.907\,5$
Ⅱ	0.272	0.260	0.283 8	
Ⅲ	0.292	0.305	0.283 7	
R	0.073	0.084	0.057 5	

这里的正交优化实验过程中，不同实验条件下的翅片散热器热阻数据均通过 ICEPAK 数值模拟得到，因此存在一定误差。但上述最优设计参数的结论经过了系列实际产品和经验数据的检验，因此仍然具有相当的可信度和实用价值。总体而言，这里介绍的翅片优化方法框架，通过正交设计方法并结合系列实验即可获得准确的最优翅片参数，具有重要的实际应用价值。

10.3　液态金属 CPU 散热器的工艺优化研究

10.3.1　电磁泵选材及工艺优化

电磁泵是液态金属 CPU 散热器的核心部件[2]，其不仅对散热性能起着决定性的作用，同时直接关系着产品的成本和装配工序。因此，在理论优化获得电磁泵最优设计参数之后，还必须对其进一步进行工艺优化，以尽可能降低电磁泵材料、加工及装配成本，并有效提高器件生产效率。

10.3.1.1　电磁泵材料选择

电磁泵各部件的典型材料要求如下[1,2]：

(1) 泵体：可采用任何一种绝缘材料，典型的如塑料[聚乙烯(PE)、聚丙烯(PP)、聚氯乙烯(PVC)、聚苯乙烯(PS)、聚碳酸酯(PC)，及丙烯青-丁二烯-苯乙烯共聚合物(ABS)等]，或者采用有绝缘镀层(比如塑料喷涂或陶瓷烧结)的金属材质，但应保证绝缘镀层不受刮擦损伤。

(2) 电极：可采用铜、钼或不锈钢。铜电极电导率高，焦耳热损失小，但耐蚀能力较弱；钼和不锈钢耐蚀能力强，但钼成本较高，不锈钢电导率较低。如果考虑表面镀层工艺，铜电极表面镀镍处理是很好的选择。

(3) 磁铁：选用单位体积表磁最强的磁铁，目前一般采用钕铁硼永磁铁，同时表面镀锌处理。

(4) 磁环：选择导磁率和饱和磁感应强度尽可能高的软磁材料。可采用硅钢，因为其具有常用软磁材料中最高的饱和磁感应强度，因此磁环的厚度和重量都可以减小到最低。但应注意硅钢磁性的取向性，保证冷轧硅钢在沿环的方向上具有最高的导磁率。除此之外，还应特别注意磁环材料的锈蚀防腐，这也是目前大多数液态金属器件中都采用2Cr13不锈钢作为磁环材料的原因。

值得指出的是，所有材料必须能够承受80℃的峰值工作温度。同时，在正常工作温度40℃情况下，应能保证5年以上寿命。

10.3.1.2　四代电磁泵结构工艺优化

在系列工艺探索基础上，笔者实验室曾先后共研发了四代电磁泵[1,2]。

第一代电磁泵如图10-17(a)所示，其所有核心参数均经过了前述理论优化过程，因而具有优异的驱动性能。结合铜管铝翅片紧配工艺，基于第一代电磁泵而设计的第一代液态金属CPU散热器样机如图10-17(b)所示。第一代样机首次实现了一体式塔式结构液态金属CPU散热器，具有重要的代表意义。其体积紧凑，并能达到市售中等散热器水平。但这种分离式的泵体结构存在较多工艺问题，比如：整个泵体零部件过多，装配过程复杂；部分零部件加工难度大，成本偏高；流道彼此分离，液体灌注过程复杂；流道无弧形过渡，阻力大等。因此，第一代微型电磁泵和液态金属散热器样机虽然证明了液态金属塔式结构散热器的可行性，但距批量生产仍有相当距离。

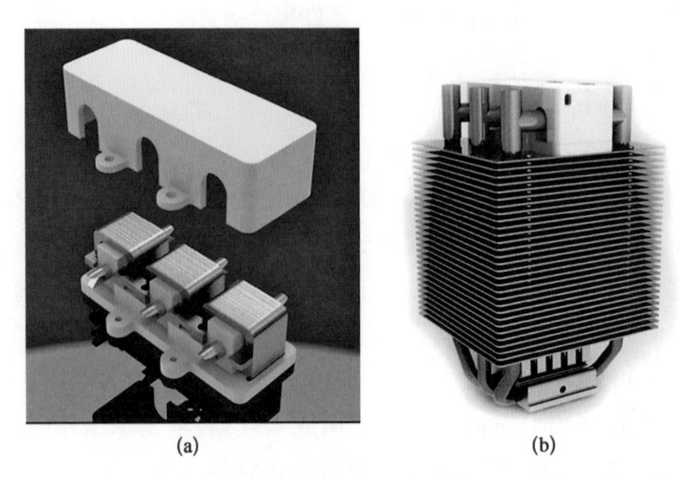

图 10-17 第一代液态金属的微型电磁泵(a)和散热器(b)

为进一步改进工艺降低成本，研制的第二代电磁泵如图 10-18 所示。相对第一代电磁泵而言，其最大的特点在于采用了“三泵合一”的泵体结构。这种泵体结构使得电磁泵的制作可以通过整体注塑工艺一次成型，结构简单、成本低廉、组装更加方便。同时，因为三泵内部连通，灌液也只需一次即可完成。因此，器件成本和装配复杂度均得以大幅度降低。

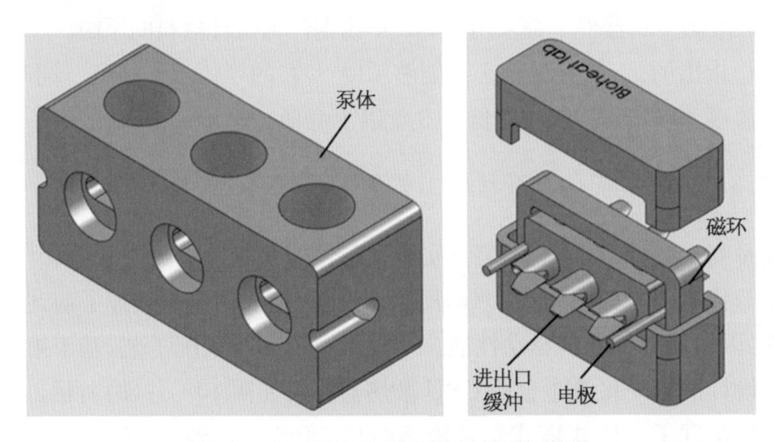

图 10-18 第二代微型液态金属电磁泵

根据第二代电磁泵制作的第二代液态金属 CPU 样机如图 10-19 所示。其典型特征可总结如下：

(1) 系统装配方便，更加美观；

(2) 泵与管路采用弯头过渡，阻力更小；

(3) 三条流道内部贯通，灌液方便；

(4) 散热器性能接近顶级散热器水平；

为进一步降低电磁泵的复杂度及成本，实验室开发的第三代电磁泵如图 10－20 所示。其重要改进总结如下：

(1) 进出口缓冲内置于泵基体中，整体采用注塑成型实现，有效降低了电磁泵复杂性；

(2) 多泵公用整体式磁铁，方便安装，提高装配效率；

(3) 磁环设计为扁平两分式结构，采用 2 mm 不锈钢板冲压实现(无须铸造工艺)，降低了材料和批量加工成本。

图 10－19　第二代液态金属 CPU 散热器

(4) 提出了“液体电极”的概念[1,2]，即电极通过连通池与流道中液态金属实现电连通。电极浸泡在连通池中保证优异的电接触，而连通池与流道之间为液体连接，杜绝了固体电极对流道的阻力效应。因此，“液体电极”的设计在保证电连通的同时极大降低了流动阻力，提升了系统的散热性能。

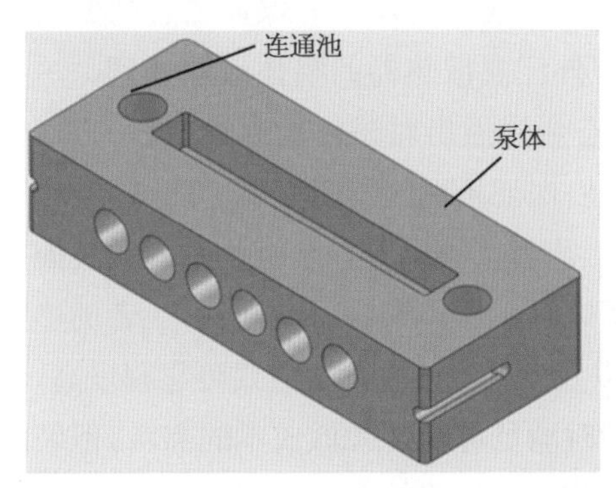

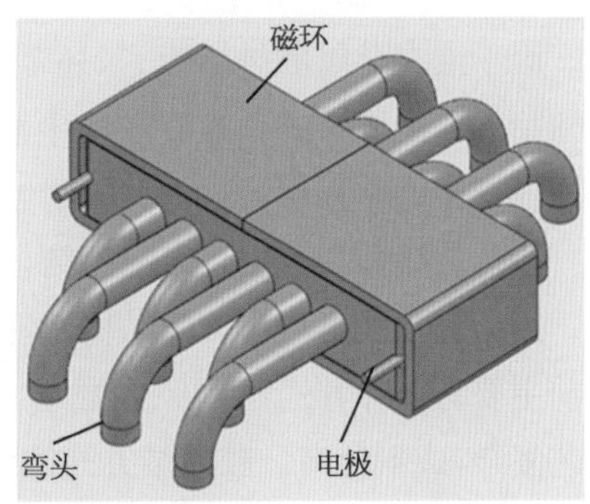

图 10－20　第三代微型液态金属电磁泵

在第三代电磁泵的基础上，通过进一步工艺优化提升装配效率，实验室研制出第四代电磁泵(图 10－21)。相对第三代器件而言，其连接弯头改为整体注塑实现，进一步降低了批量加工成本，安装更加容易。同时，在诸多细节，如磁环推拉槽道、灌注口的密封揭开槽设计、塑料减胶处理等方面进行了一系列改进，实现了更加方便的装配过程，同时批量成本更低。

第四代电磁泵工艺简单合理，其各个部件，包括泵体、磁铁、电极、磁环，以

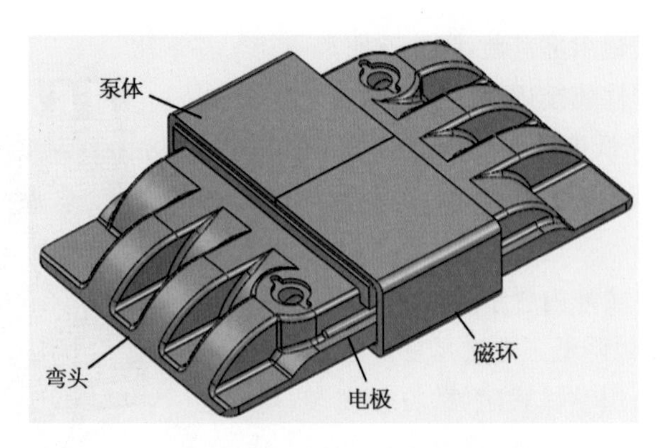

图 10-21 第四代微型液态金属电磁泵

及弯头都可通过注塑、冲压等批量工艺生产完成，价格低廉，同时装配容易，具备出色的批量化特征。其最终应用在第三代液态金属 CPU 散热器上，有力保证了这一代液态金属散热器出色的性能和易用特性[2]。

10.3.2 翅片散热器及系统集成工艺

翅片散热器加工工艺在液冷领域已相当成熟。典型的翅片散热器均为铜管铝翅片结构，铜管和翅片之间可采用紧配或回流焊工艺保证二者的紧密配合。对于液态金属散热器而言，还需额外注意散热器的整体镀镍处理。一方面翅片的镀镍能够防止灌液过程中液态金属溢出对翅片的腐蚀，另一方面铜管内部镀镍能够强化流道内壁的耐蚀性，保证系统的长期稳定运行[1,2]。

翅片散热器和电磁泵之间的结合工艺直接决定着整个散热系统的装配效率。因为翅片散热器为金属结构件，而电磁泵主体为塑料结构件，二者的连接目前主要有 3 种方式：焊接、胶黏结，以及软管连接。焊接方式可靠程度高，但工艺复杂，成本较高。胶黏结方式能同时满足可靠性和低成本的需求，但装配效率较低。软管连接是目前市售水冷 CPU 散热器的主流连接方式，其装配方便，可拆卸，但可能出现漏液等问题。总体而言，在小批量生产情况下，采用胶黏结方式是非常合适的，但在大批量情况下，软管连接是保证装配效率和产量的更优选择。

10.3.3 驱动电源优化设计

电磁泵驱动电源是液态金属芯片散热器的关键组件。其目的在于实现机箱电源恒压输出到大电流恒流输出的转换，以驱动液态金属电磁泵稳定运行[1]。由磁流体理论可知，电磁泵的驱动静压与输入电流成正比，因此电磁泵电源一般根据实际需求设计为恒流源。图 10－22 展示了用于液态金属 CPU 散热器的驱动电源功能说明。从中可以看出，电磁泵电源输入端与机箱电源的恒压输出相连，实现降压升流功能后，向负载(电磁泵)提供 10 A 恒流输出。

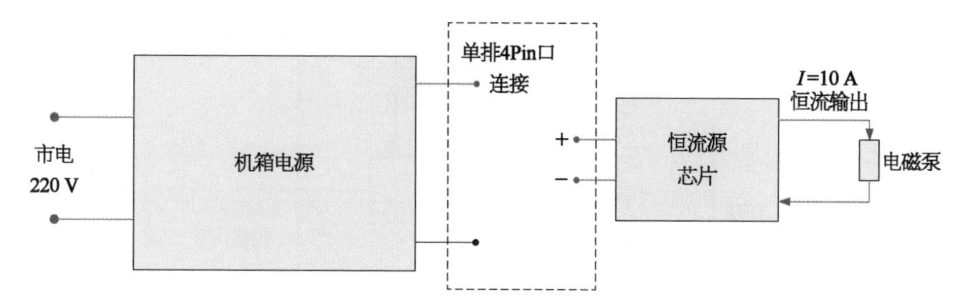

图 10－22 液态金属 CPU 散热器驱动电源功能说明

现有的电磁泵恒流电源通常都采用“单核心电路”的设计方法。比如，在实现 10 A 恒流输出时，其电路板的几何布局如图 10－23 所示。“单核心电路”的设计使转换模块和检测模块直接产生 10 A 大电流，模块内发热量较大。与此同时，模块尺寸(由元件尺寸决定)一般都是固定的。因此，模块局部的热流密度特别高，温度难于控制，尤其在高输出电流的需求下，现有恒流源设计会导致严重的局部热点问题，甚至存在芯片烧毁的危险[1]。

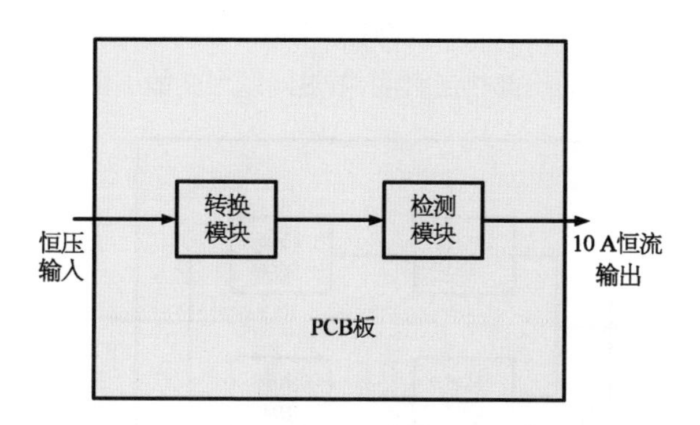

图 10－23 现有电磁泵恒流电源的电路板设计结构

因为热量产生在局部区域，现有的电磁泵恒流电源很难利用电源外壳整体进行散热(热量从局部区域扩散到外壳存在很大的扩散热阻)。因此，其一般采用导热铜片结合外置散热翅片为局部发热模块散热，如图 10－24。然而，散热翅片和导热铜片的增加，会增大电源器件的体积和复杂性。同时，因为体积的限制，为局部发热元件配置的外置散热翅片一般散热能力极为有限。因此，温度、体积以及复杂度的限制共同制约着现在的电磁泵恒流电源很难朝更高的输出电流迈进，这也极大限制了液态金属 CPU 散热器的应用。

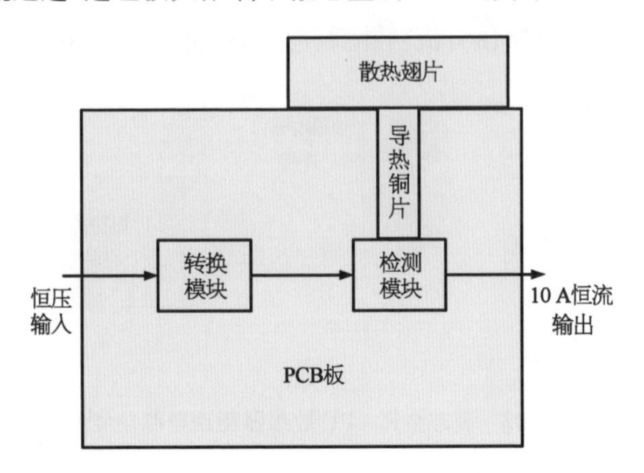

图 10-24　局部散热翅片为局部发热模块散热

为解决上述问题，笔者实验室提出了新颖的“多核心电路”设计方法[1]。其实施策略可解释为：假设总输入电流为 I，则 PCB 板上布置 n 套核心电路(包括转换模块和检测模块以实现降压升流过程)，每套核心电路输出电流 I/n。最后，所有的输出并联起来作为总电流 I 输出。典型的采用“双核心电路”的 10 A 输出电路结构如图 10-25 所示。因为每套核心电路中的各模块均只需要产生 I/n 的电流，其模块内发热量得以大幅度降低。同时，各核心电路可以在电路板上均匀分布，降低了电路板的局部热流密度，散热问题因此能够更容易解决。

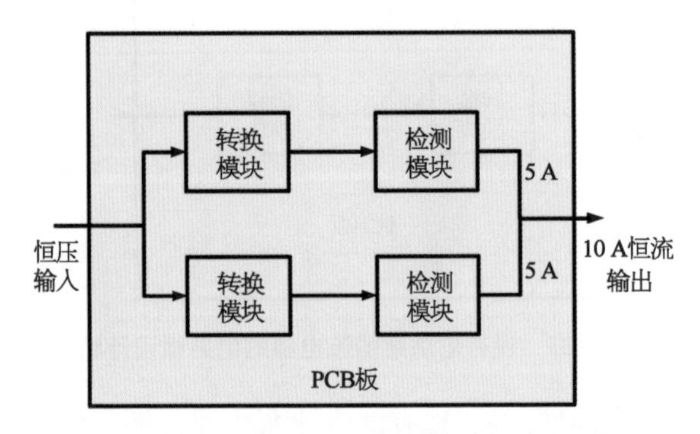

图 10-25　单 PCB 板“双核心电路”设计结构

“多核心电路”结构能够将原来的局部热流改变为整板的均匀热流。因此，可以舍去原来针对局部模块的外置散热翅片的设计，改为直接利用电源外壳整体散热的方案，其基本结构如图10－26所示。图中，PCB板上的发热元件（属于不同的核心电路）均匀分布，消除了“单核心电路”中严重的局部热点。均匀的热流可直接通过电源外壳顶部设置的翅片进行散热，散热面积大，同时系统中无须针对局部元件的外置散热器。

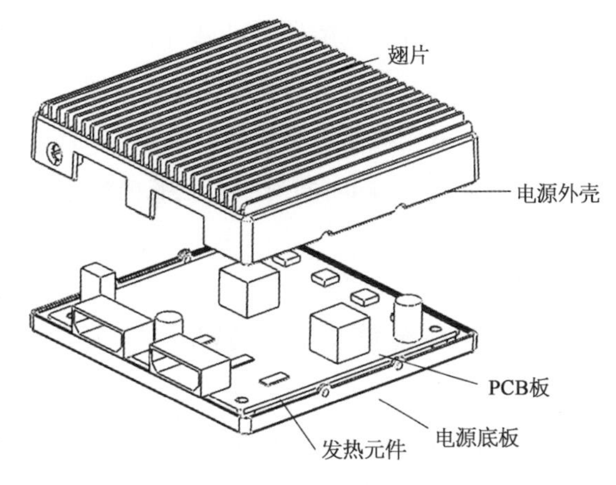

图10－26　利用电源外壳整体散热的方案

为保证PCB板上的均匀热流能方便地传导至电源外壳翅片，电源外壳内部设置了若干金属导热块（其高度与元件高度互补，保证元件顶部和导热块底部间间隙小于2 mm，提高热量从元件到外壳翅片的传热效率）。同时，在外壳和PCB板中间填充导热灌封胶，如图10－27和图10－28所示。具有高热导率的金属导热块和能填充缝隙的灌封胶可以保证各发热元件及电路板的热流能迅速传导至电源外壳[1]，然后借助翅片向空气散热。

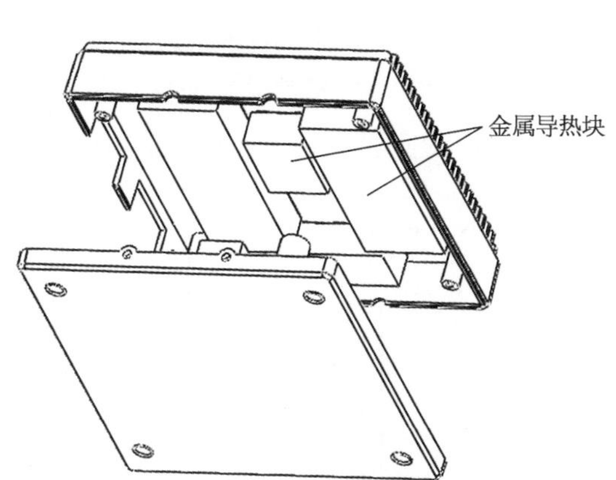

图10－27　电源外壳内的金属导热块设计

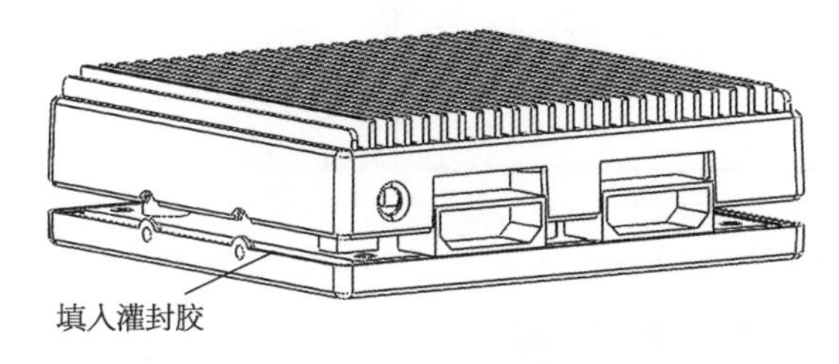

图10－28　填入灌封胶设计

相对传统的液态金属电磁泵电源设计方案，上述“多核心电路”的设计和借助电源外壳整体散热的方案能带来如下优点[1]：

（1）“多核心电路”和电源外壳整体散热方案的设计，使得在相同的温度限制情况下，本方案能够实现传统方案难以达到的更高的输出电流（5～50 A）；

（2）“多核心电路”方案有效降低了PCB板的局部热流密度和元件温度，提高了系统稳定性和安全性；

(3) 直接借助电源外壳的整体散热方式散热面积大、效果好、结构简单，不需要任何针对单独元件的外置散热器件；

(4) 采用金属导热块和灌封胶填注的设计，可以方便地将热量从 PCB 板传递到电源外壳，同时灌封胶对电源内部进行填注和密封，可以起到很好的防尘、防水、耐压的功能。

10.4 液态金属 CPU 散热器性能测试

10.4.1 第一、第二代液态金属 CPU 散热器性能测试

笔者实验室研制的第一代和第二代液态金属 CPU 散热器如图 10-17 和 10-19 所示[1,2]。其中，第一代散热器为方形塔式结构，总散热面积 0.36 m^2，采用 8 cm 小口径风扇(Cooler Master: A80210-25RB-3BN-P1)，风扇转速 1 900 RPM，最大风量 23 CFM。第二代散热器为扇形塔式结构，总散热面积 0.58 m^2，配备 12 cm 风扇(DEEPCOOL 风刃)转速 1 300 RPM，最大风量为 53 CFM，噪声较低。为尽量提高翅片效率，第二代散热器中铜管采用交错式结构。

根据目前主流 CPU 的热设计功耗，采用 100 W 模拟热源来对两款散热器散热性能进行评估。图 10-29 展示了在同样的实验平台上，对液态金属散热

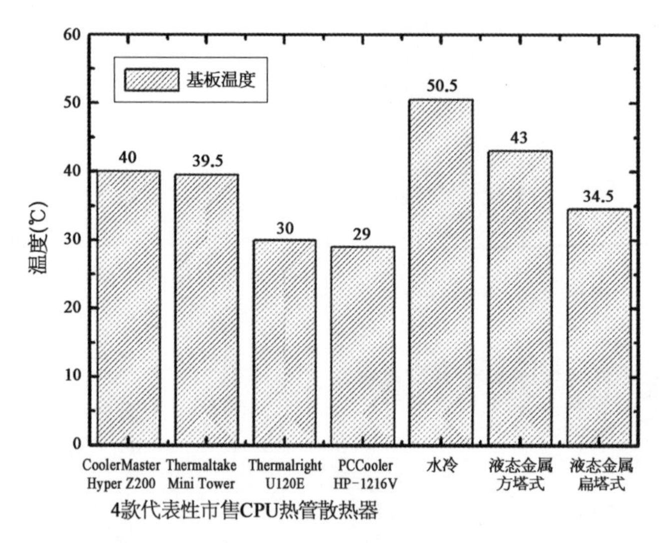

图 10-29 散热器性能比较

(图中最后两款分别代表第一代和第二代液态金属 CPU 散热器)

器和目前市面上典型的 CPU 热管散热器，以及相同几何尺寸下的水冷散热器进行的性能测评结果。其中，环境温度为 21℃，4 款市面上中上等热管散热器分别为 CoolerMaster Hyper Z200、Thermaltake mini Tower、PCCooler HP－1216V、Thermalright U120E，且后两者被誉为市面上 CPU 散热器中的风冷之王。为便于对比，水冷系统直接采用与第一代液态金属 CPU 散热器相同的翅片散热器结构，但流动工质为水，系统采用蠕动泵驱动，其水体积流量保证与液态金属散热器系统一样。实验中，第一、第二代液态金属 CPU 散热器采用上述中档 8 cm 及 12 cm 风扇，而其余产品均采用原配风扇，以保证原装产品测试结果的真实性。因为 PCCooler HP－1216V 和 Thermalright U120E 无原装风扇，因此采用和第二代液态金属 CPU 散热器一样的 12 cm 风扇。此外，因为接触热阻与接触面情况紧密相关，不确定性较大。图 10－29 中的温度均采用通过测温孔测试的散热器基底温度，舍去接触热阻的误差。

从图 10－29 中可以看出，在同样的环境温度情况下，两款液态金属 CPU 散热器均能达到目前市面上中上等散热器的散热水平[2]。其中第二代液态金属 CPU 散热器已经可以达到仅次于风冷之王（利民 U120E 和超频三）的水平。和顶级散热器的差别主要在于液态金属 CPU 散热器的翅片散热面积更小，流体管道更少的缘故。同时可知，在同样的结构形式和体积流量下，液态金属散热器比水冷散热器要优异。这主要是因为液态金属具有高对流换热系数，冷板内对流热阻非常小的缘故。

第一、第二代液态金属 CPU 散热器与水冷散热器的热阻分布对比如图 10－30 所示。从中可以看出，在相同的结构形式和体积流量情况下，液态金属散热系统相对于水系统最大的优势在于其更高的对流换热系数，因而具有小得多的对流换热热阻[2]。而对比第一代和第二代液态金属散热器可以发现，第二代液态金属散热器相对第一代散热器具有更优异的散热性能，主要是因为第二代散热器更大的散热面积、更小的风阻，以及更大的风量所带来的更小的翅片空气对流热阻的缘故。因此，对于液态金属散热器而言，当冷板内对流换热热阻得以有效降低后，远端空气侧对流热阻将成为系统散热的瓶颈，必须采用合适的手段将远端空气侧的对流热阻进行降低后，方能充分发挥液态金属散热器的优势。

10.4.2　第三代液态金属 CPU 散热器性能测试

为充分提升液态金属 CPU 散热器的性能、外观及易用性，使器件达到高

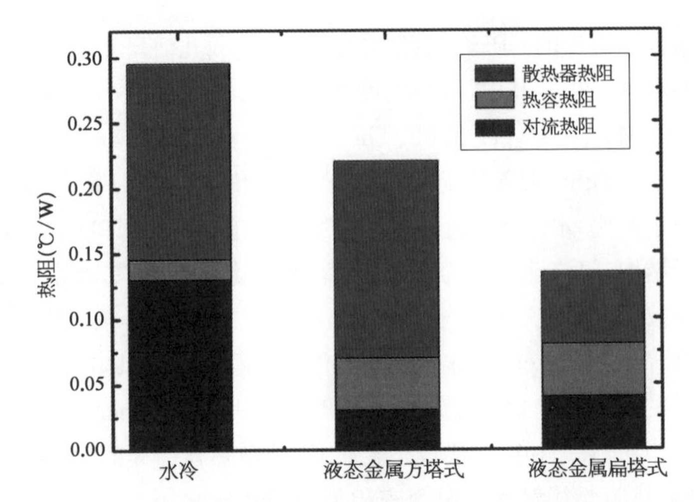

图 10-30 第一、第二代液态金属 CPU 散热器与水冷散热器的热阻分布对比

(图中"TR"代表热阻,后两款分别代表第一、第二代液态金属 CPU 散热器)

性能产品级的要求。笔者实验室进行了系统的外观设计、结构设计及打样生产,最终完成的第三代产品化液态金属 CPU 散热器如图 10-31 所示。

图 10-31 第三代液态金属 CPU 散热器

采用同第一、第二代液态金属 CPU 散热器相同的性能测试方法,同时以器件热阻[(冷板温度—环境温度)/热流]作为散热器的评价准则,测试得第三代液态金属 CPU 散热器与市面上典型散热器的对比结果如图 10-32 所示[2]。其中,对比产品分别为 PCCooler HP928、Thermaltake Mini Tower、CoolerMaster Hyper Z200、Thermaltake Bigwater 735、Thermalright U120E 和 PCCooler HP-1216V。除了 Thermaltake Bigwater 735 为市售高端水冷外,其余散热器均为热管散热器产品。对比结果表明,第三代液态金属 CPU 散热器已经位于风冷之王等级的顶级散热器之列。除此之外,第三代液态金属 CPU 散热器采用了优化后的第四代电磁泵,在保证顶级散热性能的同时功耗不足 1 W,仅为 Thermaltake Bigwater 735 中水泵功耗的 10%。因此,第三代液态金属 CPU 散热器具有较为优异的高性能及低功耗特性。

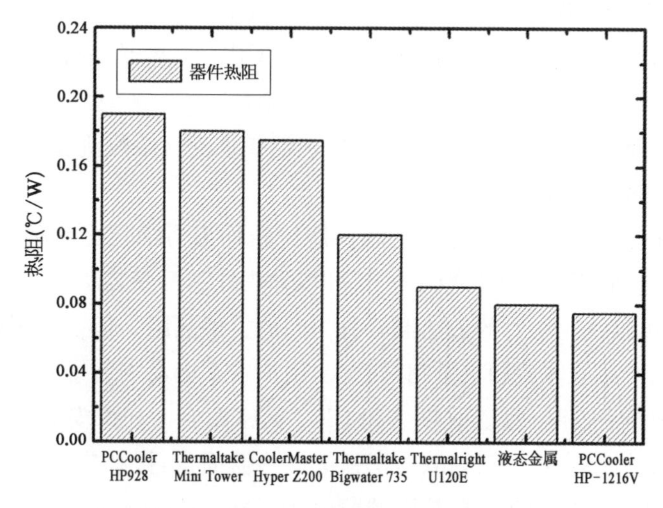

图 10－32　第三代液态金属 CPU 散热器与市面上典型散热器的性能对比

随着 CPU 发热量的持续提升，承载极高热流的能力也成为 CPU 散热器的重要评估标准之一。图 10－33 展示了第三代液态金属 CPU 散热器和顶级热管 PCCooler HP－1216V 在不同热流情况下的冷板温度变化曲线，从中可以看出：

(1) 低热流情况下(P<400 W)，PCCooler HP－1216V 的性能略优于第三代液态金属 CPU 散热器，二者底板温度均呈线性上升趋势。

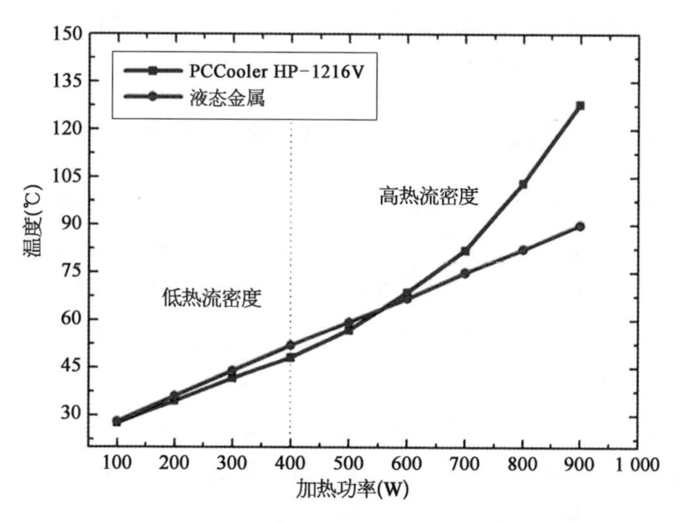

图 10－33　第三代液态金属 CPU 散热器和顶级热管在不同热流下的冷板温度变化

(2) 高热流情况下($P>400$ W),PCCooler HP-1216V 性能逐渐恶化,散热器底板温度迅速攀升,直至超过液态金属 CPU 散热器。而液态金属 CPU 散热器性能仍然稳定,温度持续线性上升,在 $P>600$ W 时温度更低,具有更加优越的性能。因此,液态金属 CPU 散热器在承受极限热流和散热潜力上要远高于顶级热管“风冷之王”。

值得注意的是,上述散热器之间性能比较均未考虑接触热阻。接触热阻取决于散热器底板和 CPU 之间的平整度、导热硅脂及安装压力。在同样的加工条件下,可以认为所有的散热器具备相同的接触热阻。但在实际操作中,因为液态金属产品的体积和重量相对较大,用户较不容易安装紧固,所以实际上机测试时须小心安装,保证散热器和 CPU 紧密贴合。如果安装不合格,液态金属散热器的性能将大打折扣(对于顶级散热器而言,接触热阻占系统热阻比例很大,其大小可以和散热器热阻的数值相当)。

除此之外,由于测温误差及环境温度波动等影响,温度误差可达到 0.5℃,即热阻误差可达到 0.005℃/W。因此在图 10-32 中,Thermalright U120E,第三代液态金属 CPU 散热器和 PCCooler HP-1216V 的性能只能说大致持平,而并非一定 PCCooler HP-1216V 优于第三代液态金属散热器,或第三代液态金属 CPU 散热器优于 Thermalright U120E。

总体而言,第三代液态金属 CPU 散热器在常规热流下能达到市售顶级散热器的性能水平。同时,在高热流下相对其余顶级产品温度更低,更稳定可靠,具有排他性的优势。因此,第三代液态金属 CPU 散热器是一种新颖、高性能,且极具应用潜力的高端 CPU 散热器产品。

10.4.3 第三代液态金属 CPU 散热器官方评测

第三代液态金属 CPU 散热器曾先后应邀参展“创新中关村 2010”及第九届“中国国际网络文化博览会”[1],在业界引起广泛反响[18, 19]。为此,硅谷动力评测机构专门对第三代液态金属 CPU 散热器进行了横向评测。评测对比产品包括风冷热管代表利民 HR02 和一体式水冷代表海盗船 H80。

测试环境为:

CPU:Core i7 920 266x21 3.8 GHz 1.3 V;

机箱:Sliverstone RV01 封闭机箱 (温度测试);

主板:MSI X58 Pro;

电源:Seasonic X560;

硬盘：Crucial m4 64 GB；

环境温度：21±0.5℃。

温度测试在银欣 RV01 机箱内部进行，使用内置传感器进行读数。待机测试为进入 Windows 7 桌面环境 30 min 温度，满载使用 OCCT 进行 30 min 高负载后读取稳定温度数据[1]。测试结果如图 10－34 所示。从中可以看出，在待机情况下，第三代液态金属 CPU 散热器(代号 Coolion A)的 CPU 温度相对热管 HR02 和水冷 H80 略低，有 1℃左右的优势。而在满载情况下(热流成倍增加)，液态金属 CPU 散热器的 CPU 核心温度仅为 67℃，相比顶级风冷 HR02 和一体式水冷 H80 大约有 5℃的优势。在无风扇的测试条件下，由于机箱风扇导致的内部对流，液态金属 CPU 散热器也具有不俗的冷却效果，处理器最高温度仅 72.5℃。总体而言，液态金属 CPU 散热器在散热性能方面明显优于对比的顶级风冷散热器和一体式水冷散热器，温度大概可以降低 5℃左右。虽然在待机情况下由于 CPU 发热量小，其相对优势体现的并不明显。但在高负荷满载情况下，液态金属散热器具有明显的性能优势[1]。除此之外，

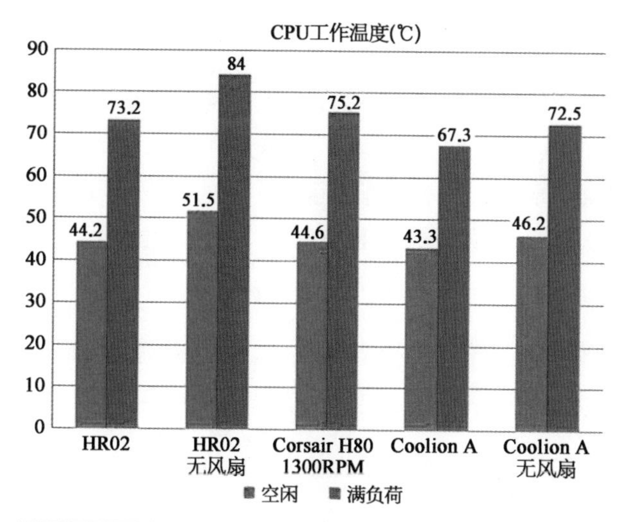

	空　闲	满负荷
HR02	44.2	73.2
HR02 Fanless	51.5	84
Corsair H80 1300RPM	44.6	75.2
Coolion A	43.3	67.3
Coolion A Fanless	46.2	72.5

图 10－34　第三代液态金属 CPU 散热器官方评测结果

相比昂贵而复杂的水冷散热器(泵、水冷头、散热水排),液态金属散热器安装使用和后继维护要简单得多。因此,尽管价格偏高,但液态金属散热器对于超频玩家而言还是具有很大的吸引力,其出色的性能优势可以使得极限超频频率和稳定性得以进一步提升。

10.5 液态金属 CPU 散热器的技术经济学分析

影响液态金属 CPU 散热器能否大规模商用的两个最关键因素在于性能和成本[20,21]。性能方面,第三代液态金属 CPU 散热器定位为高端产品,其已经能够达到市售顶级 CPU 散热器的水平。尽管成本偏高,但作为一款具有高性能的全新产品,其仍然对众多的电脑发烧友有着独特的吸引力。除此之外,在学术市场,越来越多的工程热物理领域研究人员开始对液态金属相关技术和产品表示极大的兴趣。因此,尽管第三代高性能液态金属 CPU 散热器价格较高,但可以想象其在发烧友市场和学术市场仍然具有相当的客户需求[1]。

对于面向普通玩家的中端液态金属 CPU 散热器而言(如第二代液态金属散热器),其目标市场在于传统 CPU 水冷领域。尽管中端液态金属产品性能相对第三代液态金属散热器略逊一筹,但其相对市售水冷而言仍然具有明显的性能优势,同时其成本也在普通玩家可接受的程度。就中端液态金属 CPU 散热器和市售典型水冷的技术经济学问题,可做如下简要分析[1]。

市售普通水冷 CPU 散热器的售价约 600 元,其组成包括:

$$P_{w}=F_{w}+G \tag{10-26}$$

其中 P_w 为水冷散热器售价,F_w 为器件成本,G 为利润。典型器件成本为 300 元,利润为 300 元。对于液态金属 CPU 散热器而言,其售价可表示为:

$$P_{LM}=F_{LM}+L+G \tag{10-27}$$

其中,F_{LM} 为液态金属系统器件成本,L 为液态金属成本,G 为利润。中端液态金属 CPU 散热器的器件成本约 300 元,液态金属成本约 400 元,利润约 300 元。因此,中端液态金属 CPU 散热器的售价一般定为 1 000 元左右。从中可以看出,其更高的售价主要在于较高的液态金属工质成本。

对于用户而言,其总消费金额不仅为产品售价,还需考虑产品维护和开支节省等多种经济因素。若用户购买水冷散热器产品,其最大问题在于水介质容易蒸发,用户需定期补充水冷液,并适时更换老化水管。因此,用户购买水冷散热器产品的总花费金额可表示为：

$$C_W = P_W + M \tag{10-28}$$

其中，P_W为售价（600 元），M 为维护成本。购买水冷液和更换软管为一次性消费，可假设用户每两年补充水冷液及更换软管共计消费 100 元，则维护成本可表示为：

$$M = [n/2] \times 100 \tag{10-29}$$

其中，n 为使用年限，方括号代表取整运算。

对于液态金属 CPU 散热器而言，由于无须补充液体等维护工作，因此几乎无维护费用。同时，因为液态金属不易泄露、污染，易于回收，可采用产品液体回收折现的商业策略来进一步降低成本[1]。该策略可设计为用户自购买之日起，无论产品新旧好坏，均可将产品回退给公司并获得返现 200 元。而公司则利用返还散热器中的液态金属继续生产新的液态金属散热器，达到降低双方成本的目的。除此之外，因为液态金属散热器中电磁泵功耗极低，相对水冷系统而言，其电能节省 ΔP 可达 10 W 左右。综合上述因素，用户购买液态金属产品的总花费可表示为：

$$C_{LM} = P_{LM} - S - R \tag{10-30}$$

其中，液态金属产品售价 P_{LM}为 1000 元。S 为节能收益，R 为回收折现收益。假设用户日均开机时间 t 为 10 小时，电价 m 为 0.8 元/千瓦时，全年开机天数 N 为 365 天，则选择液态金属 CPU 散热器后节能收益为：

$$S = \Delta P \times t \times N \times m \times n = 29.2n \tag{10-31}$$

其中，n 为使用年限。同时，考虑返还现金的时间价值，旧产品返还折现可计算为：

$$R = \frac{200}{(1+i)^n} \tag{10-32}$$

其中，i 为年利率（拟定为 5%）。综合以上模型及数据，可分别计算出用户购买水冷或液态金属散热器的总花费随使用年限的变化关系，如图 10-35。

从图 10-35 可以看出，用户购买水冷的初始成本为 600 元，但后期会在维护成本上持续投入，总消费值每两年增加 100 元。在使用年限达到 8 年时，总投入花费已经超过 1 000 元。如果用户购买液态金属产品，其初始花费为

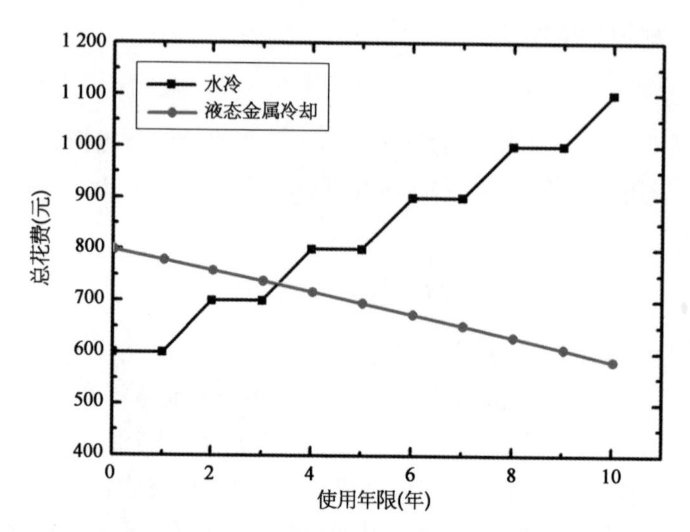

图 10-35 购买水冷或液态金属散热器的总花费随使用年限的变化

1 000元。但因为散热器可随时返现200元,若只使用1年,则用户的实际花费为800元。随着使用年限的增长,液态金属散热器不仅不需要维护消费,同时还会带来显著的节能收益(约每年30元)。虽然现金返现会随着时间的增长而贬值,但持续的节能收益能抵消返现的贬值效应。因此,总体而言,随着使用年限的增加,选择液态金属散热器的用户能获得更大的收益[1]。在使用年限达到第4年时,液态金属CPU散热器的总花费即可低于水冷散热器,且使用年限越长,优势越明显。

更进一步,如果考虑镓铟液态金属不易泄露、不易蒸发、不易发生物化性质改变,且会随着时间的流逝而增值这一特点。选择液态金属CPU散热器的用户将能获得更大收益。最后,液态金属CPU散热器还具有易于安装、无须维护、体积小、重量轻,且能承载远超水冷的极高热流密度等优点[1]。因此,综合考虑经济性、易用性等因素,中端液态金属CPU散热器相对市面上典型水冷散热器具有相当出色的竞争力和优势。

10.6 本章小结

由原理到样机、由样机到产品,最后由产品到产业是高新应用技术最终服务社会的典型路线。其中,经过理论优化提升性能以及工艺优化降低成本是样机到产品过程中的关键步骤,其不仅决定着技术服务社会的可行性,同时为学术研究到商业运作搭建了关键桥梁。本章从理论模型、工艺优化、器件评估及技术经济学分析4个方面介绍了液态金属CPU散热器的研制方法，小结如下[1-3]：

(1) 液态金属CPU散热器的理论优化过程分为系统优化和部件优化两大步骤。系统优化目标在于从系统层面上评估器件的散热性能，发现其散热瓶颈，研究整体性能随设计变量的变化关系。实现系统优化的典型方法为面向过程的热阻网络法和面向对象的分析方法。在系统优化结束后，器件的散热瓶颈、核心部件及关键设计变量会单独剥离出来，作为部件优化步骤的输入量，进而可进行细致的部件级优化过程。这种两级的系统优化模型既可以从宏观上把握系统的传热过程、性能及瓶颈，又可对关键部件进行针对性的细节优化。因而对于复杂的液态金属散热系统而言，是一种结构清晰、高效率，且实用的理论优化方法。

(2) 散热器部件级优化的核心为在特定的限制条件和预定义参数下，优化电磁泵获得最大流量，同时优化翅片获得最优翅片散热效率。其中，预定义参数由加工工艺、采购需求、器件体积和成本限制等因素决定。电磁泵各优化变量为独立参数，之间无耦合关系，因此可逐个进行独立优化。而翅片变量相互耦合在一起，必须通过系统级的优化方法，即正交设计对其整体进行优化。

(3) 液态金属CPU散热器的工艺优化直接决定着器件的材料、加工以及装配成本。本章对电磁泵、翅片散热器、驱动电源，以及配合方式的优化设计进行了系统的介绍。相应的优化工艺可直接用于指导工业生产，对液态金属CPU散热器的产业推进起到了重要的作用。

(4) 综合考虑经济性、易用性等因素，中端液态金属CPU散热器相对市面上典型的水冷散热器具有相当出色的竞争力和优势。虽然初始成本较典型水冷更高，但随着使用年限的增加，用户购买液态金属CPU散热器的总耗费将显著低于市售水冷散热器，具备相当优异的经济性。

参考文献

[1] 邓月光.高性能液态金属CPU散热器的理论与实验研究(博士学位论文).北京：中国科学院研究生院，中国科学院理化技术研究所，2012.

[2] Deng Y, Liu J. Design of a practical liquid metal cooling device for heat dissipation of high performance CPUs. ASME Journal of Electronic Packaging, 2010, 132(3):

31009～31014.

[3] Deng Y, Liu J. Optimization and evaluation of a high performance liquid metal CPU cooling product. IEEE Transactions on Components, Packaging and Manufacturing Technology, 2013, 3(7): 1171～1177.

[4] Liu S, Yang J, Gan Z, et al. Structural optimization of a microjet based cooling system for high power LEDs. International Journal of Thermal Sciences, 2008, 8: 1086～1095.

[5] Sathe A A, Groll E A, Garimella S V. Optimization of electrostatically actuated miniature compressors for electronics cooling. International Journal of Refrigeration, 2009, 7: 1517～1525.

[6] Ndao S, Peles Y, Jefnsen M K. Multi-objective thermal design optimization and comparative analysis of electronics cooling technologies. International Journal of Heat and Mass Transfer, 2009, 52(19-20): 4317～4326.

[7] 程能林.工业设计手册.北京：化学工业出版社，2008.

[8] 阮宝湘.人机工程学与产品设计.北京：中国科学技术出版社，1994.

[9] Wu L, Zhou W, Cheng H, et al. The study of structure optimization of blast furnace cast steel cooling stave based on heat transfer analysis. Applied Mathematical Modelling, 2007, 7: 1249～1262.

[10] Deng Y, Liu J. Heat spreader based on room-temperature liquid metal. ASME Journal of Thermal Science and Engineering Applications, 2012, 4: 024501.

[11] Wang G, Zhao G, Li H, et al. Multi-objective optimization design of the heating/cooling channels of the steam-heating rapid thermal response mold using particle swarm optimization. International Journal of Thermal Sciences, 2011, 5: 790～802.

[12] 丘京 H A.严陆光(译).液态金属电磁泵.北京：科学出版社，1964.

[13] 张鸣远，景思睿，李国君.高等工程流体力学.西安：西安交通大学出版社，2006.

[14] 王瑞金，张凯，王刚.Fluent 技术基础与应用实例.北京：清华大学出版社，2007.

[15] 贾起民，郑永令.电磁学.上海：复旦大学出版社，1987.

[16] 兵器工业无损检测人员技术资格鉴定考核委员会.常用钢材磁特性曲线速查手册.北京：机械工业出版社，2003.

[17] 刘振学，黄仁和，田爱民.实验设计与数据处理.北京：化学工业出版社，2005.

[18] “应用于台式计算机的液态金属散热器”出样机. http://www.bj.xinhuanet.com/bjpd-zhuanti/2010-10/22/content_21206623.htm.

[19] Coolion“液态金属”散热器网博会亮相. http://roll.sohu.com/20111102/n324289467.shtml.

[20] 雷家骕，程源，杨湘玉.技术经济学的基础理论与方法.北京：高等教育出版社，2005.

[21] 杨克磊.技术经济学.上海：复旦大学出版社，2007.

第11章 液态金属大功率LED散热器设计及性能评估

11.1 引言

除了计算设备和数据中心散热需求外，大功率光电器件也是亟须先进冷却的行业之一。为此，本章针对LED高杆灯的运行需求，讲解对应的液态金属流体散热技术[1]，并就相应散热器的设计和性能评估进行讨论，以期说明液态金属在更多大功率器件冷却方面的应用情况。作为典型的热管理对象，高杆灯一般指15 m以上钢制锥形灯杆和高功率密度组合式灯架构成的新型照明装置，其使用场合一般为城市广场、车站、码头、货场、公路、体育场、立交桥等[2,3]。常见的高杆灯由灯头、内部灯具电气、杆体及基础部分组成。传统高杆灯内部灯具多由泛光灯和投光灯组成，光源一般采用高压钠灯，照明半径达60 m以上。目前，高功率密度LED在高杆灯方面的应用逐渐引起各界注意。相比于传统光源，LED为冷光源、眩光小，工作电压低，电光功率转化效率高，在相同照明效果下比传统光源节能80%以上。同时，LED环保效益更佳，光谱中没有紫外线和红外线，且废弃物可回收，不含汞元素，属于绿色照明光源。在适宜温度下，其使用寿命长，避免了高杆灯烧毁维修带来的不便。然而，由于LED的光效和寿命很大程度上受温度影响，该类高功率LED高杆灯的散热问题也较为突出[4]。以往，此类系统主要采用常规方法加以散热，一般情况下，散热器由以下几部分组成：热展开管路、驱动泵、翅片和散热风扇。依照目前的技术，风扇的寿命和失效率远远高于LED的寿命和失效率，散热风扇成为制约LED灯具使用寿命的主要因素之一。因此，实际应用中尤其是户外应用场合一般不宜采用风扇，仅依靠远端自然对流散热，以提高散热系统的稳定性和可靠性。从有别于以往的途径出发，笔者实验室近年来围绕液态金属

LED散热进行了崭新尝试。本章介绍液态金属在LED散热方面的应用，特别针对500 W LED高杆灯的集成光源，阐述基于液态金属电磁泵驱动且远端采用自然对流的散热器设计问题，并对其散热性能予以分析。

11.2 传热模型与优化设计

11.2.1 液态金属散热器的传热模型及理论

典型的高功率密度LED液态金属散热系统如图11-1(a)所示，其基本传热路径的温度分布可用图11-1(b)表示。根据热量的流动方向，液态金属散热系统的传热温差ΔT_{sys}主要由4部分组成[1,5]：界面接触温差ΔT_{TIM}、液态金属对流传热温差ΔT_{conv}、液态金属热容热阻温差ΔT_{c}以及散热器空气侧传热温差$\Delta T_{radiator}$。由于LED和LED冷板的体积较小，可假设其具有均一的温度分布，分别为T_{LED}和T_{cold_plate}。环境温度为T_a，同时假定散热器外侧空气温度恒定，LED、冷板及环境空气温度均匀一致，但液态金属在不同的传热环节中温度存在明显变化。

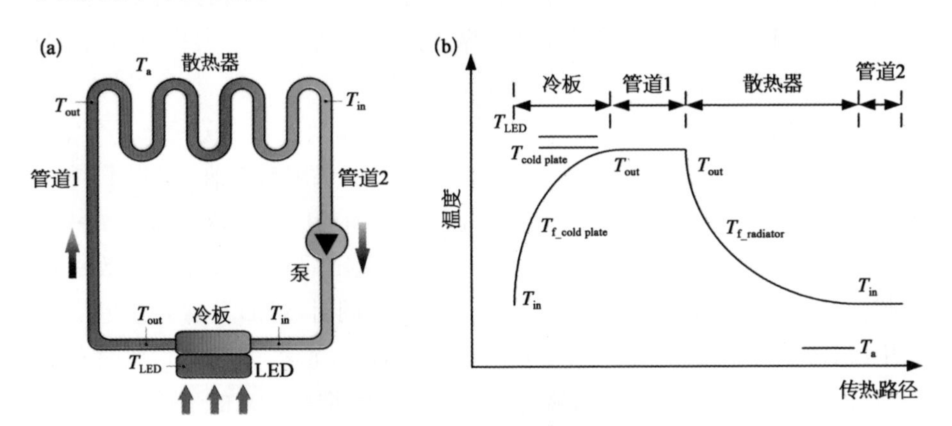

图11-1 液态金属散热

(a) 典型散热器示意；(b) 散热器传热路径温度分布。

如图11-1所示，根据各传热过程的传热机理，可定义系统各环节热阻如下：

$$\Delta T_{sys} = T_{LED} - T_a \tag{11-1}$$

$$\Delta T_{TIM} = T_{LED} - T_{cold\_plate} \tag{11-2}$$

$$\Delta T_{conv} = T_{cold\_plate} - T_{f\_cold\_plate} \tag{11-3}$$

$$\Delta T_c = T_{f\_cold\_plate} - T_{f\_radiator} \tag{11-4}$$

$$\Delta T_{radiator} = T_{f\_radiator} - T_a = \frac{Q}{hA} \tag{11-5}$$

$$T_{f\_cold\_plate} = T_{cold\_plate} - \frac{T_{out} - T_{in}}{\ln \dfrac{T_{cold\_plate} - T_{in}}{T_{cold\_plate} - T_{out}}} \tag{11-6}$$

$$T_{f\_radiator} = T_a + \frac{T_{out} - T_{in}}{\ln \dfrac{T_{out} - T_a}{T_{in} - T_a}} \tag{11-7}$$

其中，$T_{f\_cold\_plate}$ 和 $T_{f\_radiator}$ 分别为 LED 冷板内和散热器内的液态金属平均温度。上述式(11－1)到式(11－5)具有明确的物理意义。其中，系统总热阻表征了液态金属散热器的整体散热性能；界面接触热阻体现了 LED 基板和冷板之间的热接触状况，主要取决于热界面材料的热物性、润湿性以及二者之间的压强；液态金属对流热阻代表了冷板内液态金属对流能力的强弱，而液态金属该热阻较小。热容热阻反映了流体自身的温升对散热器性能的影响，在流量和工质热容均较大的情况下，该热阻可忽略。为简化计算，当液态金属质量流量较大时，可近似认为 $T_{f\_radiator} \approx T_{in}$[1]。因此，式(11－4)和(11－6)可近似计算为：

$$\Delta T_c = T_{f\_cold\_plate} - T_{in} \tag{11-8}$$

$$T_{f\_cold\_plate} = \frac{T_{in} + T_{out}}{2} \tag{11-9}$$

因此，液态金属散热器的热容温差可近似计算为：

$$\Delta T_c = \frac{T_{out} - T_{in}}{2} \tag{11-10}$$

空气侧的传热温差主要取决于对流传热系数 h 和散热器裸露在空气中的表面积 A。如下，考虑到散热系统的稳定性，并不采用风扇等运动元件，仅考虑自然对流情况，因此对流传热系数 h 为 5～10 W/(m^2・K)。

11.2.2　传热设计核算

就 500 W 高功率密度 LED 的应用，首先需要对基于液态金属电磁泵驱动且远端采用自然对流的散热器的传热设计作初步核算。在笔者实验室研究的一个具体案例中[1]，由项目需求可知，给定的冷板面积为 80 mm×100 mm，冷板尺寸可定为：80 mm×100 mm×16 mm。根据热阻模型，液态金属散热器理论计算过程如下：

假定 LED 最大发热功率为 400 W(实际情况一般功效为 80%，即 400 W 左右)，为了留足散热能力余量，按照最大发热功率核算，一般按每个 U 型液态金属管路 150 W 的散热能力计算，则散热器需要 3 根液态金属管路(外径 10 mm、内径 8 mm)。

根据经验参数，LED 基板与冷板之间接触热阻温差 1～2℃，选取 1℃。因为液态金属的对流换热系数较高，液态金属在冷板中的对流热阻一般较小。根据经验数据，本案例中液态金属在冷板内的对流热阻温差约 2℃。

热容热阻的大小由液态金属的体积流量决定，在流量为 22.8 ml/s 的情况下，液态金属流动产生的热容热阻温差约 8℃。计算可采用 $q=c\cdot m\cdot(T_{\text{out}}-T_{\text{in}})$，代入式(11-10)可得，则液态金属质量流量为 $m=400/(0.365\times16\times3)=22.8$ ml/s。此时，假设远端翅片空气对流热阻的温差 ΔT_a 约 16℃。

综合上述传热温差，在环境温度 25℃情况下，LED 灯基板的温度可计算为 25+1+2+8+16=52℃，所得 LED 灯基板温度到环境的温升为 27℃，散热效果显著。

由此可得出，远端翅片散热的空气对流热阻主要由翅片散热面积决定，在微弱的自然对流情况下，$h=5$ W/(m^2·K)，$Q=h\times A\times\Delta T_a$，$\Delta T_a=16$℃，对流换热面积 $A=5$ m^2，若采用翅片尺寸为 240 mm×120 mm，则翅片数量 86 片。给定 20%的余量，约 104 片翅片，总翅片面积为 6 m^2。翅片材质选取 6063 铝合金，每个翅片厚度选取 0.8 mm。

11.3 结构优化设计

11.3.1 翅片间距的优化

11.3.1.1 翅片传热理论分析

对于两相邻的对称等温平板，前人得到了如下半经验关系式[6,7]：

$$\overline{Nu_s}=\frac{1}{24}\overline{Ra_s}\left(\frac{d}{L}\right)\left\{1-\exp\left[-\frac{35}{\overline{Ra_s}(d/L)}\right]\right\}^{3/4} \tag{11-11}$$

其中，$\overline{Nu_s}$ 为平均努塞尔数，$\overline{Ra_s}$ 为瑞利数，d 为平板间距，L 为平板长度。式(11－11)为以空气为工作流体得到的关系式，其应用范围为：

$$10^{-1} \leqslant \frac{d}{L}\overline{Ra_s} \leqslant 10^5 \tag{11-12}$$

式(11－11)中，平均瑞利数分别定义为：

$$\overline{Ra_s} = \frac{g\beta(T_s - T_\infty)d^3}{\alpha \upsilon} \tag{11-13}$$

当 $d \ll L$ 时，式(11－11)可以简化为：

$$\overline{Nu_s} = \frac{1}{24}\overline{Ra_s}\left(\frac{d}{L}\right) \tag{11-14}$$

对于空气而言，考虑翅片温度为 70℃的等温体，环境温度为 20℃，此时按照平均温度 $T_f = 45$℃ 时，空气的参数[8]为：$\upsilon = 17.70 \times 10^{-6}\ \mathrm{m^2/s}$，$Pr = 0.702$，$\beta = T_f^{-1} = 3.14 \times 10^{-3}\ \mathrm{K^{-1}}$，$\alpha = 25.16 \times 10^{-6}\ \mathrm{m^2/s}$。翅片节距 s 为 8 mm，当翅片厚度为 0.8 mm 时，则翅片间距 d 为 7.2 mm。

由式(11－13)可计算得出：

$$\begin{aligned}\overline{Ra_s} &= \frac{g\beta(T_s - T_\infty)d^3}{\alpha \upsilon} \\ &= \frac{9.8 \times 3.14 \times 10^{-3}(70 - 20)(7.2 \times 10^{-3})^3}{25.16 \times 10^{-6} \times 17.7 \times 10^{-6}} \\ &= 1\,289.6\end{aligned} \tag{11-15}$$

因此，翅片之间的自然对流为层流边界层。此处

$$\begin{aligned}\overline{Nu_s} &= \frac{1}{24}\overline{Ra_s}\left(\frac{d}{L}\right)\left\{1 - \exp\left[-\frac{35}{Ra_s(d/L)}\right]\right\}^{3/4} \\ &= \frac{1}{24} \times 1\,289.6 \times (7.2/120)\{1 - \exp[-35/(1\,289.6 \times 7.2/120]\}^{3/4} \\ &= 1.51\end{aligned} \tag{11-16}$$

翅片内侧面对流传热的特征尺寸 $D = A/P = 40$ mm。

由此，理论平均对流换热系数为

$$\bar{h} = \frac{k}{D} \times \overline{Nu_s} = \frac{209}{40} \times 1.51 = 7.9\ \mathrm{W/(m^2 \cdot K)} \tag{11-17}$$

由式(11－12)可以得出 s 的范围为：

$$1.3\ \mathrm{mm} < s < 43\ \mathrm{mm}$$

此时，由式(11－15)和(11－16)可得理论平均对流换热系数为：

$$\begin{aligned}\bar{h} &= \frac{k}{D} \times \frac{1}{24} \frac{g\beta(T_s - T_\infty)s^3}{\alpha \upsilon}\left(\frac{s}{L}\right)\left\{1 - \exp\left[-\frac{35}{\frac{g\beta(T_s - T_\infty)s^3}{\alpha\upsilon}(s/L)}\right]\right\}^{3/4} \\ &= 6.27 \times 10^9 s^4 \left[1 - \exp(-1.22 \times 10^{-9} s^{-4})\right]^{3/4}\end{aligned} \tag{11-18}$$

考虑当翅片间距 d 在 4～12 mm 之间时，理论平均自然对流换热系数如图 11－2 所示。

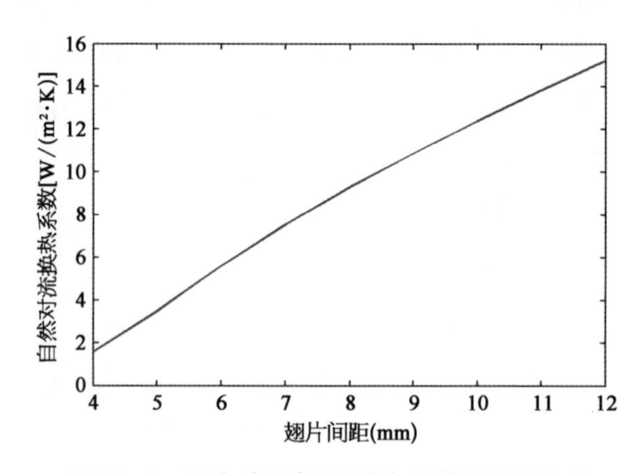

图 11－2　理论对流传热系数与翅片间距的关系

值得注意的是，在以上理论计算中，并未考虑管道存在的影响，同时没有考虑到在实际中翅片并非为一等温体，但这样的计算值也为数值模拟提供了一定的参考。

11.3.1.2　数值优化分析

采用 Ansys Icepak 进行数值模拟，该软件由计算流体力学软件商 Fluent 公司研发，广泛用于电子热分析、结构热分析等领域。如图 11－3 所示，从整个散热器中截取一个翅片散热单元进行讨论，该单元由 2 个 240 mm×

120 mm×0.8 mm 的翅片和 3 段外径为 10 mm 铜管组成。翅片材料设置为 6063 - T5 铝，重力方向沿着 y 轴方向，给定环境温度为 20℃，铜管表面温度恒温 70℃。整个系统 4 个开口处为开口边界条件，开口处为环境温度和环境压强。采用单精度、一阶迎风格式进行计算。由此，铜管表面的热量经翅片传到空气中，引起翅片内部空气的密度差，从而诱发空气流动，产生自然对流换热。通过改变不同的翅片节距，经计算后、后处理可以获得不同节距下翅片内表面上的平均自然对流换热系数[1]。通过选取一个合适的平均自然对流换热系数，即可确定相应的翅片节距。

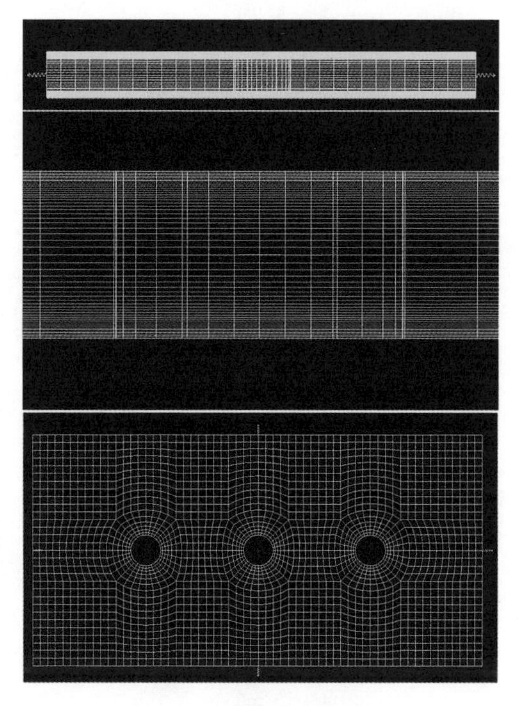

图 11 - 3　翅片计算网格

通过 Icepak 网格产生器，设置网络类型为 Hexa Unstructured，x、y、z 上的网格大小分别为 0.005 mm、0.004 mm、0.004 mm，产生的网格如图 11 - 3 所示，网格数量在 80 000～12 000 之间。通过网格检查工具，可知：网格倾斜程度数值 Skewness 在 0.75～1 之间，网格单元接近等边的程度很好；面对齐 Face alignment 数值接近 1，表面不存在严重变形的单元；网格质量在 0.8～1 之间，网格扭曲程度很小；网格体积大于 e - 12，满足单/双精度的求解要求。经计算对比不同网格数的模拟结果，满足网格无关性要求，如图 11 - 4 所示。

按照 LED 高杆灯长期作业、性能稳定的系统需求，无风扇的翅片散热器是唯一较为合理的散热方式[1]。但是，相对于风扇冷却，纯粹的自然对流的表面传热系数一般较低[<10 W/(m^2 · K)]。经处理后数据可以得到翅片表面的平均自然对流换热系数与翅片节距的关系，如图 11 - 5 所示。当翅片节距为 4、6、8、10、12 mm 时，对应的翅片表面平均自然对流换热系数分别为：0.56、2.89、4.87、6.07、6.62 W/(m^2 · K)。然而，假定初始液态金属管路长度为 420 cm 时，随着不断增加翅片的节距，两个翅片之间所需求的液态金属管路的长度也随之加长，由此造成了液态金属填充量的增加。此外，采用较大的

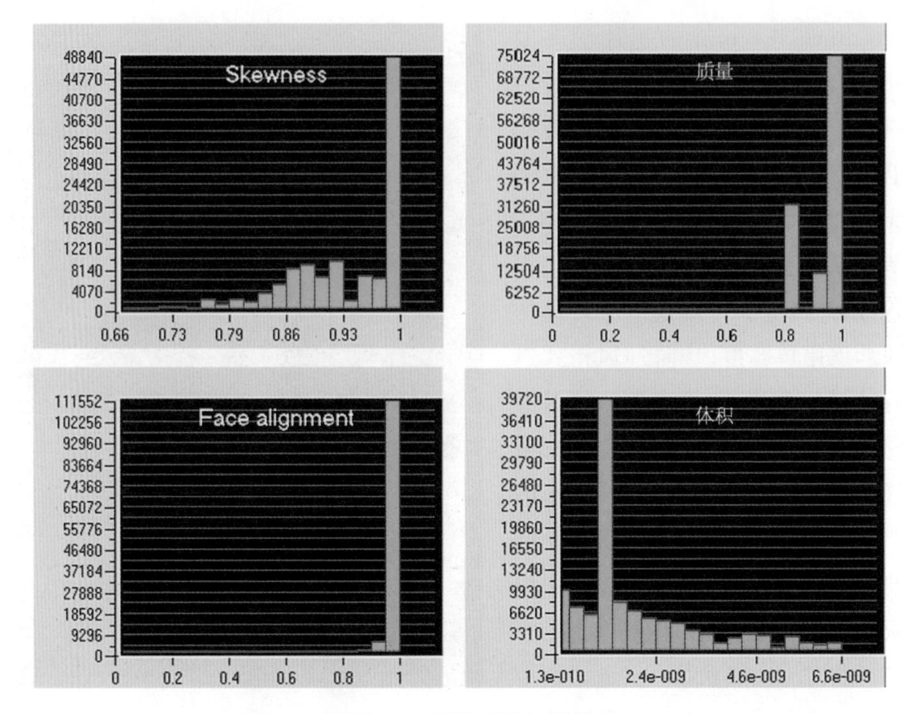

图 11－4　网格质量相关数

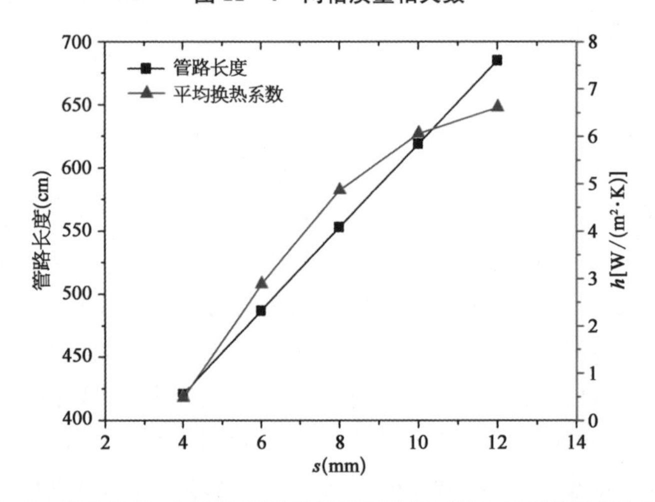

图 11－5　翅片节距 s 对表面平均自然对流换热系数 h 以及管路长度的影响

翅片节距,设计出来的液态金属散热器整体体积也将随之增大,造成散热器重量变大,不利于高杆灯的高空安装及稳定性。综合考虑这些因素,本章案例选取翅片节距 8 mm 作为合适的翅片节距进行散热器结构设计,此时翅片表面平均自然对流换热系数为 4.87 W/(m^2・K)。

11.3.2　加固结构对自然对流的影响

除了翅片节距对自然对流产生影响，在本章所讨论的结构系统中，采用了上下两块夹板固定翅片组，以避免翅片组在高空受气流和重力影响发生震动。在设计盖板宽度时，需考虑两个因素：机械结构强度和自然对流换热的强度[1]。采用 icepak 建立数学模型，在 y 方向上，翅片的顶部和底部各设置一挡板，挡板外边界条件为绝热。通过改变该挡板的宽度，可以模拟出散热器中添加夹板对自然对流的影响。如图 11－6，可以看出添加 40 mm 宽度的夹板之后，翅片间的空气流动受到很大影响，主要表现在夹板覆盖区域对应的空气流动被一定程度削弱，从而恶化了空气的自然对流传热；当夹板宽度 80 mm 时，

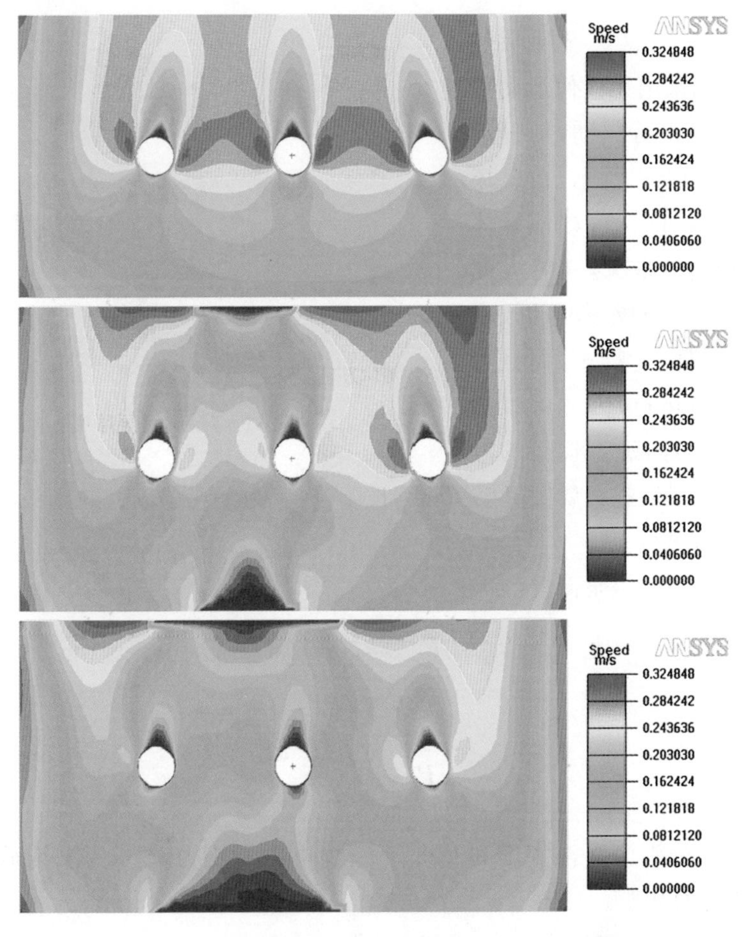

图 11－6　结构加固夹板对翅片间自然对流流动的影响

此时虽然整个散热器的结构强度得到了保证，但是空气流动被极大削弱。一般而言，空气的自然对流被削弱的情况可以采用平均自然对流换热系数进行表征。这里，考虑结构夹板宽度分别为 0、40、80 mm。此时，分别计算可获得翅片表面的平均自然对流换热系数为 4.87、4.49、3.68 W/(m^2 · ℃)。因此，选用 40 mm 宽度的夹板较为合理，为进一步保证一定的结构强度，选定了厚度为 15 mm。值得注意的是，自然对流不仅仅受到夹板宽度的影响，同时也受夹板位置的影响。本章中，夹板中心线设置在 $y=-0.02$ m 处，此时夹板对三根管路上方的自然对流影响较小。

11.3.3 电磁泵结构优化设计

由于液态金属为一种高导电金属流体，在液态金属散热器之中可以采用无任何运动部件的电磁泵进行驱动，其驱动原理如图 11－7 所示，在磁场中的导体通过电流，则该导体将受到磁场的推力，三者方向相互垂直[1]。电磁泵驱动效率较高、能耗低、无噪声，而且可以长期稳定运行，因此可以满足 LED 长时间稳定运行的散热需求。由于液态金属散热系统环路长度较长，为了获得较大的压头，一般采用扁口型电磁泵。

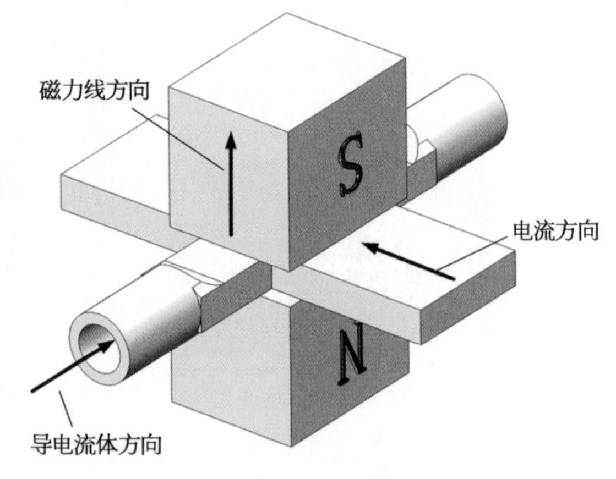

图 11－7　电磁泵原理

对于扁口电磁泵而言：

$$F_{\text{rect}}=BIa \tag{11-19}$$

$$S_{\text{rect}}=ab \tag{11-20}$$

$$P_{\text{rect}}=\frac{BI}{b} \tag{11-21}$$

其中，a、b 分别为泵沟宽度和高度，F_{rect} 为电磁泵压力，S_{rect} 为泵沟截面积，P_{rect} 为电磁泵压头。

液态金属电磁泵设计的基本原则为[1]：

(1) 泵沟高度的选型：电磁泵的泵沟高度不仅影响电磁泵的驱动力，同时也造成了局部阻力过大。由于在本章的 LED 散热器中，循环管路较长，沿程阻力较大，为保证较高的驱动压头，选择 2 mm 作为合适的泵沟高度，同时也便于加工，提高了装配效率。

(2) 磁体的选型：磁铁宽 f 的优化原则比较简单，即尽可能使磁场覆盖所有的电流流经区域，充分利用电流场空间。一般采用"磁铁宽＝泵宽＋2～4 mm"即可，这里泵宽度选择为 40 mm，具体参数如下：

表 11－1　几种待选的钕铁硼(NdFeB)方块磁铁参数[9]

编　号	尺寸(mm)	磁化方向	磁感应强度(高斯)	成本(元)
1	60×30×10	10 mm 方向	3 600	88.0
2	60×42×15	15 mm 方向	4 800	179.0
3	70×50×20	20 mm 方向	4 400	305.0

在电极设计方面，由于液态金属电磁泵一般采用大电流、低电压驱动方式，极大的电流也增加了电极的要求。一般而言，1.5 mm^2 面积可满足 10 A 电流。这里电极截面面积最小为 12 mm^2，能满足大电流的基本要求。

关于磁环的设计，在电磁泵中采用磁环不仅可以有效屏蔽磁场，保护外置电子电路设备，同时增加经过流道的磁通量，从而保证电磁泵的驱动力。磁环的设计公式[4]为：

$$S_{cross}=\frac{B_{sur}S_{sur}}{B_s} \tag{11-22}$$

其中，S_{cross} 为屏蔽磁环的截面积，B_{sur} 为电磁泵中磁铁表面磁感应强度，S_{sur} 为磁铁磁极面积，B_s 为磁屏蔽环材料的饱和磁感应强度。2Cr13 不锈钢的饱和磁感应强度为 1.0～1.4 T[10]，电磁体表面磁感应强度约为 4 800 高斯，磁体厚度约为 20 mm，即可基本满足磁场屏蔽的要求。

综上所述，根据散热系统结构要求，可设计得到一款三路并联驱动的液态金属电磁泵[1]，其机械结构如图 11－8 所示。电磁泵流道结构采用 19 mm 厚的玻璃钢经机械加工而成，中间泵体流道采用 2 mm 厚度的硅橡胶形成；电极采用 T2 紫铜，由于需要外接电源电线，铜电极长度约为 70 mm，露出泵体的电极长度约 15 mm，满足电源接线需求；电磁泵泵体的磁环采用 D＝90 mm 的

2Cr13 不锈钢棒材经线切割加工而成，磁环厚度约 20 mm。磁铁选用如上所述的 60 mm×42 mm×15 mm 钕铁硼(NdFeB)方块磁铁。在装配过程中，首先采用 705 硅橡胶黏合所有缝隙，再在两侧加入 4 个螺栓用于紧固。待装配完成后，封闭各进出口管路，从灌注口灌入酒精，仔细观察有无漏液情况并及时采用固化胶进行补救。

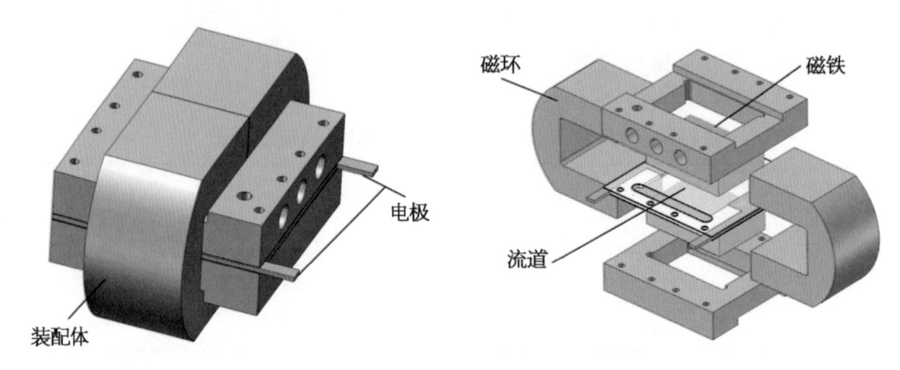

图 11-8 电磁泵装配图以及爆炸视图

根据以上装配步骤，可加工出如图 11-9 所示的一套液态金属电磁泵[1]。这里，电磁泵整体尺寸为 90 mm×140 mm×74 mm。为便于拆卸，采用长为 30 mm 的不锈钢管作为电磁泵进出口，采用橡胶管可将其连接到 LED 散热器之上。同时为了便于灌注，采用长为 50 mm 的不锈钢管以及长为 100 mm 的硅胶管作为灌注口。在灌注时，需要将 LED 散热器整机倾斜。此时，电磁泵的灌注口为最高点，管道内的空气随着液态金属的灌入，不断从灌注口中排出，由此填满整个管道。

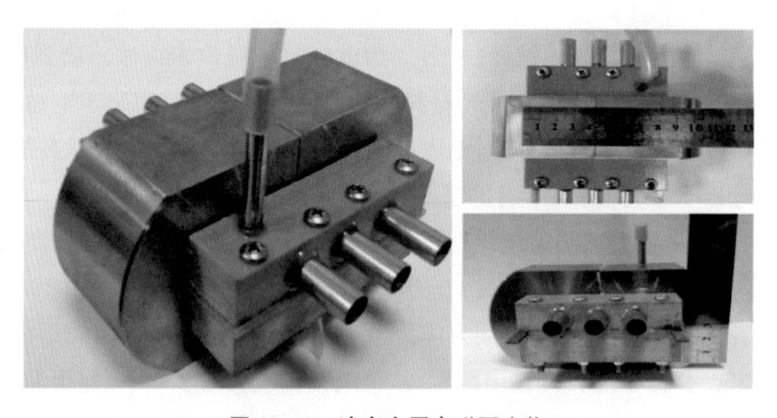

图 11-9 液态金属电磁泵实物

11.4　高功率密度 LED 高杆灯液态金属散热器热学性能实验研究

11.4.1　实验材料及平台搭建

11.4.1.1　LED 高杆灯液态金属散热器及其测试实验平台

结合上述热设计，笔者实验室梅生福等采用 Solidworks 制图软件设计了一款新型的高功率密度 LED 高杆灯散热器系统[1]，如图 11-10 所示。其具体结构尺寸如图 11-11 所示。为满足单杆 12 盏灯的最大装配量，该系统基本结构呈梯形，两梯形斜边夹角为 30°。高功率密度 LED 灯可以安装在 80 mm×100 mm×16 mm 的冷板上，热量被流过冷板的液态金属吸收，经翅片组 1 降温后，再经过电磁泵驱动加速，再次经过翅片组 2 进一步降低温度，而后如此不断循环。该散热器中，翅片为 6063 铝合金材料，该材料密度较小，热导率高。冷板采用 T2 纯铜，保证了热量有效地传导到液态金属中。由于高杆灯运行于高空，为保证其支架有足够的结构强度，采用 15 mm 厚度铝合金板材制作上下两块夹板，并采用不锈钢螺栓将翅片组 1 和翅片组 2 固定。为保证自然对流散热，翅片的节距(含有一个翅片厚度)为 8 mm，厚度 0.8 mm。为了维持翅片结构稳定以及保持翅片间距，采用翅片折片工艺，即：在翅片上下两侧折弯宽度为 20 mm 翅片部分，并横置于两翅片之间。整个散热器灌装液态金属后净重 16.4 kg。

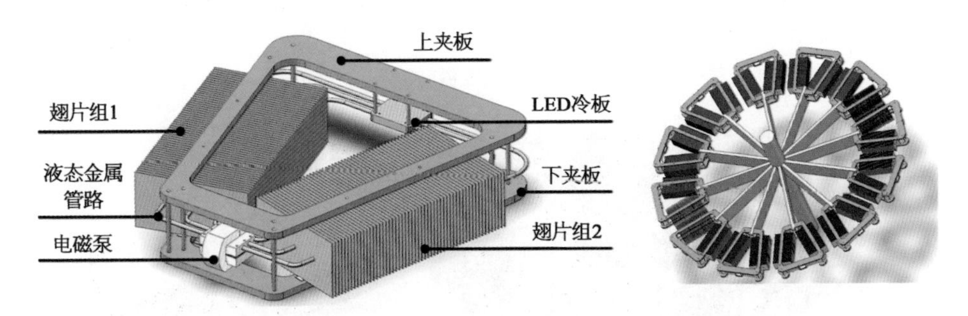

图 11-10　LED 高杆灯液态金属散热器及单杆 12 盏的高杆灯示意

如图 11-12 所示，为验证所设计液态金属散热器能否满足 500 W LED 高杆灯的散热需求，可借助如下液态金属散热器性能测试系统进行[1]。其中，主要包括 Agilent 34970A 数据采集器、T 型热电偶若干、PC 笔记本、电磁泵直流

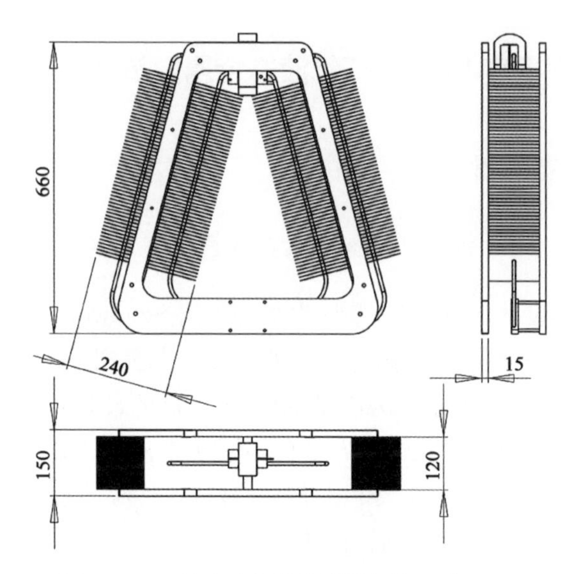

图 11－11　液态金属散热器的结构尺寸(mm)

电源、液态金属散热器、500 W LED、LED 直流供电电源。实验中，为保证给予自然对流充足的空间，液态金属散热器被放置在 0.5 m 高度，LED 发光面正对于地面。同时，在较为密闭、无风的房间内进行实验，保证没有外来空气扰动的影响，以此近似模拟实际的使用情况。当然，与实验条件不同的是，在实际使用中 LED 灯及散热器需要安置在 15 m 以上的高空。在高空之中，风速和风向目前皆无法确定。为保证 LED 灯具的安全运行，实验中采用了较为恶劣的散热条件，由此可验证液态金属散热器应对极端情况的能力。

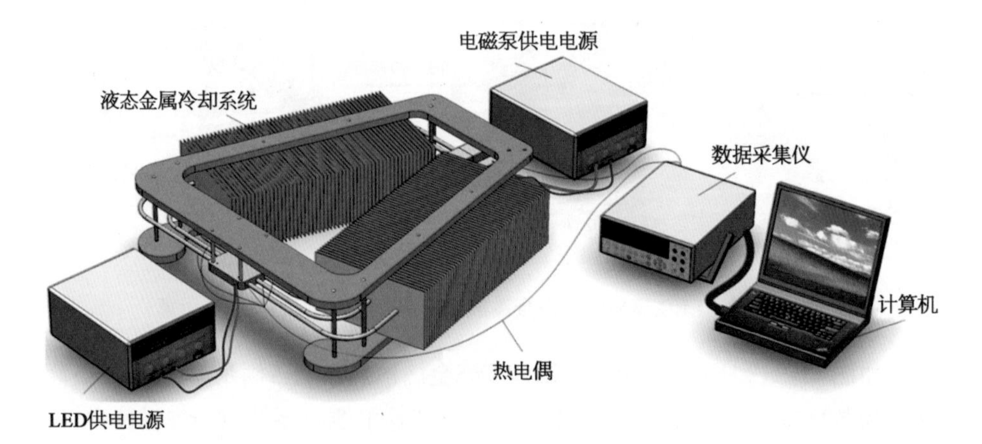

图 11－12　液态金属散热器散热性能测试平台

11.4.1.2 温度分布及热电偶布置

为精确监测整个散热器中的温度状态，可沿液态金属流动方向，分别布置8个T型热电偶，如图11-13所示。其中，T_1 为电磁泵出口温度，T_2、T_3、T_4 为LED冷板入口温度，T_5 为LED基板温度，T_6、T_7、T_8 为LED冷板出口温度。为便于分析，定义液态金属散热系统的4个特征温度：LED基板温度 $T_{LED}=T_5$，冷板出口平均温度 $T_{out}=(T_6+T_7+T_8)/3$，电磁泵出口平均温度 $T_{pump}=T_1$，冷板入口平均温度 $T_{inlet}=(T_2+T_3+T_4)/3$。此处，$T_{pump}$ 可近似认为是散热器内部液态金属的算数平均温度。

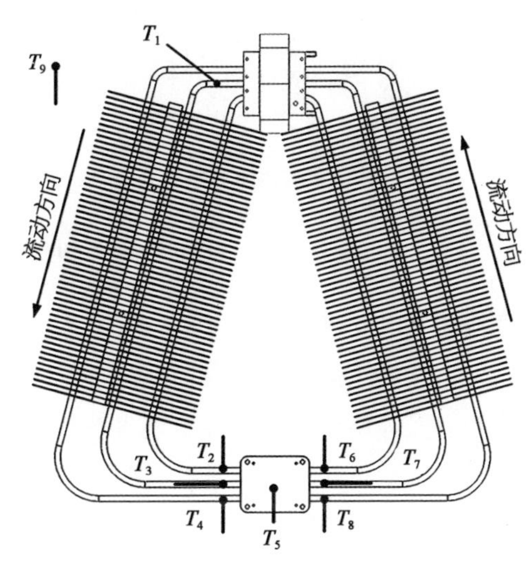

图11-13 热电偶分布

为准确获得监测数据，在布置热电偶时，需要在热电偶头部涂抹少许导热硅脂以此减少接触热阻，同时在测点外围紧密包裹厚度约1 mm的胶带，使得测点温度尽可能接近管道内部的温度。此外，由于液态金属经过电磁泵后，已经过充分混合，温度均一，因此电磁泵出口处仅设置了1根热电偶。

11.4.1.3 LED灯片参数及结构尺寸

这里采用的LED灯片为500 W高功率密度白光LED模组，如图11-14所示。其结构尺寸为65 mm×82 mm×6 mm。该LED模组采用20串25并的排列模式，单一LED芯片的功率为1 W。该LED模组额定电压为60～68 V。色温大小为5 500～6 000 K，亮度为57 500～60 000 cd/m^2。LED的基板材料为红铜，有利于LED芯片的热展开。为了测量LED模组的LED基板温度，在LED基板底部进行开槽，开槽深度约为0.5 mm，长度约为15 mm，用于布置T型热电偶。

11.4.1.4 驱动电源及驱动参数

这里，LED灯片以及液态金属电磁泵采用斯姆德电气SKX-60-67A-Ⅲ

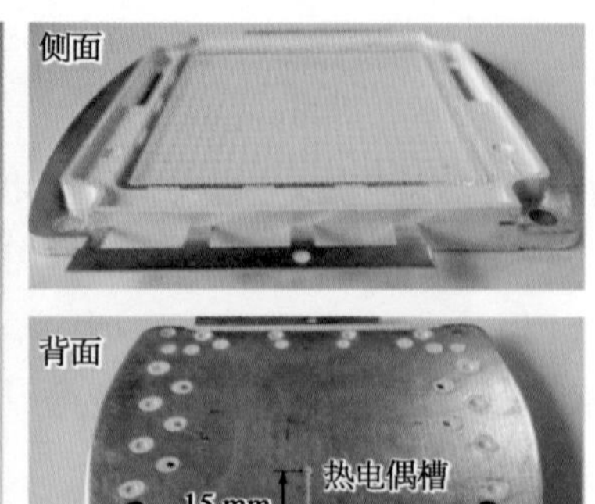

图 11-14 500 W LED 灯片实物

直流稳压电源进行供电[11]。SKX-60-67A-Ⅲ直流稳压电源是一款高精度高可靠性恒压恒流电源，具有限流降压、短路保护、过温保护、过压保护及带负载能力强等特点。如电源出现过热运行状态时，将在输出回路截止输出，当机内温度恢复正常时，电源输出恢复预设状态。该机型具有完善的保护功能，可避免用户设备烧毁风险。输出电压从 0～60 V 之间连续可调；输出电流从 0～67 A 之间连续可调；电压、电流和数字显示的精确度均为±0.5%。根据 500 W LED 的项目需求，LED 灯片的电源参数如表 11-2 所示，分别为 60.2 V、8.4 A。电磁泵的电源参数分别为 0.35 V、10.2 A。由此可知，在该液态金属散热器中，采用功率为 3.5 W 的电磁泵驱动液态金属，可为 500 W 的 LED 灯具提供散热支持。

表 11-2 LED 灯及电磁泵的驱动电源参数

电源参数	LED 灯具	电磁泵
电压 U(V)	60.2	0.34
电流 I(A)	8.4	10.2
功率 P(W)	505.68	3.5

11.4.2 热学性能实验及结果分析

11.4.2.1 纯自然对流散热情况

图 11-15 所示为 500 W LED 点亮后的实际效果图[1]。在加载 LED 电源时，首先将电压调高至 60.2 V，然后调节电流至 8.4 A。如图 11-16 所示为

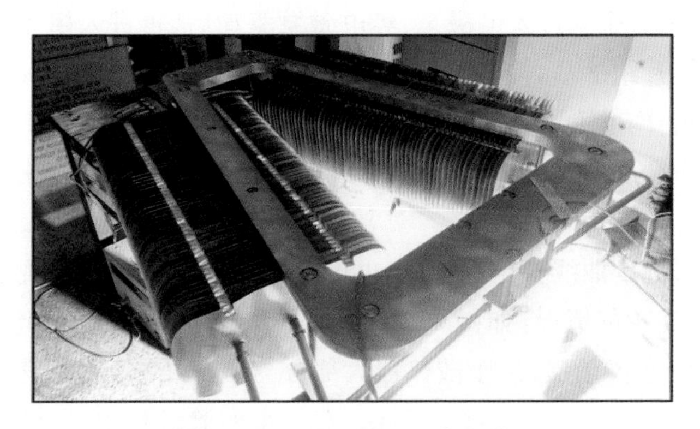

图 11-15　500 W LED 点亮效果

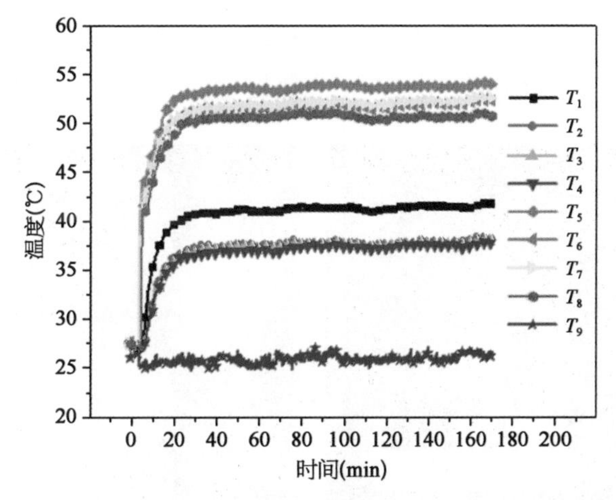

图 11-16　500 W LED 高杆灯液态金属散热系统各监测点温度随时间的变化

T_1 为电磁泵出口温度，T_2、T_3、T_4 为 LED 冷板入口温度，T_5 为 LED 基板温度，T_6、T_7、T_8 为 LED 冷板出口温度；驱动电流 10.2 A。

500 W LED 液态金属散热系统各监测点温度随时间的变化。由图可知，当开始点亮 LED 时，各测点温度随即上升，在 30 min 时，各温度达到平衡，仅发生轻微涨落，温度数值约为 54℃。由此，在 10.2 A 直流电流驱动下，液态金属散热系统完全满足 500 W LED 灯具的项目散热需求。从图 11-16 中，还可看出冷板的入口温度约为 38℃，LED 冷板出口温度约为 52℃。若忽略 LED 基板与冷板之间的界面热阻，冷板内最小对流传热温差约为 2℃。根据式 (11-10)，可知液态金属热容温差约为 7℃。整个散热过程可以描述如下：低温的液态金属经过冷板后，吸收由 500 W LED 产生的热量，温度升高到 52℃，此后经过翅片组 1，部分热量经自然对流被排放到空气中，温度由 52℃降低至

42℃。此后，液态金属进入电磁泵，经电磁泵驱动后，再进入翅片组 2 进一步降温。经过翅片组 2 后，液态金属由 42℃降至 38℃。整个实验过程，室温环境曲线如图内 T_9 温度所示，基本不发生变化。此外，从图 11 - 16 中，还可以看出 3 根液态金属管路的进出口温度较为一致，说明液态金属流量分配较为均匀。

以上通过温度曲线获得的信息，也可借助红外图像更加直观地展示整个散热器的温度分布情况，如图 11 - 17 所示。这里，红外图像均采用 FILR SC620 红外摄像仪拍摄，由于散热器大部分为铝材结构，故而设置发射率为 0.83(weathered Al)，拍摄距离为 2 m。在整个实验过程中，环境温度恒定在 25℃附近，仅发生轻微变动。在启动 LED 之前，液态金属散热器也与环境处于热平衡状态。在启动 LED 并待之稳定后，液态金属散热器整体温度升高，左侧的翅片组 1 的整体温度明显高于右侧翅片组 2。

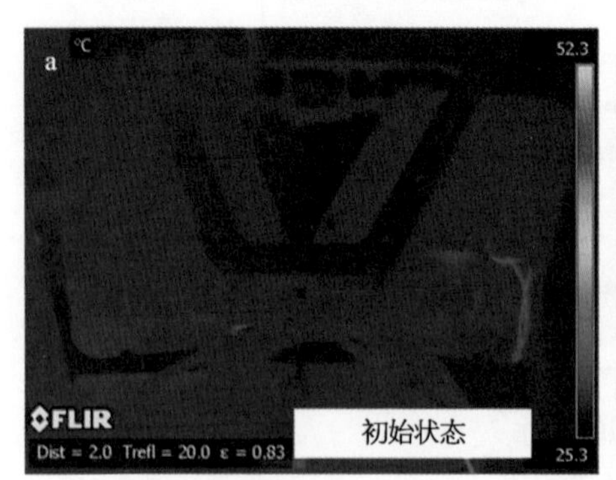

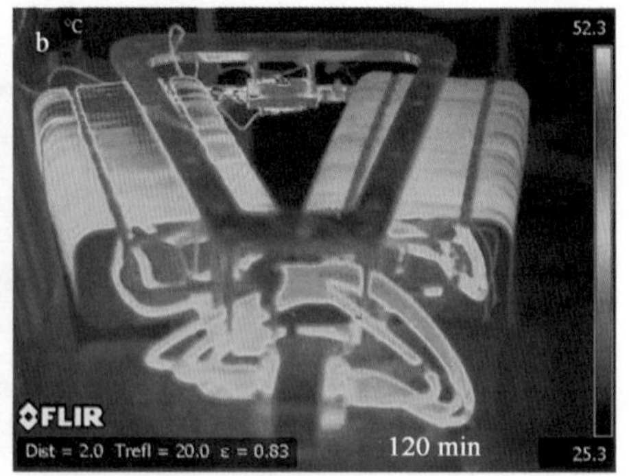

图 11 - 17 500 W LED 高杆灯液态金属散热系统点亮前后的红外图

11.4.2.2 空气扰动对散热的影响

以上仅考虑在纯粹的自然对流情况下，液态金属散热器的散热性能。在实际安装使用期间，高杆灯将被安装在 15 m 以上的高空之中。由于此处空间较为开阔，风的阻力较小，由自然风引起的强迫对流换热十分可观。针对这一情况，还可研究不同风向对液态金属散热性能的影响[1]。实验中采用交流风机作为风源，来尽可能模拟微弱的自然风，风机摆放位置距离散热器中心约 4 m，具体风向如图 11 - 18 所示。

经实验测量，液态金属散热器周围的风速为 0.8～1.2 m/s，风温 25.5℃。测试设备为 BENETECH 数字风速仪 GM8901，风速测量精度<5%[12]。根据

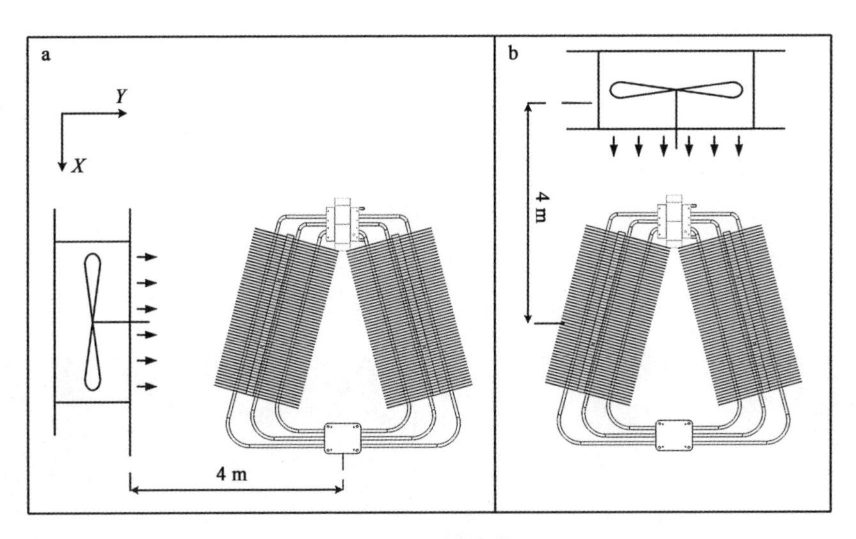

图 11－18　风机摆放位置示意

风力分级[13]，风速在 0.3～1.5 m/s 时，风力等级为 1 级，此时为软风，风力在所有风力等级中最低。实验主要考察 1 级微风对液态金属散热器性能的影响。根据图 11－18 的风机摆放位置进行实验，考虑 3 种不同情况：① 无空气扰动情况，散热器仅仅依靠自然对流排放热量；② 风向沿着 X 轴正方向，风向近似垂直于翅片，呈 60°角；③ 风向沿着 Y 轴正方向，风向与翅片呈 30°角。

3 种不同空气扰动情况下的特征温度分布如图 11－19 所示。其中，X 方向空气流动时，LED 基板温度最高为 48℃，比纯自然对流的情况降低了约

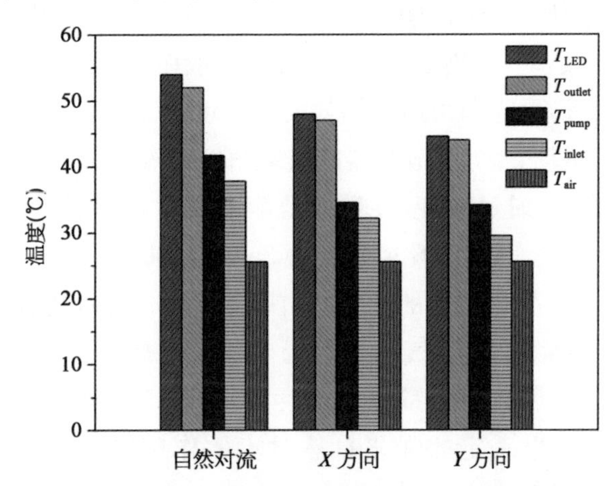

图 11－19　3 种空气扰动情况下(纯自然对流、X 方向空气扰动、Y 方向空气扰动)，液态金属散热系统的特征温度

6℃。其原因在于：由于空气扰动，翅片空气侧的温差减小，如图 11-19 所示，纯自然对流时，空气侧平均对流换热温差约为 16℃。而在 X 方向存在风机时，空气侧温差仅 8.9℃。此外，Y 方向上的空气扰动，LED 基板温度最高仅为 44.6℃，其散热强化能力高于 X 方向空气扰动，原因在于相对于 X 方向，Y 方向的空气流动更能大幅度提升翅片之间的空气流动。以上获得的温度数据，可从红外影像中更直观获取，如图 11-20 所示。由图可知，空气的扰动使得散热器整机的温度降低，Y 方向上的空气扰动强化散热能力尤为明显。

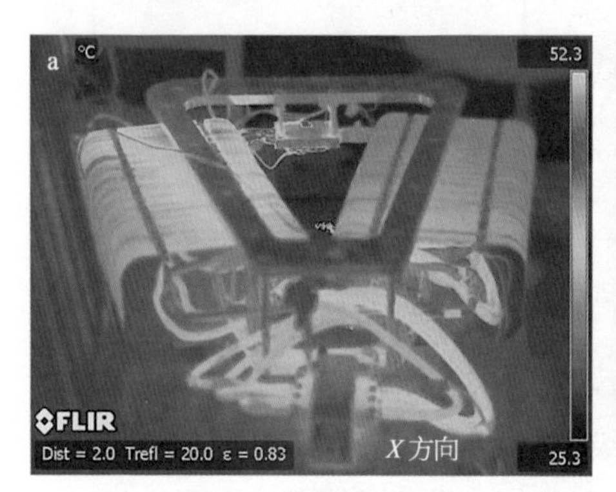

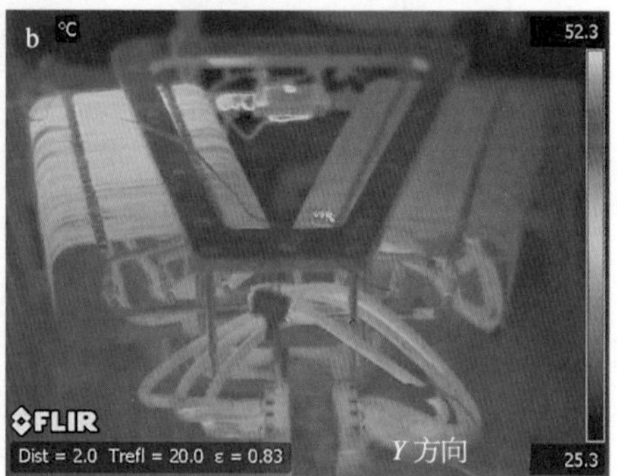

图 11-20 X 方向空气扰动和 Y 方向空气扰动液态金属散热器的红外温度分布

11.4.2.3 安装角度对散热的影响

在自然对流散热过程之中，空气的流动是由空气的浮力引起的。由于受高温翅片和液态金属管路的加热影响，翅片之间的空气温度升高，导致密度降低，故而发生向上运动，将热量从翅片带走。一般而言，在实际安装过程中，根据不同的光照需求，可能会采用不同的安装角度。而安装角度直接影响空气在重力方向上的运动。因此，散热器的安装角度对液态金属散热器性能有很大影响。在实验中，通过改变 LED 灯具侧的高度，实现了 0°、30°、60°、90° 4 种不同的安装角度[1]，实验环境温度为 25.5℃。此时，由于环境中无风，忽略 LED 灯片的高度变化引起的影响。由图 11-21 可知，随着安装角度的增大，自然对流被不断削弱，空气的传热温差不断增高。当然，由于散热器本身给予了较大的散热面积余量以及翅片方向呈 150°夹角。当安装角度为 90°时，重力仍能发生一定的强化自然对流的作用，LED 基板的温度仅为 61.8℃。因此，上述液态金属散热器可满足 500 W LED 在不同安装角度下的使用要求。

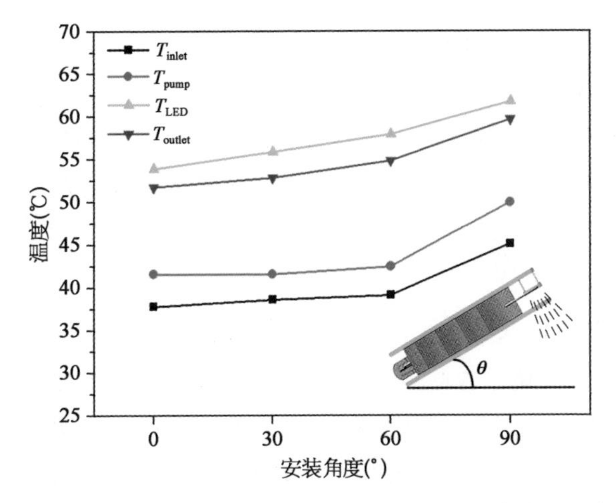

图 11－21　不同安装角度下，液态金属散热器的特征温度

11.4.2.4　有效面积对散热的影响

从红外温度图上看出，右侧散热器 2 的整体温度较为接近空气的温度，此处散热器的翅片有效率较低。因此，考虑若将左侧散热器整体包裹，使其失效，观察液态金属散热器温度分布的变化。此实验的目的在于[1]：考证当散热器因落灰、杂物覆盖等因素引起散热面积减小时，散热器能否继续胜任项目需求。考虑无自然风的纯自然对流的情况下，LED 电功率为 505 W，电磁泵电流为 10.2 A。从图 11－22 之中可看出，由于散热面积减半，LED 基板的温度上

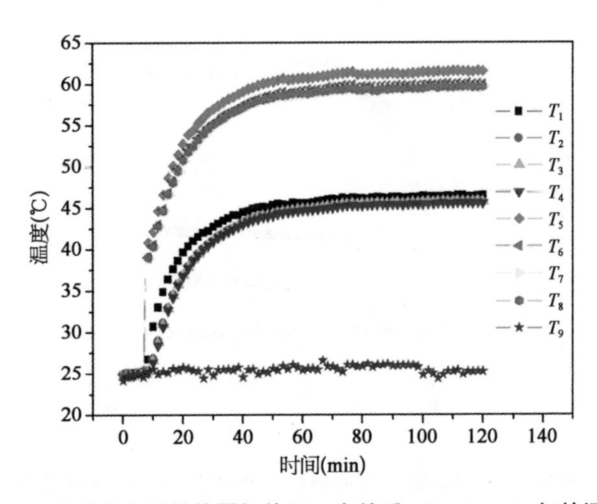

图 11－22　当液态金属散热器翅片组 1 失效后，500 W LED 灯的温升曲线

升至61.5℃,相对于正常工况下的53.8℃升高了7.7℃。从LED基板到环境温度的温升为36℃,略微超出了总温差为35℃以内的项目要求。此外,从图11-22还可知,实验中散热器1绝热性良好、基本未发生散热作用,其表现在于电磁泵出口温度(T_1)与LED冷板入口温度之间温差仅为0.8℃。

11.4.2.5 管径对散热性能的影响

在以上液态金属散热系统之中,由于环路管内径为8 mm,液态金属填充量较大,材料成本较高。因此,实验考虑适量地减小管径,观察管径的变化对散热性能的影响。实验中,采用6 mm内径的铜管制作了另外一套液态金属散热器。除管径不同之外,6 mm内径散热器整体结构与8 mm内径液态金属散热器完全相同。为了准确地进行对比,实验中采用相同的电磁泵驱动电流、相同的LED灯电功率[1]。实验环境温度与前述实验基本一致,皆为26±0.5℃。图11-23为6 mm管径液态金属散热器500 W LED灯的温升曲线(电磁泵电流10.2 A)。从图中可知,在30 min时,LED灯的基板温度T_5达到平衡,最高温度约为69.3℃。因此,从LED基板到环境的温升约为43℃,远超过项目设计参数。综合分析考虑,减小液态金属管路的直径会带来3个因素的变化:① 液态金属在管内的沿程流动阻力增大;② 由于管径减小,冷板内对流换热面积减小;③ 液态金属填充量减少约44%,材料成本大幅度降低。然而,由于流动阻力变大,在电磁泵电流为恒定10 A的条件下,液态金属的流动

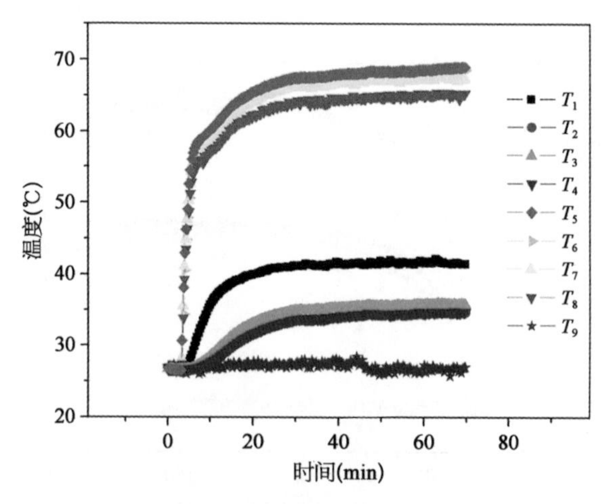

图11-23 6 mm内径液态金属散热器500 W LED灯的温升曲线(电磁泵电流10.2 A)

速度将减少，由此造成液态金属热容温升为 $\Delta T_c = \frac{T_{out} - T_{in}}{2} = \frac{67.3 - 35.5}{2} = 15.9$℃，远超出设计参数。单位时间内，由高功率密度 LED 产生的热量无法由液态金属全部带出冷板，导致 LED 基板温度升高。同时，由于质量流量较小，液态金属所携带的热量在散热器的前段已经降低接近室温，翅片散热效率低。因此，在使用小管径(6 mm 内径)时，需要考虑采用较大的电磁泵驱动电流。

11.4.2.6　电磁泵驱动电流对散热性能的影响

由上可知，采用较大的电磁泵驱动电流是提升 6 mm 内径散热器散热效果的一个途径。为此，如下进一步考察采用不同电流进行测试的情况[1]。从安全角度出发，输出电流 I 的范围选取为 0～20 A。首先，采用 10 A 驱动电流进行实验，待 LED 基板温度 T_5 达到 70℃(LED 安全温度)左右时，将驱动电流增加至 15 A 并维持 20 min 恒定不变，此后再将驱动电流增加至 20 A 并维持 20 min 恒定不变。图 11－24 所示为电磁泵驱动电流对液态金属散热器性能的影响，3 个阶段的电流分别为 10 A、15 A、20 A。如图 11－24 所示，当驱动电流为 10 A 时，环境温度恒定在 28℃左右，LED 基板温度在 30 min 左右上升至 74℃，冷板的出口温度约 70℃，并趋于恒定不变。此时，LED 冷板的液态金属入口温度较低，仅约为 37℃。

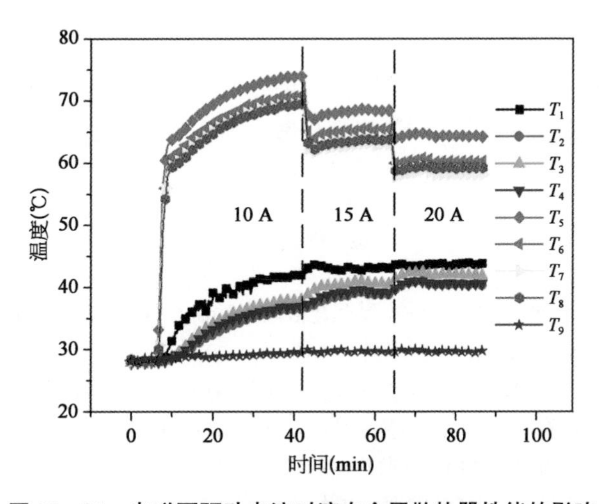

图 11－24　电磁泵驱动电流对液态金属散热器性能的影响

可以看出，在低驱动电流条件下，液态金属在冷板内的进出口温差较大，这是因为较慢的流速会引起热容热阻值偏高。为此，在 40 min 时，将电磁泵驱动电流提升至 15 A，此时 LED 基板温度在很短时间内即降低至 68℃。同时，液态金属冷板入口温度也提升至 40℃左右。此后，进一步提高电磁泵驱动电流至 20 A，液态金属在冷板内的进出口温差进一步减小，同时由于冷板内液态金属质量流量增大，出口温度降低至 60℃。综上所述，随着增大电磁泵驱动电流，液态金属的进出口温差不断减小，整个散热器的热容热阻也随之降低，有效地降低了 LED 基板的温度[1]。需要指出的是，在上述实验中，最大电磁泵驱动电流仅设置为 20 A。原因在于：在实际使用中，随着电流的升高，电磁泵供电电源产生的焦耳热也随之升高，从而导致系统有一定的安全隐患，不适宜在户外 LED 灯具产品中长期使用。

11.5 本章小结

本章结合 500 W LED 高杆灯的实际散热需求，分别从理论核算、数值模拟以及结构优化等方面，介绍了基于电磁泵驱动且远端采用自然对流的液态金属散热器设计问题，并阐述了该系统在不同运行工况下的工作性能。通过在环境温度为 25℃下长时间的运行实验表明，LED 基板的最高温度仅为 54℃，系统温升仅 29℃，已完全满足 500 W LED 灯具的散热需求。同时，从空气扰动对散热的影响可以看出，户外环境中微弱的空气扰动能够有效强化液态金属散热器的性能。此外，由于特殊的结构设计和充分的设计余量，在不同的安装角度下，重力因素均会发生一定的强化自然对流的作用，因此 LED 基板的温度皆可维持在 70℃以下，能满足散热器在不同安装角度下的使用要求。

参考文献

[1] 梅生福.高功率密度 LED 液态金属强化散热方法研究(硕士学位论文).北京：中国科学院大学，中国科学院理化技术研究所，2014.

[2] 石听安.35 米高杆灯设计计算书.中国照明电器，2000，11：1～2.

[3] 王科，陈庆为.港口高杆灯照明技术及应用.水运科学研究，2005，2：47～51.

[4] 邓月光.高性能液态金属 CPU 散热器的理论与实验研究(博士学位论文).北京：中国科学院研究生院，中国科学院理化技术研究所，2012.

[5] Deng Y, Liu J. A liquid metal cooling system for the thermal management of high power LEDs. International Communications in Heat and Mass Transfer, 2010, 37(7): 788～791.

[6] Elenbaas W. Temperatur und gradient des quecksilberbogens. Physica，1935，2：757～762.
[7] 弗兰克 P. 英克鲁佩勒，大卫 P. 德维特，狄奥多尔 L. 伯格曼等著，葛新石，叶宏译.传热和传质基本原理.北京：化学工业出版社，2007.
[8] Yunus A C. Heat transfer：A Practical Approach (Second Edition). 2007.
[9] 钕铁硼永磁体参数：http://www.bjlink.com/goods.php? id=763.
[10] 2Cr13不锈钢参数：http://china.makepolo.com/product-detail/100209011734.html.
[11] 斯姆德 SKX 系列直流稳压电源：http://www.smddq.com/Product/DC-power/70.html.
[12] BENETECH数字风速仪：http://item.taobao.com/item.htm? _u=sk67fm3a84a&id=13471064902.
[13] 风力等级表：http://zh.wikipedia.org/wiki/Beaufort_scale_table.

索 引